海岸动力环境与新型结构的水动力模拟分析方法

李华军　梁丙臣　刘　勇　著

科学出版社

北　京

内 容 简 介

本书主要围绕海岸区域的动力环境和新型海岸结构物的水动力模拟分析方法开展论述。书中介绍了用于台风波浪模拟的混合风场模型、不同设计波要素样本遴选与统计分析方法、海面与海底剪切应力及风暴潮漫滩过程中的波浪作用机制、基于亚网格的海岸动力环境数值模拟方法、海床冲淤演变连续过程的物理模型试验研究方法；介绍了新型透空消能式海岸结构物水动力分析的基础理论，阐述了匹配特征函数展开、多极子分析、速度势分解以及分区边界元分析方法，讨论了新型结构物的水动力特性。

本书可以为从事海岸工程、近海工程等领域的学者和工程师提供有益参考。

图书在版编目(CIP)数据

海岸动力环境与新型结构的水动力模拟分析方法/李华军，梁丙臣，刘勇著. —北京：科学出版社，2017. 3

ISBN 978-7-03-052195-8

Ⅰ. ①海… Ⅱ. ①李… ②梁… ③刘… Ⅲ. ①海洋动力学-水动力学-数值模拟 Ⅳ. ①P731. 2

中国版本图书馆 CIP 数据核字(2017)第 051537 号

责任编辑：刘宝莉 / 责任校对：桂伟利
责任印制：徐晓晨 / 封面设计：陈 敬

科 学 出 版 社 出版
北京东黄城根北街 16 号
邮政编码：100717
http://www.sciencep.com

北京虎彩文化传播有限公司 印刷

科学出版社发行 各地新华书店经销

*

2017 年 3 月第 一 版 开本：720×1000 1/16
2020 年 4 月第二次印刷 印张：17 1/2
字数：353 000

定价：150. 00 元

(如有印装质量问题，我社负责调换)

前　言

我国大陆海岸线长18000多千米，沿海区域内拥有丰富的矿产、渔业、湿地、旅游等资源。码头、护岸、防波堤、人工岛、进海路、跨海桥隧等各类海岸工程是人类开发利用海岸带资源的重要基础设施。随着社会经济的发展，海岸带保护与可持续发展需求的不断增强，工程结构物的建设也从单一的安全性、功能性要求转向兼顾安全、环保、经济的新理念。

这对海岸动力环境的模拟分析以及海岸结构物的设计建造带来新挑战：一方面，波浪、水流等动力要素设计标准的确定，以及工程建设引起环境影响的评价等，都需要对海岸区域动力环境的演变进行更加准确的模拟分析；另一方面，迫切需要研发满足环保要求的新型海岸结构，并发展相应的结构水动力分析方法。针对上述问题，十几年来，作者深入开展了海岸动力环境及新型结构水动力分析的研究，在海岸工程环境荷载确定、海岸动力环境演变精细化模拟以及新型海岸结构物水动力分析等方面取得了系统的研究成果，并在黄河三角洲滩浅海油气开发路岛工程、胶州湾湿地防护等二十余项工程中推广应用，取得了良好的工程应用效果。在此基础上，结合国内外相关研究，撰写完成本书，希望可以为从事相关工作的学者和工程师提供有益参考。

本书共7章。第1章介绍本书工作的研究背景；第2章介绍波浪数值后报与设计波要素推算方法；第3章介绍海岸区波浪、海流、泥沙相互作用理论及耦合模型的构建与应用案例；第4章介绍适用于滨海湿地的高精度亚网格动力环境数值模拟方法；第5章和第6章介绍各类新型透空消能式海岸结构物的水动力分析方法；第7章介绍海床冲刷演变的物理模型试验技术。

本书第1章由李华军撰写；第2章由李华军、梁丙臣、邵珠晓撰写；第3章由梁丙臣、李华军撰写；第4章由武国相、李华军、梁丙臣撰写；第5章和第6章由刘勇、李华军撰写；第7章由李华军、梁丙臣、王俊撰写。全书由李华军通稿、修订。

本书研究工作得到国家自然科学基金、973计划以及多家工程单位的资助与支持，在此表示感谢。

限于作者水平，书中难免存在不足之处，恳请读者给予批评指正。

目　　录

第1章 绪　　论

我国拥有18000多千米大陆海岸线，沿海区域拥有丰富的矿产、渔业、湿地、旅游等资源，是经济与社会发展的重要区域。随着经济的发展，海洋资源开发利用与环境承载力之间的矛盾日益凸显，海岸带的可持续开发利用面临着严峻的挑战。

海岸带地处海陆交汇地带，陆地与海洋相互作用显著，动力条件复杂，波浪、潮流、风暴潮、径流等因素之间存在着强非线性耦合作用，海岸蚀退、淹没、结构物破坏等灾害频发。尤其是近年来，在全球气候变化的影响下，海洋灾害频次和强度有增加的趋势，严重威胁沿海地区的经济社会生活。此外，滨海湿地作为天然的海岸防护屏障和重要的生态环境系统，也在人类活动和海平面上升的影响下，变得愈发脆弱。

海洋资源开发与生态环境保护是海岸带发展的两个重要方面。人类开发利用海洋资源的工程设施由最初单纯的被动式海岸防护结构，到码头、路岛工程、跨海桥隧等资源开发综合设施，再到人工沙滩、亲水型护岸、透空式进海路等环境友好型设施。结构形式也由单一满足安全与基本功能要求的不透水结构，发展为适用于环境敏感区的透空式亲水结构。随着人类海岸开发技术水平和对滨海亲水生活要求的提高，海岸工程建设不但对安全性和经济性提出了更高要求，也越来越关注工程对环境产生的负面影响。环境友好型海岸工程建设技术已成为学术研究和工程设计、施工的热点与难点。

综上所述，亟须发展安全、经济、环保的海岸工程建设技术，包括海岸动力环境模拟技术和新型结构物设计理论。前者既可为海岸结构物提供环境荷载设计标准，又能够预测工程实施对区域动力环境演变的影响，为工程建设的环境可行性分析提供依据。后者则需要利用前者所确定的环境荷载参数，结合理论分析、数值模拟与物理模型试验，进行结构的水动力特性与基础淘刷分析，为工程设计提供依据。围绕上述内容，国内外已有很多重要研究成果，但仍需进一步发展完善。本书在梳理前人研究成果的基础上，在海岸动力环境模拟分析方面，集中阐述了设计波要素的数值推算和浪、流、沙的相互作用机理及耦合模拟技术；在海岸工程结构设计方面，主要阐述新型透空式结构物的水动力分析和基础淘刷试验模拟技术。

1.1 海岸工程动力环境数值模拟与分析技术

海岸工程动力环境计算分析是海岸工程建设的关键前提，可以为工程设计提供环境荷载设计标准，并可为工程可行性研究提供工程环境影响预测分析。

海岸区水深地形复杂，潮流、波浪、风暴潮、泥沙运动等不同时空尺度动力因素间的非线性耦合作用显著，海岸工程的水动力环境与海床冲淤演变数值模拟极为困难。

基于质量守恒和牛顿第二定律所得到的 Navier-Stokes 方程（简称 N-S 方程）是流体运动的基本方程。然而，完整的 N-S 方程求解起来十分复杂且耗时巨大。海岸环境中的多数流动问题，如潮波、风暴潮、海啸等，其垂向尺度（数米至数百米）远小于水平尺度（数百千米至数千千米），因此可归为“浅水流动”问题。在浅水流动中，静压假设成立，即认为在垂向上流体重力与垂向压强梯度力平衡，垂向加速度和其他作用力的垂向分量可忽略不计，自由水面仅为地点的函数。据此可将原始的 N-S 方程简化为静压方程。与原始 N-S 方程相比，该方程求解过程明显简化，计算速率也显著提升，可用于海岸区域大范围的水动力计算。

当垂向流速较小时，假设水平流速在垂直方向均匀分布，将 N-S 方程沿水深积分，则可以得到经典的浅水方程。浅水方程为平面二维模型，可以计算得到水面高度和水深平均流速；静压方程又称准三维方程，可以计算得到垂向流速和水平流速的垂向结构。静压方程和浅水方程是海岸工程领域中水动力模型的控制方程。

1973 年，Leendertse 等[1]首先开展了三维水流数值模拟的研究工作，提出了模拟三维水流的分层方法。Leendertse 在垂直方向采用固定分层法，在每层中沿水深积分使之成为二维问题，并用 ADI 格式进行数值离散。1985 年，赵士清[2]也提出了将水体空间在垂向上划分为若干层，将求解三维问题简化为求解一系列二维问题，各层之间通过内摩擦阻力来连接，这些数值模型是三维模型最初的基本特征和研究方法。后来，为了更好地模拟海底地形的变化，Philips 提出的垂向 σ 坐标变化被应用到河口与海岸三维模型中，亦称为垂向伸缩坐标系统，这种垂直坐标系统可以在不同的水深处进行均匀分层，而且岸边界的处理也变得极为方便。应用较为广泛的这类模型有普林斯顿大学的 POM 模型[3]、意大利的 TRIM3D 模型[4]、荷兰代尔夫特理工大学的 DELFT3D 模型[5]、美国威廉玛丽学院的 SCHISM 模型[6]、美国麻州大学研发的 FVCOM 模型[7]、ROMS 基础上发展的 COAWST 模型[8]、欧洲的水动力与生态耦合模型 COHERENS[9]等一系列海洋动力数值模型[10,11]。国内，海岸、河口数值模型发展和应用方面也做了很多有意义的工作[11~17]。

随着数值计算方法的发展与解决实际问题的不同需求，河口海岸模型的数值方法也不尽相同。按照数值离散方法，可分为有限差分法、有限元法、有限体积法；按照网格形状，可分为矩形、三角形、多边形、曲线正交网格和混合网格；按照时间差分格式，可分为显式、隐式、半隐式等。针对激波、不连续流等问题，有 TVD 格式、Godunov 格式、间断伽辽金格式等；针对跨尺度问题，有非结构网格、动态自适应网格、多重网格和亚网格[18~20]等技术方法。这些数值方法的发展使得海岸模型的计算精度、计算效率获得了大幅的提高，在海岸工程领域的应用也更加广泛。

尽管经历了40余年的发展与完善，但是随着人们对海岸动力过程理解的深入和数值方法的发展，海岸动力环境模拟仍然是海岸工程领域的研究热点，尤其在多动力因素相互作用机制与耦合方法，以及多尺度问题的高精度、高效率模拟技术等方面。

在波浪设计标准的数值推算与分析方面，极端台风浪模拟主要使用再分析风场或者Holland台风模型风场。但波浪场模拟结果精度不高，尤其是台风路径附近。在波浪后报结果统计分析方面，样本选取和重现期推算多采用年极值法。该方法由于每年仅有一个极值，样本数据量不够大，单个样本数据发生的偶然性可显著影响长重现期波浪推算结果的稳定性和准确性。第2章以南海为研究区域，模拟后报了40年的极端波浪，深入研究设计波浪要素的统计分析方法，提出阈值法(peak over threshold，POT)中确定合理阈值的新方法。

海岸区波浪、海流、泥沙运动等多种动力因素耦合共存，对海岸动力过程的准确模拟形成了很大的挑战。针对上述问题，第3章探讨波浪影响下的表面风拖曳力与海底剪切应力、悬沙对湍流衰减作用以及风暴潮漫滩过程中的波浪作用机制。在此基础上，基于COHERENS模型，联合第三代波浪模型SWAN，构建波浪、海流、泥沙耦合模型，并进一步介绍该模型的实际工程应用案例。

滨海湿地是海洋-陆地过渡区域的一种典型生态系统，其复杂的地貌形态和强烈的生态-地貌耦合过程使得传统海岸模型在该区域的应用面临着很多困难。第4章介绍了可以合理考虑尺度小于计算网格的微地形特征(如细窄潮沟)的亚网格水动力模型，并以此为基础建立了综合考虑水动力-泥沙输运-地貌演变-植被演化之间相互作用的滨海湿地生态-地貌耦合模型。

1.2　新型海岸结构物水动力分析方法与设计理论

海岸结构物是开发、利用和保护海岸带空间与矿产资源的重要基础设施，其结构型式复杂多样，根据不同功能可以归为两大类。一类是直接抵御波浪、风暴潮、海流等严酷的环境荷载，为海岸带、沿海基础设施、人类活动等提供掩护的海岸防护结构，主要包括海堤、护岸、防波堤等；另一类则是海上交通以及海岸带资源开发的依托设施，主要包括码头、人工岛、进海路、跨海桥隧等。关于各类海岸结构物的详细功能和分类可以参考美国的*Coastal Engineering Manual*[21]和我国的《海岸工程》[22]等文献。各类海岸结构物的工程造价昂贵，一旦破坏，将造成巨大的人员伤亡、经济损失和环境破坏。新型海岸结构物研发及其安全设计、建造与运行维护技术，是目前海岸工程研究中的热点问题。

新型海岸结构物的发展与社会经济的发展以及工程建设水平的进步息息相关，特别是近二十年来，海岸带环境保护与可持续发展的需求日益强烈，海岸结构物由最初满足结构自身安全和基本功能的要求，发展为兼顾安全、环保、经济的新一代结构。Takahashi[23]曾以防波堤为例，阐述了传统海岸结构物的发展历程：从公元前2000年埃及亚历山大修建的早期堆石防波堤开始，防波堤结构经历了从斜坡式到直立式的发展历程，具体而言就是从缓坡堆石结构到陡坡结构，从高基床复合型结构到低基床直立式结构，从斜坡堆石防波堤到复合型防波堤。Allsop[24]详细梳理了英国直立式防波堤的发展历史。van der Meer[25]总结了传统斜坡堆石结构的概念设计方法，Goda[26]给出了直立式海岸结构物的工程设计方法，*EurOtop*[27]中则详细给出了各类海岸结构物的波浪爬高和越浪量计算方法。可以看出，对于传统的直立式和斜坡式海岸结构物，其工程设计理论比较完善，工程建造和运行维护技术也相对比较成熟。

为降低结构物承受的波浪等环境荷载，提高结构的安全性，同时降低工程建设对海岸环境的负面影响，新型透空消能式结构逐渐成为目前海岸结构物的发展趋势。20世纪60年代，加拿大的Jarlan[28]提出了开孔消能沉箱结构，就是将传统矩形沉箱的前墙开孔，波浪通过开孔墙进入消浪室消能，可以有效降低结构的波浪力、反射系数和越浪量。目前，矩形开孔沉箱结构已经在国内外各类工程中得到大量应用，取得了很好的工程效果。半圆型(开孔)沉箱则是另一种得到大量成功应用的新型海岸结构物。20世纪90年代日本宫崎港最早修建了半圆型防波堤的工程试验段[29]，经过深入改进提高后，在我国天津港、长江口深水航道整治等工程中得到大量成功应用[30]。目前，我国《防波堤设计与施工规范》(JTS 154-1—2011)[31]已经在附录H和J中分别给出了矩形开孔沉箱和半圆型沉箱的波浪力工程计算方法。为满足现代海岸工程的发展需求，更多不同型式的透空消能式海岸结构物被开发应用于实际工程。例如，德国近年来注重采用亲和性的海岸防护型式，开发应用了移动式海堤、分离式挡浪墙等新型海岸结构物，工程应用效果显著[32]。我国东营胜利油田滩浅海地区的动力环境复杂，海床冲刷剧烈，生态环境脆弱，“海油陆采”工程需要修建人工岛和进海路，为最大限度降低环境影响，提高结构抗冲刷能力，研发了全直桩透空式进海路结构，达到了兼顾安全、环保、经济的工程应用效果。

为研发各类新型海岸结构物，提高工程设计、建设和运行维护水平，降低海上工程的安全风险与环境风险，亟须发展高效的新型海岸结构物水动力分析方法和工程设计理论。研究海岸结构物的水动力特性，基本研究手段包括理论分析、计算流体力学数值模拟和物理模型试验。随着计算机能力的不断提高，可以通过求解N-S方程，建立数值波浪水槽(池)，模拟、分析波流与结构物的相互作用过程，陶建华[33]和Lin[34]等在其论著中对计算流体力学数值模拟方法进行了详细介绍。特别是近年 OpenFOAM 等开源计算流体力学模型得到广泛验证和应用，为新型海岸结构物提供了有效的数值模拟工具。与数值模拟不同，解析（理论）或半解析方法的分析过程简单，物理意义明确，通过合理的简化和数学描述，能够阐明结构物水动力特性的基本变化规律，可以为工程设计等提供有效指导。目前，国内还很少有论著专门阐述透空消能式海岸结构物水动力特性的解析和半解析分析方法，本书的第 5 章和第 6 章将专门针对该类问题进行深入介绍，选取典型的消能式海岸结构物，阐述该类问题的基本方程、数学描述方法以及水动力分析技术，并结合工程应用进行必要的算例分析与讨论。

海岸结构物的基础淘刷问题是工程建设中的重点研究内容之一，而动床物理模型试验是该问题的重要分析手段。但是，波浪水质点的往复运动，导致海床一直处于动态变化的过程。传统海床演变试验方法无法获取动态变化的床面，限制了海床冲淤的高精度试验分析，因此，对流场与床面无干扰的海床动态演变试验研究日益受到重视[35,36]。第 7 章主要以海床实时演变试验为依托，阐述视频观测分析技术，并介绍该方法在研究推移质输沙率及对冲泻区地形演变方面的应用。

1.3 主要内容与章节

本书论述海岸工程中水动力模拟与分析技术的新进展，主要涉及工程动力环境与设计要素的数值模拟、新型海岸结构物水动力分析与海床演变试验技术等两方面内容。本书共由七章组成，各章节主要内容如下：

第 1 章主要回顾海岸工程水动力模拟与分析技术的研究进展，介绍本书各章节的主要内容。

第 2 章主要针对海岸工程环境中设计波要素的数值后报与分析展开论述。本章提出混合风场模型，并以南海为例，模拟了 40 年台风浪。模拟结果显示，对于台风期间波浪，本章所提出的混合风场模拟结果更为精确。通过对比不同的样本选取方法，发现相对于年极值法，阈值法取样方法更符合样本自然的时间序列分布，在此基础上提出确定合理阈值的新方法。

第 3 章阐述波浪、海流、泥沙运动、冲淤演变等多因素耦合的水动力环境数值模型的构建方法。介绍模型的控制方程、数值离散方法等基本理论，阐明海岸区波浪、海流、泥沙等动力因素间耦合作用机理及其影响规律。最后，分别以黄河三角洲滨海区与胜利油田滩海采油的路岛工程作为区域海洋环境和海岸工程环境应用案例，介绍模型的工程应用。

第 4 章介绍适用于复杂滨海湿地系统的高精度亚网格环境动力数值模型，在其基础上耦合了植被阻力与动态演化模块、悬沙输运与地形演变模块，建立了湿地演变的生态-地貌耦合模型。

第5章阐述透空消能式海岸结构物的解析研究方法。首先,介绍解析研究波浪对消能式海岸结构物作用的理论基础、基本控制方程和边界条件。然后,以多孔堆石潜堤、水平多孔板、排桩堆石结构为例,介绍匹配特征函数展开分析技术。随后,分别以正向波和斜向波作用下的半圆型开孔沉箱为例,介绍多极子展开分析方法。最后,以出水多孔防波堤、单层水平多孔板、双层水平多孔板、水平多孔板-堆石复合型潜堤为例,介绍速度势分解技术。在所有问题的分析中,均给出典型工况的计算结果,部分计算结果还与物理模型试验结果进行对比验证,并从工程应用角度出发进行必要的分析讨论。

第6章阐述透空消能式海岸结构物的水动力数值分析(半解析研究)技术,主要介绍如何利用分区边界元方法分析海岸结构物的水动力特性。分别以梯形多孔堆石潜堤、带倾斜角度多孔板、开孔沉箱为例,依次介绍立面二维问题(二维拉普拉斯方程)、斜向波问题(修正的亥姆霍兹方程)以及平面二维问题(亥姆霍兹方程)的分区边界元分析方法。详细介绍边界积分方程的离散求解过程,并结合算例分析,研究消能式海岸结构物的水动力特性。

第7章阐述海床冲刷演变过程的物理模型试验方法,分别论述沙纹运动规律和冲泻区推移质输沙规律。基于试验数据,将多普勒声学流速仪记录数据作为经验公式的输入条件,开展沙纹推移质输沙率对比研究。通过冲泻区泥沙运动研究,阐明波浪作用下的冲泻区泥沙运动规律。

参考文献

[1] Leendertse J J, Alexander R C, Liu S K. A three dimensional model for estuaries and coastal seas: Volume I, principles of computation. Santa Monica: Rand Corporation, 1973.

[2] 赵士清. 长江口三维潮流的数值模拟. 水利水运研究, 1985, (1): 18－20.

[3] Mellor G L. Users guide for a three-dimensional, primitive equation, numerical ocean model [NJ 08544-0710]. Princeton: Princeton University, 1998.

[4] Casulli V, Cattani E. Stability, accuracy and efficiency of a semi-implicit method for three-dimensional shallow water flow. Computers & Mathematics with Applications, 1994, 27(4): 99－112.

[5] Treffers R B. Wave-drive longshore currents in the surf zone [Master Thesis]. Delft: Technische Universiteit Delft, 2008.

[6] Zhang Y, Ye F, Stanev E V, et al. Seamless cross-scale modeling with SCHISM. Ocean Modelling, 2016, 102: 64－81.

[7] Chen C, Liu H, Beardsley R C. An unstructured, finite-volume, three-dimensional, primitive equation ocean model: Application to coastal ocean and estuaries. Journal of Atmospheric

and Oceanic Technology,2003,20(20):159－186.

[8] Warner J C,Armstrong B,He R,et al. Development of a coupled ocean-atmosphere-wave-sediment transport (COAWST) modeling system. Ocean Modelling,2010,35(3):230－244.

[9] Luyten P J. An analytical and numerical study of surface and bottom boundary layers with variable forcing and application to the North Sea. Journal of Marine Systems,1996,8 (3-4):171－189.

[10] Danmark Hydroinformatics Institution. MIKE powered by DHI. http://www. mikepoweredbydhi. com/[2016-6-9].

[11] Marine and Environmental Technology Research Center. MOHID modelling water resources. http://www. mohid. com/[2016-6-9].

[12] 孔令双. 河口、海岸波浪、潮流、泥沙数值模拟[博士学位论文]. 青岛:中国海洋大学,2001.

[13] 王厚杰. 黄河口悬浮泥沙输运三维数值模拟[博士学位论文]. 青岛:中国海洋大学,2002.

[14] 胡克林. 波流共同作用下长江口二维悬沙数值模拟[博士学位论文]. 上海:华东师范大学,2002.

[15] 诸裕良. 南黄海辐射状沙脊群动力特征研究[博士学位论文]. 南京:河海大学,2003.

[16] 李孟国. 海岸河口水动力数值模拟研究及对泥沙运动研究的应用[博士学位论文]. 青岛:中国海洋大学,2002.

[17] Liang B,Li H,Lee D. Numerical study of three-dimensional suspended sediment transport in waves and currents. Ocean Engineering,2007,34(11-12):1569－1583.

[18] Defina A. Two-dimensional shallow flow equations for partially dry areas. Water Resources Research,2000,36(11):3251－3264.

[19] Volp N D,Prooijen B C,Stelling G S. A finite volume approach for shallow water flow accounting for high-resolution bathymetry and roughness data. Water Resources Research,2013,49(7):4126－4135.

[20] Wu G,Shi F,Kirby J T,et al. A pre-storage,subgrid model for simulating flooding and draining processes in salt marshes. Coastal Engineering,2016,108:65－78.

[21] United State Army of Engineers. Coastal Engineering Manual. http://coastalengineering-manual. tpub. com/[2003-2-1].

[22] 严恺. 海岸工程. 北京:海洋出版社,2002.

[23] Takahashi S. Design of vertical breakwaters. Kanagawa:Port and Airport Research Institute,2002.

[24] Allsop W. Historical experience of vertical breakwaters (in the UK)//Proceedings of ICE Conference on Coasts,Marine Structures & Breakwaters,Edinburgh,2009.

[25] van der Meer J W. Conceptual design of rubble mound breakwaters. Advanced in Coastal and Ocean Engineering,1995,1:221－315.

[26] Goda Y. Random seas and design of maritime structures//Advanced Series on Ocean Engineering,vol. 18. Hackensack:World Scientific Publishing Company,2010.

[27] van der Meer J W, Allsop W, Bruce T, et al. EurOtop Ⅱ—Manual on wave overtopping of sea defences and related structures: An overtopping manual largely based on European research, but for worldwide application. http: // www. overtopping-manual. com/manual. html[2016-10-1].

[28] Jarlan G E. A perforated vertical wall breakwater. Dock and Harbour Authority, 1961, 41 (486): 394—398.

[29] Aburatani S, Koizuka T, Sasayama H, et al. Field test ona semi-circular caisson breakwater. Coast Engineering, 1996, 39(1): 59—78.

[30] 谢世楞. 半圆形防波堤的设计和研究进展. 中国工程科学, 2000, 2(11): 35—39.

[31] 中华人民共和国交通运输部第一航务工程勘察设计院有限公司. 防波堤设计与施工规范(JTS 154-1—2011). 北京: 人民交通出版社.

[32] 郑金海, 冯向波, 陶爱峰, 等. 德国梅-前州和下萨克森州的海岸防护新理念与新型式//第十五届中国海洋(岸)工程学术讨论会论文集. 北京: 海洋出版社, 2011: 1089—1095.

[33] 陶建华. 水波的数值模拟. 天津: 天津大学出版社, 2005.

[34] Lin P Z. Numerical Modeling of Water Waves. New York: Taylor & Francis Group, 2008.

[35] Vousdoukas M I, Kirupakaramoorthy T, Oumeraci H, et al. The role of combined laser scanning and video techniques in monitoring wave-by-wave swash zone processes. Coast Engineering, 2014, 83(1): 150—165.

[36] Yang Z, Li H, Liang B, et al. Laboratory experiment on the bed load sediment transport over a rippled bed. Journal of Coastal Research, 2016, 75: 497—501.

第2章　基于台风浪后报数据的设计波高推算

设计波高推算是确定海岸构筑物设防标准的主要工作之一，包括原始波高的产生和统计分析两部分内容。关于原始波高的产生，在有长期观测波高的工程区域，需要收集分析观测波高，推算得出具体工程位置处的波高作为原始波高。若工程区域没有观测波高，或者观测时长不能够满足设计波高推算的要求，则常常采纳经过验证的高质量后报波高作为重要的补充手段。本章以中国南海为研究海域，该海域台风盛行，1975～2014 年平均每年发生台风 10.3 次。考虑到设计波高推算所需的样本波高通常出现在台风期间，本章采用台风浪后报数据作为南海设计波高推算的原始数据。

本章以 12 个站位的实测风速数据为基准，探讨 ERA-Interim 风场（再分析风场）和 Holland 模型风场（参数模型风场）的特点，给出上述两种风场的应用范围。结合 ERA-Interim 风场和 Holland 模型风场的优势，提出混合模型风场（Blended 模型风场）。Blended 模型风速较 ERA-Interim 风速和 Holland 模型风速与实测风速吻合更好，故 Blended 模型更适合于模拟南海海域台风期间的风场。以上述三种风场为驱动，我们模拟了 40 年南海海域台风期间的波浪场。结果显示，以 Blended 模型风场为驱动的 SWAN（Blended-SWAN）模型结果更加精确，能准确地模拟台风影响范围内的波浪场。Blended-SWAN 模型的台风浪峰值精度高于其余两种模型，提高了设计波高推算的可靠性。

原始波高的统计分析是指在理想的原始波高基础上采样，利用概率分布函数匹配样本，进而获得不同重现期波高的推算方法。本章选用阈值法（POT）和年极值法（annual maxima，AM）进行台风浪后报数据取样。分别采用广义帕累托分布（generalized Pareto distribution，GPD）和皮尔逊Ⅲ型（Pearson-Ⅲ，简称 P-Ⅲ）分布来匹配阈值法样本和年极值法样本。结果显示，POT/GPD 方式的推算结果都小于 AM/P-Ⅲ方式的推算结果。考虑到 POT 法和 AM 法的区别和联系以及 POT 法对本章原始波高的适用性，POT/GPD 方式作为不同重现期设计波高的推算方式更为合理，尤其是在推算 50 年以上重现期的设计波高时，其优势更加明显。鉴于阈值法的阈值确定过程中存在判断难度，图解合理的阈值时存在较大的人为因素，本章以样本分析为基础，提出新的阈值选取准则，以降低阈值确定的难度。

2.1　台风浪数值模拟

本节以 9 场台风期间的 12 个站位实测数据为基准，分析了 ERA-Interim 风场、Holland 模型风场和 Blended 模型风场以及它们驱动的台风浪场对南海海域的适用性。因 1#(121.9233°E,24.8469°N)和 2#(120.5361°E,26.3769°N)浮标经历了 2013 年 7 号台风“苏力”(7 月 8 日 8：00～14 日 8：00)的整个过程，选取其为代表进行具体分析。结合 12 个站位的实测数据，给出了 ERA-Interim 风场和 Holland 模型风场的适用范围限定值 R1 和 R2，如图 2.1 所示，它们依据台风中心至浮标点的距离，将整个台风中心轨迹分成了区间 A1、A2、A3、A4 和 A5。图 2.1 中，菱形代表台风中心位置，竖直线代表不同风场的适用边界(外侧两竖直线：ERA-Interim 风场的适用边界，内侧两竖直线：Holland 模型风场的适用边界)。

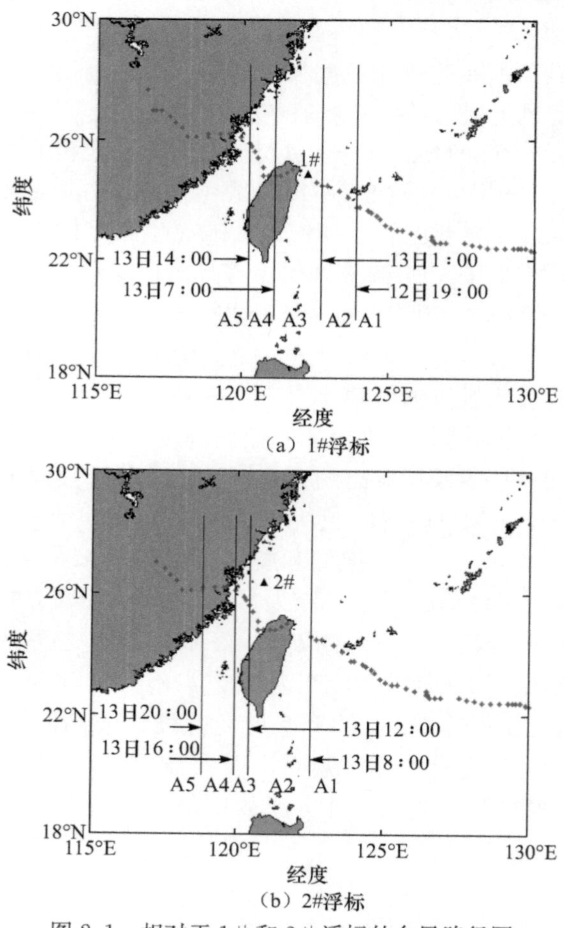

图 2.1　相对于 1# 和 2# 浮标的台风路径图

2.1.1　再分析风场

再分析风场资料解决了观测资料匮乏和时空不均等问题，因其易获得、易处理的特性被广泛应用于风场分析和波浪场模拟中。常用的再分析风场包括美国国家环境预报中心(National Centers for Environmental Prediction，NCEP)风场和欧洲中期天气预报中心(European Centre for Medium-Range Weather Forecasts，ECMW F)风场等。

本节选用 ECMWF 的 ERA-Interim 风场作为再分析风场的代表，进行详细分析。目前，ERA-Interim 风场包含了 1976 年 1 月～2016 年 10 月，每隔 6h 的海面风场资料，后期产品还在陆续更新中[1]。本书选取的海面风场资料为海面以上 10m 高度处的风速，空间分辨率为 0.125°。

本节依据台风中心至浮标点的距离与最大风速半径的比值(r/R_{max})，详细分析了台风期间 ERA-Interim 风场的适用范围。如图 2.2 所示，12 日 19：00～13 日 3：00，台风中心至 1＃浮标的距离为 5.87R_{max}～0.57R_{max}，ERA-Interim 风速急降；13 日 3：00～13 日 14：00，台风中心至 1＃浮标的距离为 0.57R_{max}～4.66R_{max}，ERA-Interim 风速逐渐上升。如图 2.3 所示，13 日 8：00～13 日 12：00，台风中心至 2＃浮标的距离为 5.85R_{max}～1.96R_{max}，ERA-Interim 风速急降；13 日 12：00～13 日 20：00，台风中心至 2＃浮标的距离为 1.96R_{max}～3.73R_{max}，ERA-Interim 风速逐渐上升。

由以上分析可知，当台风中心至浮标点的距离较远时，ERA-Interim 风速与观测风速的差异较小，ERA-Interim 风速能较准确地模拟台风风速；当台风中心至浮

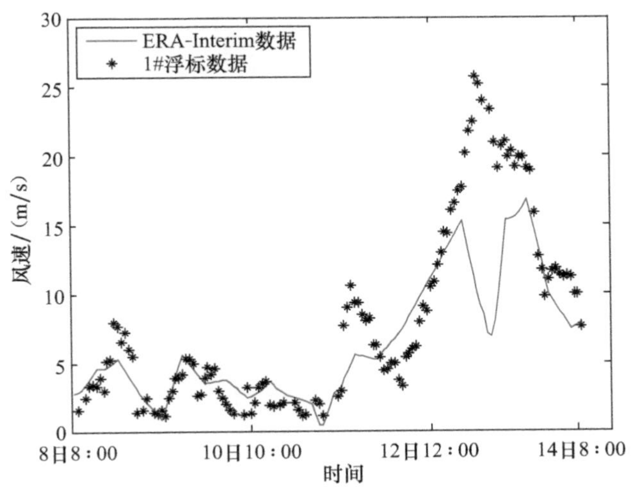

图 2.2　台风“苏力”期间 ERA-Interim 风速与 1＃浮标处观测风速对比

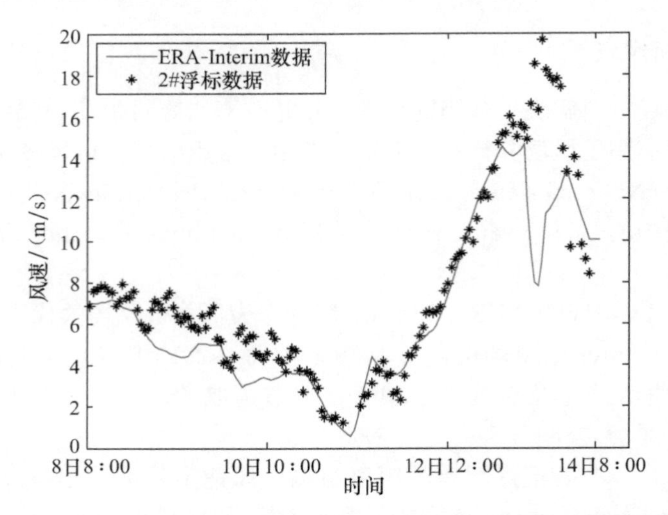

图 2.3 台风"苏力"期间 ERA-Interim 风速与 2#浮标处观测风速对比

标点的距离较近时,ERA-Interim 风速与观测风速的差异较大,ERA-Interim 风速明显小于观测风速。结合 12 个站位的实测风速,我们给出了 ERA-Interim 风场的适用范围限定值 R1,其为 $7R_{\max}$。当台风中心至目标点的距离处于区间 A1 和 A5 时,ERA-Interim 风速精度较高,可代表该位置处的实际风速;当台风中心至目标点的距离处于其他区间时,ERA-Interim 风速精度较低,不能代表该位置处的实际风速。

2.1.2 Holland 模型风场

鉴于 Holland 模型[2]在太平洋海域的大量运用,本节选择其为参数化模型的代表,进行南海海域的台风风场模拟。Holland 模型的梯度风速方程为

$$U_{\mathrm{g}}=\sqrt{\frac{B}{\rho_{\mathrm{a}}}\left(\frac{R_{\max}}{r}\right)^{B}(P_{\mathrm{n}}-P_{\mathrm{c}})\exp\left[-\left(\frac{R_{\max}}{r}\right)^{B}\right]+\frac{rf^{2}}{2}}-\frac{rf}{2} \tag{2.1}$$

式中,U_{g} 为距离台风中心半径 r 处的梯度风速;P_{c} 为中心气压;P_{n} 为周围环境气压;ρ_{a} 为空气密度;$R_{\max}$为最大风速半径;B 为形状参数;f 为科氏力参数。

本节使用的台风参数信息包含时间、经度、纬度、最大风速、台风中心气压等,而无最大风速半径这一重要参数。为了获得最大风速半径,采用 Graham 等[3]提出的经验公式:

$$R_{\max}=28.52\tanh[0.0873(\phi-28)]+12.22\exp\left(\frac{P_{\mathrm{c}}-P_{\mathrm{n}}}{33.86}\right)+0.2V_{\mathrm{f}}+37.2 \tag{2.2}$$

式中,ϕ 为纬度;V_{f} 为台风移动速度。台风移动速度可根据台风中心的位置变化求得。

关于参数 B 的求解,很多学者给出了不同的计算方程[2,4~13]。本节采用式(2.3)求解参数 B,它由 Shea 等[4]提出的最大风速方程推得,具体如下:

$$B=\frac{2.718\left[1.25\left(V_{\max}-\frac{V_{\mathrm{f}}}{2}\right)\right]^{2}\rho_{\mathrm{a}}}{P_{\mathrm{n}}-P_{\mathrm{c}}} \tag{2.3}$$

式中，$V_{\max}$为最大风速。

本节依据台风中心至浮标点的距离与最大风速半径的比值($r/R_{\max}$)，详细分析了台风期间 Holland 模型风场的适用范围。如图 2.4 所示，13 日 1：00～13 日 7：00，台风中心至 1＃浮标的距离为 $2.05R_{\max}\sim1.93R_{\max}$，Holland 模型风速与观测风速吻合良好。如图 2.5 所示，13 日 12：00～13 日 16：00，台风中心至 2＃浮

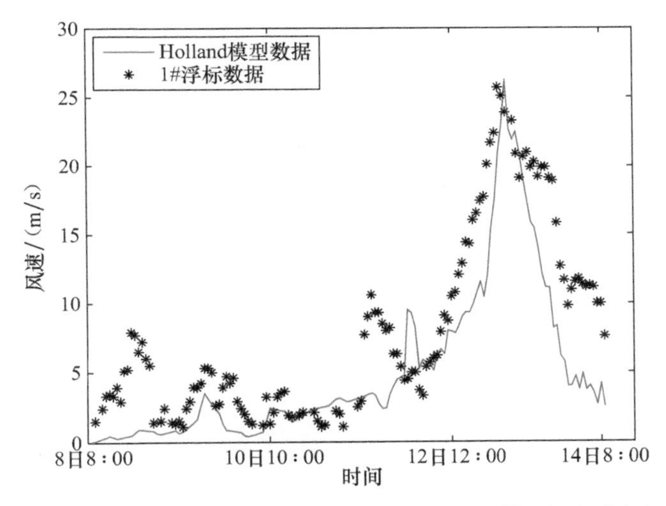

图 2.4　台风"苏力"期间 Holland 模型风速与 1＃浮标处观测风速对比

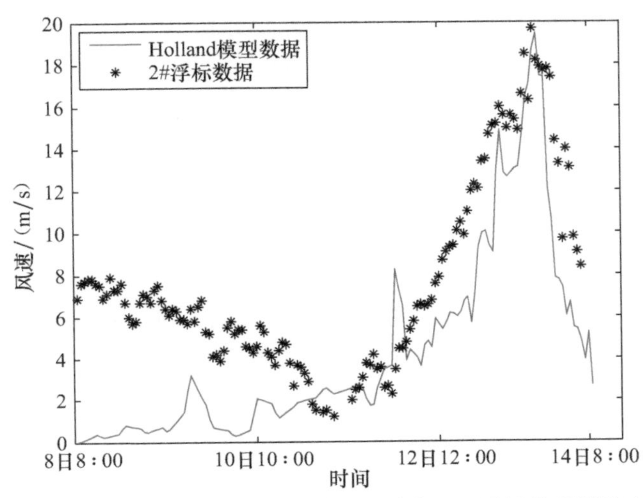

图 2.5　台风"苏力"期间 Holland 模型风速与 2＃浮标处观测风速对比

标的距离为 $1.96R_{max} \sim 1.57R_{max}$，Holland 模型风速与观测风速吻合良好。

由以上分析可知，当台风中心至浮标点的距离较近时，Holland 模型风速与观测风速的差异较小，Holland 模型风速能较准确地模拟台风风速；当台风中心至浮标点的距离较远时，Holland 模型风速与观测风速的差异较大，Holland 模型风速整体小于观测风速。结合 12 个站位的实测风速，我们给出 Holland 模型风场的适用范围限定值 R2，其为 $2R_{max}$。当台风中心至目标点的距离处于区间 A3 时，Holland 模型风速精度较高，可代表该位置处的实际风速；当台风中心至目标点的距离处于其他区间时，Holland 模型风速精度较低，不能代表该位置处的实际风速。

2.1.3 Blended 模型风场

ERA-Interim 风场和 Holland 模型风场在各自适用范围(ERA-Interim 风场：区间 A1 和 A5，Holland 模型风场：区间 A3)内精度较高，而在区间 A2 和 A4 内精度较低。本节在这两种风场的基础上，引入一个闭合的 Blended 风场公式来计算台风风场，即

$$U_B = \begin{cases} U_H, & r \leqslant 2R_{max} \\ \alpha^{0.70\alpha^{0.06}} U_H + (1-\alpha)^{0.72(1-\alpha)^{0.28}} U_E, & 2R_{max} < r < 7R_{max} \\ U_E, & r \geqslant 7R_{max} \end{cases} \tag{2.4}$$

式中，U_E 为 ERA-Interim 风速；U_H 为 Holland 模型风速；U_B 为 Blended 模型风速；α 为权重系数，定义为

$$\alpha = \frac{7 - r/R_{max}}{5} \tag{2.5}$$

当 r 处于区间 A2 和 A4 时，α 起到调配 Holland 模型风速和 ERA-Interim 风速的作用：当 r 接近 $2R_{max}$ 时，α 起到决定性作用，使 Holland 模型风速的比例增大；当 r 接近 $7R_{max}$ 时，$1-\alpha$ 起到决定性作用，使 ERA-Interim 风速的比例增大。权重系数 α 使整个 Blended 风场闭合，并提高了区间 A2 和 A4 的风场模拟精度，为波浪模拟提供了精确的输入风场。

如图 2.6 和图 2.7 所示，在整个台风过程中，Blended 模型风速与观测风速的差异较小。

验证表明，与 ERA-Interim 风场和 Holland 模型风场相比，Blended 模型风场在整个台风过程内的精度更高，可作为驱动风场来模拟台风浪场。

2.1.4 台风浪数值模拟

本节选用 SWAN 模型[14]进行南海海域的台风浪模拟，为了避免边界条件对计算结果的影响，选择的计算经度范围为 100°E～150°E，纬度范围为 0°N～40°N。

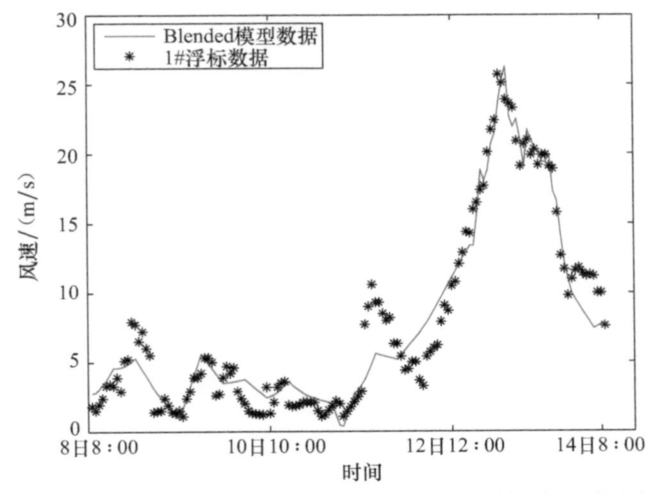

图 2.6　台风“苏力”期间 Blended 模型风速与 1＃浮标处观测风速对比

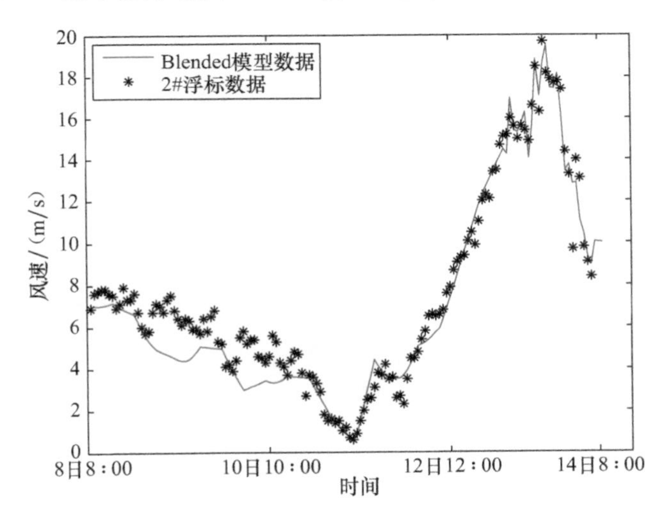

图 2.7　台风“苏力”期间 Blended 模型风速与 2＃浮标处观测风速对比

采用的水深数据来自大洋地势图(general bathymetric chart of the oceans, GEBCO)，精度为 0.125°。

模型采用的是球坐标系下的非稳态模式，网格类型为规则网格，时间和空间的离散方式为 S&L 格式，谱空间的离散方式为中心差分格式。模型采用的空间精度为 0.065°，时间步长为 10min。在二维谱空间的频率和方向中，频率以对数分布形式，从 0.03Hz 到 1.0Hz，分成 36 段；方向将 360°等分 48 段。物理机制上，考虑风输入项、白帽耗散项、底摩擦耗散项、变浅破碎耗散项和波波相互作用耗散项。

输入风场分别为台风“苏力”期间的 ERA-Interim 风场、Holland 模型风场和

Blended 模型风场，风场精度皆为 0.125°。在 SWAN 模型设置中，除了风场输入不同，其余设置相同。

如图 2.8 和图 2.9 所示，当台风中心至 1＃浮标和 2＃浮标的距离较远时，ERA-Interim-SWAN 模型（以 ERA-Interim 风场为驱动的 SWAN 模型）波高与 Blended-SWAN 模型波高近似，它们与观测波高的差异较小，ERA-Interim-SWAN 模型和 Blended-SWAN 模型能较准确地模拟台风浪波高；Holland-SWAN 模型

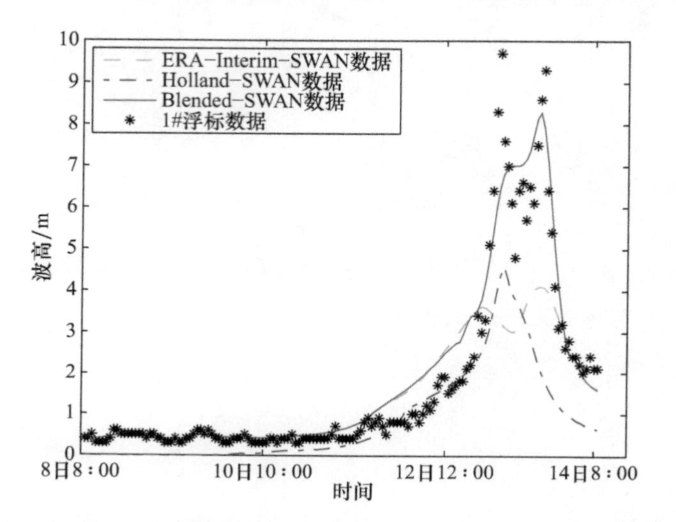

图 2.8 台风"苏力"期间 ERA-Interim-SWAN、Holland-SWAN 和 Blended-SWAN 模型波高与 1＃浮标处观测波高对比

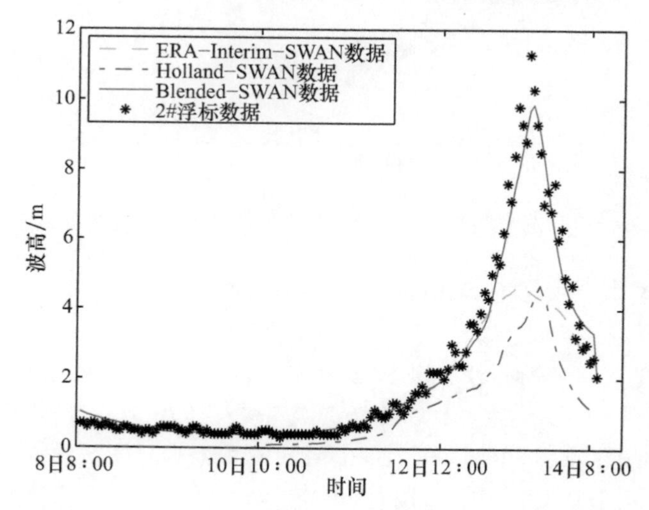

图 2.9 台风"苏力"期间 ERA-Interim-SWAN、Holland-SWAN 和 Blended-SWAN 模型波高与 2＃浮标处观测波高对比

(以 Holland 模型风场为驱动的 SWAN 模型)波高与 ERA-Interim-SWAN 模型波高和 Blended-SWAN 模型波高相比较小,与观测波高的差异较大,Holland-SWAN 模型不能准确地模拟台风浪波高。当台风中心至 1#浮标和 2#浮标的距离较近时,Blended-SWAN 模型波高显著高于 ERA-Interim-SWAN 模型波高和 Holland-SWAN 模型波高,与观测波高的差异较小,Blended-SWAN 模型能较准确地模拟台风浪波高;ERA-Interim-SWAN 模型波高峰值和 Holland-SWAN 模型波高峰值近似,与观测波高峰值的差异较大,ERA-Interim-SWAN 模型和 Holland-SWAN 模型不能准确地模拟台风浪波高。

如图 2.10 和图 2.11 所示,当台风中心至 1#浮标和 2#浮标的距离较远时,ERA-Interim-SWAN 模型周期与 Blended-SWAN 模型周期近似,它们与观测周期的差异较小,ERA-Interim-SWAN 模型和 Blended-SWAN 模型能较准确地模拟台风浪周期;Holland-SWAN 模型周期与 ERA-Interim-SWAN 模型周期和 Blended-SWAN 模型周期相比较小,与观测周期的差异较大,Holland-SWAN 模型不能准确地模拟台风浪周期。当台风中心至 1#浮标和 2#浮标的距离较近时,Blended-SWAN 模型周期略精确于 ERA-Interim-SWAN 模型周期,与观测周期的差异较小,Blended-SWAN 模型能较准确地模拟台风浪周期;Holland-SWAN 模型周期精度小于 ERA-Interim-SWAN 模型周期精度和 Blended-SWAN 模型周期精度,与观测周期的差异较大,Holland-SWAN 模型不能准确地模拟台风浪周期。

设计波高推算的合理性很大程度地依赖于台风浪波高峰值的准确性。基于以上分析可知,在台风期间,Blended-SWAN 模型波高峰值与观测波高峰值更为吻合。

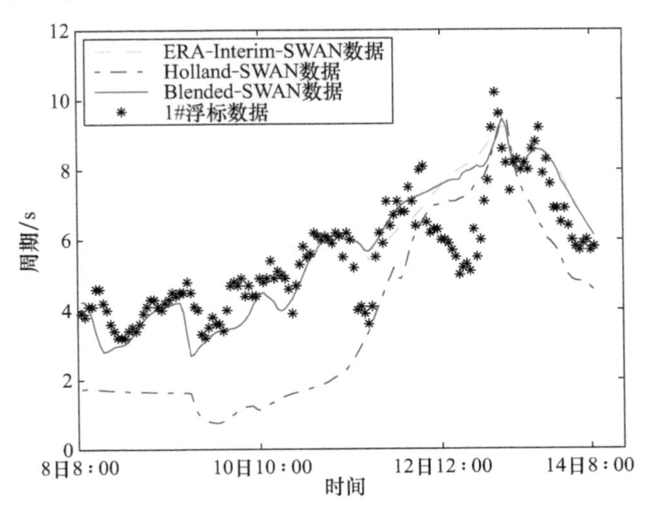

图 2.10　台风“苏力”期间 ERA-Interim-SWAN、Holland-SWAN 和 Blended-SWAN 模型周期与 1#浮标处观测周期对比

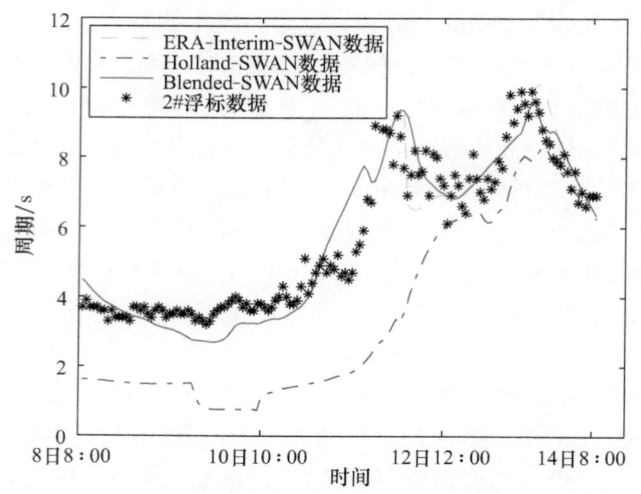

图 2.11　台风“苏力”期间 ERA-Interim-SWAN、Holland-SWAN 和 Blended-SWAN 模型周期与 2# 浮标处观测周期对比

2.2　设计波高推算

本节以 3#(114.75°E,21.25°N,见图 2.12)处 40 年(1975～2014 年)台风浪后报数据为原始数据,进行设计波高推算,分别采用 POT/GPD 方式和 AM/P-Ⅲ方式计算了百年一遇、千年一遇、万年一遇的波高值,提出了适用于台风浪后报数据的设计波高推算方法。以 4#(115°E,19°N,见图 2.12)处 40 年台风浪后报数据为原始数据,取台风浪峰值波高为初步样本,分析初步样本特性,提出了新的阈值选取准则,降低了阈值选取难度,并减小了阈值选取中不稳定因素对推算结果的影响。

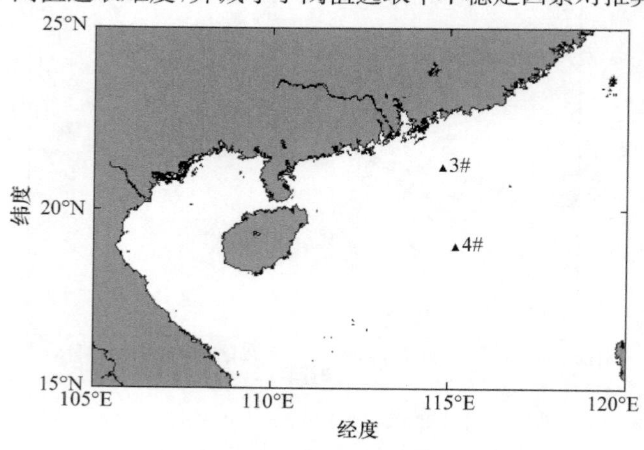

图 2.12　推算点位分布图

2.2.1　概率分布函数

根据极值理论，广义帕累托分布(GPD)[15]是超定量序列的极限理论分布。假设超定量波浪序列为 X，则其服从 GPD：

$$G(x)=1-\left(1+k\frac{x-u}{\sigma}\right)^{-\frac{1}{k}} \tag{2.6}$$

式中，$x\geqslant u$，$1+k\frac{x-u}{\sigma}>0$；k 为形状参数；σ 为尺度参数；u 为阈值。

根据重现期定义，重现期值和分布函数的关系为

$$X_T=G(x)^{-1}\left(1-\frac{1}{rT}\right) \tag{2.7}$$

式中，X_T 为 T 年一遇重现期值；r 为 X 序列中平均每年大于阈值的次数。

Pearson-Ⅲ型曲线[16]的常见表达形式为

$$y=f(x)=\frac{\beta^{\alpha}}{\Gamma(\alpha)}(x-a_0)^{\alpha-1}\mathrm{e}^{-\beta(x-a_0)} \tag{2.8}$$

式中，$\Gamma(\alpha)$为 α 的伽马函数；a_0、α 和 β 为待定参数。

其概率分布为

$$P(X\geqslant x)=F(x)=\int_x^a f(x)\mathrm{d}x=P \tag{2.9}$$

2.2.2　POT 法分组

原始波高分组是 POT 法[17]的第一步，其目的是为了确保样本波高的独立性。常用的分组方法包括天气过程分组(台风、寒潮等)、时间窗口分组和双阈值分组等。三种分组方法具体如下：

(1) 天气过程分组。天气过程分组是一种根据某一天气过程划分原始波高的分组方式。它的优点是：符合样本的自然分布。它的缺点是：由于天气系统对波浪的影响存在滞后性，不能保证完全同步，可能会造成样本缺失；假设某种天气系统是该海域的唯一影响因素，对多天气系统的海域并不适用。

(2) 时间过程分组。时间过程分组是一种选取某一固定值划分原始波高的分组方式。它的优点是：分组方式明确，易操作，无人为因素影响。它的缺点是：经验的分组方式不符合样本的自然分布，无法确保样本的独立性，可能会造成样本的缺失。

(3) 双阈值分组：双阈值分组是一种考虑风暴起止时间、风暴峰值间隔和风暴持续时间等因素，利用风暴过程划分原始波高的分组方式。它的优点是：根据风暴过程划分原始波高，确保样本独立性。它的缺点是：分组过程中存在较小阈值确定、相邻风暴区分和风暴持续时间确定等问题，分组方法较复杂，不同区域适用性不同，存在较大的人为影响。

若分组方式不合理,取样会违背样本独立性原则,甚至会导致部分较大波高的缺失,最终影响重现期波高推算结果。本章研究区域为南海海域,该海域受台风影响较大,根据原始数据特性,天气系统对波浪的滞后性可忽略。因此采用天气过程分组,直接根据台风过程提取每场台风的峰值波高作为初步样本,分组方式简单,确保了样本的独立性,且无人为因素影响。

2.2.3 POT 法取阈及 POT/GPD 推算

阈值法是选取超过某个固定值(阈值)的原始数据作为样本的取样方法。阈值选取对样本数量和样本代表性起着决定性作用,阈值过小,较小波高被选入样本,样本数量足够,但是样本代表性降低,设计波高推算结果不合理且偏小;阈值过大,较小波高被移除,样本代表性增加,但是样本数量不足,不能合理地匹配概率分布函数,因此合理的阈值选取对设计波高推算至关重要。通常阈值选取是根据平均剩余生命图或 GPD 参数的稳定性来决定的。为了降低人为因素对阈值选取的影响,本节采用 GPD 参数稳定性分析和阈值敏感性分析共同确定阈值。

本章选取推算点位 3#处台风浪后报数据为具体算例进行研究。在推算点位 3#处进行阈值预处理,阈值选择范围设置为 4.0~8.0m,阈值间隔设置为 0.05m。在该位置处,阈值取为 4.0m,对应年平均样本数 λ 为 4.53 个,阈值取为 8.0m,对应年平均样本数 λ 为 0.85 个。Mazas 等[18]和 Lerma 等[19]建议,当原始波高年限超过 40 年时,年平均样本数应为 2.0 个左右,因此推算点位 3#处阈值预处理是合理的。

推算点位 3#处 GPD 参数如图 2.13 所示,包含形状参数 k 和修正尺度参数 $\sigma_1=\sigma-ku$。具体的参数估计法采用的是 Mazas 等[18]推荐的最大似然法。如图 2.13 所示,形状参数和修正尺度参数在阈值区间 6.05~6.85m 内趋于稳定,即在该区间内样本稳定性较高,样本选取足够合理。

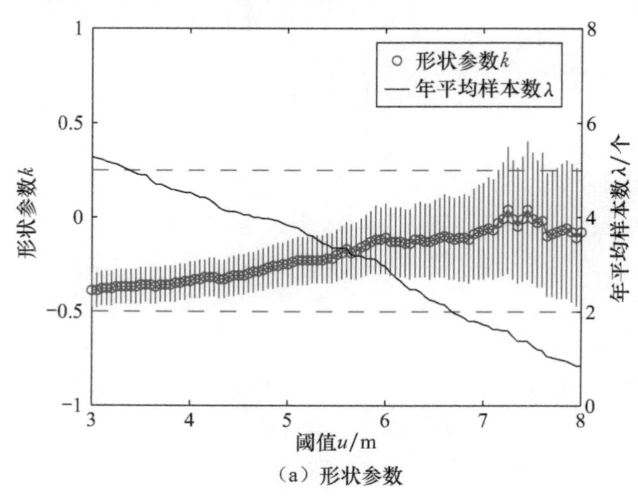

(a) 形状参数

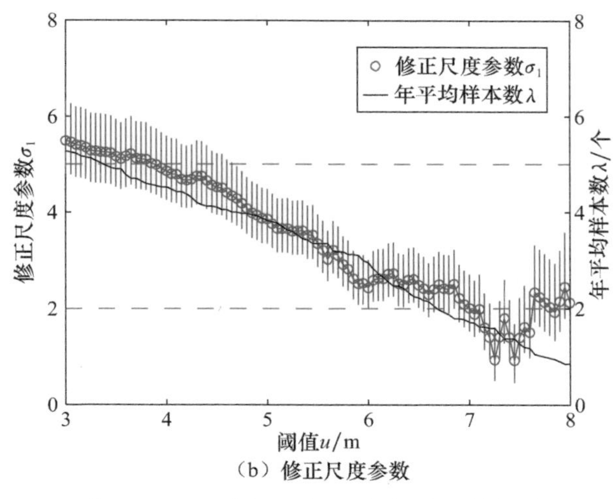

（b）修正尺度参数

图 2.13　形状参数和修正尺度参数估计图

为了进行阈值敏感性分析，本章给出了推算点位 3＃处阈值取 4～8m 对应的百年一遇、千年一遇和万年一遇的波高推算值，如图 2.14 所示。具体分析，当阈值处于4～5.45m 区间时，样本数量较大且变化缓慢，但过多的较小波高被选入样本，降低了样本代表性，形状参数和修正尺度参数变化剧烈，波高推算值小于其余区间波高推算值。当阈值处于 5.45～6.05m 区间时，样本数量急剧减小，较小波高被大量移除，所选样本数据的代表性逐渐增强，形状参数和修正尺度参数变化剧烈，波高推算值突然增大。当阈值处于 6.05～6.85m 区间时，样本数量趋于稳定，较小波高已被完全移除，所选样本数据皆具有代表性，形状参数和修正尺度参数趋于稳定，波高推算值亦趋于稳定。当阈值处于 6.85～8m 区间时，样本数量逐渐减少，所选样本数据依旧具有代表性，但合理的较大波高被大量地移除，形状参数变化剧烈，修正尺度参数变化相对较大，波高推算值大于其余区间波高推算值，考虑到样本数量过小，该区间的概率分布函数匹配不合理。综上所述，阈值应在6.05～6.85m 区间内选取，该区间内，样本数量足够，所选样本数据具有代表性，概率分布函数匹配的结果趋于稳定，相应的形状参数和修正尺度参数亦趋于稳定。选取阈值接近左区间值 6.05m 时，相应的样本数量更大，概率分布函数匹配更准确；接近右区间值 6.85m 时，相应的波高推算值更大，作为工程结构设计波高的安全性更高。本节考虑到该区间内波高推算值变化不大，本着增加样本数量的原则，最终选取 6.05m 作为阈值法取样的合理阈值。该阈值对应的年平均样本数为 2.80 个，与 Mazas 等[18]和 Lerma 等[19]提出的建议值相近，进一步反映了所选阈值的合理性。

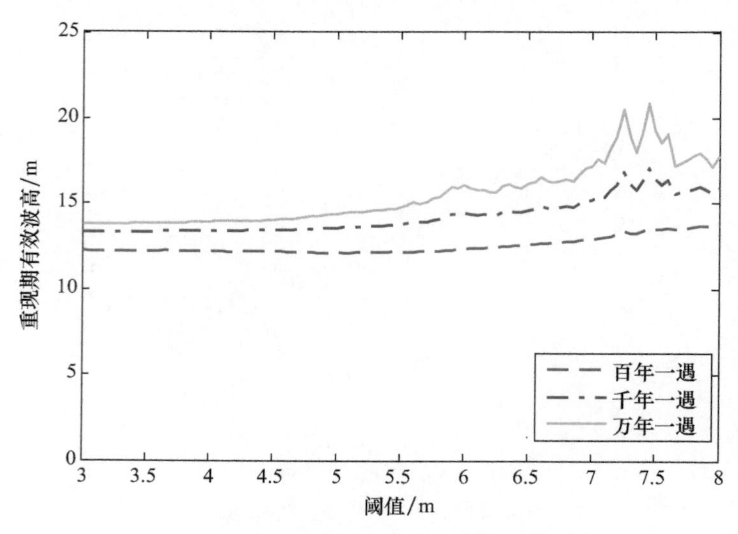

图 2.14　POT/GPD 推算方式敏感性分析图

利用推算点位 3# 处的样本匹配 GPD，可以进一步得到不同重现期的波高推算值。如图 2.15 所示，百年一遇、千年一遇、万年一遇的波高推算值分别为 12.36m、14.37m 和 15.87m。

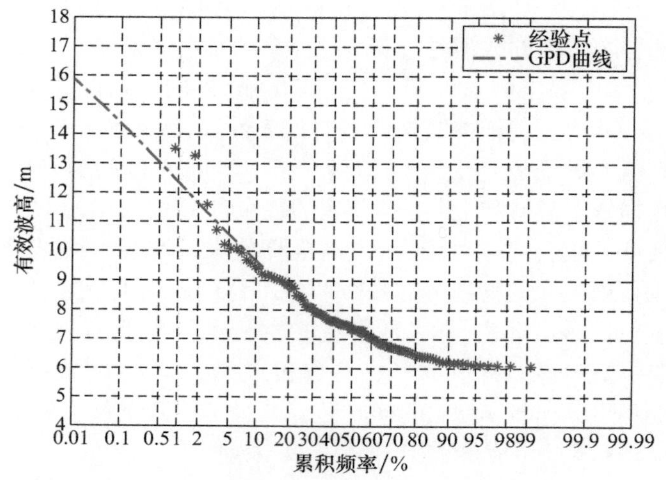

图 2.15　推算点位 3# 处 GPD 分布累计频率曲线

2.2.4　AM/P-Ⅲ推算

年极值法[20]是选取年最大波高为样本的取样方法。年最大波高是每年最大风暴的峰值波高，实际海况中大多数情况下可以认为年最大波高是相互独立的[21]。年极值法的优点为:取样方式简单;缺点为:原始数据利用率不高,样本数量过少。因此为了保证样本数量,通常要求原始波高的年限较长。本节先利用年极值法对推算点位3#处40年台风浪后报数据进行取样,再利用该样本匹配P-Ⅲ分布得到不同重现期的波高推算值,最终与POT/GPD推算方式得到的结果比对,探讨年极值法对该原始数据的适用性。

本节的原始数据为台风浪后报数据,因此采用年极值法取样时,可直接选取年最大台风浪的峰值波高作为样本,该取样方式简单,确保样本的独立性,且无人为因素影响。

年极值法的概率分布模型主要包括极值Ⅰ型分布、极值Ⅲ型分布、P-Ⅲ分布和Log-normal分布等。本节采用P-Ⅲ分布来匹配推算点位的年极值样本。

利用推算点位3#处的年极值样本匹配P-Ⅲ分布,进而得到不同重现期的波高推算值。如图2.16所示,其百年一遇、千年一遇、万年一遇的波高推算值分别为13.81m、16.03m和17.92m。

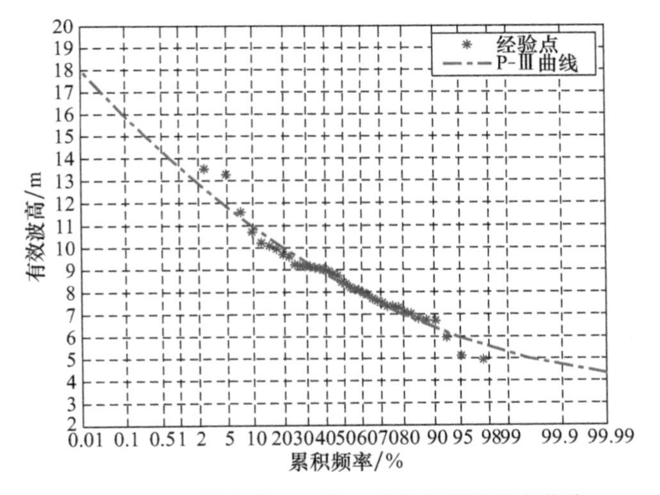

图2.16　推算点位3#处P-Ⅲ分布累计频率曲线

2.2.5　设计波高推算方法对比分析

本节主要从取样方法来分析两种推算方式的差异。首先,探讨的是POT法和AM法的区别和联系。POT法是在长时间序列波高的基础上,根据自然波浪过程分组,选取超过阈值的峰值波高作为样本的取样方法。而AM法是以年为时间限制,选取年极值波高作为样本的取样方法,它以年为时间限制强制分组,假设年极值波高相互独立,强制取样,忽略了年次大峰值波高等值作为样本的可能性。可以看出，POT 法更符合自然规律，是在已有长时间序列波高的基础上进行重现期波高推算，而不是像 AM 法那样通过增加限制条件以简化取样过程。假设原始波高年限足够长，年极值样本相互独立，且年极值波高都大于其余年的未选波高，此时采用 POT 法取样的年平均样本数为 1 个，则 AM 法取样的结果和 POT 法取样的结果一致。因此可以认为 AM 法是 POT 法的特例。

其次，本节进行了 POT 法阈值的敏感性分析，以 40 年台风浪后报数据为原始数据探讨了两种推算方式的合理性。前面已讨论 POT 法和 AM 法的区别和联系，这里研究的是 POT 法和 AM 法对 40 年台风浪后报数据的适用性。以推算点位 3# 为例，采用 POT 法取样时，若阈值为 7.75m，则相应年平均样本数为 1 个。如图 2.14 所示，阈值为 7.75m 的不同重现期波高都大于阈值为 6.05m 的不同重现期波高，但是不同重现期波高在这阈值附近都非常不稳定，对应的 GPD 参数也不够稳定。基于前面的分析可知，当阈值处于 6.85～8m 区间时，所选样本数据具有代表性，但样本数量逐渐减小，合理的较高波高被移除后，形状参数变化剧烈，修正尺度参数变化相对较大，波高推算值大于阈值区间为 6.05～6.85m 的波高推算值。因此，当年平均样本数为 1 个时，尽管所选样本具有代表性，但是样本数量过小，概率分布函数匹配不合理，重现期波高值过大。以上分析从侧面解释了 AM/P-Ⅲ推算结果高于 POT/GPD 推算结果的原因，也给出了 POT/GPD 方式更适用于以台风浪后报数据为原始数据的设计波高推算的理论依据。

2.2.6 基于样本特性的阈值选取准则

阈值法的关键是分组和取阈两部分，2.2.2 节和 2.2.3 节已经介绍了其重要性和解决方法。2.2.3 节通过分析 GPD 分布参数的稳定性和阈值的敏感性来确定阈值，以降低人为因素影响，进而降低波高推算结果的不稳定性。然而，如图 2.13 所示，形状参数和修正尺度参数的波动较大，稳定区间的判断存在较大困难和人为因素影响，即使与阈值敏感性分析的结果结合，阈值选取的不稳定因素仍较大，选取过程仍较困难。

本节采用样本特性分析法来确定阈值。选取推算点位 4# 处 40 年台风浪后报数据为具体算例进行研究，提取台风浪峰值波高作为初步样本。初步样本的最大波高为 14.05m，故本节选取 0～15m 为统计区间，0.05m 为统计间隔，对初步样本进行统计分析，其分布如图 2.17 所示。对样本分布进行分析，样本在较小区间(0～4.15m)和较大区间(4.15～15m)存在两个集中分布。根据阈值选取要求，阈值不宜过小，否则较小峰值波高被选入样本，降低样本代表性；阈值也不宜过大，否则样本数量过小，不足以推算出合理结果。因此，较大区间内的峰值波高作为样本更为合理。

为了选择合理阈值，本节以1～9.5m为区间，每隔0.05m取值作为阈值，对应的五十年一遇、百年一遇、二百年一遇和五百年一遇推算波高如图2.18所示。以五十年一遇推算结果为例，阈值4.15m相邻区间内的推算结果趋于稳定，而其余

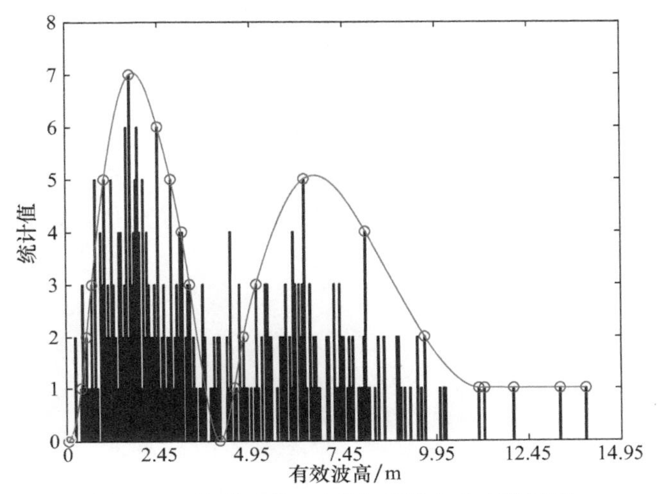

图2.17　推算点位4#处初步样本分布统计图

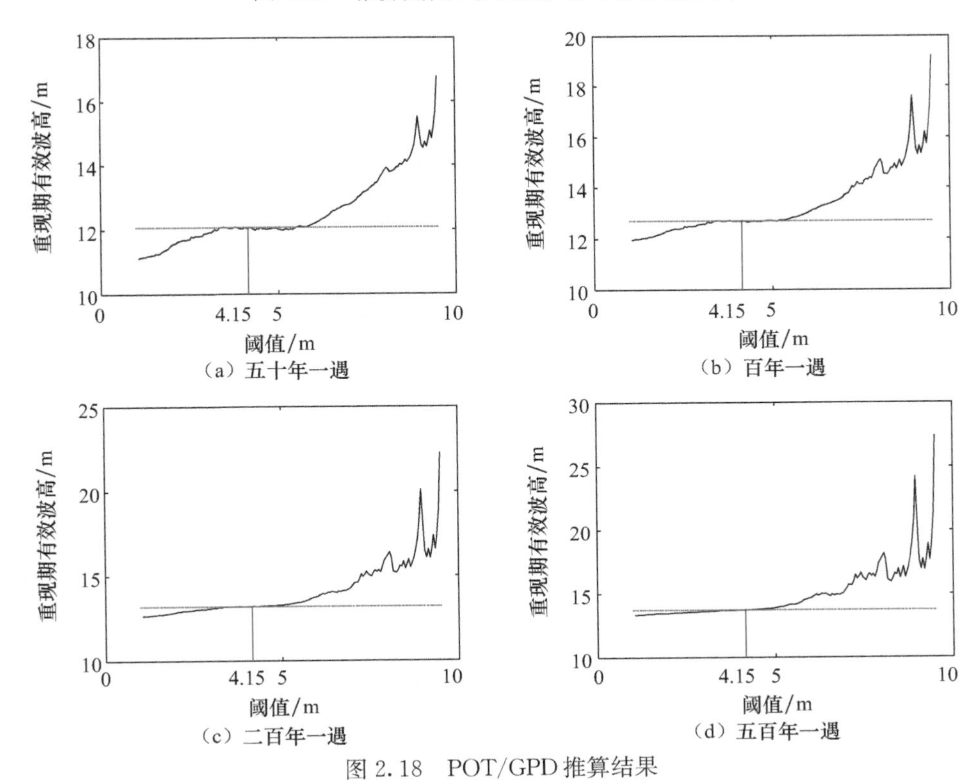

图2.18　POT/GPD推算结果

区间内，阈值推算结果变化较大，推算结果不稳定。由此可见，阈值取为 4.15m 时，样本较稳定，样本值较大，样本具有足够代表性，其对应的样本总数为 137 个，年平均样本数为 3.43 个。分析百年一遇、二百年一遇和五百年一遇推算结果，皆具有该特性，因此 4.15m 可以作为合理的阈值进行阈值法取样。为了进一步明确取阈方法，图 2.17 中画出了样本分布的包络线。由图可见，两波峰间的波谷隔开了较小区间和较大区间，可以作为阈值选取的判别标准。

本节提出了一种新的取阈方法进行阈值法取样，该方法以样本特性为基础，根据样本分布直接确定阈值，而不需要分析 GPD 参数的稳定性。该取阈方法的判断准则明确，以样本分布包络线的波谷为阈值，避免了传统阈值确定过程中的人为主观性，为阈值法的阈值选取提供了新方法。

参考文献

[1] Dee D P, Uppala S M, Simmons A J, et al. The ERA-Interim reanalysis: Configuration and performance of the data assimilation system. Quarterly Journal Royal Meteorological Society, 2011, (137): 553—597.

[2] Holland G J. An analytic model of the wind and pressure profiles in hurricanes. Monthly Weather Review, 1980, 108(8): 1212—1218.

[3] Graham H E, Nunn D E. Meteorological Conditions Pertinent to Standard Project Hurricane. Washington D. C.: Department of Commerce, 1959.

[4] Shea D J, Gray W M. The hurricane's inner core region, I: Symmetric and asymmetric structure. Journal of the Atmospheric Sciences, 1973, 30(8): 1544—1564.

[5] Love G, Murphy K. The Operational Analysis of Tropical Cyclone Wind Fields in the Australian Northern Region. Northern Territory Region: Bureau of Meteorology, 1985.

[6] Hubbert G D, Holland G J, Leslie L M, et al. A real-time system for forecasting tropical cyclone storm surges. Weather Forecast, 1991, 6(1): 86—97.

[7] Harper B A, Holland G J. An updated parametric model of the tropical cyclone// Proceedings of the 23rd Conference Hurricanes and Tropical Meteorology, Dallas, 1999.

[8] Vickery P J, Skerlj P F, Steckley A C, et al. Hurricane wind field model for use in hurricane simulations. Journal of Structural Engineering, 2000, 126(10): 1203—1221.

[9] Powell M, Soukup G, Cocke S, et al. State of Florida hurricane loss projection model: Atmospheric science component. Journal of Wind Engineering and Industrial Aerodynamics, 2005, 93(8): 651—674.

[10] Jakobsen F, Madsen H. Parametric tropical cyclone models for storm surge modeling. Journal of Wind Engineering and Industrial Aerodynamics, 2004, 92(5): 375—391.

[11] Vickery P J, Dhiraj W. Statistical models of Holland pressure profile parameter and radius to maximum winds of hurricanes from flight-level pressure and *H* * Wind data. Journal of

Applied Meteorology and Climatology,2008,47(10):2497—2517.

[12] Powell M D. Changes in the low-level kinematic and thermodynamic structure of hurricane Alicia (1983) at landfall. Monthly Weather Review,1987,115(1):75—99.

[13] Powell M D,Black P G. The relationship of hurricane reconnaissance flight-level measurements to winds measured by NOAA's oceanic platforms. Journal of Wind Engineering and Industrial Aerodynamics,1990,36(1):381—392.

[14] Ris R C,Holthuijsen L H,Booij N. A third-generation wave model for coastal regions 2: verification. Journal Geophysical Research,1999,104(C4):7667—7681.

[15] Coles S. An Introduction to Statistical Modeling of Extreme Values. London: Springer-Verlag London,2011:209.

[16] Bobee B. The log Pearson type 3 distribution and its application in hydrology. Water Resources Research,1975,11(5),681—689.

[17] Goda Y. Random Seas and Design of Maritime Structures. Hackensack: World Scientific Publishing Company,1988:708.

[18] Mazas F,Hamm L. Amulti-distribution approach to POT methods for determining extreme wave heights. Coastal Engineering,2011,58(5):385—394.

[19] Lerma A N,Bulteau T,Lecacheux S,et al. Spatial variability of extreme wave height along the Atlantic and channel French coast. Ocean Engineering,2015,(97):175—185.

[20] DNV. Environmental conditions and environmental loads//Recommended Practice DNV-RP-C205. Oslo:Det Norske Veritas,2014.

[21] 邱大洪. 工程水文学. 3版. 北京:人民交通出版社,1999.

第3章　多因素耦合作用下的海岸水动力数值模拟

海岸水动力环境的计算分析是海岸工程建设的关键前提，然而海岸区岸线、地形复杂，潮流、波浪、风暴潮、泥沙运动等多种不同时空尺度的动力因素之间的非线性耦合作用显著。这些环境因素及其相互作用直接影响着近海环流、风暴潮及岸滩冲淤等海岸灾害与动力演变过程。

本章针对上述关键性问题，建立了波浪、海流、泥沙运动、冲淤演变等多因素耦合水动力模型，可以有效计算分析海岸区波浪、海流与地形演变规律，为工程方案的制定提供决策依据。该模型是通过耦合陆架区水动力模型 COHERENS[1]、第三代海浪模式 SWAN 以及三维泥沙模型 SED，进而构建得到浪流沙耦合数学模型 COHERENS-SED[2]。本章主要阐述海岸工程水动力模型的控制方程、数值方法等基本理论，分析海岸区波浪、海流、泥沙等主要动力因素间的耦合作用机理，给出浪流沙耦合模型的构建方法。最后，分别以黄河三角洲与胜利油田滩海路岛工程作为典型工程案例，介绍模型的工程应用。

3.1　数值模拟基本理论

基于质量守恒和牛顿第二定律所得到的 N-S 方程是流体运动的基本方程。然而，完整的 N-S 方程求解起来十分复杂且耗时巨大。海岸环境中的多数流动问题，如潮波、风暴潮、海啸等，其垂向尺度(数米至数百米)远小于水平尺度(数百千米至数千千米)，因此可归为“浅水流动”问题。在浅水流动中，静压假设成立，即认为在垂向上流体重力与垂向压强梯度力平衡，垂向加速度和其他作用力的垂向分量可忽略不计，自由水面仅为地点的函数。据此可将原始的 N-S 方程简化为静压方程。与原始 N-S 方程相比，该方程求解过程大大简化，计算速率也大大提升，可用于海岸区域大范围的水动力计算。

当垂向流速较小时，假设水平流速在垂直方向均匀分布，将 N-S 方程沿水深积分，可以得到经典的浅水方程。浅水方程为平面二维模型，可以计算得到水面高度和水深平均流速；静压方程又称准三维方程，可以计算得到垂向流速和水平流速的垂向结构。静压方程和浅水方程是海岸工程领域中水动力模型的控制方程。

在垂向计算过程中，通常采用笛卡儿和伸缩坐标两种方法进行。为适应不规则的海床地形，在笛卡儿坐标系下需要对床面做阶梯化近似处理，垂向分层的每一层深度固定不变，任意水平位置的分层数会随着水深的变化而变化，但这种网格离散系统会因垂向网格分辨率较粗，而难以客观计算高剪切应力的浅水区水动力运动规律，而且也难以给定底边界和水面边界条件。本模型中垂向空间的离散是在 σ 坐标系下进行的，不同位置、不同水深处垂向分层的数目一致，垂向分辨率与水深成正比，较笛卡儿坐标系在水深较浅处分辨率更高，处理方法更加灵活。

本节主要阐述波浪、海流、泥沙耦合模型 COHERENS-SED 中所涉及的控制方程、数值离散方法、边界条件、泥沙沉降过程等基本理论。模型采用模态分裂法，将快过程表面重力波（正压模式）和慢过程内重力波（斜压模式）分开求解，先求解正压模式，然后求解斜压模式，利用预测-校正法使正压模式求出的流速与斜压模式求出的流速沿水深积分值相等，以保证正压与斜压模式计算的结果一致。为降低数值耗散，模型采用了多种对流项处理方法。

3.1.1　海流运动基本理论

1. 三维斜压模式主控方程

为更清楚、更完整地描述浅水运动与流体连续方程，本节将分别给出未经垂向伸缩变形的基本控制方程和垂向伸缩变形坐标系下的基本控制方程。

1）未经垂向伸缩变形坐标系的基本方程

$$\frac{\partial u}{\partial t}+u\frac{\partial u}{\partial x}+v\frac{\partial u}{\partial y}+w\frac{\partial u}{\partial z}-fv=-\frac{1}{\rho_0}\frac{\partial p}{\partial x}+\frac{\partial}{\partial z}\left(\nu\frac{\partial u}{\partial z}\right)+\frac{\partial}{\partial x}\tau_{xx}+\frac{\partial}{\partial y}\tau_{yx} \tag{3.1}$$

$$\frac{\partial v}{\partial t}+u\frac{\partial v}{\partial x}+v\frac{\partial v}{\partial y}+w\frac{\partial v}{\partial z}+fu=-\frac{1}{\rho_0}\frac{\partial p}{\partial y}+\frac{\partial}{\partial z}\left(\nu\frac{\partial v}{\partial z}\right)+\frac{\partial}{\partial x}\tau_{xy}+\frac{\partial}{\partial y}\tau_{yy} \tag{3.2}$$

$$\frac{\partial p}{\partial z}=-\rho g \tag{3.3}$$

$$\frac{\partial u}{\partial x}+\frac{\partial v}{\partial y}+\frac{\partial w}{\partial z}=0 \tag{3.4}$$

$$\frac{\partial T}{\partial t}+u\frac{\partial T}{\partial x}+v\frac{\partial T}{\partial y}+w\frac{\partial T}{\partial z}=\frac{1}{\rho_0 c_p}\frac{\partial I}{\partial z}+\frac{\partial}{\partial z}\left(\lambda_T\frac{\partial T}{\partial z}\right)+\frac{\partial}{\partial x}\left(\lambda_H\frac{\partial T}{\partial x}\right)+\frac{\partial}{\partial y}\left(\lambda_H\frac{\partial T}{\partial y}\right) \tag{3.5}$$

$$\frac{\partial S}{\partial t}+u\frac{\partial S}{\partial x}+v\frac{\partial S}{\partial y}+w\frac{\partial S}{\partial z}=\frac{\partial}{\partial z}\left(\lambda_T\frac{\partial S}{\partial z}\right)+\frac{\partial}{\partial x}\left(\lambda_H\frac{\partial S}{\partial x}\right)+\frac{\partial}{\partial y}\left(\lambda_H\frac{\partial S}{\partial y}\right) \tag{3.6}$$

式中，u、v、w 分别为 x、y、z 方向的流速；T 为温度；S 为盐度；$f=2\Omega\sin\phi$ 为科氏力系数；Ω 为地球旋转频率；g 为重力加速度；ν 为运动黏性系数；λ_T 为温度和盐度的垂向扩散系数；λ_H 为温度和盐度的水平扩散系数；ρ 为密度；ρ_0 为参考密度；c_p 为常压下海水比热容；$I(x,y,z,t)$ 为太阳辐射；τ_{xx}、τ_{xy}、τ_{yx}、τ_{yy} 为水平雷诺应力。

$$\tau_{xx}=2\nu_{\mathrm{H}}\frac{\partial u}{\partial x} \tag{3.7}$$

$$\tau_{yx}=\tau_{xy}=\nu_{\mathrm{H}}\left(\frac{\partial u}{\partial y}+\frac{\partial v}{\partial x}\right) \tag{3.8}$$

$$\tau_{yy}=2\nu_{\mathrm{H}}\frac{\partial v}{\partial y} \tag{3.9}$$

式中，ν_{H} 为动量的水平扩散系数。

压强 p 由平衡部分与扰动部分组成，表达式为

$$p=p_0+p'=p_0+\rho_0 q_{\mathrm{d}} \tag{3.10}$$

平衡压强 p_0 的表达式为

$$\frac{\partial p_0}{\partial z}=-\rho_0 g \tag{3.11}$$

结合上表面压强边界条件为大气压 P_{a}，可以给出 p_0 的表达式为

$$p_0=\rho_0 g(\eta-z)+P_{\mathrm{a}} \tag{3.12}$$

式(3.10)对水平空间求导后，结合式(3.12)可以得到

$$\frac{1}{\rho_0}\frac{\partial p}{\partial x_i}=g\frac{\partial \eta}{\partial x_i}+\frac{1}{\rho_0}\frac{\partial P_{\mathrm{a}}}{\partial x_i}+\frac{\partial q_{\mathrm{d}}}{\partial x_i} \tag{3.13}$$

式中，i 代表 x、y 空间，等号右侧前两项为正压部分，第三项为水平压强梯度的斜压部分，后者可以通过将式(3.10)～式(3.12)代入垂向静压平衡方程(3.3)获得：

$$\frac{\partial q_{\mathrm{d}}}{\partial z}=-g\frac{\rho-\rho_0}{\rho}=b \tag{3.14}$$

式中，b 为浮力项。

对式(3.14)进行积分，并考虑海面边界处有 $q_{\mathrm{d}}=0$，可以得到

$$q_{\mathrm{d}}=-\int_z^{\eta} b\,\mathrm{d}z \tag{3.15}$$

2) 垂向伸缩变形坐标系下的基本方程

垂向 σ 坐标变换如图 3.1 所示。

变换代数式为

$$(\tilde{t},\tilde{x},\tilde{y},\tilde{z})=(t,x,y,Lf(\sigma)) \tag{3.16}$$

$$\sigma=\frac{z+h}{\eta+h}=\frac{z+h}{H} \tag{3.17}$$

$$J=\frac{\partial z}{\partial \tilde{z}}=H\Big/\left(L\frac{\mathrm{d}f}{\mathrm{d}\sigma}\right) \tag{3.18}$$

$$\tilde{w}=\frac{\partial \tilde{z}}{\partial t}+u\frac{\partial \tilde{z}}{\partial x}+v\frac{\partial \tilde{z}}{\partial y}+w\frac{\partial \tilde{z}}{\partial z} \tag{3.19}$$

用 J 乘以式(3.19)，并利用式(3.16)～式(3.18)可以得到 σ 坐标系下的垂向速度分量为

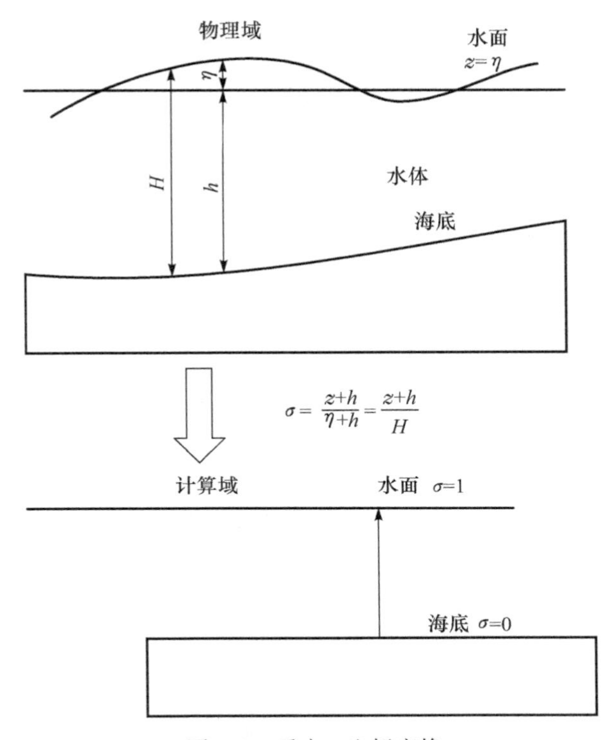

图 3.1　垂向 σ 坐标变换

$$w = J\tilde{w} + \sigma \frac{\partial \eta}{\partial t} + u\left[\sigma \frac{\partial \eta}{\partial \tilde{x}} + (1-\sigma)\frac{\partial h}{\partial \tilde{x}}\right] + v\left[\sigma \frac{\partial \eta}{\partial \tilde{y}} - (1-\sigma)\frac{\partial h}{\partial \tilde{y}}\right] \tag{3.20}$$

经垂向 σ 坐标伸缩变形后的连续方程、水平动量方程、水动力平衡方程、温度及盐度方程分别为

$$\frac{1}{J}\frac{\partial J}{\partial \tilde{t}} + \frac{1}{J}\frac{\partial}{\partial \tilde{x}}(Ju) + \frac{1}{J}\frac{\partial}{\partial \tilde{y}}(Jv) + \frac{1}{J}\frac{\partial}{\partial \tilde{z}}(J\tilde{w}) = 0 \tag{3.21}$$

$$\begin{aligned} &\frac{1}{J}\frac{\partial}{\partial \tilde{t}}(Ju) + \frac{1}{J}\frac{\partial}{\partial \tilde{x}}(Ju^2) + \frac{1}{J}\frac{\partial}{\partial \tilde{y}}(Jvu) + \frac{1}{J}\frac{\partial}{\partial \tilde{z}}(J\tilde{w}u) - fv \\ &= -g\frac{\partial \eta}{\partial \tilde{x}} - \frac{1}{\rho_0}\frac{\partial P_a}{\partial \tilde{x}} + Q_x + \frac{1}{J}\frac{\partial}{\partial \tilde{z}}\left(\frac{\nu}{J}\frac{\partial u}{\partial \tilde{z}}\right) + \frac{1}{J}\frac{\partial}{\partial \tilde{x}}(J\tau_{xx}) + \frac{1}{J}\frac{\partial}{\partial \tilde{y}}(J\tau_{yx}) \end{aligned} \tag{3.22}$$

$$\begin{aligned} &\frac{1}{J}\frac{\partial}{\partial \tilde{t}}(Jv) + \frac{1}{J}\frac{\partial}{\partial \tilde{x}}(Juv) + \frac{1}{J}\frac{\partial}{\partial \tilde{y}}(Jv^2) + \frac{1}{J}\frac{\partial}{\partial \tilde{z}}(J\tilde{w}v) + fu \\ &= -g\frac{\partial \eta}{\partial \tilde{y}} - \frac{1}{\rho_0}\frac{\partial P_a}{\partial \tilde{y}} + Q_y + \frac{1}{J}\frac{\partial}{\partial \tilde{z}}\left(\frac{\nu}{J}\frac{\partial v}{\partial \tilde{z}}\right) + \frac{1}{J}\frac{\partial}{\partial \tilde{x}}(J\tau_{xy}) + \frac{1}{J}\frac{\partial}{\partial \tilde{y}}(J\tau_{yy}) \end{aligned} \tag{3.23}$$

$$\frac{1}{J}\frac{\partial q_d}{\partial \tilde{z}} = b \tag{3.24}$$

$$\frac{1}{J}\frac{\partial}{\partial \tilde{t}}(JT)+\frac{1}{J}\frac{\partial}{\partial \tilde{x}}(JuT)+\frac{1}{J}\frac{\partial}{\partial \tilde{y}}(JvT)+\frac{1}{J}\frac{\partial}{\partial \tilde{z}}(J\tilde{w}T)$$
$$=\frac{1}{J\rho_0 c_p}\frac{\partial I}{\partial \tilde{y}}+\frac{1}{J}\frac{\partial}{\partial \tilde{z}}\left(\frac{\lambda_T}{J}\frac{\partial T}{\partial \tilde{z}}\right)+\frac{1}{J}\frac{\partial}{\partial \tilde{x}}\left(J\lambda_{\mathrm{H}}\frac{\partial T}{\partial \tilde{x}}\right)+\frac{1}{J}\frac{\partial}{\partial \tilde{y}}\left(J\lambda_{\mathrm{H}}\frac{\partial T}{\partial \tilde{y}}\right) \tag{3.25}$$

$$\frac{1}{J}\frac{\partial}{\partial \tilde{t}}(JS)+\frac{1}{J}\frac{\partial}{\partial \tilde{x}}(JuS)+\frac{1}{J}\frac{\partial}{\partial \tilde{y}}(JvS)+\frac{1}{J}\frac{\partial}{\partial \tilde{z}}(J\tilde{w}S)$$
$$=\frac{1}{J}\frac{\partial}{\partial \tilde{z}}\left(\frac{\lambda_T}{J}\frac{\partial S}{\partial \tilde{z}}\right)+\frac{1}{J}\frac{\partial}{\partial \tilde{x}}\left(J\lambda_{\mathrm{H}}\frac{\partial S}{\partial \tilde{x}}\right)+\frac{1}{J}\frac{\partial}{\partial \tilde{y}}\left(J\lambda_{\mathrm{H}}\frac{\partial S}{\partial \tilde{y}}\right) \tag{3.26}$$

σ 坐标系下的斜压梯度为

$$Q_i=-\frac{1}{J}\frac{\partial}{\partial \tilde{x}_i}(Jq_{\mathrm{d}})+\frac{1}{J}\frac{\partial}{\partial \tilde{z}}\left(q_{\mathrm{d}}\frac{\partial z}{\partial \tilde{x}_i}\right)$$
$$=-\frac{1}{J}\frac{\partial}{\partial \tilde{x}_i}(Jq_{\mathrm{d}})+\frac{1}{J}\frac{\partial}{\partial \tilde{z}}\left[q_{\mathrm{d}}\left(\sigma\frac{\partial H}{\partial \tilde{x}_i}-\frac{\partial h}{\partial \tilde{x}_i}\right)\right] \tag{3.27}$$

式中，i 代表水平面上的 x、y 方向，变换后水平雷诺应力为

$$\tau_{xx}=2\nu_{\mathrm{H}}\frac{\partial u}{\partial \tilde{x}} \tag{3.28}$$

$$\tau_{yx}=\tau_{xy}=\nu_{\mathrm{H}}\left(\frac{\partial u}{\partial \tilde{y}}+\frac{\partial v}{\partial \tilde{x}}\right) \tag{3.29}$$

$$\tau_{yy}=2\nu_{\mathrm{H}}\frac{\partial v}{\partial \tilde{y}} \tag{3.30}$$

2. 二维正压模式主控方程

正压模式是一个包含垂向平均流速和自由表面变量 η 的二维模型，其中流速参量定义为

$$(\overline{U},\overline{V})=\int_{-h}^{\eta}(u,v)\,\mathrm{d}z=\int_{0}^{L}(u,v)J\,\mathrm{d}\tilde{z} \tag{3.31}$$

式中，$J=\dfrac{\partial z}{\partial \tilde{z}}=\Delta z=H\Delta\sigma$，对三维连续方程(3.4)和动量方程(3.1)、方程(3.2)进行积分可以得到正压模式的主控方程为

$$\frac{\partial \eta}{\partial \tilde{t}}+\frac{\partial \overline{U}}{\partial \tilde{x}}+\frac{\partial \overline{V}}{\partial \tilde{y}}=0 \tag{3.32}$$

$$\frac{\partial \overline{U}}{\partial \bar{t}}+\frac{\partial}{\partial \tilde{x}}\left(\frac{\overline{U}^2}{H}\right)+\frac{\partial}{\partial \tilde{y}}\left(\frac{\overline{VU}}{H}\right)-f\overline{V}=-gH\frac{\partial \eta}{\partial \tilde{x}}-\frac{H}{\rho_0}\frac{\partial P_{\mathrm{a}}}{\partial \tilde{x}}+\overline{Q}_x+\frac{1}{\rho_0}(\tau_{\mathrm{s}x}-\tau_{\mathrm{b}x})$$
$$+\frac{\partial}{\partial \tilde{x}}\bar{\tau}_{xx}+\frac{\partial}{\partial \tilde{y}}\bar{\tau}_{yx}-\overline{A}_x^{\mathrm{h}}+\overline{D}_x^{\mathrm{h}} \tag{3.33}$$

$$\frac{\partial \overline{V}}{\partial \bar{t}}+\frac{\partial}{\partial \tilde{x}}\left(\frac{\overline{UV}}{H}\right)+\frac{\partial}{\partial \tilde{y}}\left(\frac{\overline{V}^2}{H}\right)+f\overline{U}=-gH\frac{\partial \eta}{\partial \tilde{y}}-\frac{H}{\rho_0}\frac{\partial P_{\mathrm{a}}}{\partial \tilde{y}}+\overline{Q}_y$$

$$+\frac{1}{\rho_0}(\tau_{sy}-\tau_{by})+\frac{\partial}{\partial\tilde{x}}\bar{\tau}_{xy}+\frac{\partial}{\partial\tilde{y}}\bar{\tau}_{yy}-\overline{A}_y^h+\overline{D}_y^h \tag{3.34}$$

式中，(τ_{sx},τ_{sy})和(τ_{bx},τ_{by})分别为表面和床面剪切应力；$(\overline{Q}_x,\overline{Q}_y)$为深度平均的斜压项，可利用三维斜压项积分得到

$$(\overline{Q}_x,\overline{Q}_y)=\int_0^L J(Q_x,Q_y)\mathrm{d}\tilde{z} \tag{3.35}$$

式(3.33)和式(3.34)中的雷诺应力$\bar{\tau}_{xx}$、$\bar{\tau}_{yx}$、$\bar{\tau}_{xy}$和$\bar{\tau}_{yy}$的表达式为

$$\bar{\tau}_{xx}=2\bar{\nu}_H\frac{\partial}{\partial\tilde{x}}\left(\frac{\overline{U}}{H}\right) \tag{3.36}$$

$$\bar{\tau}_{yx}=\bar{\tau}_{xy}=\bar{\nu}_H\left[\frac{\partial}{\partial\tilde{y}}\left(\frac{\overline{U}}{H}\right)+\frac{\partial}{\partial\tilde{x}}\left(\frac{\overline{V}}{H}\right)\right] \tag{3.37}$$

$$\bar{\tau}_{yy}=2\bar{\nu}_H\frac{\partial}{\partial\tilde{y}}\left(\frac{\overline{V}}{H}\right) \tag{3.38}$$

式中，$\bar{\nu}_H=\int_0^L\nu_H J\mathrm{d}\tilde{z}$ 为二维水平扩散系数，它是三维水平扩散系数垂向积分所得值。

水平对流项沿垂向积分得

$$\overline{A}_x^h=\int_0^L\left[\frac{\partial}{\partial\tilde{x}}(Ju'^2)+\frac{\partial}{\partial\tilde{y}}(Jv'u')\right]\mathrm{d}\tilde{z} \tag{3.39}$$

$$\overline{A}_y^h=\int_0^L\left[\frac{\partial}{\partial\tilde{x}}(Ju'v')+\frac{\partial}{\partial\tilde{y}}(Jv'^2)\right]\mathrm{d}\tilde{z} \tag{3.40}$$

水平扩散项沿垂向积分得

$$\overline{D}_x^h=\int_0^L\left\{\frac{\partial}{\partial\tilde{x}}\left(2\nu_H J\frac{\partial u'}{\partial\tilde{x}}\right)+\frac{\partial}{\partial\tilde{y}}\left[\nu_H J\left(\frac{\partial u'}{\partial\tilde{y}}+\frac{\partial v'}{\partial\tilde{x}}\right)\right]\right\}\mathrm{d}\tilde{z} \tag{3.41}$$

$$\overline{D}_y^h=\int_0^L\left\{\frac{\partial}{\partial\tilde{x}}\left[\nu_H J\left(\frac{\partial u'}{\partial\tilde{y}}+\frac{\partial v'}{\partial\tilde{x}}\right)\right]+\frac{\partial}{\partial\tilde{y}}\left(2\nu_H J\frac{\partial v'}{\partial\tilde{y}}\right)\right\}\mathrm{d}\tilde{z} \tag{3.42}$$

式中，垂向各点速度u'、v'偏移定义为

$$(u',v')=\left(u-\frac{\overline{U}}{H},v-\frac{\overline{V}}{H}\right) \tag{3.43}$$

3. 边界条件

1）表面边界条件

动力学表面边界条件采用滑移边界条件，即

$$\rho_0\frac{\nu}{J}\left(\frac{\partial u}{\partial\tilde{z}},\frac{\partial v}{\partial\tilde{z}}\right)=(\tau_{sx},\tau_{sy})=\rho_a C_d^s(U_{10}^2+V_{10}^2)^{1/2}(U_{10},V_{10}) \tag{3.44}$$

式中，(U_{10},V_{10})为海面以上10m处风速；$\rho_a=1.2\mathrm{kg/m^3}$；$C_d^s$为表面拖曳力系数。

运动学表面边界条件为

$$J\tilde{w}=0 \tag{3.45}$$

2）底部边界条件

类似表面边界条件，底部动力学边界条件与表面边界条件一样，也采用滑移边界条件，其表达式为

$$\frac{\rho_0 \nu}{J}\left(\frac{\partial u}{\partial \tilde{z}},\frac{\partial v}{\partial \tilde{z}}\right)=(\tau_{bx},\tau_{by}) \tag{3.46}$$

床面剪切应力可利用二次摩擦法则确定，即

$$(\tau_{bx},\tau_{by})=\rho_0 C_d^b (u_b^2+v_b^2)^{1/2}(u_b,v_b) \tag{3.47}$$

式中，(u_b,v_b)为底层流速；C_d^b 为二次底部拖曳力系数，其表达式为

$$C_d^b=\left[\frac{\kappa}{\ln(z_r/z_0)}\right]^2 \tag{3.48}$$

式中，z_0 为底面糙度长度；z_r 为参考高度；κ 为卡门常数，通常取 0.40。

运动学底部边界条件为

$$J\tilde{w}=0 \tag{3.49}$$

3）开边界条件

（1）正压模式开边界条件，边界处深度平均的潮流值为输入与输出黎曼变量$(R_{\pm}^u,R_{\pm}^v)$的平均值：

$$\overline{U}=\frac{1}{2}(R_+^u+R_-^u) \tag{3.50a}$$

$$\overline{V}=\frac{1}{2}(R_+^v+R_-^v) \tag{3.50b}$$

输入与输出黎曼变量$(R_{\pm}^u,R_{\pm}^v)$的表达式为

$$(R_{\pm}^u,R_{\pm}^v)=(\overline{U}\pm C\eta,\overline{V}\pm C\eta) \tag{3.51}$$

式中，$C=(gH)^{1/2}$为正压模式的波速。

该特征方程可通过$\pm C$乘以正压二维连续方程(3.32)并加上正压二维水平动量方程(3.33)或方程(3.34)得到，于是特征方程的表达式为

$$\left(\frac{\partial}{\partial t}\pm C\frac{\partial}{\partial x}\right)R_{\pm}^u=\mp C\frac{\partial \overline{V}}{\partial y}+f\overline{V}-\frac{\partial}{\partial x}\left(\frac{\overline{U}^2}{H}\right)-\frac{\partial}{\partial y}\left(\frac{\overline{VU}}{H}\right)-\frac{H}{\rho_0}\frac{\partial P_a}{\partial x}+\overline{Q}_x$$
$$+\frac{1}{\rho_0}(\tau_{sx}-\tau_{bx})+\frac{\partial}{\partial x}\bar{\tau}_{xx}+\frac{\partial}{\partial y}\bar{\tau}_{yx}-\overline{A}_x^h+\overline{D}_x^h \tag{3.52}$$

$$\left(\frac{\partial}{\partial t}\pm C\frac{\partial}{\partial y}\right)R_{\pm}^v=\mp C\frac{\partial \overline{U}}{\partial y}-f\overline{U}-\frac{\partial}{\partial x}\left(\frac{\overline{UV}}{H}\right)-\frac{\partial}{\partial y}\left(\frac{\overline{V}^2}{H}\right)-\frac{H}{\rho_0}\frac{\partial P_a}{\partial y}+\overline{Q}_y$$
$$+\frac{1}{\rho_0}(\tau_{sy}-\tau_{by})+\frac{\partial}{\partial x}\bar{\tau}_{xy}+\frac{\partial}{\partial y}\bar{\tau}_{yy}-\overline{A}_y^h+\overline{D}_y^h \tag{3.53}$$

这里假设C垂直于边界的法向梯度为零，且不随时间变化。

首先考虑$\overline{U}$方向上的始端与终端边界条件，即在始端与终端处给出$\overline{U}$，但是该

方向上的始端与终端坐标在边界处理上稍有不同，下面分别就 $\overline{U}$ 方向的始端与终端边界的处理方法进行简要介绍。始端边界处，由式(3.52)得到输出特征 R_-^u，而输入黎曼变量 R_+^u 按以下四种情况分别进行确定：

① 当开边界处有流速和水位数据时，计算式为

$$R_+^u = \overline{U}_{\text{in}} + C\eta_{\text{in}} = 2CF_{\text{har}} \tag{3.54}$$

② 当开边界处没有数据时，采用零梯度条件，计算式为

$$\frac{\partial R_+^u}{\partial x} = 0 \tag{3.55}$$

③ 当开边界处仅有水位数据时，计算式为

$$\eta_{\text{in}} = F_{\text{har}}, \quad R_+^u = R_-^u + 2C\eta_{\text{in}} = R_-^u + 2CF_{\text{har}} \tag{3.56}$$

④ 当开边界处仅有流速数据时，计算式为

$$\overline{U}_{\text{in}} = CF_{\text{har}}, \quad R_+^u = 2\overline{U}_{\text{in}} - R_-^u = 2CF_{\text{har}} - R_-^u \tag{3.57}$$

$\overline{U}$ 终端边界处开边界条件与始端处边界条件处理方法类似，只需将 R_+^u 与 R_-^u 互换并用 $-C$ 代替 C。

$\overline{V}$ 方向上的边界条件与 $\overline{U}$ 方向上的边界条件处理方法类似，只需将 $\overline{U}$ 方向边界处理方程中的 R_+^u 和 R_-^u 换为 R_+^v 和 R_-^v。

在以上边界条件的处理中，F_{har} 为余流和潮汐开边界输入，具体计算式为

$$F_{\text{har}}(t,x,y) = A_0(x,y) + \sum_{n=1}^{N_{\text{T}}} A_n \cos[\omega_n t + \varphi_{n0} - \varphi_n(x,y)] \tag{3.58}$$

式中，A_0 为余流输入(河流径流量、Ekman 输运等)；A_n 为潮幅值调和常数；ω_n 为各分潮频率；φ_{n0} 为迟角初值；φ_n 为各分潮迟角；t 为模拟时间；N_{T} 为分潮数目。

(2) 三维斜压模式开边界条件，由于二维计算先于三维，因此三维开边界条件是通过给出垂向各点偏移二维计算得出的深度平均值来定义的。这种偏移计算式为

$$(u', v') = \left(u - \frac{\overline{U}}{H}, v - \frac{\overline{V}}{H}\right) \tag{3.59}$$

开边界条件定义为法向零梯度[3]，$\overline{U}$ 和 $\overline{V}$ 方向上两边界处理方式分别如下：

① $\overline{U}$ 始端与终端边界处，其表达式为

$$\frac{\partial}{\partial x}(Ju') = 0 \tag{3.60}$$

② $\overline{V}$ 始端与终端边界处，其表达式为

$$\frac{\partial}{\partial y}(Jv') = 0 \tag{3.61}$$

上述方法可避免由于水平流边界值与模拟区内部边缘计算值之间的差异而造成边界条件的失真，如产生虚假的上升流或沉降流。

③ 河流处的开边界条件，给出恒定的垂向断面形状，水流的表达式为

$$u' = u'_0(x, y, \tilde{z}) \text{ 或 } v' = v'_0(x, y, \tilde{z}) \tag{3.62}$$

④ 对于标量，开边界确定方法有两种，其一是标量法，其二是梯度法，前者对流项开边界表达式为

$$Ju_n\psi = \frac{1}{2}Ju_n[(1+p)\psi_{\text{ext}} + (1-p)\psi_{\text{int}}] \tag{3.63}$$

扩散项表达式为

$$\lambda_H \frac{\partial \psi}{\partial n} = \lambda_H \frac{\psi_{\text{int}} - \psi_{\text{ext}}}{\Delta n} \tag{3.64}$$

式中，u_n 为边界的法向流速；ψ_{int} 为边界处矢量的计算值；ψ_{ext} 为给定的边界值；$p = \pm \text{sign}(u_n)$；Δn 为边界法向水平网格间距，其值在$(\overline{U}, \overline{V})$始端边界取正，在终端边界取负。

标量应用梯度条件时，取法向梯度为零，因此有

$$Ju_n\psi = Ju_n\psi_{\text{int}} \tag{3.65}$$

$$\lambda_H \frac{\partial \psi}{\partial n} = 0 \tag{3.66}$$

(3) 闭边界条件，闭边界处认为所有的流速、对流项、扩散项都为 0。

$\overline{U}$ 向边界为

$$\overline{U} = 0, u = 0, Ju\psi = 0, \lambda_H \frac{\partial \psi}{\partial x} = 0 \tag{3.67}$$

$\overline{V}$ 向边界为

$$\overline{V} = 0, v = 0, Jv\psi = 0, \lambda_H \frac{\partial \psi}{\partial y} = 0 \tag{3.68}$$

4. *数值离散求解*

应用守恒形式的有限差分法（相当于笛卡儿坐标系下的有限体积法）对控制方程进行离散，水平网格采用 Arakawa-C 交错网格，将流速变量与压力、水位网格点分开，能够较好地模拟重力波并且可以更为简洁地给出开边界和闭边界条件。在浅海区域，为了更好地拟合地形和准确地给出表面和底边界过程，在垂向采用 σ 坐标伸缩变换，保证了每个水平网格点在垂向上有同等数量的网格点，避免了在浅水区域分层较少的缺点。

动量方程的求解采用模态分裂技术，先求解水深积分的二维正压动量和连续方程，再求解三维斜压动量和标量输运方程。

对流项的离散方式可根据研究的目的，选择具有一阶精度的迎风格式、二阶精度的 Lax-Wendroff 格式或总变差减少（total variation diminishing，TVD）格式。TVD 格式具有二阶精度，适合于水平流速梯度较大的区域，如近岸区；迎风格式仅

有一阶精度，适合于将计算时间作为首要考虑因素的情况。此外，对位于微元体中心的标量，在时间离散上采用显式格式以满足守恒条件，而对湍流输运，则采用半隐格式以保证湍流变量始终为“正”[4]。

1）变量布置网格说明

图 3.2 为各变量在微元体的网格位置分布情况，上图的平面矩形网格是水位变化等二维变量的计算微元体，下图的六面体为湍流能量等三维变量的计算微元体。需要说明的是：本节提到的“东西侧”意味着(U,X)方向的节点 i 处的两侧相邻网格$(i-1,i+1)$，“南北侧”意味着(V,Y)方向的节点 j 处的两侧相邻网格$(j-1,j+1)$。二维变量位于平面矩形网格的四边处或中心处，三维变量位于三维单元的边界处或中心处。二维网格索引编号采用(j,i)，三维网格编号则采用(k,j,i)，其中 k 为垂向网格数，j 为 y 向网格数，i 为 x 向网格数。

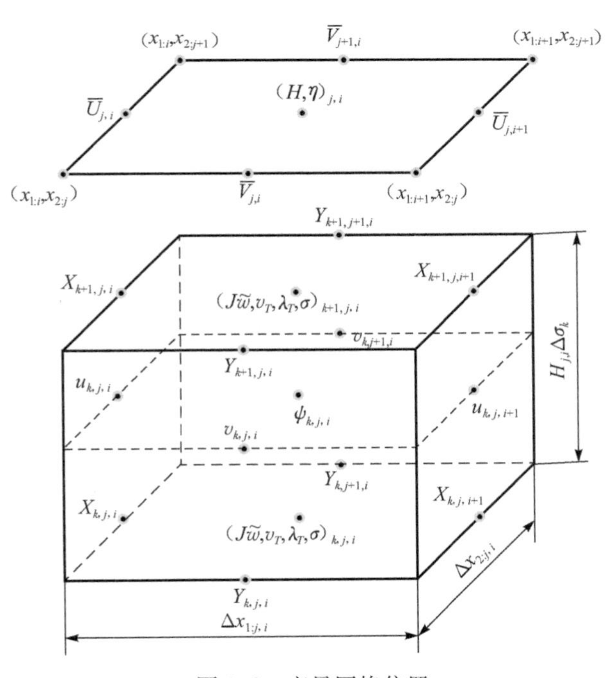

图 3.2　变量网格位置

2）数值方法

方程离散方法采用 Janenko[5]提出的破开算子法。在实施破开算子法时，采用取值范围处于 0～1 的隐含因子 θ_a、θ_v 来分别控制垂向对流项和垂向扩散项的显隐性，下面介绍其具体的实施步骤和离散表达式。

（1）u 方程的时间离散形式。

步骤 A：

$$\frac{u_A^{n+1/3}-u_A^n}{\Delta t_{3D}}=-A_{hx}(u^n)+D_{xx}(u^n) \tag{3.69}$$

$$\frac{u_A^{n+2/3}-u_A^{n+1/3}}{\Delta t_{3D}}=-A_{hy}(u_A^{n+1/3})+D_{yx}(u^n,v^n) \tag{3.70}$$

$$\frac{u_A^p-u_A^{n+2/3}}{\Delta t_{3D}}=-\theta_a A_v(u_A^p)-(1-\theta_a)A_v(u_A^{n+2/3})+\theta_v D_v(u_A^p)+(1-\theta_v)D_v(u_A^{n+2/3})+o_x^n \tag{3.71}$$

步骤 B：

$$\frac{u_B^{n+1/3}-u_B^n}{\Delta t_{3D}}=-\theta_a A_v(u_B^{n+1/3})-(1-\theta_a)A_v(u^n)+\theta_v D_v(u_B^{n+1/3})+(1-\theta_v)D_v(u^n)+o_x^n \tag{3.72}$$

$$\frac{u_B^{n+2/3}-u_B^{n+1/3}}{\Delta t_{3D}}=-A_{hy}(u_B^{n+1/3})+D_{yx}(u^n,v^n) \tag{3.73}$$

$$\frac{u_B^p-u_B^{n+2/3}}{\Delta t_{3D}}=-A_{hx}(u_B^{n+2/3})+D_{xx}(u^n) \tag{3.74}$$

预测值为

$$u^p=\frac{1}{2}(u_A^p+u_B^p) \tag{3.75}$$

o_x^n 项定义为

$$o_x^n=fv^{u;n}-g\frac{\Delta_x^u\eta^n}{\Delta^u x}-\frac{1}{\rho_0}\frac{\Delta_x^u P_a}{\Delta^u x}+Q_x^n \tag{3.76}$$

（2）v 方程的时间离散形式。

步骤 A：

$$\frac{v_A^{n+1/3}-v_A^n}{\Delta t_{3D}}=-A_{hx}(v^n)+D_{xy}(u^n,v^n) \tag{3.77}$$

$$\frac{v_A^{n+2/3}-v_A^{n+1/3}}{\Delta t_{3D}}=-A_{hy}(v_A^{n+1/3})+D_{yy}(v^n) \tag{3.78}$$

$$\frac{v_A^p-v_A^{n+2/3}}{\Delta t_{3D}}=-\theta_a A_v(v_A^p)-(1-\theta_a)A_v(v_A^{n+2/3})+\theta_v D_v(v_A^p)+(1-\theta_v)D_v(v_A^{n+2/3})+o_y^n \tag{3.79}$$

步骤 B：

$$\frac{v_B^{n+1/3}-v_B^n}{\Delta t_{3D}}=-\theta_a A_v(v_B^{n+1/3})-(1-\theta_a)A_v(v^n)+\theta_v D_v(v_B^{n+1/3})+(1-\theta_v)D_v(v^n)+o_y^n \tag{3.80}$$

$$\frac{v_B^{n+2/3}-v_B^{n+1/3}}{\Delta t_{3D}}=-A_{hy}(v_B^{n+1/3})+D_{yy}(v^n) \tag{3.81}$$

$$\frac{v_B^p-v_B^{n+2/3}}{\Delta t_{3D}}=-A_{hx}(v_B^{n+2/3})+D_{xy}(u^n,v^n) \tag{3.82}$$

预测值为

$$v^{\mathrm{p}}=\frac{1}{2}(v_{A}^{\mathrm{p}}+v_{B}^{\mathrm{p}}) \tag{3.83}$$

o_y^n 项定义为

$$o_y^n=fu^{u;n}-g\frac{\Delta_y^v\eta^n}{\Delta^v y}-\frac{1}{\rho_0}\frac{\Delta_y^v P_{\mathrm{a}}}{\Delta^v y}+Q_y^n \tag{3.84}$$

以上方程的对流算子 $A_{\mathrm{h}x}(u)$、$A_{\mathrm{h}y}(u)$、$A_{\mathrm{h}x}(v)$、$A_{\mathrm{h}y}(v)$、$A_{\mathrm{v}}(u)$和 $A_{\mathrm{v}}(v)$具体表达式见表 3.1，扩散算子 $D_{\mathrm{h}x}(u)$、$D_{\mathrm{h}y}(u)$、$D_{\mathrm{h}x}(v)$、$D_{\mathrm{h}y}(v)$、$D_{xy}(u,v)$和$D_{yx}(u,v)$的具体表达式见表 3.2。

表 3.1　对流项

对流算子(笛卡儿坐标)	表达式
$A_{\mathrm{h}x}$，X 方向水平对流	$A_{\mathrm{h}x}(Q)=\frac{1}{J}\frac{\partial}{\partial x}(Ju\psi)$
$A_{\mathrm{h}y}$，Y 方向水平对流	$A_{\mathrm{h}y}(Q)=\frac{1}{J}\frac{\partial}{\partial y}(Jv\psi)$
A_{h}，水平对流	$A_{\mathrm{h}}=A_{\mathrm{h}x}+A_{\mathrm{h}y}$
A_{v}，垂向对流	$A_{\mathrm{v}}(Q)=\frac{1}{J}\frac{\partial}{\partial\tilde{z}}(J\tilde{w}Q)$
$\overline{A}_{\mathrm{h}x}$，$X$ 方向水平对流(二维模型)	$\overline{A}_{\mathrm{h}x}(\overline{Q})=\frac{\partial}{\partial x}\left(\frac{\overline{UQ}}{H}\right)$
$\overline{A}_{\mathrm{h}y}$，$Y$ 方向水平对流(二维模型)	$\overline{A}_{\mathrm{h}y}(\overline{Q})=\frac{\partial}{\partial y}\left(\frac{\overline{VQ}}{H}\right)$
$\overline{A}_{\mathrm{h}}$，水平对流(二维模型)	$\overline{A}_{\mathrm{h}}=\overline{A}_{\mathrm{h}x}+\overline{A}_{\mathrm{h}y}$

表 3.2　扩散项

扩散算子(笛卡儿坐标)	表达式
$D_{\mathrm{h}x}$，X 方向水平扩散	$D_{\mathrm{h}x}(\psi)=\frac{1}{J}\frac{\partial}{\partial x}\left(J\lambda_{\mathrm{H}}\frac{\partial\psi}{\partial x}\right)$
$D_{\mathrm{h}y}$，Y 方向水平扩散	$D_{\mathrm{h}y}(\psi)=\frac{1}{J}\frac{\partial}{\partial y}\left(J\lambda_{\mathrm{H}}\frac{\partial\psi}{\partial y}\right)$
D_{h}，水平扩散	$D_{\mathrm{h}}=D_{\mathrm{h}x}+D_{\mathrm{h}y}$
D_{xx}，X 方向 u 的水平扩散	$D_{xx}(u)=\frac{1}{J}\frac{\partial}{\partial x}\left(2\nu_{\mathrm{H}}J\frac{\partial u}{\partial x}\right)$
D_{yx}，Y 方向 u 的水平扩散	$D_{yx}(u,v)=\frac{1}{J}\frac{\partial}{\partial y}\left[\nu_{\mathrm{H}}J\left(\frac{\partial u}{\partial y}+\frac{\partial v}{\partial x}\right)\right]$

续表

扩散算子(笛卡儿坐标)	表达式
D_{xy},X 方向 v 的水平扩散	$D_{xy}(u,v)=\frac{1}{J}\frac{\partial}{\partial x}\left[\nu_{\mathrm{H}}J\left(\frac{\partial u}{\partial y}+\frac{\partial v}{\partial x}\right)\right]$
D_{yy},Y 方向 v 的水平扩散	$D_{yy}(v)=\frac{1}{J}\frac{\partial}{\partial y}\left(2\nu_{\mathrm{H}}J\frac{\partial v}{\partial y}\right)$
D_{v},垂直方向上水平速度 u、v 和标量的水平扩散	$D_{\mathrm{v}}(Q)=\frac{1}{J}\frac{\partial}{\partial\tilde{z}}\left(\lambda_{\mathrm{T}}^{\psi}\frac{\partial Q}{\partial\tilde{z}}\right)$
$\overline{D}_{xx}$,X 方向 $\overline{U}$ 水平扩散	$\overline{D}_{xx}(\overline{U})=\frac{\partial}{\partial x}\left[2\overline{\nu}_{\mathrm{H}}\frac{\partial}{\partial x}\left(\frac{\overline{U}}{H}\right)\right]$
$\overline{D}_{yx}$,Y 方向 $\overline{U}$ 水平扩散	$\overline{D}_{yx}(\overline{U},\overline{V})=\frac{\partial}{\partial y}\left[\overline{\nu}_{\mathrm{H}}\frac{\partial}{\partial y}\left(\frac{\overline{U}}{H}\right)+\frac{\partial}{\partial x}\left(\frac{\overline{V}}{H}\right)\right]$
$\overline{D}_{xy}$,X 方向 $\overline{V}$ 水平扩散	$\overline{D}_{xy}(\overline{U},\overline{V})=\frac{\partial}{\partial x}\left[\overline{\nu}_{\mathrm{H}}\frac{\partial}{\partial y}\left(\frac{\overline{U}}{H}\right)+\frac{\partial}{\partial x}\left(\frac{\overline{V}}{H}\right)\right]$
$\overline{D}_{yy}$,Y 方向 $\overline{V}$ 水平扩散	$\overline{D}_{yy}(\overline{V})=\frac{\partial}{\partial y}\left[2\overline{\nu}_{\mathrm{H}}\frac{\partial}{\partial y}\left(\frac{\overline{V}}{H}\right)\right]$

3）对流项离散方法

(1）三维水平对流离散方法。

① u 方程中 X 方向对流项 A_{hx} 的处理。该对流项单元中心 U 节点的对流 F_{xx}^{c} 差分表达式为

$$A_{\mathrm{hx}}(u)_{j,i}=\frac{F_{xx;j,i}^{\mathrm{c}}-F_{xx;j,i-1}^{\mathrm{c}}}{J_{j,i}^{u}\Delta^{u}x_{j,i}} \tag{3.85}$$

$$F_{xx;j,i}^{\mathrm{c}}=J_{j,i}\{[1-\Omega(r_{j,i}^{U;\mathrm{c}})]F_{\mathrm{up};j,i}^{\mathrm{c}}+\Omega(r_{j,i}^{U;\mathrm{c}})F_{\mathrm{lw};j,i}^{\mathrm{c}}\} \tag{3.86}$$

式中,$F_{\mathrm{up}}^{\mathrm{c}}$ 和 $F_{\mathrm{lw}}^{\mathrm{c}}$ 分别为单元中心处迎风流和 Lax-Wendroff 流,它们的表达式分别为

$$F_{\mathrm{up};j,i}^{\mathrm{c}}=\frac{1}{2}u_{j,i}^{\mathrm{c}}[(1+s_{j,i})u_{j,i}+(1-s_{j,i})u_{j,i+1}] \tag{3.87}$$

$$F_{\mathrm{lw};j,i}^{\mathrm{c}}=\frac{1}{2}u_{j,i}^{\mathrm{c}}[(1+c_{j,i})u_{j,i}+(1-c_{j,i})u_{j,i+1}] \tag{3.88}$$

式中,$s_{j,i}$ 和 $c_{j,i}$ 分别为符号变量和 CFL 数,定义为

$$s_{j,i}=\mathrm{sign}(u_{j,i}) \tag{3.89}$$

$$c_{j,i}=\frac{u_{j,i}^{\mathrm{c}}\Delta t_{3\mathrm{D}}}{\Delta x_{j,i}} \tag{3.90}$$

函数 $\Omega(r)$ 依赖于对流方案,有以下四种:

对流方案:

$$\Omega(r)=0 \tag{3.91}$$

Lax-Wendroff 方案:

$$\Omega(r)=1 \tag{3.92}$$

TVD(上限限制因子)方案：

$$\Omega(r)=\max[0,\min(2r,1),\min(r,2)] \tag{3.93}$$

TVD(单调限制因子)方案：

$$\Omega(r)=\frac{r+|r|}{1+|r|} \tag{3.94}$$

r 的表达式依赖于对流符号，即

$$r_{j,i}^{U;c}=\begin{cases}\dfrac{F_{\mathrm{lw};j,i-1}^{c}-F_{\mathrm{up};j,i-1}^{c}}{F_{\mathrm{lw};j,i}^{c}-F_{\mathrm{up};j,i}^{c}}, & u_{j,i}^{c}\geqslant 0\\ \dfrac{F_{\mathrm{lw};j,i+1}^{c}-F_{\mathrm{up};j,i+1}^{c}}{F_{\mathrm{lw};j,i}^{c}-F_{\mathrm{up};j,i}^{c}}, & u_{j,i}^{c}<0\end{cases} \tag{3.95}$$

② v 方程中 Y 方向对流项 A_{hy} 的处理。该对流项单元中心 V 节点的对流 F_{yy}^{c} 差分表达式为

$$A_{\mathrm{hy}}(u)_{j,i}=\frac{F_{yy;j,i}^{c}-F_{xx;j-1,i}^{c}}{J_{j,i}^{v}\Delta^{v}y_{j,i}} \tag{3.96}$$

$$F_{yy;j,i}^{c}=J_{j,i}[(1-\Omega(r_{j,i}^{V;c}))F_{\mathrm{up};j,i}^{c}+\Omega(r_{j,i}^{V;c})F_{\mathrm{lw};j,i}^{c}] \tag{3.97}$$

式中，F_{up}^{c} 和 F_{lw}^{c} 分别为单元中心处迎风流和 Lax-Wendroff 流，它们的表达式分别为

$$F_{\mathrm{up};j,i}^{c}=\frac{1}{2}u_{j,i}^{c}[(1+s_{j,i})v_{j,i}+(1-s_{j,i})v_{j+1,i}] \tag{3.98}$$

$$F_{\mathrm{lw};j,i}^{c}=\frac{1}{2}v_{j,i}^{c}[(1+c_{j,i})v_{j,i}+(1-c_{j,i})v_{j+1,i}] \tag{3.99}$$

式中，$s_{j,i}$ 和 $c_{j,i}$ 分别为符号变量和 CFL 数，定义为

$$s_{j,i}=\mathrm{sign}(v_{j,i}) \tag{3.100}$$

$$c_{j,i}=\frac{v_{j,i}^{c}\Delta t_{3\mathrm{D}}}{\Delta y_{j,i}} \tag{3.101}$$

函数 $\Omega(r)$ 依赖于对流方案，由式(3.91)～式(3.94)四式之一得到，r 的表达式依赖于对流符号，即

$$r_{j,i}^{V;c}=\begin{cases}\dfrac{F_{\mathrm{lw};j-1,i}^{c}-F_{\mathrm{up};j-1,i}^{c}}{F_{\mathrm{lw};j,i}^{c}-F_{\mathrm{up};j,i}^{c}}, & v_{j,i}^{c}\geqslant 0\\ \dfrac{F_{\mathrm{lw};j+1,i}^{c}-F_{\mathrm{up};j+1,i}^{c}}{F_{\mathrm{lw};j,i}^{c}-F_{\mathrm{up};j,i}^{c}}, & v_{j,i}^{c}<0\end{cases} \tag{3.102}$$

③ u 方程中 Y 方向对流项的处理。对流项 $A_{\mathrm{hy}}(u)$ 计算有以下几步：

第一步，V 节点处迎风和 Lax-Wendroff 流利用 V 节点“西侧”的 u 值确定：

$$F_{\mathrm{up};j,i}^{W;v}=\frac{1}{2}v_{j,i}^{c}[(1+s_{j,i})u_{j-1,i}+(1-s_{j,i})u_{j,i}] \tag{3.103}$$

$$F_{\mathrm{lw};j,i}^{W;v}=\frac{1}{2}v_{j,i}^{c}[(1+c_{j,i})u_{j-1,i}+(1-c_{j,i})u_{j,i}] \tag{3.104}$$

式中，

$$s_{j,i}=\mathrm{sign}(v_{j,i}) \tag{3.105}$$

$$c_{j,i}=\frac{v_{j,i}\Delta t_{3D}}{\Delta^{v}y_{j,i}} \tag{3.106}$$

V 节点“西侧”流 $F^{W;v}_{yx;j,i}$为

$$F^{W;v}_{yx;j,i}=J^{v}_{j,i}\{[1-\Omega(r^{W;v}_{j,i})]F^{W;v}_{up;j,i}+\Omega(r^{W;v}_{j,i})F^{W;v}_{lw;j,i}\} \tag{3.107}$$

函数 $\Omega(r)$依赖于对流方案，具体表达如式(3.91)～式(3.94)所示，r 的表达式依赖于对流符号，即

$$r^{W;v}_{j,i}=\begin{cases}\dfrac{F^{W;v}_{lw;j-1,i}-F^{W;v}_{up;j-1,i}}{F^{W;v}_{lw;j,i}-F^{W;v}_{up;j,i}}, & v_{j,i}\geqslant 0\\[2ex] \dfrac{F^{W;v}_{lw;j+1,i}-F^{W;v}_{up;j+1,i}}{F^{W;v}_{lw;j,i}-F^{W;v}_{up;j,i}}, & v_{j,i}<0\end{cases} \tag{3.108}$$

第二步，V 节点处迎风和 Lax-Wendroff 流利用 V 节点“东侧”的 u 值确定：

$$F^{E;v}_{up;j,i}=\frac{1}{2}v^{c}_{j,i}[(1+s_{j,i})u_{j-1,i+1}+(1-s_{j,i})u_{j,i+1}] \tag{3.109}$$

$$F^{E;v}_{lw;j,i}=\frac{1}{2}v^{c}_{j,i}[(1+c_{j,i})u_{j-1,i+1}+(1-c_{j,i})u_{j,i+1}] \tag{3.110}$$

式中，$s_{j,i}$和 $c_{j,i}$参见式(3.105)和式(3.106)。

V 节点“东侧”流 $F^{E;v}_{yx;j,i}$为

$$F^{E;v}_{yx;j,i}=J^{v}_{j,i}\{[1-\Omega(r^{E;v}_{j,i})]F^{E;v}_{up;j,i}+\Omega(r^{E;v}_{j,i})F^{E;v}_{lw;j,i}\} \tag{3.111}$$

函数 $\Omega(r)$依赖于对流方案，具体表达如式(3.91)～式(3.94)所示，r 的表达式依赖于对流符号，即

$$r^{E;v}_{j,i}=\begin{cases}\dfrac{F^{E;v}_{lw;j-1,i}-F^{E;v}_{up;j-1,i}}{F^{E;v}_{lw;j,i}-F^{E;v}_{up;j,i}}, & v_{j,i}\geqslant 0\\[2ex] \dfrac{F^{E;v}_{lw;j+1,i}-F^{E;v}_{up;j+1,i}}{F^{E;v}_{lw;j,i}-F^{E;v}_{up;j,i}}, & v_{j,i}<0\end{cases} \tag{3.112}$$

第三步，最后可以得到对流项 $A_{hy}(u)_{j,i}$为

$$A_{hy}(u)_{j,i}=\frac{F^{W;v}_{yx;j+1,i-1}+F^{E;v}_{yx;j+1,i-1}-F^{W;v}_{yx,j,i}-F^{E;v}_{yx;j,i-1}}{2J^{u}_{j,i}\Delta^{u}y_{j,i}} \tag{3.113}$$

④ v 方程中 X 方向对流项的处理，对流项 $A_{hx}(u)$的计算有以下几步：

第一步，U 节点处迎风和 Lax-Wendroff 流利用 U 节点“南侧”的 v 值确定：

$$F^{S;u}_{up;j,i}=\frac{1}{2}u^{c}_{j,i}[(1+s_{j,i})v_{j,i-1}+(1-s_{j,i})v_{j,i}] \tag{3.114}$$

$$F^{S;u}_{lw;j,i}=\frac{1}{2}u^{c}_{j,i}[(1+c_{j,i})v_{j,i-1}+(1-c_{j,i})v_{j,i}] \tag{3.115}$$

式中，

$$s_{j,i}=\mathrm{sign}(u_{j,i}) \tag{3.116}$$

$$c_{j,i}=\frac{u_{j,i}\Delta t_{3\mathrm{D}}}{\Delta^u x_{j,i}} \tag{3.117}$$

U 节点“南侧”流 $F^{\mathrm{S};u}_{xy;j,i}$ 为

$$F^{\mathrm{S};u}_{xy;j,i}=J^u_{j,i}\{[1-\Omega(r^{\mathrm{S};u}_{j,i})]F^{\mathrm{S};u}_{\mathrm{up};j,i}+\Omega(r^{\mathrm{S};u}_{j,i})F^{\mathrm{S};u}_{\mathrm{lw};j,i}\} \tag{3.118}$$

函数 $\Omega(r)$ 依赖于对流方案，具体表达如式(3.91)～式(3.94)所示，r 的表达式依赖于对流符号，即

$$r^{\mathrm{S};u}_{j,i}=\begin{cases}\dfrac{F^{\mathrm{S};u}_{\mathrm{lw};j,i-1}-F^{\mathrm{S};u}_{\mathrm{up};j,i-1}}{F^{\mathrm{S};u}_{\mathrm{lw};j,i}-F^{\mathrm{S};u}_{\mathrm{up};j,i}}, & u_{j,i}\geqslant 0\\[2ex] \dfrac{F^{\mathrm{S};u}_{\mathrm{lw};j,i+1}-F^{\mathrm{S};u}_{\mathrm{up};j,i+1}}{F^{\mathrm{S};u}_{\mathrm{lw};j,i}-F^{\mathrm{S};u}_{\mathrm{up};j,i}}, & u_{j,i}<0\end{cases} \tag{3.119}$$

第二步，U 节点处迎风和 Lax-Wendroff 流利用 U 节点“北侧”的 v 值确定：

$$F^{\mathrm{N};u}_{\mathrm{up};j,i}=\frac{1}{2}v^{\mathrm{c}}_{j,i}[(1+s_{j,i})v_{j+1,i-1}+(1-s_{j,i})v_{j+1,i}] \tag{3.120}$$

$$F^{\mathrm{N};u}_{\mathrm{lw};j,i}=\frac{1}{2}u^{\mathrm{c}}_{j,i}[(1+c_{j,i})v_{j+1,i-1}+(1-c_{j,i})v_{j+1,i}] \tag{3.121}$$

式中，$s_{j,i}$ 和 $c_{j,i}$ 参见式(3.116)和式(3.117)。

U 节点“北侧”流 $F^{\mathrm{N};u}_{yx;j,i}$ 为

$$F^{\mathrm{N};u}_{yx;j,i}=J^u_{j,i}\{[1-\Omega(r^{\mathrm{N};u}_{j,i})]F^{\mathrm{N};u}_{\mathrm{up};j,i}+\Omega(r^{\mathrm{N};u}_{j,i})F^{\mathrm{N};u}_{\mathrm{lw};j,i}\} \tag{3.122}$$

函数 $\Omega(r)$ 依赖于对流方案，具体表达如式(3.91)～式(3.94)所示，r 的表达式依赖于对流符号，即

$$r^{\mathrm{N};u}_{j,i}=\begin{cases}\dfrac{F^{\mathrm{N};u}_{\mathrm{lw};j,i-1}-F^{\mathrm{N};u}_{\mathrm{up};j,i-1}}{F^{\mathrm{N};u}_{\mathrm{lw};j,i}-F^{\mathrm{N};u}_{\mathrm{up};j,i}}, & u_{j,i}\geqslant 0\\[2ex] \dfrac{F^{\mathrm{N};u}_{\mathrm{lw};j,i+1}-F^{\mathrm{N};u}_{\mathrm{up};j,i+1}}{F^{\mathrm{N};u}_{\mathrm{lw};j,i}-F^{\mathrm{N};u}_{\mathrm{up};j,i}}, & u_{j,i}<0\end{cases} \tag{3.123}$$

第三步，最后可以得到对流项 $A_{\mathrm{hx}}(v)_{j,i}$ 为

$$A_{\mathrm{hx}}(v)_{j,i}=\frac{F^{\mathrm{S};u}_{yx;j,i+1}+F^{\mathrm{N};u}_{yx;j-1,i+1}-F^{\mathrm{S};u}_{xy;j,i}-F^{\mathrm{N};u}_{xy;j-1,i}}{2J^v_{j,i}\Delta^v x_{j,i}} \tag{3.124}$$

(2) 二维水平对流离散方法。离散方法与三维对流项方法类似，具体如下：将三维对流项离散方程中的 u、v 分别用 $\overline{U}$ 和 $\overline{V}$ 代替；将三维对流项离散方程中式(3.86)、式(3.97)、式(3.107)、式(3.111)、式(3.118)和式(3.122)等六式中的 $J_{j,i}$、$J^u_{j,i}$ 和 $J^v_{j,i}$ 利用 $1/H_{j,i}$、$1/H^u_{j,i}$ 和 $1/H^v_{j,i}$ 代替；忽略式(3.85)、式(3.96)、式(3.113)和式(3.124)等四式分母中的 $J^u_{j,i}$ 或 $J^v_{j,i}$。

(3) 垂向对流的离散。

动量垂向对流项 $A_{\mathrm{v}}(u)$ 和 $A_{\mathrm{v}}(v)$ 可表示为

$$A_{\mathrm{v}}(u)=\frac{1}{J}\frac{\partial}{\partial\tilde{z}}(J\tilde{w}u)=\frac{1}{J}\frac{\partial}{\partial\tilde{z}}F_{xz} \tag{3.125}$$

$$A_{\mathrm{v}}(v)=\frac{1}{J}\frac{\partial}{\partial \widetilde{z}}(J\widetilde{w}v)=\frac{1}{J}\frac{\partial}{\partial \widetilde{z}}F_{yz} \tag{3.126}$$

u 方程离散后的垂向对流项表达式为

$$A_{\mathrm{v}}(u)_{k,j,i}=\frac{F^X_{xz;k+1,j,i}-F^X_{xz;k,j,i}}{\Delta^u z_{k,j,i}} \tag{3.127}$$

$$\Delta z=J\Delta\widetilde{z}=J$$

垂向对流 $F^X_{xz;k,j,i}$ 的表达式为

$$F^X_{xz;k,j,i}=[1-\Omega(r^X_{k,j,i})]F^X_{\mathrm{up};k,j,i}+\Omega(r^X_{k,j,i})F^X_{\mathrm{ce};k,j,i} \tag{3.128}$$

迎风对流与中心对流 F^X_{up} 和 F^X_{ce} 为

$$F^X_{\mathrm{up};k,j,i}=\frac{1}{2}(J\widetilde{w})^X_{k,j,i}[(1+s_{k,j,i})u_{k-1,j,i}+(1-s_{k,j,i})u_{k,j,i}] \tag{3.129}$$

$$F^X_{\mathrm{ce};k,j,i}=\frac{1}{2}(J\widetilde{w})^X_{k,j,i}(u_{k-1,j,i}+u_{k,j,i}) \tag{3.130}$$

式中，$(J\widetilde{w})$ 为垂向流在 X 节点的水平平均值，其表达式为

$$(j\widetilde{w})^X_{k,j,i}=\frac{1}{2}[(J\widetilde{w})_{k,j,i-1}+(J\widetilde{w})_{k,j,i}] \tag{3.131}$$

对流流向符号表达式为

$$s_{k,j,i}=\mathrm{sign}[(J\widetilde{w})^X_{k,j,i}] \tag{3.132}$$

限制函数 $\Omega(r)$ 仍由式(3.91)～式(3.94)确定，r 的表达式为

$$r^X_{k,j,i}=\begin{cases}\dfrac{F^X_{\mathrm{ce};k-1,j,i}-F^X_{\mathrm{up};k-1,j,i}}{F^X_{\mathrm{ce};k,j,i}-F^X_{\mathrm{up};k,j,i}}, & (J\widetilde{w})^X_{k,j,i}\geqslant 0\\[2ex] \dfrac{F^X_{\mathrm{ce};k+1,j,i}-F^X_{\mathrm{up};k+1,j,i}}{F^X_{\mathrm{ce};k,j,i}-F^X_{\mathrm{up};k,j,i}}, & (J\widetilde{w})^X_{k,j,i}<0\end{cases} \tag{3.133}$$

v 方程离散后的垂向对流项表达式为

$$A_{\mathrm{v}}(v)_{k,j,i}=\frac{F^Y_{yz;k+1,j,i}-F^Y_{yz;k,j,i}}{\Delta^v z_{k,j,i}} \tag{3.134}$$

$$\Delta z=J\Delta\widetilde{z}=J$$

垂向对流 $F^Y_{yz;k,j,i}$ 的表达式为

$$F^Y_{yz;k,j,i}=[1-\Omega(r^Y_{k,j,i})]F^Y_{\mathrm{up};k,j,i}+\Omega(r^Y_{k,j,i})F^Y_{\mathrm{ce};k,j,i} \tag{3.135}$$

F^Y_{up} 和 F^Y_{ce} 的表达式为

$$F^Y_{\mathrm{up};k,j,i}=\frac{1}{2}(J\widetilde{w})^Y_{k,j,i}[(1+s_{k,j,i})v_{k-1,j,i}+(1-s_{k,j,i})v_{k,j,i}] \tag{3.136}$$

$$F^Y_{\mathrm{ce};k,j,i}=\frac{1}{2}(J\widetilde{w})^Y_{k,j,i}(v_{k-1,j,i}+v_{k,j,i}) \tag{3.137}$$

式中，$(J\widetilde{w})$ 为垂向流在 Y 节点的水平平均值，表达式为

$$(J\widetilde{w})^Y_{k,j,i}=\frac{1}{2}[(J\widetilde{w})_{k,j-1,i}+(J\widetilde{w})_{k,j,i}] \tag{3.138}$$

对流流向符号表达式为

$$s_{k,j,i}=\text{sign}[(J\widetilde{w})^{Y}_{k,j,i}]$$

限制函数 $\Omega(r)$ 仍由式(3.91)～式(3.94)联合确定，r 的表达式为

$$r^{Y}_{k,j,i}=\begin{cases}\dfrac{F^{Y}_{\text{ce};k-1,j,i}-F^{Y}_{\text{up};k-1,j,i}}{F^{Y}_{\text{ce};k,j,i}-F^{Y}_{\text{up};k,j,i}}, & (J\widetilde{w})^{Y}_{k,j,i}\geqslant 0\\ \dfrac{F^{Y}_{\text{ce};k+1,j,i}-F^{Y}_{\text{up};k+1,j,i}}{F^{Y}_{\text{ce};k,j,i}-F^{Y}_{\text{up};k,j,i}}, & (J\widetilde{w})^{Y}_{k,j,i}<0\end{cases}\tag{3.139}$$

4）扩散项离散方法

(1) 三维水平扩散的离散。u 和 v 运动方程中水平扩散由三部分组成，首先定义如下四个公式：

$$D_{xx}(u)=\frac{1}{J}\frac{\partial}{\partial x}\left(2J\nu_{\text{H}}\frac{\partial u}{\partial x}\right)=\frac{1}{J}\frac{\partial}{\partial x}D_{xx}\tag{3.140}$$

$$D_{yx}(u,v)=\frac{1}{J}\frac{\partial}{\partial y}\left(2J\nu_{\text{H}}\frac{\partial u}{\partial y}\right)+\frac{1}{J}\frac{\partial}{\partial y}\left(J\nu_{\text{H}}\frac{\partial v}{\partial x}\right)=\frac{1}{J}\frac{\partial}{\partial y}D^{U}_{yx}+\frac{1}{J}\frac{\partial}{\partial y}D^{V}_{yx}\tag{3.141}$$

$$D_{xy}(u,v)=\frac{1}{J}\frac{\partial}{\partial x}\left(2J\nu_{\text{H}}\frac{\partial u}{\partial y}\right)+\frac{1}{J}\frac{\partial}{\partial x}\left(J\nu_{\text{H}}\frac{\partial v}{\partial x}\right)=\frac{1}{J}\frac{\partial}{\partial y}D^{U}_{xy}+\frac{1}{J}\frac{\partial}{\partial y}D^{V}_{xy}\tag{3.142}$$

$$D_{yy}(v)=\frac{1}{J}\frac{\partial}{\partial y}\left(2J\nu_{\text{H}}\frac{\partial v}{\partial y}\right)=\frac{1}{J}\frac{\partial}{\partial y}D_{yy}\tag{3.143}$$

① u 运动方程中的扩散流 D_{xx}、D^{U}_{yx} 和 D^{V}_{yx} 分别位于单元中心、V 节点和 U 节点处，它们的表达式分别为

$$D^{\text{c}}_{xx;j,i}=2J_{j,i}\nu^{\text{c}}_{\text{H};j,i}\frac{\Delta^{\text{c}}_{x}u_{j,i}}{\Delta x_{j,i}}\tag{3.144}$$

$$D^{U;v}_{yx;j,i}=J^{v}_{j,i}\nu^{v}_{\text{H};j,i}\frac{\Delta^{v}_{y}u^{\text{c}}_{j,i}}{\Delta^{v}y_{j,i}}\tag{3.145}$$

$$D^{V;u}_{yx;j,i}=J^{u}_{j,i}\nu^{u}_{\text{H};j,i}\frac{\Delta^{u}_{x}v^{\text{c}}_{j,i}}{\Delta^{u}x_{j,i}}\tag{3.146}$$

将式(3.144)～式(3.146)在 x 方向上分别进行微分，可得

$$\left(\frac{1}{J}\frac{\partial}{\partial x}D_{xx}\right)_{j,i}=\frac{D^{\text{c}}_{xx;j,i}-D^{\text{c}}_{xx;j,i-1}}{J^{u}_{j,i}\Delta^{u}x_{j,i}}\tag{3.147}$$

$$\left(\frac{1}{J}\frac{\partial}{\partial y}D^{U}_{yx}\right)_{j,i}=\frac{D^{U;v}_{yx;j+1,i}+D^{U;v}_{yx;j+1,i-1}-D^{U;v}_{yx;j,i}-D^{U;v}_{yx;j,i-1}}{J^{u}_{j,i}\Delta^{u}x_{j,i}}\tag{3.148}$$

$$\left(\frac{1}{J}\frac{\partial}{\partial y}D^{V}_{yx}\right)_{j,i}=\frac{2(D^{V;u}_{yx;j+1,i}-D^{V;u}_{yx;j-1,i})}{J^{u}_{j,i}(\Delta^{u}y_{j-1,i}+\Delta^{u}y_{j+1,i}+2\Delta^{u}y_{j,i})}\tag{3.149}$$

② v 运动方程中的扩散流 D_{yy}、D^{V}_{xy} 和 D^{U}_{xy} 分别位于单元中心、U 节点和 V 节点处，它们的表达式分别为

$$D^{\text{c}}_{yy;j,i}=2J_{j,i}\nu^{\text{c}}_{\text{H};j,i}\frac{\Delta^{\text{c}}_{x}v_{j,i}}{\Delta y_{j,i}}\tag{3.150}$$

$$D^{V;u}_{xy;j,i}=D^{V;u}_{yx;j,i} \tag{3.151}$$

$$D^{U;v}_{xy;j,i}=D^{U;v}_{yx;j,i} \tag{3.152}$$

将式(3.150)～式(3.152)分别进行微分，可得

$$\left(\frac{1}{J}\frac{\partial}{\partial y}D_{yy}\right)_{j,i}=\frac{D^{c}_{yy;j,i}-D^{c}_{yy;j-1,i}}{J^{v}_{j,i}\Delta^{v}y_{j,i}} \tag{3.153}$$

$$\left(\frac{1}{J}\frac{\partial}{\partial x}D^{V}_{xy}\right)_{j,i}=\frac{D^{V;u}_{xy;j,i+1}+D^{V;u}_{xy;j-1,i+1}-D^{V;u}_{xy;j,i}-D^{V;u}_{yx;j-1,i}}{J^{u}_{j,i}\Delta^{u}x_{j,i}} \tag{3.154}$$

$$\left(\frac{1}{J}\frac{\partial}{\partial x}D^{U}_{xy}\right)_{j,i}=\frac{2(D^{U;v}_{xy;j,i+1}-D^{U;v}_{xy;j,i-1})}{J^{v}_{j,i}(\Delta^{v}x_{j,i-1}+\Delta^{v}x_{j,i+1}+2\Delta^{v}x_{j,i})} \tag{3.155}$$

(2) 二维水平扩散的离散。二维扩散项离散后的表达式与三维情况相似，只是有下列不同：利用 $\overline{U}/H$、$\overline{V}/H$ 代替三维扩散项方程中的 u、v；将三维情况下的 $J_{j,i}$、$J^{u}_{j,i}$和 $J^{v}_{j,i}$定义为常值 1；将三维情况下的扩散系数 ν_{H} 替代为沿深度的积分值 $\bar{\nu}_{\mathrm{H}}$。

(3) 垂向扩散 D_{v} 离散，垂向扩散表达式为

$$D_{\mathrm{v}}(u)=\frac{1}{J}\frac{\partial}{\partial\tilde{z}}\left(\frac{\nu}{J}\frac{\partial u}{\partial\tilde{z}}\right)=\frac{1}{J}\frac{\partial}{\partial\tilde{z}}D_{xz} \tag{3.156}$$

$$D_{\mathrm{v}}(v)=\frac{1}{J}\frac{\partial}{\partial\tilde{z}}\left(\frac{\nu}{J}\frac{\partial v}{\partial\tilde{z}}\right)=\frac{1}{J}\frac{\partial}{\partial\tilde{z}}D_{yz} \tag{3.157}$$

式中，D_{xz} 和 D_{yz} 分别为 X 和 Y 节点处的垂向扩散流。

式(3.156)和式(3.157)的离散形式为

$$D_{\mathrm{v}}(u)_{k,j,i}=\frac{D^{X}_{xz;k+1,j,i}-D^{X}_{xz;k,j,i}}{\Delta^{u}z_{k,j,i}} \tag{3.158}$$

$$D_{\mathrm{v}}(v)_{k,j,i}=\frac{D^{Y}_{yz;k+1,j,i}-D^{Y}_{yz;k,j,i}}{\Delta^{v}z_{k,j,i}} \tag{3.159}$$

式中，

$$D^{X}_{xz;k,j,i}=\nu^{X}_{k,j,i}\frac{\Delta^{X}_{z}u_{k,j,i}}{\Delta^{X}z_{k,j,i}} \tag{3.160}$$

$$D^{Y}_{yz;k,j,i}=\nu^{Y}_{k,j,i}\frac{\Delta^{Y}_{z}u_{k,j,i}}{\Delta^{Y}z_{k,j,i}} \tag{3.161}$$

$$\nu^{X}_{k,j,i}=\frac{1}{2}(\nu_{k,j,i-1}+\nu_{k,j,i}) \tag{3.162}$$

$$\Delta^{X}z_{k,j,i}=\frac{1}{4}(J_{k,j,i}+J_{k,j,i-1}+J_{k-1,j,i}+J_{k-1,j,i-1}) \tag{3.163}$$

$$\nu^{Y}_{k,j,i}=\frac{1}{2}(\nu_{k,j-1,i}+\nu_{k,j,i}) \tag{3.164}$$

$$\Delta^{Y}z_{k,j,i}=\frac{1}{4}(J_{k,j,i}+J_{k,j-1,i}+J_{k-1,j,i}+J_{k-1,j-1,i}) \tag{3.165}$$

以上介绍了 COHERENS 模型水动力模块中的控制方程数值离散形式和对流项与扩散项的处理，具体可参考文献[1]和[6]。

3.1.2　泥沙运动基本理论

1. 主控方程

悬浮泥沙主控方程为三维对流扩散方程，表达式为

$$\frac{\partial c}{\partial t}+\frac{\partial}{\partial x}(cu)+\frac{\partial}{\partial y}(cv)+\frac{\partial}{\partial z}[c(w-w_s)]=\frac{\partial}{\partial x}\left(\lambda_H\frac{\partial c}{\partial x}\right)+\frac{\partial}{\partial y}\left(\lambda_H\frac{\partial c}{\partial y}\right)+\frac{\partial}{\partial z}\left(\lambda_T\frac{\partial c}{\partial z}\right) \tag{3.166}$$

式中，c为悬浮泥沙浓度；w_s为沉速；λ_H和λ_T分别为水平涡扩散系数和垂向涡扩散系数；u、v、w分别为x、y、z方向的水流流速。

在引入垂向伸缩变换后的σ坐标系下，悬浮泥沙主控方程变为

$$\begin{aligned}&\frac{1}{J}\frac{\partial}{\partial\tilde{t}}(Jc)+\frac{1}{J}\frac{\partial}{\partial\tilde{x}}(Juc)+\frac{1}{J}\frac{\partial}{\partial\tilde{y}}(Jvc)+\frac{1}{J}\frac{\partial}{\partial\tilde{z}}(J\tilde{w}c)-\frac{1}{J}\frac{\partial}{\partial\tilde{z}}(w_sc)\\&=\frac{1}{J}\frac{\partial}{\partial\tilde{z}}\left(\frac{\lambda_T}{J}\frac{\partial c}{\partial\tilde{z}}\right)+\frac{1}{J}\frac{\partial}{\partial\tilde{x}}\left(J\lambda_H\frac{\partial c}{\partial\tilde{x}}\right)+\frac{1}{J}\frac{\partial}{\partial\tilde{y}}\left(J\lambda_H\frac{\partial c}{\partial\tilde{y}}\right)\end{aligned} \tag{3.167}$$

式中，$J=\frac{\partial z}{\partial\tilde{z}}=\Delta z=H\Delta\sigma$。

式(3.167)通过分步法进行数值求解，第一步包含除悬沙沉降项外所有其他项，表达式为

$$\begin{aligned}\frac{c^*-c^n}{\Delta t_{3D}}=&-A_h(c^n)-\theta_aA_v(c^{n+1})-(1-\theta_a)A_v(c^n)\\&+\theta_vD_v(c^{n+1})+(1-\theta_v)D_v(c^n)+D_h(c^n)\end{aligned} \tag{3.168}$$

式中，c^*为第一步计算完成后所得悬沙浓度；n表示时间步。第二步为悬沙沉降引起的浓度变化，采用全隐“迎风”格式离散求解，表达式为

$$\frac{c^{n+1}-c^*}{\Delta t_{3D}}=\frac{1}{J}\frac{\partial}{\partial\tilde{z}}(w_sc^{n+1}) \tag{3.169}$$

式(3.168)中的水平对流项、水平扩散项、垂向对流项、垂向扩散项处理方法与速度变量处理方法相似，其中对流项采用TVD格式，细节参考3.1.1节。悬沙控制方程采用3.1节所叙述的分裂法进行求解。

2. 边界条件

(1) 开边界条件。输入采用已知浓度控制：$c=c(x,y,z,t)$；输出采用零法向梯度：$\frac{\partial c}{\partial \boldsymbol{n}}=0$。

(2) 海岸边界。海岸边界条件：边界处法向流速为零，泥沙不存在通量，即$c\cdot\boldsymbol{n}=0$。

(3) 自由水面边界条件。悬浮泥沙在水与空气界面处没有物质交换，因此

有$-\left(\lambda_{\mathrm{T}} \dfrac{\partial c}{\partial z}+w_{\mathrm{s}} c\right)\bigg|_{z=\eta}=0$。

(4) 床面边界条件。床面附近泥沙交换现象极其复杂,泥沙交换机理至今仍不十分清楚,因此即便是近底边界条件的提法也不尽相同,韩其为等[7]将其归纳为六类,并进行了分析和对比。Zhou 等[8]认为,在冲刷条件下应使用浓度型边界条件,淤积时应使用梯度型边界条件。蒋东辉[9]认为,对于非黏性沉积物-水界面,可指定近底某处参考点的悬沙浓度作为底边界条件,而对于黏性沉积物-水界面,则可采用界面处的物质通量来表示。

总体来说,相应于较为常用的三类边界条件,即 Dirichlet、Neumann 和混合边界条件,泥沙床面边界条件可分为浓度型、梯度型和通量型[10],本书采用通量型边界条件:

$$-\left(\lambda_{\mathrm{T}} \frac{\partial c}{\partial z}+w_{\mathrm{s}} c\right)\bigg|_{z=z_{\mathrm{b}}}=E-D \tag{3.170}$$

式中,E 和 D 分别为平衡近底床面泥沙的侵蚀通量和沉降通量;z_{b} 为床面高度。

下面将就沉速、侵蚀和沉降通量的研究状况及确定方法展开论述。

3. 沉速

海岸、河口区悬浮泥沙根据粒径可分为颗粒较小的黏性泥沙和颗粒较大的非黏性泥沙,这两种泥沙的分类依据主要是看其是否会发生絮凝现象。

海岸、河口区黏性泥沙的运动非常复杂,由冲刷、沉积、固结、再悬扬、悬浮泥沙水体的输运、浮泥流等一系列过程组成。黏性泥沙运动的复杂性主要是由细颗粒泥沙的絮凝造成。在黏性泥沙的运动中,其基本单位实际上不是单颗粒泥沙,而是称为絮团或絮凝体的细颗粒泥沙结合体,絮凝体的特性决定着细颗粒泥沙的运动规律以及吸附在泥沙颗粒上污染物的运动规律。黏性泥沙的沉降过程实际上是絮凝体形成、聚集、分解的动态过程,其受到悬移质泥沙的类型和浓度、周围环境的温度、盐度、剪切应力、湍流强度以及有机物类别浓度等因素影响,原则上可对这一过程进行数学模拟,但因其需消耗大量计算时间,目前还无法应用于三维悬沙模式。为使在三维数学模型中考虑絮凝体的沉速,目前认为它与泥沙颗粒粒径、悬沙浓度及水体的动力环境或近底的湍流强度有关,王保栋[11]、张庆河等[12]曾对黏性泥沙絮凝作用的研究成果进行了总结和探讨。悬浮泥沙沉速至今仍然没有一个通用的公式或理论,但总体说来,泥沙沉速与泥沙浓度、粒子或絮凝粒子的粒径、相对密度、盐分以及水动力条件等因素相关。絮凝过程中,由于涡动、不同的沉速、布朗运动等导致黏性泥沙相撞聚合成絮凝粒子,同时盐分的存在增加了泥沙颗粒之间的相撞频率,进而也有助于黏性泥沙聚合成较大的絮凝颗粒,不过这种影响受制于泥沙浓度的大小,若泥沙浓度小,则不会产生较大的影响。van Leussen[13]曾在悬浮黏性泥沙沉速的计算中考虑了泥沙浓度和湍流影响。Owen[14]的研究表明涡动有时会破坏絮凝颗粒的结构，抵消由盐分增加而导致的絮凝增加。总之，絮凝过程中影响因素的复杂性和理论基础的不完备导致了黏性泥沙沉速研究的不完善。相对来说，非黏性泥沙的沉速理论就完备得多，模拟效果也要好得多。

沉速对悬沙浓度的输运、垂向分布以及沉积等泥沙过程有着重要影响，因此悬浮泥沙沉速的准确确定是决定成功模拟悬浮泥沙输运的关键。然而，影响泥沙沉速的因素有很多，根据泥沙种类的不同这些影响因素起的作用有所不同。本书将泥沙分为黏性泥沙与非黏性泥沙两类，分别探讨并确定悬浮泥沙的沉速公式。

1）黏性泥沙沉速的确定

黏性泥沙沉速受波浪、潮流、盐度、生物、涡动等因素共同影响。众所周知，粒径较大的颗粒沉速一般较大，絮凝颗粒是由很多悬沙颗粒黏结在一起形成的聚合体，其体积要比单个泥沙颗粒大许多，因而它们的沉速也增大很多。如前文所述，除悬沙浓度主要影响泥沙絮凝过程外，还有其他重要因素通过不同方式影响这一过程。其中，悬沙浓度和涡动是通过增加单位时间粒子相撞数目来对颗粒絮凝产生影响的，而粒子的物理化学性质和生物参数则是通过对粒子相撞效率的影响来对絮凝产生作用的。Manning 等[15]观测了絮凝特性随涨、落潮条件改变的特征并提出了悬沙絮凝体沉速试验统计公式，该公式考虑了悬浮泥沙浓度、絮凝颗粒尺寸以及与湍流有关的剪切应力对絮凝体沉速的影响。尽管目前定性研究上述因素对悬沙沉速的影响已有不少结论[13~15]，但是定量研究仍处于起步阶段，实地研究紊动剪切应力对悬沙沉降的影响更是不多见[16]。由于黏性泥沙影响因素的复杂性与不确定性，因此要根据研究区域的泥沙特性、水动力情况等，确定主要影响因素，并选择适合该区域的沉降理论。本书采用如下五种泥沙沉降理论公式计算黏性泥沙的沉速：

(1) Wolanski 等[17]基于试验得出沉速公式为

$$w_s = \frac{ac^n}{(c^2+b^2)^m} \tag{3.171}$$

式中，a、b、m、n 分别为试验常数；c 为悬浮泥沙浓度。该理论主要考虑悬沙浓度对沉速的影响。

(2) 高浓度沉速公式（泥沙浓度超过 10g/L）[18]为

$$(w_s)_k = -\frac{(\Delta z)_k}{c_k}\frac{\mathrm{d}c_k}{\mathrm{d}t} \tag{3.172}$$

式中，k 和$(\Delta z)_k$ 分别为垂向第 k 节点和相应的垂向空间步长；$\frac{\mathrm{d}c}{\mathrm{d}t} = -B_{ds}c^{2.3} - B_{sh}c^{1.9} - B_b c^{1.3}$（试验中垂向平均浓度随时间的变化）；$c$ 为垂向平均浓度；B_{ds}、B_{sh}、

B_b 为不同的沉速、紊动剪切应力、布朗运动影响絮凝的试验系数。

(3) Krone[19] 和 Owen[14] 提出的沉速公式为

$$w_s = kc^m \tag{3.173}$$

式中，k、m 依赖于悬浮泥沙类型和流体湍流强度。

(4) van Leussen[13] 提出的耗散参数能量法为

$$\begin{cases} w_s = w_{s0} \dfrac{1 + aG}{1 + bG^2} \\ G = \sqrt{\dfrac{\varepsilon}{\nu}} \end{cases} \tag{3.174}$$

式中，ε 为单位质量的紊动耗散率；ν 为运动黏性系数；a、b 为试验参数；G 为紊动速度波动梯度的平方根；w_{s0} 为泥沙静水沉速，可用 Krone[19] 和 Owen[14] 提出的沉速公式确定。该方法考虑了湍流对泥沙沉速的影响，适合于黏性泥沙沉速的确定。

(5) Winterwerp[20] 提出的沉速公式为

$$w_s = w_{sr} \frac{(1 - \varphi_*)^m (1 - \varphi_p)}{1 + 2.5\varphi} \tag{3.175}$$

式中，w_{sr} 为泥沙静水沉速，采用试验测定或采用 Krone[19] 和 Owen[14] 提出的沉速公式确定；φ 为絮凝颗粒的体积浓度，$\varphi = c/c_{gel}$；c_{gel} 为胶凝浓度，$c_{gel} = 80\text{g/L}$；$\varphi_* = \min(1, \varphi)$，$\varphi_p = c/\rho_s$，$\rho_s = 2650\text{g/L}$ 为基本粒子密度，m 可取为 4（考虑非线性影响）。

Winterwerp 沉速公式认为当絮凝颗粒的体积浓度达到胶凝浓度时，泥沙沉速降为 0，此后可能会出现极为缓慢的集体沉降。

2) 非黏性泥沙沉速的确定

非黏性泥沙的沉速研究始于对单颗粒泥沙沉降规律的研究，概括起来，这些研究工作主要从两个途径入手，一是根据试验资料建立公式；二是根据群体沉降机理推导理论或半理论公式。对于处于分散状态的非黏性泥沙，当含沙量从零开始逐渐增加时，绕流阻力增大，当泥沙群体沉降时，由于泥沙颗粒间的相互碰撞，等效于增加了泥沙沉降方向上的阻力，沉速将逐步减小。

(1) 非黏性单颗粒物质的 Stokes 沉速公式为

$$w_s = \frac{2R_p^2 G(\rho_p - \rho_f)}{9\rho_f \nu} \tag{3.176}$$

式中，ρ_p、ρ_f、R_p 和 ν 分别为泥沙颗粒密度、流体密度、半径和运动黏性系数。

(2) 非黏性沉速公式[21] 为

$$w_s = \frac{\upsilon}{D_k}\left[(25 + 1.2D_*^2)^{0.5} - 5\right]^{1.5} \tag{3.177}$$

$$D_* = \left[\frac{(s-1)g}{\nu^2}\right]^{\frac{1}{3}} D_{50} \tag{3.178}$$

式中，s 为泥沙粒子相对密度；g 为重力加速度；ν 为运动黏性系数；D_{50} 为中值粒径；D_k 为泥沙颗粒有效粒径。

4. 沉积通量与速率

1）泥沙沉积通量研究现状

沉积通量一般可以由泥沙的有效沉速和当地含沙量加以确定。本书分别针对黏性泥沙与非黏性泥沙来确定泥沙通量或泥沙沉速。

2）非黏性泥沙沉积速率的确定

对于非黏性泥沙，一般可以认为近底沉积速率与沉速相等，因此非黏性泥沙沉积速率采用非黏性沉速计算式(3.176)和式(3.177)。

3）黏性泥沙沉积通量的确定

(1) 近底沉积通量 D 可表示为

$$D = -w_s c_b \left(\frac{\tau_{cd} - \tau_b}{\tau_{cd}}\right), \quad \tau_b \leqslant \tau_{cd} \tag{3.179}$$

式中，τ_b 为流体产生的底部剪切应力；w_s 为沉速；c_b 为近底层悬沙浓度；τ_{cd} 为泥沙沉积的临界剪切应力，一般取决于泥沙的性质和絮凝体的物理化学性质，通常该应力的确定主要通过试验或野外现场观测，其值在 0.06～1.1N/m^2 的范围内。

(2)Krone 沉积速率模型沉积通量 D 的表达式为

$$D = v_d c_b = -\beta \frac{w_s c_b}{2}\left(1 - \frac{\tau_b}{\tau_{cd}} + \left|1 - \frac{\tau_b}{\tau_{cd}}\right|\right) \tag{3.180}$$

式中，β 为悬沙沉积概率，$0 \leqslant \beta \leqslant 1$。

黏性泥沙相对于非黏性泥沙来说，在沉积通量的计算上必须乘以一个由临界沉积应力和底床剪切应力组成的悬沙沉积概率。

5. 底床泥沙侵蚀通量与速率

对于非黏性沉积物床面，现有的对泥沙颗粒再悬浮条件的研究多数从两个途径入手：一是将泥沙颗粒特性与使之进入悬浮状态的水流条件相联系[22~24]；二是根据悬沙浓度的垂向分布规律来确定再悬浮条件[25]。

1）黏性沉积物床面侵蚀速率

(1) 完全固结床面采用 Partheniades[26]提出并经 Ariathurai 等[27]应用的侵蚀公式，即

$$\varepsilon = M(1)\,\frac{\tau_b(t + \Delta t) - \tau_{ce}}{\tau_{ce}} \tag{3.181}$$

式中，$M(1)$为当前床面层的侵蚀常数，需要根据沉积物特性进行现场测定或试验确定；τ_b 为流体产生的底部剪切应力；τ_{ce} 为床面剪切应力，需要用所要模拟的水中

沙进行侵蚀试验来确定，也可以通过计算的方式得到。

固结床面发生侵蚀现象的应力条件是：$\tau_b(t+\Delta t)>\tau_b(t)$，$\tau_b(t+\Delta t)>\tau_{ce}(z=0)$，$z=0$ 表示完全固结床面的顶端，t 和 Δt 分别为当前计算时间与计算时间步长。

(2) 未完全固结底床的侵蚀公式[28,29]为

$$\varepsilon=\varepsilon_0 \exp\left[\alpha \frac{\tau_b-\tau_{ce}(z_b)}{\tau_{ce}(z_b)}\right] \tag{3.182}$$

式中，ε_0 和 α 为当前未完全固结床面的平均试验系数；$\tau_{ce}(z_b)$ 为沉积床面随深度变化的应力函数，需要用侵蚀试验确定。

(3) 指数法则：

$$\varepsilon=\frac{E_0}{T_d^2}\exp\left\{\alpha\left\{\frac{1}{2}\left[\left(\frac{\tau_b}{\tau_{ce}}-1\right)+\left|\frac{\tau_b}{\tau_{ce}}-1\right|\right]\right\}^{\frac{1}{2}}\right\} \tag{3.183}$$

式中，τ_{ce}为床面剪切应力。

E_0、T_d 和 τ_{ce}等参数可以通过对研究区域现场底床泥沙情况进行实地测量或试验确定。

(4) 能量法则：

$$E=\frac{E_0}{T_d^2}\left\{\frac{1}{2}\left[\left(\frac{\tau_b}{\tau_{ce}}-1\right)+\left|\frac{\tau_b}{\tau_{ce}}-1\right|\right]\right\}^p \tag{3.184}$$

式中，E_0 为侵蚀速率常数；τ_{ce}为床面剪切应力。E_0、T_d、τ_{ce}、p 为通过实验室试验和实地测量得到的试验参数。τ_{ce}为沉积床面随深度变化的应力函数，需要通过对现场床面沙进行侵蚀试验得到。

2) 非黏性沉积物床面侵蚀速率的确定

van Rijn[30,31]理论公式为

$$E=\lambda_T\frac{\partial c}{\partial z}\bigg|_{z=-h}\approx\lambda_T\left(\frac{c_a-c_{bot}}{\Delta z}\right) \tag{3.185}$$

式中，Δz 为最底层中心到参考高度的距离；c_{bot}为最底层中心的浓度；c_a 为参考高度处的参考浓度；a 为参考高度距床面的距离，其计算方法是纯经验性的，大致可归纳为三类：一是认为 a 应取数倍的床沙粒径，如 Einstein 假定 a 在各种水流条件下，其值均为床沙粒径的两倍；二是建立 a 与沙波高度或床面粗糙度之间的关系，如 van Rijn 定义 a 为沙波高度的一半或者等于床面的糙度，且在任何情况下都要小于 20%的水深；三是建立 a 与水深的联系。不难看出，这些经验方法会造成 a 值差别很大。方法三中的 a 只是水深的函数，当水深较大而泥沙较细时可能会产生较大的误差，方法一的物理概念更加直观，且比方法二使用方便，因此应用最为广泛[10]。参考浓度 c_a 一般与水体的运动黏性、泥沙的相对密度、颗粒的直径、床面处流体剪切应力以及床面临界起动应力等因素有关。参考高度 a 及参考浓度 c_a 的表达式分别为

$$a = \min\left[\max\left(\beta k_{s}, \frac{\Delta_r}{2}, 0.01h\right), 0.2h\right] \tag{3.186}$$

$$c_a = \frac{0.015 D_k T^{1.5}}{a D_*^{0.3}} \tag{3.187}$$

式中，h、k_s 分别为水深和与流速相关的糙度；β 为比例因子；D_* 表达式见式(3.178)；Δ_r 为波浪引起的沙纹高度；T 与床面处流体剪切应力以及床面临界起动应力有关，其计算式为

$$T = \frac{\tau_b^2}{\tau_{ce1}^2} - 1 \tag{3.188}$$

式中，τ_{ce1} 为床面临界起动应力，它的计算方法将在后面进行介绍；Δ_r 的表达式为

$$\Delta_r = \begin{cases} 0.22 A_\delta, & \phi \leqslant 10 \\ 2.8 \times 10^{-13} (250 - \phi)^5 A_\delta, & 10 < \phi \leqslant 250 \\ 0, & \phi > 250 \end{cases} \tag{3.189}$$

式中，$\phi = \dfrac{U_\delta^2}{(s-1) g D_{50}}$；$A_\delta = \dfrac{T_p U_\delta}{2\pi}$ 为波浪在接近床面处的摆动幅值；U_δ 为波浪近床面处的峰频对应速度；T_p 为峰频对应的波浪周期。

对于非黏性沙床面临界起动应力 τ_{ce1} 与临界再悬浮应力 τ_{ce2} 的计算，一般是通过床面的中值粒径来考虑的，发生床面泥沙侵蚀的临界应力 τ_{ce} 需同时大于床面临界起动应力 τ_{ce1} 与临界再悬浮应力 τ_{ce2}。关于这两个临界应力的确定方法，采用的计算公式为[21,31,32]

$$\tau_{ce1} = \rho (s-1) g D_{50} \theta_{cr} \tag{3.190}$$

式中，s 为粒子相对密度；g 为重力加速度；D_{50} 为中值粒径；θ_{cr} 为临界 Shields 参数。

$$\theta_{cr} = \begin{cases} 0.24 D_*^{-1}, & D_* \leqslant 4 \\ 0.14 D_*^{-0.64}, & 4 < D_* \leqslant 10 \\ 0.04 D_*^{-0.10}, & 10 < D_* \leqslant 20 \\ 0.013 D_*^{0.29}, & 20 < D_* \leqslant 150 \\ 0.055, & 150 < D_* \end{cases} \tag{3.191}$$

$$\tau_{ce2} = \rho \left(\frac{\nu}{D_k}\right)^2 \left[(25 + 1.2 D_*^2)^{0.5} - 5\right]^3 \tag{3.192}$$

泥沙达到悬浮状态时要同时满足临界起动和侵蚀应力，因此临界侵蚀应力 τ_{ce} 为

$$\tau_{ce} = \max(\tau_{ce1}, \tau_{ce2}) \tag{3.193}$$

3.2　波浪、海流与泥沙耦合作用分析

纯波浪或纯水流作用下的海岸水动力环境数值研究取得了很大的进展，然而

海岸和河口区水深相对较浅，波流耦合作用显著，纯波浪或纯水流作用下的数值研究不再适用。波浪的存在，使得海面风应力、近底剪切应力、风暴潮漫滩等水动力过程，与传统的单因素作用结果有很大的不同。波流耦合作用下的泥沙运动及海床冲淤演变，是海岸工程建设中需要重点分析的环境要素，对于工程可行性起着至关重要的作用。海岸工程界常有"波浪掀沙、潮流输沙"一说，也从侧面体现了波流耦合作用对于海岸动力环境演变分析的重要性。另外，泥沙的存在，尤其是悬浮泥沙的存在，会消耗湍流能量，从而对泥沙扩散产生影响。波浪亦会影响泥沙垂向扩散能力，对于泥沙输运的准确计算有着不可忽视的作用。针对上述水动力过程，本节将主要分析波浪对于表面风应力、底部侵蚀应力、风暴潮增水等关键海洋动力过程的影响。

3.2.1 波浪影响下的海面与海底剪切应力

1. *海面剪切应力*

决定气-海动量传输率的表面拖曳力系数，一般是基于海洋观测或表面通量测量得到，该系数与风速有很密切的关系，有很多学者对该系数进行了研究[33~35]。尽管这些理论间接考虑了海面糙度的影响，但由于它们是通过海洋观测等方式得到的，这一方式要考虑具体的适用区域状况，如风区的大小、地形等因素，因而影响着这些理论的适用范围。为了考虑局地海面糙度对拖曳力系数的影响，很多研究人员开始试探性地提出波浪对表面风应力的影响[36~39]，他们主要从波龄、波陡、有效波高等方面研究了波浪依赖的表面风应力计算方法。Xie 等[40]在均匀风场的条件下比较了 Large 等[33]提出的风速依赖的表面风应力计算方法和 Donelan[37]提出的波浪依赖的表面风应力计算方法，并得出波浪依赖的表面风应力要大于风速依赖的表面风应力这一结论。梁丙臣[6]利用大气模式 MM5 产生的时空变化风速场研究了上述两种表面风应力计算方法在渤海海区的差异，所得结论与 Xie 等[40]相似。林祥[41]较为系统地总结了波浪对表面风应力的影响，并比较了 Donelan 等[37]提出的波浪依赖的表面风应力与风速依赖的表面风应力，也同样得出了前者比后者所得结果要大一些，且这种差异随着风强度的增加而增加的结论。

为了能够进一步探讨波浪对表面风应力的影响，研究波浪依赖的风应力与风速、波龄、特征波高及特征周期的相互关系，在表面风应力计算中引入 Donelan 等[37]提出的能够代表表面糙度影响的波浪依赖的表面拖曳力系数。

风速依赖的表面拖曳力系数表达式为[35]

$$C_d^s = 10^{-3} \times (0.43 + 0.097U_{10}) \tag{3.194}$$

波浪依赖的表面拖曳力系数采用 Donelan 等[37]提出的经验模型，表达式为

$$C_d^s = \left(\frac{0.4}{\ln 10 - \ln Z_0}\right)^2 \tag{3.195}$$

式中，

$$Z_0 = 3.7 \times 10^{-5} \frac{U_{10}^2}{g}\left(\frac{U_{10}}{C_p}\right)^{0.9} \tag{3.196}$$

式中，C_p 为波浪峰频对应波速；g 为重力加速度，取 9.81m/s^2；U_{10} 为海面上 10m 处风速。

2. 海底剪切应力

纯波浪和纯水流作用下的床面剪切应力以往研究较多，而自然界往往是波、流共同存在，研究和探讨波、流共同作用下的床面剪切应力显得尤为重要。这方面的研究目前已有较大进展，如 Bijker[42]、Grant 等[43]、Signell 等[44]和吴永胜等[45]，都对波、流共同作用下的床面剪切应力开展了研究。我们采用 Davies 等[46]的波流边界层理论，但摒弃其中认为波浪与水流方向相同的假设，引入两者夹角和随机波影响[47]。

波浪对近底水体的扰动、搅拌，增强了湍流强度，进而增加了床面的拖曳力，这种作用在近岸浅海地区尤为显著[46]。但由于波浪和潮流的周期相差很大，因此，计算波流共存的床面剪切应力时，潮流在某一计算时间段可作为定常部分来考虑，波浪则因计算问题的不同而对床面剪切应力有不同的要求。因计算床面剪切应力的目的是考虑床面剪切应力对底床泥沙的再悬浮作用，因此需要得到最大的瞬时床面剪切应力。考虑到水流与波浪传播方向之间有所差异，此处的最大瞬时床面剪切应力定义为恒定流引起的床面剪切应力与波浪引起的最大床面剪切应力矢量之和，即

$$\boldsymbol{\tau}_{b,\max} = \boldsymbol{\tau}_c + \boldsymbol{\tau}_{w,\max} \tag{3.197}$$

式中，$\boldsymbol{\tau}_{b,\max}$ 为最大瞬时床面剪切应力；$\boldsymbol{\tau}_c$ 为恒定流引起的床面剪切应力；$\boldsymbol{\tau}_{w,\max}$ 为波浪引起的最大床面剪切应力。

$$\boldsymbol{\tau}_{w,\max} = \rho_0 u_w^{*2} = \frac{1}{2}\rho_0 f_w U_w^2 \tag{3.198}$$

式中，u_w^* 为剪切应力速度；U_w 为波浪近底轨道速度，根据线性波浪理论有

$$U_w = \frac{a\sigma}{\sinh(kh)} \tag{3.199}$$

实际波浪属于随机性物理过程，随机波作用下的波浪近底轨道速度为

$$U_w = \sqrt{2\int_0^{2\pi}\int_0^{\infty} \frac{\sigma^2}{\sinh^2(kh)} E(\sigma,\theta)\mathrm{d}\sigma\mathrm{d}\theta} \tag{3.200}$$

式中，$\sigma^2 = gk\tanh(kh)$；a、σ、k 和 h 分别为波浪的振幅、波浪角频率、波数和水深。

波浪摩擦因子 f_w 采用以下经验关系确定[44]：

$$f_w=\begin{cases}0.13\left(\dfrac{k_b}{A_b}\right)^{0.4}, & \dfrac{k_b}{A_b}<0.08\\ 0.23\left(\dfrac{k_b}{A_b}\right)^{0.62}, & 0.08\leqslant\dfrac{k_b}{A_b}\leqslant 1\\ 0.23, & \dfrac{k_b}{A_b}>1\end{cases}\tag{3.201}$$

式中，$A_b=U_w/\sigma$ 是波浪近底轨道偏移幅值；Nikuradse 糙率 k_b 与底部糙率 z_0 关系式 $k_b=30z_0$ 在紊流区内成立[43]，z_0 定义为 $2.5D_{50}$，D_{50} 为底床泥沙的中值粒径。

从式(3.197)可以得到波流共同作用下的摩阻流速 u_{cw}^* 为[48]

$$u_{cw}^*=(u_b^{*2}+u_w^{*2}+2u_b^*u_w^*\cos\phi_c)^{1/2}\tag{3.202}$$

式(3.202)中包含恒定水流摩阻流速 u_b^*，其表达式为

$$u_b^{*2}=C_d^b(u_b^2+v_b^2)=C_d^b u_c^2\tag{3.203}$$

采用对数流速断面形状定义明显糙率，表达式为

$$u_c=\frac{u_b^*}{\kappa}\ln\frac{30\sigma H}{\kappa_{bc}}\tag{3.204}$$

式(3.204)在参考高度 z_r 处求解，参考高度取最底层的网格中心点高度。联合式(3.202)与式(3.203)可得

$$C_d^b=\left[\frac{\kappa}{\ln\dfrac{30z_r}{k_{bc}}}\right]^2\tag{3.205}$$

明显糙率 k_{bc} 与 Nikuradse 糙率关系为[43]

$$k_{bc}=k_b\left(24\frac{u_{cw}^*}{U_w}\frac{A_b}{k_b}\right)^{\beta}\tag{3.206}$$

式中，

$$\beta=1-\frac{u_b^*}{u_{cw}^*}\tag{3.207}$$

式(3.202)与式(3.203)依赖于 C_d^b 的求解，所以式(3.205)与式(3.206)原则上必须采用循环求解。为在满足工程应用的条件下节约更多的时间，此处采用一个更为简单的办法[46]求解：

k_{bc} 在初始时刻设为 k_b，C_d^b 利用式(3.205)计算，此后再由式(3.206)得到下一步的 k_{bc}，并将新得到的 k_{bc} 代入式(3.205)，即完成一个时间步的计算，后面的计算依次采用此办法得到各个时间步的底部拖曳力系数 C_d^b[47]。

3. 波浪影响下的海面与海底剪切应力对比分析

本小节依托江苏北部海滨的灌河河口区，设计如表 3.3 所列的三个数值试验，

探讨有无波浪影响的表面风应力、底部应力以及流速的变化情况。所有这三个试验的风场均来自于大气模式 MM5 计算的结果。选取水深为 6m 处的一点(34.6°N;119.75°E)来分析波浪对水流的影响,图 3.3 为灌河河口区水深地形及计算网格图。

表 3.3 数值试验的设置

模拟	描述
Run1	考虑波浪依赖的表面风应力,考虑波浪影响下的底部应力
Run2	考虑风速依赖的表面风应力,考虑波浪影响下的底部应力
Run3	考虑波浪依赖的表面风应力,不考虑波浪影响下的底部应力

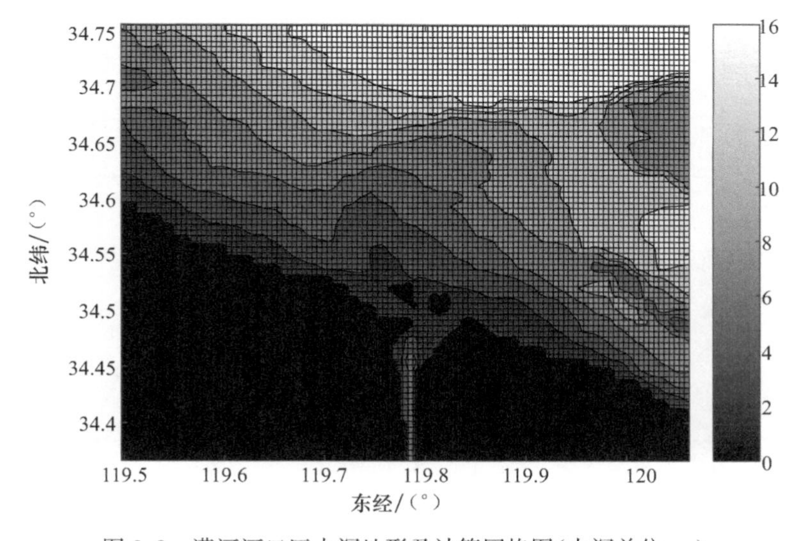

图 3.3 灌河河口区水深地形及计算网格图(水深单位:m)

1) 波浪依赖的表面风应力影响分析

为比较波浪依赖的表面风应力与风依赖的表面风应力[35]之间的差异,此处将表 3.3 中提到的两种表面拖曳力系数进行比较。图 3.4 为计算波浪依赖的表面风应力与风速依赖的风应力时程图,图 3.5 为采用大气数学模型 MM5 产生的风速,图 3.6 显示了特征波高与特征周期的时程分布。

从图 3.4 可以看出,波浪依赖的表面风应力与风速依赖的表面风应力存在一些不同。由图 3.4 和图 3.5 可以看出,当风速大于 8m/s 时,波浪依赖的表面风应力要小于文献[35]提出的风速依赖的表面风应力,而且随着风速的增加,差异值也随之增加。此外,再参考特征波高与特征周期的时程分布图 3.6,会发现当风应

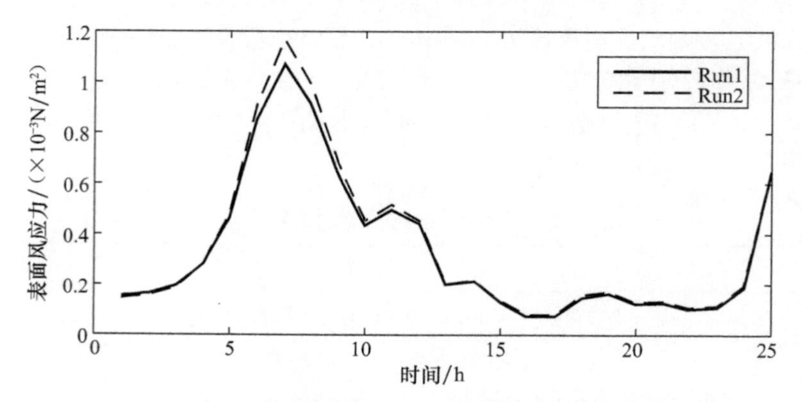

图 3.4　计算表面波浪依赖的风应力与风速依赖的风应力时程图

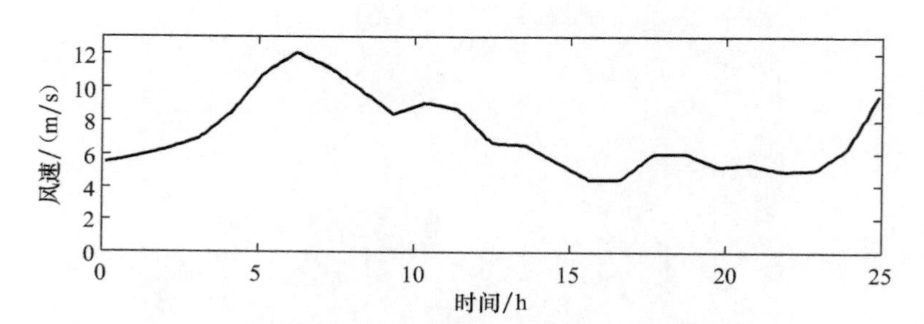

图 3.5　采用大气数学模型 MM5 产生的风速

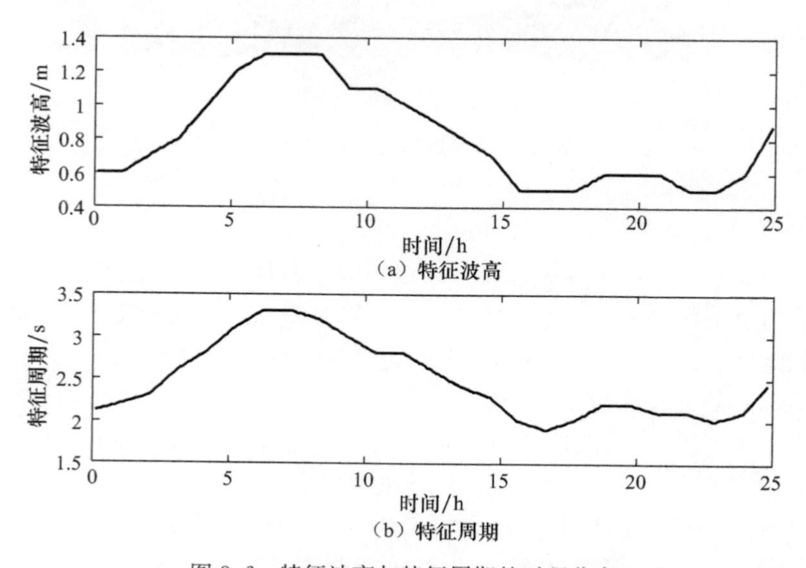

图 3.6　特征波高与特征周期的时程分布

力、风速最大时，相应的特征波高与特征周期也很大。这说明，波高增加，海面糙度也随之增加，两者之间的差异也就越大。本次试验中由于只考虑风生波浪，风应力是波高增加的能量来源，由图 3.4 和图 3.5 可以看出，风生波高的增加要滞后于风速和风应力的增加。

2）波浪影响下的底部应力影响分析

图 3.7 显示了靠岸边较近、水深约 6m 位置处的 Run1 和 Run3 两个数值试验计算所得的底部应力结果。由图可知，两者计算的底部应力在 5～12h 有很大差异，尤其在 9h 左右，Run1 计算出的底部应力接近 1.4N/m^2，几乎是 Run3 计算所得底部应力的 1.8 倍。图 3.6 显示，在 4～14h，特征波高超过 0.8m，特征周期也超过 2.5s。当波高超过 1.2m 时，底部应力的差异几乎达到两倍，明显大于其他模拟时段，因此较强的波浪条件是底部应力急剧增加的直接原因。参考图 3.8 和图 3.9，在 5～12h，无论表层流速还是底层流速，它们的差异都很明显。图 3.8 中，考虑波浪影响的底部应力情况下（Run1）所计算的表层流速要明显大于没有考虑波浪影响的情况（Run3）。图 3.9 显示的底层流速情况则刚好相反，Run1 计算的底层流速要小于 Run3 的计算值。由图 3.8 和图 3.9 可以看出，波浪对流体的扰动提高了的底部应力，致使流体受到的底部摩擦力增加，从而底层流速减小。然而，为了保证水质量守恒，作为对底层流速减小的补偿，其表层流速则相应有所增加。可见波浪对底部应力的提高，改变了水流速度的垂向分布，且这种改变的程度势必随着风速的增加而增加。两图中的流向相对于流速来说几乎没有差异，只是在 7h 左右水流转向时出现了一点差异。此外，从波浪的存在改变了水流流速的断面垂向分布这一观点出发，也不难得到风暴潮的三维模拟势必会改变其二维模拟的结果，波流共同作用的三维模拟对于风暴潮等海洋灾害的模拟效果有着非常重要的影响。

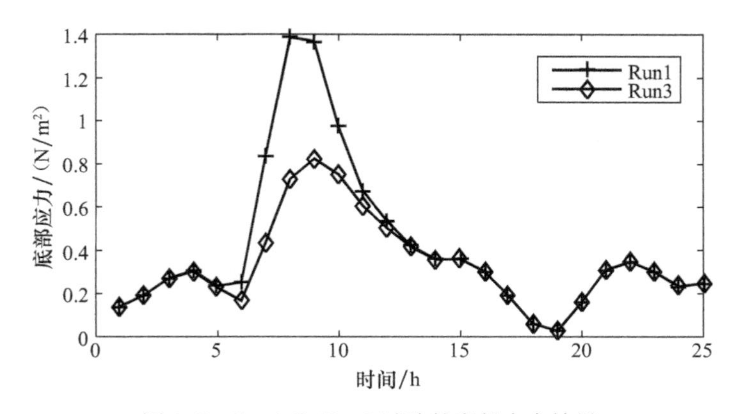

图 3.7　Run1 和 Run3 试验的底部应力结果

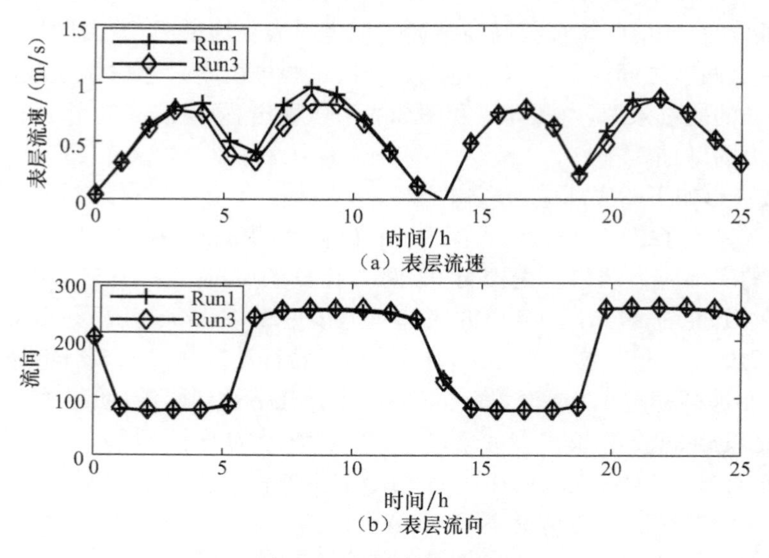

图 3.8　表层流速和流向

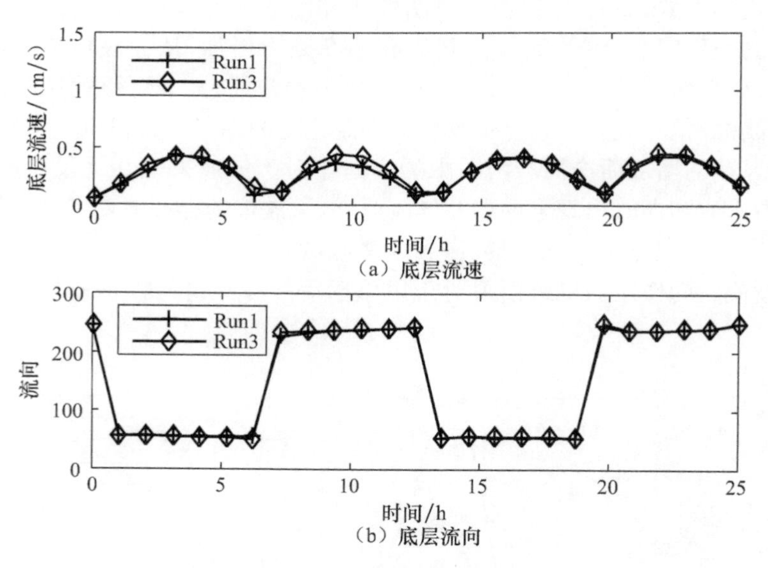

图 3.9　底层流速和流向

3.2.2　悬浮泥沙对水动力的衰减作用分析

1. 悬浮泥沙对湍流的衰减作用概述

海岸区悬浮泥沙运动会消耗湍流能量，而湍流的衰减会影响垂向涡黏与扩散能力，对泥沙运动的模拟计算产生重要影响。

涡黏与涡扩散系数的准确选取是三维海洋及悬浮泥沙模拟中最为复杂的问题之一，它关系到三维模型中悬浮泥沙垂向交换过程能否准确确定，这对模拟结果的成功至关重要。垂向悬沙交换，除了前面所讲的沉速引起的垂向通量以及水体垂向速度引起的悬沙垂向对流，还有扩散项引起的垂向扩散通量。湍流的扩散能力在垂向扩散中非常重要，该能力是通过涡黏系数 ν_T 和涡扩散系数 λ_T 来衡量的，即要准确确定湍流的垂向扩散能力就需要准确确定悬沙对流-扩散方程中的垂向涡扩散系数 λ_T。

本节中的涡黏系数 ν_T 和涡扩散系数 λ_T 是通过湍流封闭模型计算得到的，需要考虑模拟区域的具体物理过程、模拟的垂向分辨率以及计算时间等因素。总体上来说，确定两系数的方法有简单的代数公式、单方程的湍流封闭模式和两方程的湍流封闭模式。本模型提供了由简单的代数公式理论到复杂的两方程湍流模式的各种选择，考虑了底边界层内潮摩擦诱导湍流、表面风生湍流等过程，采用 Large 等[49]提出的半经验公式考虑温跃层、盐跃层内内波活动对湍流的影响，同时作者基于悬浮功，在湍流封闭模式中考虑了悬沙对湍流的衰减作用，这种作用又反馈到水流运动方程中，达到泥沙对水流的反馈作用。在混合长度的计算中，水表面处引入了表面波浪对混合长度的影响。

2. 垂向涡黏、涡扩散系数计算方法

总体说来，两方程模式中的变量 k、l 或 ε 理论的物理基础相对于湍流能量 k 还不完备，而利用相对简单的混合长度理论也可以产生符合实际的结果，同时避免了求解两方程模型耗费机时的缺点。此处作者引入波浪相关混合长度的影响来进一步完善 COHERENS 的混合长度选择。

1）垂向涡黏系数与扩散系数计算表达式

垂向涡黏系数与涡扩散系数表达式为

$$\nu_T = \frac{S_u k^2}{\varepsilon} + \nu_b \tag{3.208}$$

$$\lambda_T = \frac{S_b k^2}{\varepsilon} + \lambda_b \tag{3.209}$$

式中，ν_T 为垂向涡黏系数；λ_T 为垂向涡扩散系数；k 为湍流能量；ε 为湍流能量的耗散率；ν_b 和 λ_b 分别为背景黏性与扩散系数。

稳定函数 S_u、S_b 表达式为[50]

$$S_u = \frac{0.108 + 0.0229\alpha_N}{1 + 0.471\alpha_N + 0.0275\alpha_N^2} \tag{3.210}$$

$$S_b = \frac{0.177}{1 + 0.403\alpha_N} \tag{3.211}$$

式中，

$$\alpha_N = \frac{k^2}{\varepsilon^2} N^2 \tag{3.212}$$

湍流能量 k 的控制方程为

$$(\Gamma + A_h + A_v - D_h)k - \frac{1}{J}\frac{\partial}{\partial \tilde{z}}\left[\left(\frac{\nu_T}{\sigma_k} + \nu_b\right)\frac{1}{J}\frac{\partial k}{\partial \tilde{z}}\right] = \nu_T M^2 - \lambda_T N^2 - \varepsilon \tag{3.213}$$

式中,时间微分项 Γ 的表达式为

$$\Gamma = \frac{1}{J}\frac{\partial}{\partial t}(Jk) \tag{3.214}$$

水平对流项 A_h 的表达式为

$$A_h = \frac{1}{J}\frac{\partial}{\partial x}(Juk) + \frac{1}{J}\frac{\partial}{\partial y}(Jvk) \tag{3.215}$$

垂向对流项 A_v 的表达式为

$$A_v = \frac{1}{J}\frac{\partial}{\partial \tilde{z}}(J\tilde{w}k) \tag{3.216}$$

水平扩散项 D_h 的表达式为

$$D_h = \frac{1}{J}\frac{\partial}{\partial x}\left(J\lambda_H^k \frac{\partial k}{\partial x}\right) + \frac{1}{J}\frac{\partial}{\partial y}(J\lambda_H^k) \tag{3.217}$$

M^2 和 N^2 的表达式为

$$N^2 = \frac{g}{J}\left(\beta_T \frac{\partial T}{\partial \tilde{z}} - \beta_s \frac{\partial S}{\partial \tilde{z}}\right) \tag{3.218}$$

$$M^2 = \frac{1}{J^2}\left[\left(\frac{\partial u}{\partial \tilde{z}}\right)^2 + \left(\frac{\partial v}{\partial \tilde{z}}\right)^2\right] \tag{3.219}$$

耗散率 ε 的表达式为

$$\varepsilon = \frac{\varepsilon_0 k^{3/2}}{l} \tag{3.220}$$

式中,ε_0 为一常值。

混合长度 l 的计算公式包括抛物线形混合长度公式、准抛物线形混合长度公式,考虑近底层混合长度有较大减小的 Xing 和 Davies[51] 公式、Mellor 和 Yamada[52] 公式。

关于混合长度的计算,在表面处考虑波浪引起的表面混合长度的影响[53],具体实施过程与方法如下:

混合长度 l 的计算式为

$$\frac{1}{l} = \frac{1}{l_b} + \frac{1}{l_s} \tag{3.221}$$

式中，l_b 为近底处混合长度；

$$l_b = \kappa(\sigma H e^{\beta_1 \sigma} + z_{0b}) \tag{3.222}$$

l_s 为表面处混合长度。[54]

$$l_s = \begin{cases} 0.85 H_s \kappa + l_2, & \text{考虑波浪影响} \\ l_2, & \text{不考虑波浪影响} \end{cases} \tag{3.223}$$

式中，

$$l_2 = \kappa(H - \sigma H + z_{0s})$$

为了探讨波浪对表面混合长度的影响，作者在水表面引入波浪影响下的混合长度公式，而波浪的这种影响是通过设定表面糙度 z_{0s}[54]为波高参数来实现的。考虑波浪影响的式(3.223)中引入波高因素 $0.85H_s\kappa$，为分析波浪的影响，将式(3.223)中考虑波浪影响与不考虑波浪影响的混合长度公式所得的结果进行比较，具体步骤如下。

首先设置数值试验，试验设置为，Run 1：$l_s = 0.85H_s\kappa + l_2$；Run 2：$l_s = l_2$。

Run1 和 Run2 水平速度和涡黏系数的垂向分布如图 3.10 所示。在 Run1 和 Run2 之间仅有的不同就是前者在混合长度计算时的表面边界条件融入了波浪所引起的表面混合长度，并由此而产生了图中所示的差异。根据计算结果，这种差异又与流速大小有一定的关系。图 3.10(a1)～(a3)是具有半小时间隔的三个连续时刻的输出水平速度垂向分布图。由图可以看出，图 3.10(a1)与图 3.10(a3)分别为落潮或涨潮，比相对处于停潮阶段的图 3.10(a2)时刻流速要高一些。同时需要注意的是，Run1 和 Run2 所得流速之间的差异也随着流速的增加而增大。图 3.10(b1)～(b3)显示波浪引起的表面混合长度也相应地提高了表面或近表面处的垂向涡黏系数。

2) 边界条件

(1)表面边界条件，通过假想表面边界层内有同样的剪应应力且在湍流的产生与耗散中存在平衡，再利用表面层内混合长度确定公式(3.223)，湍流能量、耗散以及混合长度有关的变量由式(3.224)确定边界条件：

$$\begin{cases} k = \dfrac{u_s^{*2}}{\varepsilon_0^{2/3}} \\ kl = \dfrac{u_s^{*2} l_s}{\varepsilon_0^{2/3}} \\ \varepsilon = \dfrac{k^{3/2}\varepsilon_0}{l_s} \end{cases} \tag{3.224}$$

表面层内混合长度 l_s 通过式(3.223)确定。其中，k 为表面处的湍流能量值，而 kl 和 ε 为表面以下第一个计算网格处的值。

(2) 底面边界条件,近底层采用湍流的产生、耗散平衡,所得边界条件为

$$\begin{cases} k = \dfrac{u_{\mathrm{b}}^{*2}}{\varepsilon_0^{2/3}} \\ kl = \dfrac{u_{\mathrm{b}}^{*2} l_{\mathrm{b}}}{\varepsilon_0^{2/3}} \\ \varepsilon = \dfrac{k^{3/2}\varepsilon_0}{l_{\mathrm{b}}} \end{cases} \tag{3.225}$$

式中,l_{b} 为底层内混合长度,通过式(3.222)确定;k 为底面处的湍流能量值,而 kl 和 ε 为底面以上第一个计算网格处的值。

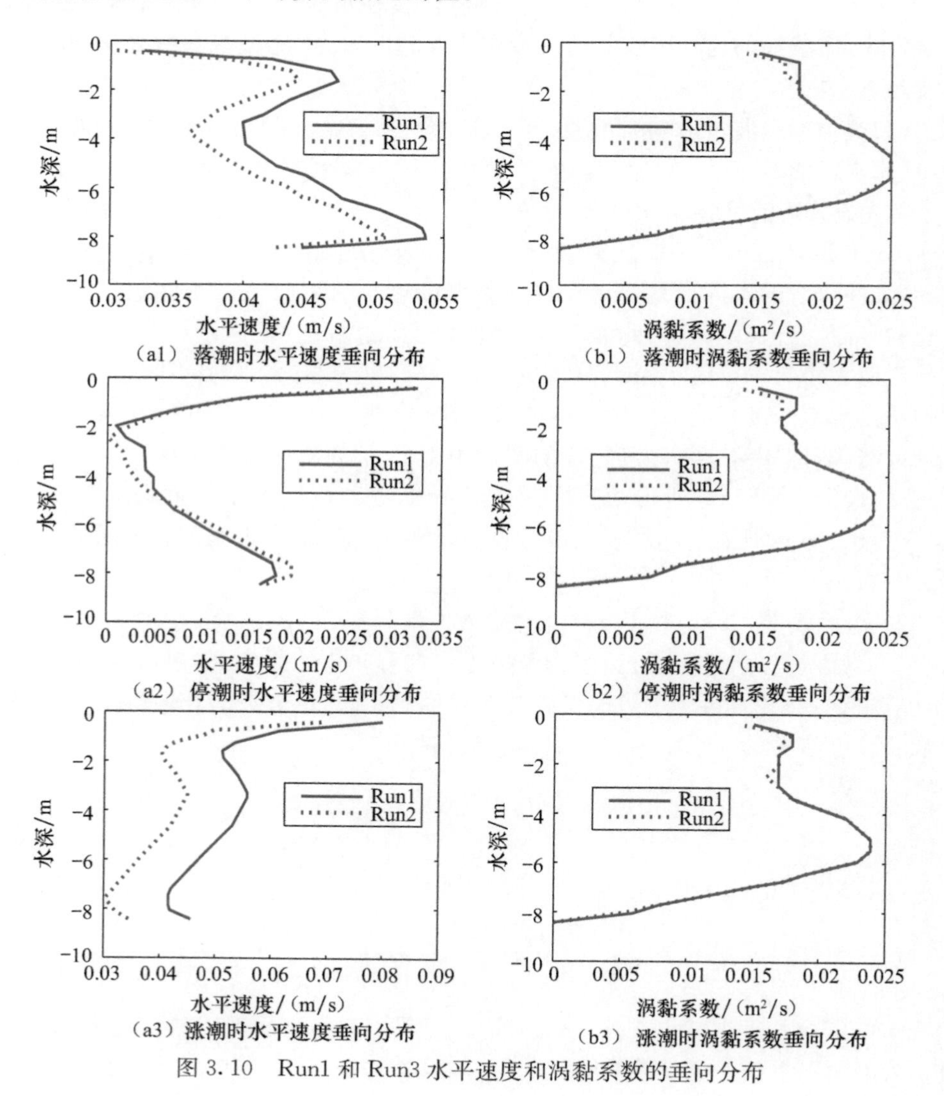

图 3.10 Run1 和 Run3 水平速度和涡黏系数的垂向分布

3) 涡黏和涡扩散系数的限制条件以及 Large 等[49] Richardson 数依赖的背景扩散系数的引入

通常，当湍流强度衰减到极限时，即湍流能量强度取最小值 $k_{\min}$ 时，涡黏和涡扩散系数表达式为

$$\nu_{\mathrm{T}} = \nu_{\min} \frac{k}{N} \tag{3.226}$$

$$\lambda_{\mathrm{T}} = \lambda_{\min} \frac{k}{N} \tag{3.227}$$

式中，通常有 $(\nu_{\min}, \lambda_{\min}) = (0.046, 0.049)$。

Large 等[49]认为，当 Richardson 数(Ri)背景扩散系数满足湍流能量变量 $k < k_{\min}$ 时，利用式(3.228)～式(3.230)确定涡黏和涡扩散系数[55]：

$$\nu_{\mathrm{T}} = 10^{-4} + 5 \times 10^{-3} f_{i\mathrm{w}}(Ri) \tag{3.228}$$

$$\lambda_{\mathrm{T}} = 5 \times 10^{-5} + 5 \times 10^{-3} f_{i\mathrm{w}}(Ri) \tag{3.229}$$

$$f_{i\mathrm{w}}(Ri) = \begin{cases} 1, & Ri \leqslant 0 \\ \left[1 - \left(\dfrac{Ri}{0.7}\right)^2\right]^3, & 0 < Ri < 0.7 \\ 0, & Ri \geqslant 0.7 \end{cases} \tag{3.230}$$

3. *考虑悬浮泥沙对湍流衰减作用下的涡黏、涡扩散系数计算方法*

关于悬浮泥沙对湍流的衰减作用，有很多学者进行过大量研究，探讨了单方程 k-ε 悬浮泥沙对湍流衰减作用的影响[56,57]。

当湍流封闭模式中考虑悬浮泥沙衰减作用时，其湍流能量表达式由式(3.213)变为式(3.231)：

$$(\Gamma + A_{\mathrm{h}} + A_{\mathrm{v}} - D_{\mathrm{h}})k - \frac{1}{J}\frac{\partial}{\partial \tilde{z}}\left[\left(\frac{\nu_{\mathrm{T}}}{\sigma_k} + \nu_{\mathrm{b}}\right)\frac{1}{J}\frac{\partial k}{\partial \tilde{z}}\right] = \nu_{\mathrm{t}} M^2 - \varepsilon - B \tag{3.231}$$

$$B = B_{\mathrm{s}} + B_{\mathrm{w}} \tag{3.232}$$

$$B_{\mathrm{w}} = g\frac{\nu_{\mathrm{T}}}{\sigma_{\mathrm{s}}}\left(\beta_{\mathrm{t}}\frac{\partial T}{\partial z} - \beta_{\mathrm{s}}\frac{\partial S}{\partial z}\right) \tag{3.233}$$

$$B_{\mathrm{s}} = \frac{\gamma}{\rho_{\mathrm{w}}} g \overline{w'c'} = \frac{\gamma}{\rho_{\mathrm{w}}} g \frac{\nu_{\mathrm{t}}}{\sigma_{\mathrm{s}}}\frac{\partial c}{\partial z} \tag{3.234}$$

式中，B 为湍流能量的浮力衰减项；B_{w} 为温度和盐度引起的密度层化对湍流的衰减；B_{s} 为悬浮泥沙引起的密度衰减。ε 仍由式(3.220)计算，混合长度采用式(3.221)计算获得。

关于近底层湍流边界条件的处理，采用湍流的产生、耗散、浮力破坏局地平衡[57]，所得边界条件为

$$\varepsilon = -B + P = -B_{\mathrm{s}} - B_{\mathrm{w}} + P \tag{3.235}$$

由式(3.219)～式(3.235)可得

$$\frac{\varepsilon_0 k^{3/2}}{l}=-g\frac{\nu_t}{\sigma_s}\left(\beta_t\frac{\partial T}{\partial z}-\beta_s\frac{\partial S}{\partial z}\right)-\frac{\gamma}{\rho_w}g\frac{\nu_t}{\sigma_s}\frac{\partial c}{\partial z}+\nu_t\left[\left(\frac{\partial u}{\partial z}\right)^2+\left(\frac{\partial v}{\partial z}\right)^2\right] \quad (3.236)$$

滑移边界条件为

$$\rho\nu_T\left(\frac{\partial u}{\partial z},\frac{\partial v}{\partial z}\right)=(\tau_{b1},\tau_{b2}) \quad (3.237)$$

式中，(τ_{b1},τ_{b2})为 x 和 y 方向的剪切应力。

结合方程(3.237)，将其代入式(3.236)并乘以 $\rho\nu_T$，进一步推导可得出单方程 k-ε 的近底层湍流能量的表达式为[2]

$$\frac{\rho\nu_T\varepsilon_0 k^{3/2}}{l}=-\rho\nu_T g\frac{\nu_T}{\sigma_s}\left(\beta_T\frac{\partial T}{\partial z}-\beta_S\frac{\partial S}{\partial z}\right)-\rho\nu_T\frac{\gamma}{\rho_w}g\frac{\nu_T}{\sigma_s}\frac{\partial c}{\partial z}+\frac{1}{\rho}(\tau_{b1}^2+\tau_{b2}^2) \quad (3.238)$$

4. *悬浮泥沙对水流反馈作用分析*

本节将主要分析悬浮泥沙对湍流的衰减作用以及近底湍流产生、耗散、浮力破坏平衡所产生的影响。

以韩国灵光湾为依托，设计了数值试验，试验工况设计如表 3.4 所示。试验采用引入悬浮泥沙对湍流衰减作用与近底湍流耗散、产生、浮力破坏平衡假设的 COHERENS 模型来模拟三维悬浮泥沙与潮流，正压模式时间步长取 6s，斜压模式时间步长取 60s。四个主要分潮 K_1、O_1、M_2、S_2 用以提供开边界条件。网格水平向为 134×134，垂向分为 6 层。灵光湾范围海底地形如图 3.11 所示。悬浮泥沙沉速的确定采用考虑悬沙浓度与湍流强度的耗散参数能量法[13]。数值模型试验分组如表 3.4 所示。

表 3.4　数值试验的建立

模拟	描述
Run1	不考虑悬浮泥沙衰减作用，不考虑湍流产生、耗散、浮力破坏三者局地平衡假说
Run2	考虑悬浮泥沙衰减作用，考虑湍流产生、耗散、浮力破坏三者局地平衡假说
Run3	考虑悬浮泥沙衰减作用，不考虑湍流产生、耗散、浮力破坏三者局地平衡假说

计算输出间隔取为 4h，Run1 和 Run3 的垂向涡扩散系数、悬沙浓度和水平流速垂向分布如图 3.12 所示。在这两组数值试验中，仅有的不同之处是在试验 Run3 中考虑悬浮泥沙对湍流的衰减作用，而数值试验 Run1 中则没有考虑这种衰减作用。通过图 3.12(a1)～(a3)可明显看出，数值试验 Run3 计算所得的垂向扩散系数明显小于数值试验 Run1 的计算结果。这是因为悬沙垂向浓度梯度的存在抑制了垂向扩散，而这种抑制作用的相对大小则依赖于潮混合作用的强弱程度。同时，通过对比图 3.12(a1)～(a3)与图 3.12(b1)～(b3)还可发现，总体上 Run3 计算的悬沙浓度垂向分布的梯度要大于 Run1 所得结果的梯度，这进一步说明 Run3 中悬

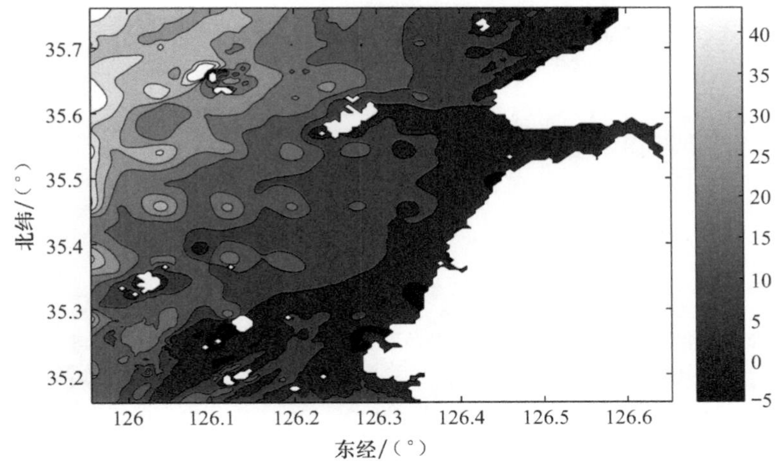

图 3.11　灵光湾海底地形(单位:m)

沙对湍流的衰减作用抑制了湍流的垂向交换能力,从而使得悬沙浓度垂向分布趋于不均匀。从图 3.12(a1)～(a3)可以看出,图 3.12(a1)和图 3.12(a2)相对来说有较大的垂向扩散系数,即有较强的潮混合作用,而图 3.12(a3)的潮混合作用则相对

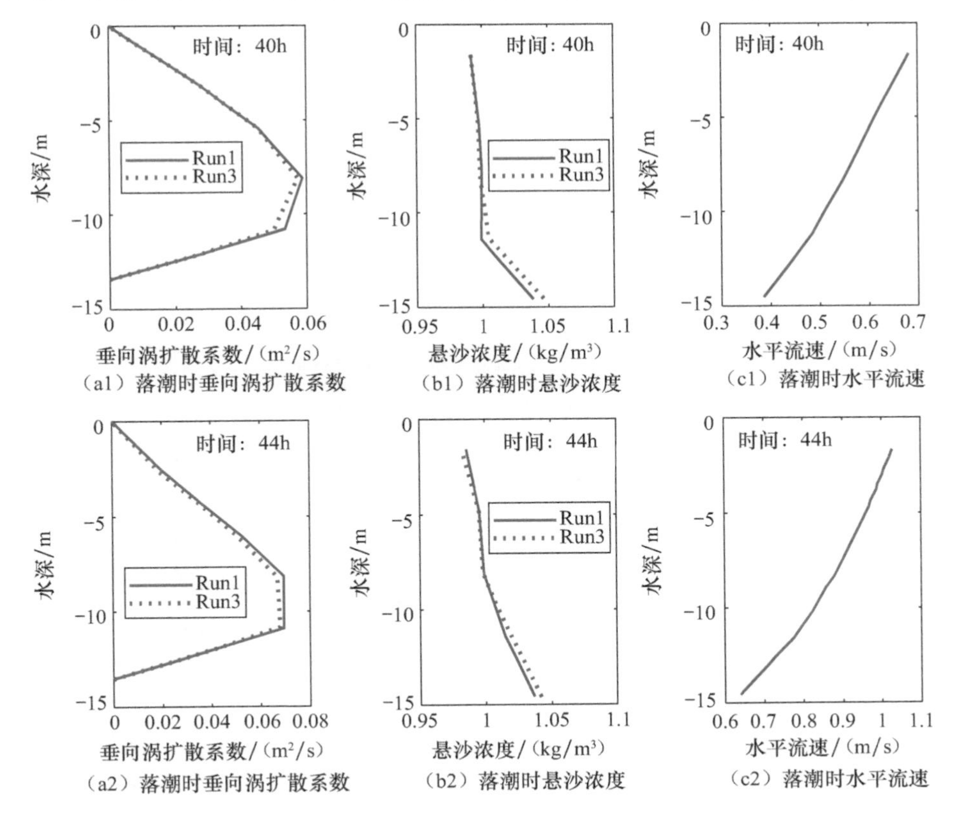

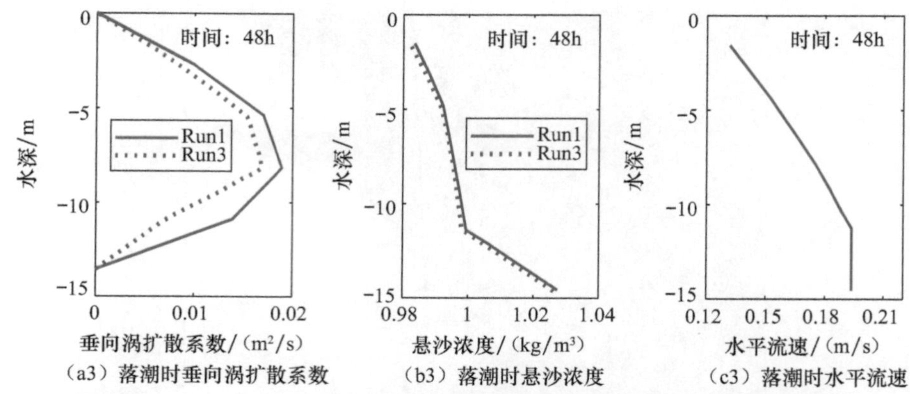

图 3.12 Run1 和 Run3 的垂向涡扩散系数、悬沙浓度和水平流速垂向分布

较弱。从图 3.12(a1)～(a3)可以看出，当潮混合作用较强时，泥沙对湍流的衰减作用相对来说也就越不明显。这是因为较强的潮混合作用使得泥沙垂向分布趋于均匀，从而削弱了泥沙的衰减作用。此外，还可以看出潮混合与潮流速度有着密切的关系。图 3.12(a1)～(a3)和(c1)～(c3)显示，随着潮流速度的增加，潮混合作用也随之增加。

由图 3.13 可知，两种数值试验所得的湍流能量有明显差异，特别是在海湾的东部和南部，部分区域甚至达到了 10^{-5}J/kg。总体来说，数值试验 Run3 的湍流强度大于数值试验 Run2 的湍流强度。这是因为 Run3 并没有考虑湍流的局地产生、耗散、浮力破坏三者的平衡，而是认为局地产生与耗散两者平衡而获得的底部湍流

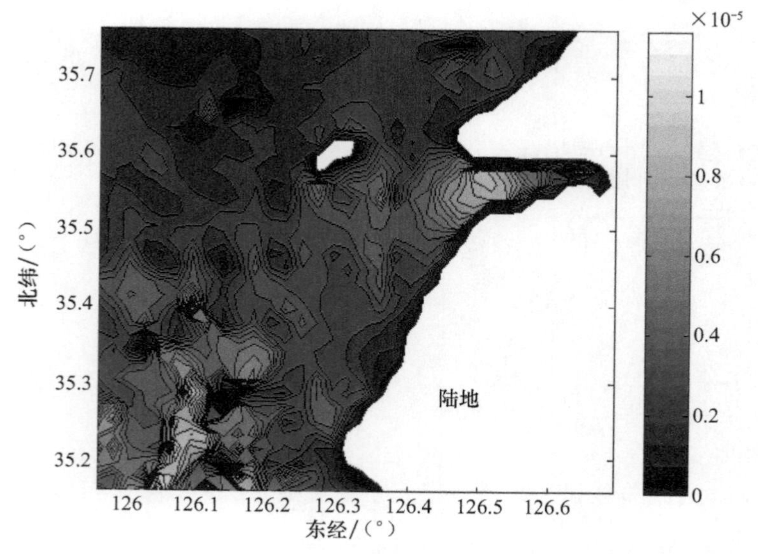

图 3.13 Run3 减 Run2 所得到的底层湍流能量之差异分布(单位:J/kg)

边界条件。可见，在 Run2 里泥沙产生的浮力破坏作用明显导致了两者的差别。因此泥沙对水流的这种反馈作用在悬浮泥沙模型计算中是不容忽视的。

3.2.3 浪流耦合作用下的风暴潮漫水分析

1. 研究背景及目前进展

风暴潮及其所引发的淹水是海岸地区所面临的最大自然灾害之一。一般认为，风暴（如台风、寒潮）期间，向岸方向的强风使得水体向岸边聚集，是造成沿海水位异常升高的主要原因。除了来自风的直接动量输入，表面波浪引起的剩余动量流，即辐射应力[58,59]的作用也是不可忽略的。

尽管人们很早就意识到波浪对于风暴潮模拟的重要性，但在早期的风暴潮模型中，很少直接考虑波浪作用。为了弥补波浪辐射应力这一物理机制的缺失，在模型率定过程中，经常采用提高风拖曳力系数 C_d^s 的方法，来获得与实测数据吻合的结果。然而，最近的观测研究表明[60~64]，在风速高于一定值时，风拖曳力系数 C_d^s 不再线性增加。在传统的风应力公式中[33,65,66]，大风期间的风拖曳力系数 C_d^s 被严重高估。这说明，单纯采用提高风拖曳力系数 C_d^s 的方法来间接考虑波浪的作用在物理上是不合理的。更合理的方法应该是将风暴潮模型与波浪模型动态耦合起来，将波浪的作用以辐射应力的形式考虑到风暴潮模型中。

世界范围内，关于波浪对准确模拟风暴潮及淹水的重要性，已经在很多案例中获得了关注。Huang 等[67]研究了影响 Tampa Bay 的一系列类似 Ivan 的飓风中波浪与风暴增水的相互作用。他们认为波浪的作用对总水位可贡献 0.3～0.5m。Sheng 等[68]也对 Ivan 引发的风暴潮和增水进行了详细的数值研究，他们发现在总增水中波浪的作用占 20%～30%。Sheng 等[69]在对飓风 Isabel 的研究中发现，在 Duck 海滩处，波浪对于风暴增水贡献 0.36m 或者总水位的 20%～30%；对于 Chesapeake Bay 内，波浪贡献略小，为 5%～10%。Aron 等[70]采用三维非结构网格模型 SELFE，并与非结构版的 SWAN 模型耦合，研究了同一场飓风。他们发现，对于二维模型，考虑波浪后所模拟的风暴潮更高，这与 Sheng 等[69]的结论相符。对于三维模型，他们发现，考虑波浪后所模拟的风暴潮反而降低。这是与预想不同的。但是，他们没有进一步研究其中的原因，只是初步分析可能是由模型精度和波浪作用下的底部摩阻公式形式不一致导致的。

准确模拟风暴潮及其造成的淹水需要全面考虑波流相互作用，这一点在浅水区尤为重要[71~75]。除了辐射应力，波浪的存在还会改变底部剪切应力[43,47,76]。Xie 等[77]采用 POM-SWAN 耦合模型系统地研究了波浪的作用，认为波浪辐射应力和波浪作用下的底部剪切应力可以单独或者共同导致风暴潮和淹水模拟结果的明显差异，其中波浪作用下的底部剪切应力可以导致 5%淹没范围的变化。

风暴潮和海岸淹水受海岸地形地貌以及风暴特征影响很大[71,78~82]。目前虽已达到波浪作用不可忽略的共识，然而该作用的大小，即便对于同一场风暴，不同地区、不同模型的结果也有所不同[68,70]。波浪作用下的底部摩阻对于风暴增水和淹水的影响目前也尚未清楚，需要开展更为系统的研究。

本节中，为了研究波浪对于风暴潮和沿海淹水的影响，设计了系统的理想数值试验。下面将描述数值模型相关参数、气象驱动，以及数值试验的设计和模型配置，最后进行结果的讨论分析。

2. 数值模型

波流相互作用下波浪平均的底部剪切应力，可写为[76]

$$\tau_{\mathrm{b}}=\frac{1}{2}C_{\mathrm{d}}^{\mathrm{b}}\rho u_0(\beta_1 u_{\mathrm{b}}+\beta_2 U_{\mathrm{w}}) \tag{3.239}$$

式中，$C_{\mathrm{d}}^{\mathrm{b}}$ 为底摩阻系数；U_{w} 为波浪水质点速度；u_{b} 为底部的水流速度；u_0 取波浪水质点速度和水流速度中较大的一个。

从式(3.239)可以看出，底部剪切应力由水流速度和波浪水质点速度共同决定，其权重系数分别为 β_1 和 β_2。根据经验，取 $\beta_1=1.0$ 和 $\beta_2=0.5$[83]。底摩阻系数 $C_{\mathrm{d}}^{\mathrm{b}}$ 可根据曼宁公式来计算：

$$C_{\mathrm{d}}^{\mathrm{b}}=\frac{gM^2}{H^{1/3}} \tag{3.240}$$

风场和气压场根据 Holland 飓风模式来计算。该模式为参数型模式，已知风暴参数，即可获取随时间、空间变化的风场和气压场：

$$P=P_{\mathrm{c}}+\Delta P\exp\left[-\left(\frac{R_{\max}}{r}\right)^B\right] \tag{3.241}$$

$$V_0=\left\{\frac{B}{\rho_{\mathrm{a}}}\left(\frac{R_{\max}}{r}\right)\Delta P\exp\left[-\left(\frac{R_{\max}}{r}\right)^B\right]\right\}^{1/2} \tag{3.242}$$

式中，P 为半径 r 处的气压；$\Delta P=P_{\mathrm{n}}-P_{\mathrm{c}}$ 为风暴中心和风暴外围不受影响处的气压差；P_{c} 为中心气压；P_{n} 为外围气压；$R_{\max}$ 为最大风速半径；B 为飓风形状参数；V_0 为半径 r 处的风速；ρ_{a} 为空气密度。本节中，$P_{\mathrm{n}}=101.5\mathrm{kPa}$，$B=1.9$。

对于行进中的风暴，最终的风场由风暴行进速度和风场 V_0 叠加而成：

$$V=V_0+\frac{rR_{\max}}{r^2+R_{\max}^2V_{\mathrm{f}}} \tag{3.243}$$

动量从大气到海洋之间的传递采用二次形式的风剪切应力：

$$\tau_{\mathrm{s}}=C_{\mathrm{d}}^{\mathrm{s}}\rho_{\mathrm{a}}|V|V_{10} \tag{3.244}$$

式中，$C_{\mathrm{d}}^{\mathrm{s}}$ 为风拖曳力系数；V_{10} 为 10m 高处的风速大小。

$C_{\mathrm{d}}^{\mathrm{s}}$ 对于准确模拟飓风等产生的风暴潮是至关重要的[84]。最近的观测表明，对于强风条件下(大于 20m/s)，传统的风拖曳系数公式高估了 $C_{\mathrm{d}}^{\mathrm{s}}$[60~64]。在这些公式中[33,65,66]，C_d^s 一般认为随着风速增加而增加。而目前普遍接受的观点是风拖曳力系数随风速增加，至一定程度时达到饱和。基于此观点人们也提出了不同的风拖曳力系数方案，如 Oey 等[85]和 Zijlema 等[86]。这里采用 Oey 的方案，即

$$C_d^s=\begin{cases}1.2\times10^{-3}, & |V|\leqslant 11.0\\(0.49+0.065|V|)\times10^{-3}, & 11.0<|V|\leqslant 19.0\\(1.364+0.0234|V|-0.0002|V|^2\times10^{-3}), & 19.0<|V|\leqslant 100.0\end{cases}\tag{3.245}$$

该方案计算的风拖曳系数在风速为 58.5m/s 时达到最大值，随后随着风速的增加而降低。值得指出的是，为了避免风暴潮模型和波浪模型中采用不同的风拖曳系数，在 SWAN 模型中波浪成长的风拖曳系数也采用该方案。

为了减小外海开边界处的反射，模型编入了 Flather 开边界条件[87]。基本思想为根据模型模拟的水位和边界条件给出的水位之差，来调整边界处的垂向速度[88]，可以表示为

$$u=u_{\text{ext}}\pm\sqrt{\frac{g}{H}}(\eta-\eta_{\text{ext}})\tag{3.246}$$

式中，η 和 u 分别为水位和与开边界垂直的速度分量；H 为总水深；η_{ext} 和 u_{ext} 分别为给出的水位和流速。η_{ext} 和 u_{ext} 通常用来给出潮汐和潮流边界条件，然而多数情况下，它们是未知的。在本章中，η_{ext} 和 u_{ext} 均假设为零。因本研究不考虑潮汐的作用，且模型区域很大因此认为该假设是合理的。Flather 边界条件在风暴潮的模拟中被广泛应用[82,89]。

水位、流速均定义在网格的中心位置，因此干湿算法是非常方便直接的[90]。当该网格点的水深小于一个很小的临界值 $H_{\min}$ 时，该网格四个面上的流量令其为零。在接下来的数值试验中，$H_{\min}$ 均设置为 0.01m。

3. 数值试验设计及模型配置

数值试验在一理想地形下展开。该理想地形沿岸方向 1300km，向岸方向 910km，沿岸方向地形均匀，向岸方向则包括几段：坡度为 1∶1000 的陆地、1∶100 的沙滩、1∶1000 的陆架。外海深水区最大水深限制在 100m，陆地延伸至－15m。该理想地形与美国东部海岸类似。整个计算区域划分为 800×480 个变距离网格，网格最密在岸滩处约为 20m，外海约为 8000m。目标区域的高精度不仅保证了淹没距离模拟的准确性，也满足了破波带内波浪辐射应力梯度计算的准确性。理想试验向岸方向的地形示意图如图 3.14 所示。

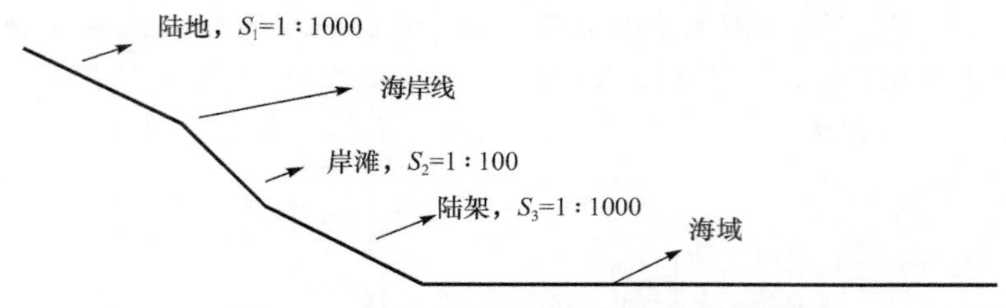

图 3.14 理想试验向岸方向的地形示意图

飓风可以用四个参数来描述，即中心气压 P_c、最大风速半径 R_{max}、行进速度 V_f 和入射角度 α。首先设计一个强度、大小都适中的飓风作为控制飓风，其参数为 $P_c=95.5$kPa，$R_{max}=50$km，$V_f=8$m/s，$\alpha=150°$（角度以向右为零度，逆时针旋转）。在此基础上，每次只改变一个参数，其他参数保持不变，设计了一系列飓风试验，如表 3.5 所示。

表 3.5 理想试验中各组飓风的参数

P_c/kPa	89.5 91.5 93.5 **95.5** 97.0 98.5
R_{max}/km	10 20 30 40 **50** 60 70 80 90 100
V_f/(m/s)	2 4 6 **8** 10 12 14 16 18
α/(°)	105 120 135 **150** 165 180 195 210 240 255

注：表中加粗字体为基准组飓风的参数值。

Li 等[82]也曾设计类似的数值试验，研究了风暴潮模拟结果对计算区域大小的敏感性；与之不同的是，本研究关注波浪对风暴潮的影响作用。为了剥离波浪对风暴潮和淹水的贡献，对于每一组试验均分别耦合、不耦合波浪进行模拟。

对于每一组试验，模型总共运行 30h，其中飓风在第 24h 登陆。试验证明，该模拟持续时间足够满足飓风的发展、向岸传播以及登陆过程。由于陆地会显著影响风场的发展，而参数化飓风模型很难描述这些作用，因此仅仅关注飓风登陆前的过程，后面所做的统计分析也均以这段时间的结果为依据。对于波流耦合作用的组况，波浪模型和水流模型每 15min 交换一次数据。

用 NearCoM-TVD 模型模拟控制组，飓风登陆时刻产生的风暴潮如图 3.15 所示。其中水位用颜色来表示，风场用黑色箭头表示。由图 3.15 可以看出，在上半部分区域，沿岸生成了风暴增水和淹没，而在下半部分区域，产生了风暴减水。产生最大淹没距离的位置与登陆地点之间的距离约等于最大风速半径 R_{max}。这意味着风的剪切应力主导了向岸方向的动量，并被海面梯度力所平衡。图 3.16 给出了飓风登陆时刻的波高、波向。由图 3.16 可以看出，外海宽敞海域生成的波浪，在向岸传播的过程中波高逐渐减小并最终在岸滩上破碎。

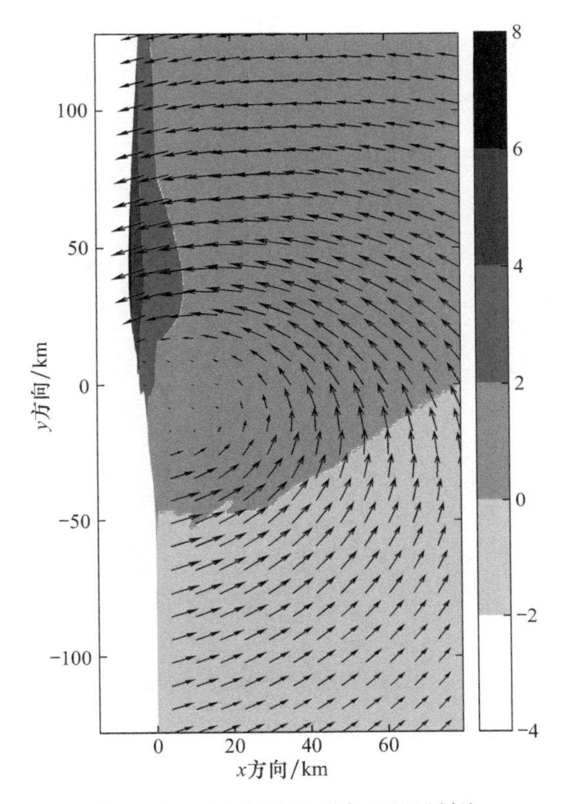

图3.15　飓风登陆时刻产生的风暴潮

4. 分析与讨论

风暴强度是控制风暴潮大小和淹没范围的重要因素，一般可以用最大风速V_{max}或者中心气压下降ΔP来表示。有很多公式描述最大风速和中心气压下降之间的关系[91,92]。V_{max}和ΔP之间的关系为[92]

$$V_{max} = -0.0027\Delta P^2 + 0.9\Delta P + 11.0 \tag{3.247}$$

Saffir-Simpson飓风标准于20世纪70年代提出，该标准提供了一个简单直接的方法来评估飓风可造成的潜在灾害。根据这个标准，飓风可以分为五级，仅以最大风速来划分。然而，最活跃也是破坏力最强的2005大西洋飓风季[93]之后，一些学者提出增设一个“六级”飓风以考虑最大风速超过80m/s的情况。在气候变化的背景下，科学家普遍认为气旋强度很有可能增强[94]，因此在理想试验中也考虑此种可能，通过改变中心气压设计了一系列代表一级至六级的飓风，其他飓风参数保持与控制组相同，由式(3.247)可知，结果产生的飓风中心气压范围为89.5～98.5kPa。

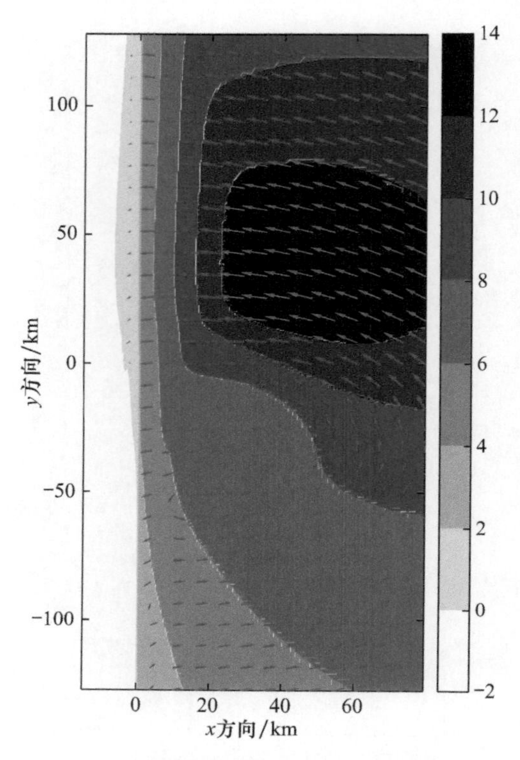

图 3.16　飓风登陆时刻的波高、波向和风场

为了统一分析，定义最大风暴潮高度为岸线处的最大水面高度，最大淹没距离为飓风登陆时最远的淹没点至岸线的垂直距离。

图 3.17 给出了不同飓风强度下的最大风暴潮及波浪的贡献，图 3.18 给出了不同飓风强度下的最大淹没距离及波浪的贡献。总体而言，无论考虑还是不考虑波浪作用，所模拟的最大风暴潮高均随着飓风强度的增大而增大，且该趋势接近于线性关系。考虑波浪作用时，风暴潮高增加 0.65～0.8m，占风暴潮总高度的 18%～38%。尽管有观测资料表示，在某些地方波浪对风暴潮的增加超过 1.0m，在本数值试验中波浪增水均在 0.8m 以下。这有可能是本研究中的沙滩坡度较缓的原因。

对于测试的 6 组飓风，所引发的最大淹没距离为 3300～9600m，随着飓风强度的增大，淹没距离也同样增大，但是趋势呈现出显著的非线性特征。波浪总体上对淹没距离的贡献为 120～240m。首先，对于沿海受风暴潮淹没威胁的地区，这个量级显然是不可忽视的。其次，从一级飓风到四级飓风（中心气压从 98.5kPa 到 93.5kPa），波浪对淹没距离的贡献却从 240m 下降到 120m，当从四级飓风增强至六级飓风时，波浪对淹没距离的贡献却保持在 120m 不变。这与波浪模型中所采取的风拖曳系数[式(3.245)]有关，对应四级飓风最大风速约为 60m/s，风速继续增大

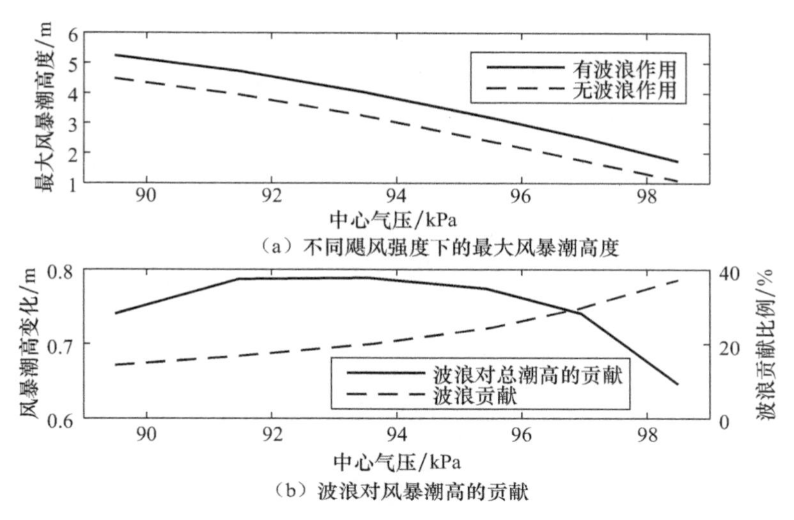

(a) 不同飓风强度下的最大风暴潮高度

(b) 波浪对风暴潮高的贡献

图 3.17　不同飓风强度下的最大风暴潮及波浪的贡献

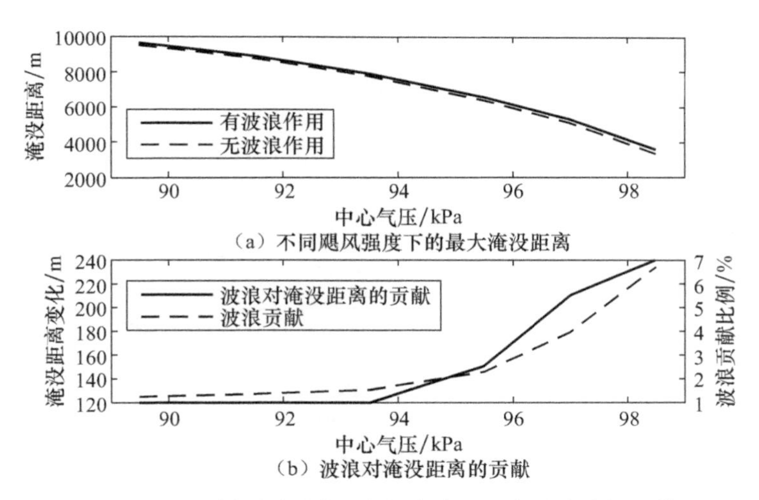

(a) 不同飓风强度下的最大淹没距离

(b) 波浪对淹没距离的贡献

图 3.18　不同飓风强度下的最大淹没距离及波浪的贡献

时，风拖曳系数随之下降，风浪成长达到饱和状态，因此波浪随着风速增大的成长并不明显。因此相对于四级飓风，虽然六级飓风的风速更大，然而波浪对淹没距离的贡献没有显著增加，这一点是合理的。

尽管 Saffir-Simpson 飓风分级应用广泛且简单直接，但是它仅取决于最大风速。在 Katrina 飓风之前，经常忽略风暴的大小对于所引发的风暴潮的影响[78]。Irish 等[78]的研究显示了风暴大小对于沿海风暴潮高的重要作用，发现对于强度相同的飓风，合理范围内变化的风暴大小所引发的风暴潮高可能相差 30%。

在 Irish 等[78]的研究中忽略了波浪作用。他们认为波浪会加强所提出的风暴潮与风暴大小之间的关系。本研究中，控制其他风暴参数不变，将最大风速半径 $R_{\max}$从 10km 每隔 10km 增加至 100km，设计了一系列假想飓风。在考虑波浪和不考虑波浪下模拟该系列飓风所引发的风暴潮和淹水，结果分别如图 3.19 和图 3.20 所示。

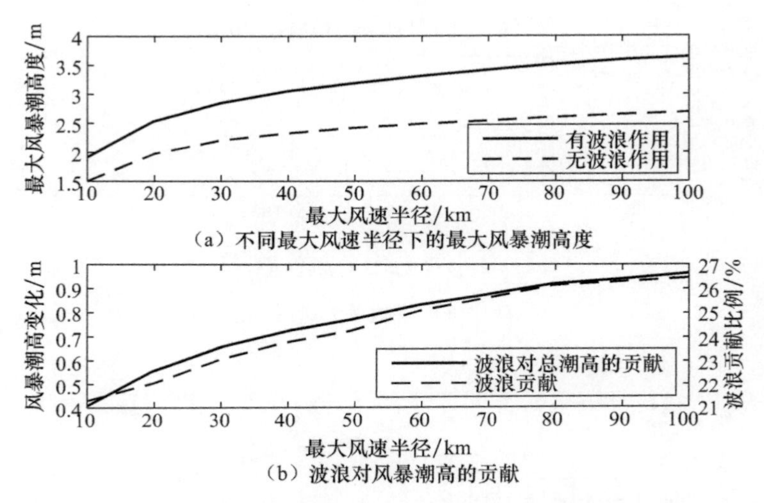

（a）不同最大风速半径下的最大风暴潮高度

（b）波浪对风暴潮高的贡献

图 3.19 不同最大风速半径下的最大风暴潮及波浪贡献

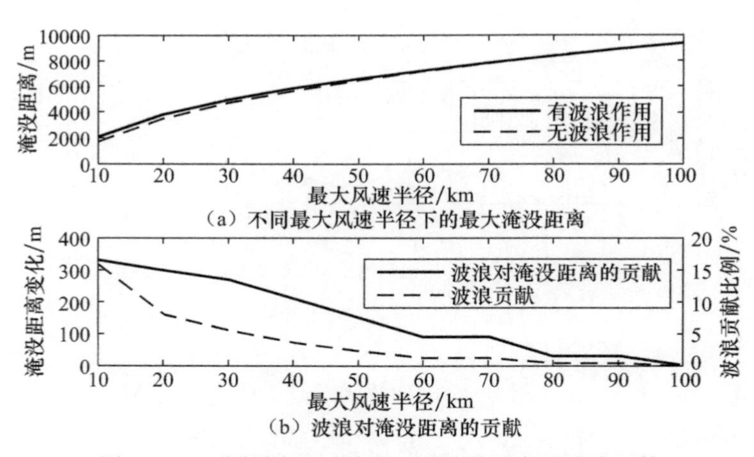

（a）不同最大风速半径下的最大淹没距离

（b）波浪对淹没距离的贡献

图 3.20 不同最大风速半径下的淹没距离及波浪贡献

由图 3.19 可以看出，与 Irish 等[78]的研究类似，对于相同强度的飓风，其尺寸越大，所产生的最大风暴潮和最大淹没距离越大。较大的飓风下，波浪对风暴潮的贡献也越大，这是因为较大飓风的风区距离也较大，同时风的持续时间较长，所以产生较大的波浪和波浪增水。Irish 等[78]探讨了不同海底坡度下风暴强度的影响，对于本节的试验地形坡度，波浪对最大风暴潮高的贡献为0.41～0.97m，占总风暴潮高的22%～26%。

由图3.20可以看出，对于不同大小的飓风，所导致的淹没距离在2000～9600m变化，这也进一步证实了风暴大小对于所产生的风暴潮有重要作用。波浪对于淹没距离的贡献为0～320m，且总体而言，飓风尺寸越小，波浪的作用越显著。对于RMW＝10km的飓风，波浪对最大淹没距离的贡献达到了16%。

飓风的登陆角度直接影响风应力向岸分量的大小，故对所引发的风暴潮淹水也有着重要影响。显然，一个垂直于海岸方向前进的风暴产生的风暴潮会高于平行于海岸方向前进的风暴所产生的风暴潮。图3.21给出了不同行进角度下风暴潮对飓风的响应。图3.22给出了不同行进角度下淹没距离时飓风的响应。

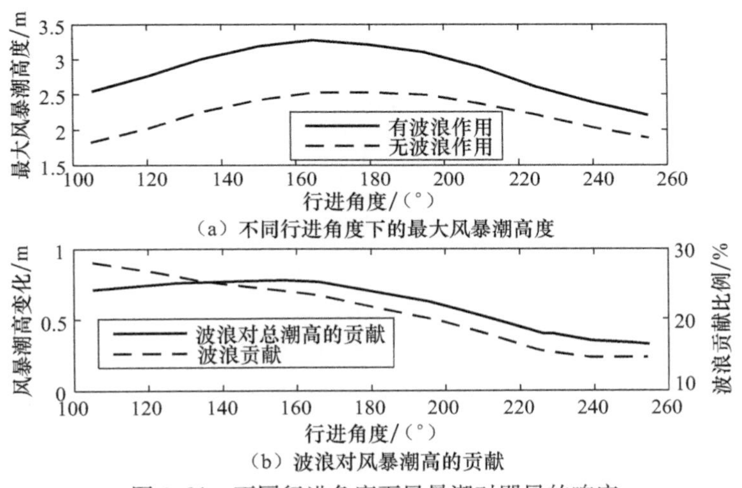

(a) 不同行进角度下的最大风暴潮高度

(b) 波浪对风暴潮高的贡献

图3.21　不同行进角度下风暴潮对飓风的响应

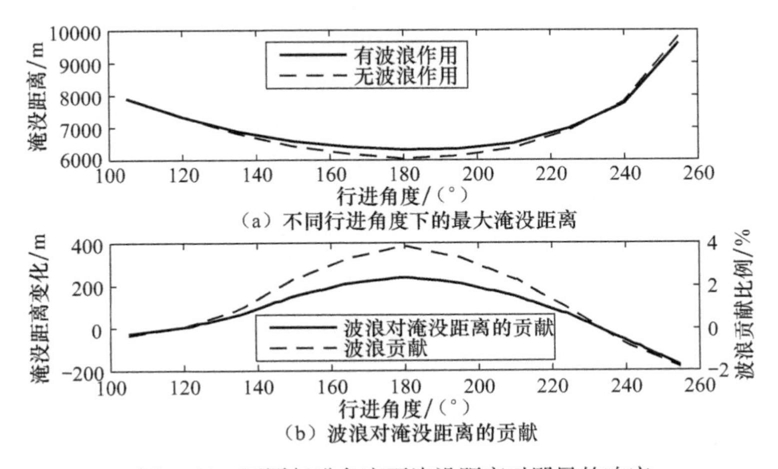

(a) 不同行进角度下的最大淹没距离

(b) 波浪对淹没距离的贡献

图3.22　不同行进角度下淹没距离对飓风的响应

当不考虑波浪作用时，风暴潮对行进角度的响应基本呈对称的抛物线形。垂直于岸线行进时产生的风暴潮最大(2.4m)，而以 105°或者 255°行进时，最大风暴潮仅为 1.8m。当考虑波浪作用时，风暴潮普遍增大，波浪贡献为 0.3～0.7m，占风暴潮总高度的 15%～25%。同时风暴潮的响应曲线变得不对称，产生最大风暴潮的行进角度移至 165°。

最大淹没距离则呈现出与风暴潮高相反的抛物线形状，即垂直海岸行进登陆的飓风，其淹没距离最小；而行进方向与海岸之间的角度越趋向于平行，淹没距离越大。这主要是因为，对于相同的行进速度，垂直于海岸登陆的飓风，其作用时间最短；越趋向于与海岸平行，风场作用的时间越长。这也从侧面表明，风暴潮高对于风作用的响应时间较快，而淹没过程的响应时间较慢。对于垂直海岸行进登陆的飓风，波浪对淹没距离的贡献也越大；反之则越小。

飓风的行进速度通过增加右前侧的风速来改变整个飓风的风场。行进速度越快，最大风速通常也越强，但是作用在一定区域内水体的时间越短。Rego 等[79]研究了飓风行进速度对于风暴潮和淹没体积的影响，他们认为行进速度变化所造成的淹没体积的区别，相当于 Saffir-Simpson 飓风等级中相差一级的飓风所引发的淹没体积的区别。同样，他们的测试中并没有考虑波浪的影响。

由图 3.23 可以看出，当不考虑波浪作用时，随着行进速度的增大，最大风暴潮也增大，但是当行进速度大于 12m/s 之后，风暴潮高基本保持不变。当考虑波浪作用时，首先风暴潮普遍增加了 0.6～0.9m；且在 14m/s 处出现了一个临界值：当行进速度小于 14m/s 时，行进速度越快，风暴潮越大；当行进速度大于 14m/s 时，行进速度越快，风暴潮越小。

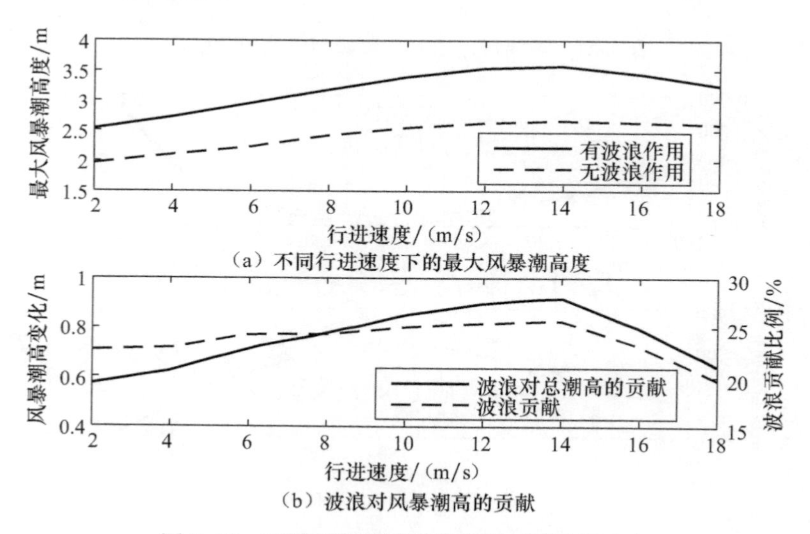

(a) 不同行进速度下的最大风暴潮高度

(b) 波浪对风暴潮高的贡献

图 3.23　不同行进速度下风暴潮对飓风的响应

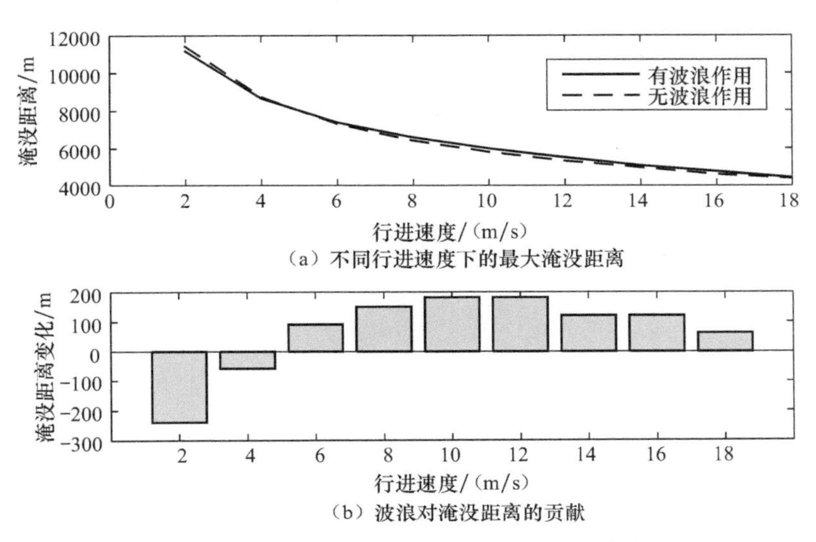

(a) 不同行进速度下的最大淹没距离

(b) 波浪对淹没距离的贡献

图 3.24　不同行进速度下淹没距离对飓风的响应

由图 3.24 可以看出,不同行进速度下,淹没距离相差很大,最快的飓风(18m/s)其淹没距离仅为 4200m 左右,而最慢的飓风(2m/s)淹没距离高达 11600m。这显示了行进速度对于淹没距离是至关重要的。

当行进速度大于 5m/s 时,波浪对淹没距离的贡献是正的;而小于 5m/s 时,波浪对于淹没距离的贡献则是负的。这说明波浪的存在并不总是产生更大的淹没距离,原因可能在于底部摩阻的影响。Sheng 等[69]也发现了类似的现象,当考虑波浪作用下的底部剪切应力时,最大风暴潮降低了 5%。当波浪和水流共存时,底部水流的大小和方向均有可能产生较大的变化。如果不考虑陆地的淹没,由于底部回流的存在,底部摩阻力是向岸方向的;然而当考虑到淹没时,底部水流的方向则取决于向岸方向的淹没速度和离岸方向的底部回流速度之间的相互作用。

由图 3.25 可以看出波浪的破碎(波高大幅衰减)发生在沙滩部分(0～1000m 范围内);而在陆地区域,靠近海床的底部水流速度为向岸方向。由此可知,此时的底部摩阻应力方向为离岸方向,同时由式(3.239)可以知道,在波浪作用下,底部剪切应力是增大的,波浪作用下作用在水体上离岸方向的拖曳作用也增大,因而导致淹没距离减小。

为了进一步解释波浪的作用,我们另外设计了另外两组对比试验。由式(3.239)可知,波浪作用下的底部剪切应力包括两部分,即波浪的贡献和平均水流的贡献。这里不考虑波浪的贡献,即令 $\beta_1=0$,重新运行模型并与之前的结果比较,底部剪切应力中波浪部分对淹没距离的影响如图 3.26 所示。

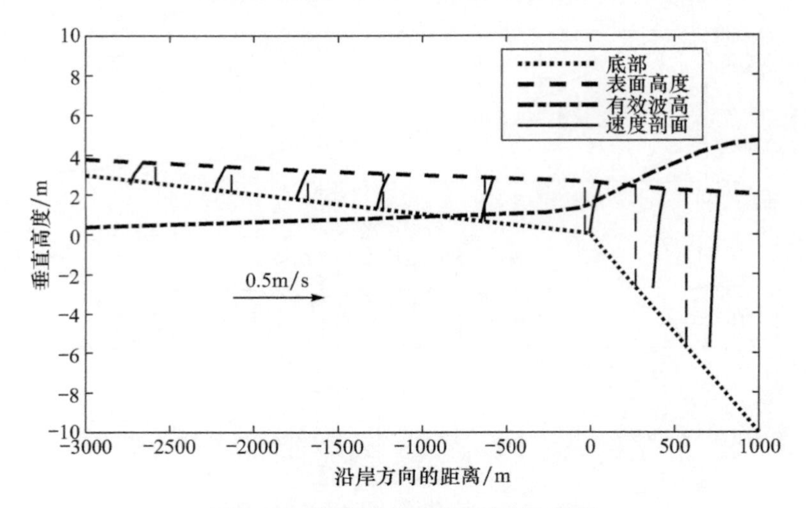

图 3.25　发生淹没时的水流垂向结构

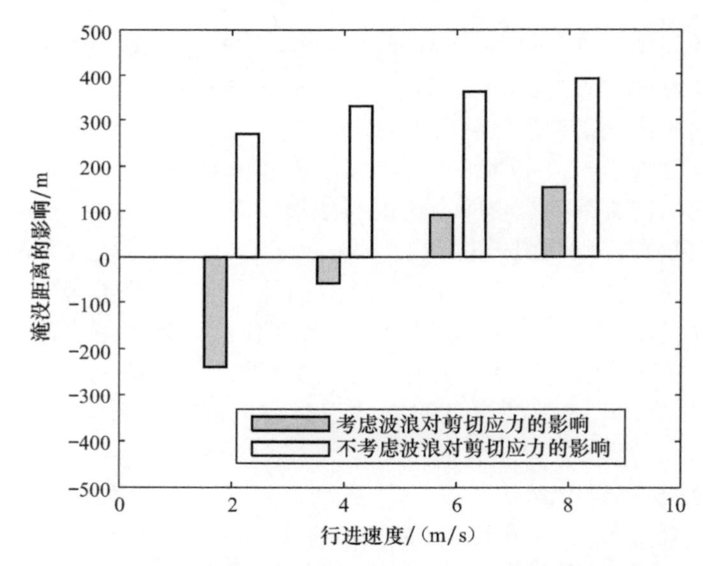

图 3.26　波浪导致的底部剪切应力改变对淹没距离的影响

当不考虑底部剪切应力中的波浪部分时，对于行进速度较慢的飓风，波浪对淹没距离的贡献由负值变为正值；对于行进速度较快的飓风，波浪对淹没距离的贡献也大幅增加，由 100～150m 增加至 350～400m。这说明波浪作用下的底部剪切应力对风暴潮淹没距离的影响非常显著。

对于行进速度较慢的飓风(＜5m/s)，波浪有着充分的成长时间，因此波高较大，底部剪切应力也较大。若底部剪切应力对水体的拖曳作用超过波浪辐射应力的推动作用，则波浪的存在对淹没距离呈现出负面的影响。

3.3 浪流沙耦合模式构建

3.3.1 浪流沙模块耦合的实现

模拟和预测海岸河口地区水动力演变和极端环境条件是海岸工程建设中非常重要的研究内容。有效保护海岸河口区生态环境，促进海岸、海洋产业可持续发展都需要准确把握波浪、海流、泥沙等环境要素的演变规律和空间分布。我们通过深入研究波浪与海流、水动力与泥沙耦合作用机理，提出了考虑高浓度悬沙对湍流衰减作用的湍流能量底边界条件，改进了波流耦合作用下的近底剪切应力计算方法。在海面风应力计算中引入了波龄依赖的动量交换系数；在水体中间，将波浪破碎增加的湍流混合长度引入至垂向混合中。

我们将上述各因素间的耦合机理研究成果引入至海洋动力模型 COHERENS、波浪模型 SWAN 以及悬沙输移模式 SED 中，研发出适用于河口、海岸带的浪-流-沙耦合模式 COHERENS-SED。其详细耦合方法包括：因潮流周期远大于波浪周期，故在计算波浪时可认为流场、水位场为恒定值，将 COHERENS 输出的流场、水位场传至 SWAN 中，以考虑水流对波浪的折射作用和水位变动对总水深的影响；又因波浪的周期较小，故不关心波浪运动的瞬时变化而只考虑稳态波浪场的作用，将所得的波浪参数输出至 COHERENS 中，以考虑波浪辐射应力、波致湍动混合、波流共存底部剪切应力等的作用。水动力模型 COHERENS 与波浪模型 SWAN 通过专门的数据交换程序实现实时双向耦合。波流耦合模型提供波浪、海流、海底剪切应力等水动力参数给泥沙模型 SED，以计算泥沙输移以及相应的海床演变，并将结果反馈回波流耦合模型，从而实现浪-流-沙的耦合计算。COHERENS-SED 模式的耦合示意图和计算流程如图 3.27 所示。

3.3.2 海底冲淤演变模块

本节重点阐述该模型海床演变的实现方法。当底部剪切应力很大，能够侵蚀底床沉积物时，则发生底床泥沙的再悬浮现象；而当底部剪切应力小于某一临界值时，则会有悬浮泥沙落淤到床面形成新的床面层。底床水动力的侵蚀、沉积作用导致应力强度、密度等床面特性发生变化，而这两者的变化又反过来影响水流对底床的侵蚀、沉积作用，模型中考虑了底床侵蚀与沉积所导致的底床各层应力强度和密度的变化。应用时，可利用试验得到底床应力强度、密度垂向曲线，并以此来进行

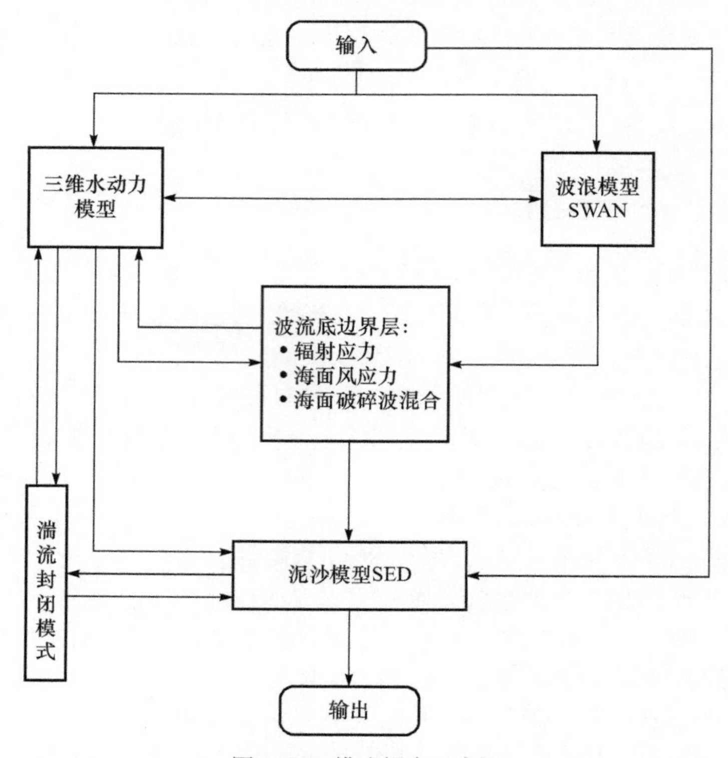

图 3.27 模式耦合示意图

底床的垂向分层。Owen 通过实测数据的分析得到临界侵蚀应力 τ_{ce} 与底床各层密度之间的关系,但 Mehta 的[28,29]的试验表明,底床密度对临界侵蚀应力 τ_{ce} 并没有显著的影响。

底床的临界侵蚀应力通过实验室的测量值得到,或利用现场的剪切应力随深度变化关系和密度沿深度变化来进行分层,并根据剪切应力等特性确定其各层厚度与临界侵蚀应力。底床侵蚀之初的结构是通过初始时完全固结床面以上的泥沙总质量,依据以上关系所划分的床面结构和特性进行填充而成的。图 3.28 显示了床面分层与各层临界侵蚀应力。该图说明,只有当床面处水流应力 τ_b 大于当前床面的临界侵蚀应力 τ_{ce} 时,才能发生底床侵蚀现象。

当底床床面处的水流满足侵蚀条件时,底床边发生侵蚀,而一旦某一层完全被侵蚀后,由于下一层应力强度和密度较上一层增加,此时应再次判断是否会继续发生侵蚀现象。当不满足侵蚀条件时,侵蚀作用停止,再根据临界沉积应力判断是否满足沉积条件。由于理论上的局限性,暂且认为模拟起始阶段与模拟期间水动力相似,这样新沉积泥沙所形成的底床仍按模拟之初的底床结构特性(包括剪切应力、密度)落淤组成新的床面,每一时间步都要计算该时间步内落淤总质量,加上侵

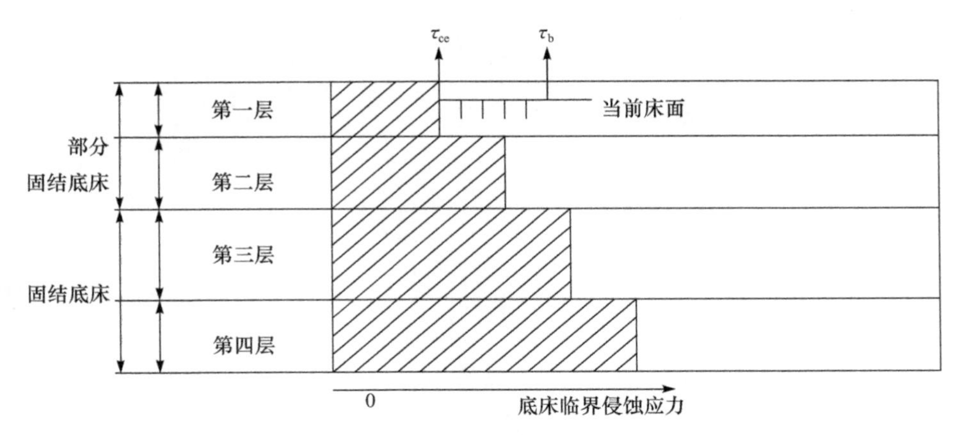

图 3.28　床面分层与各层临界侵蚀应力结构示意图

底床各层临界应力 τ_{ce}

蚀后剩余初始泥沙质量所得的总质量 M_D，再根据预先设定的各层泥沙特性，确定底床层数与厚度。

3.3.3　波流耦合有效性分析

为探讨与分析波流联合作用对波浪与水流计算的影响，我们以黄河三角洲为例，进行波流耦合模型的验证分析。

1. 数值模型参数设置

我们以渤海及北黄海地形数据为第一海域，采用大气模式 MM5 产生的风场数据作为驱动风场，模拟水流与波浪，然后，再将位于渤海西侧的黄河三角洲滨海海域作为第二区域，模拟该海域的波浪、水流场。第一海域的水流与波浪计算采用同一套计算网格，如图 3.29 所示。计算范围为 117.5°E～125.5°E，37°N～41°N。第二海域的水流、波浪计算范围为 37°17′N～38°30′N，118°15′E～119°50′E，计算网格及输入地形分别如图 3.30 和图 3.31 所示。在黄河三角洲海域，风场采用位于 118°49′23.59″E、38°11′46.15″N 处的 1999 年 11 月 24 日～11 月 27 日期间的实测风速。此外，该位置在同一时期还观测了流速、流向以及特征波高与特征周期，本节将利用这些流速、流向以及波浪参数资料进行耦合模型的模拟结果验证分析。

第一海域波、流分别计算，不考虑耦合影响，正压模式时间步长取 30s，斜压模式采用 300s 时间步长，SWAN 计算时间步长为 600s。水动力模式的水位与水流

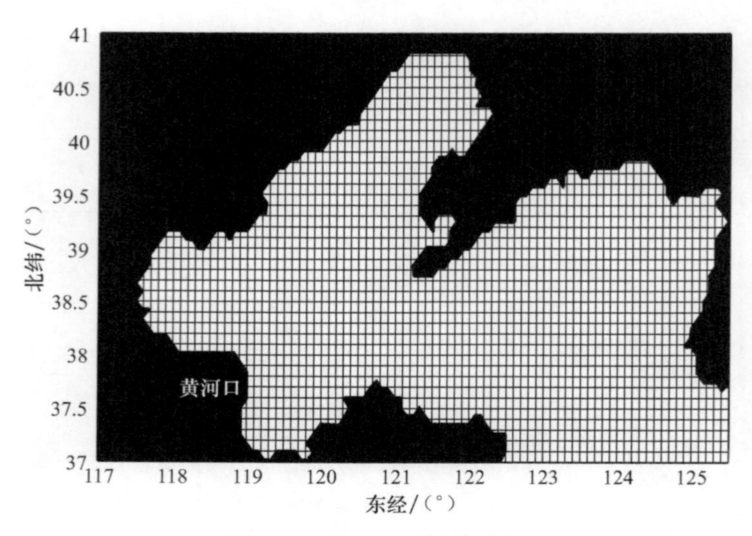

图 3.29 第一区域计算网格

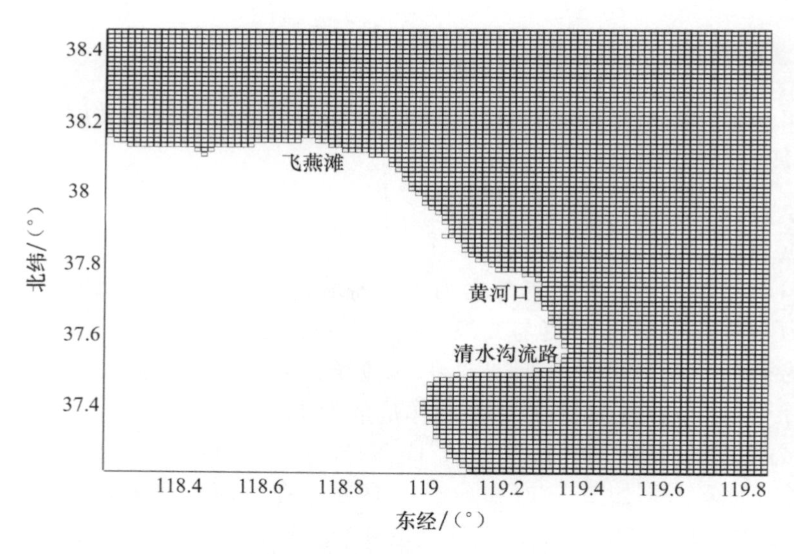

图 3.30 第二区域计算网格

初始条件都取 0。在正式模拟之前先模拟 3 天的流场，然后与波浪模式耦合，以获得稳定解。开边界条件采用四个主要分潮 K_1、O_1、M_2、S_2。第二海域的波浪、水流开边界条件由第一海域嵌套得到。

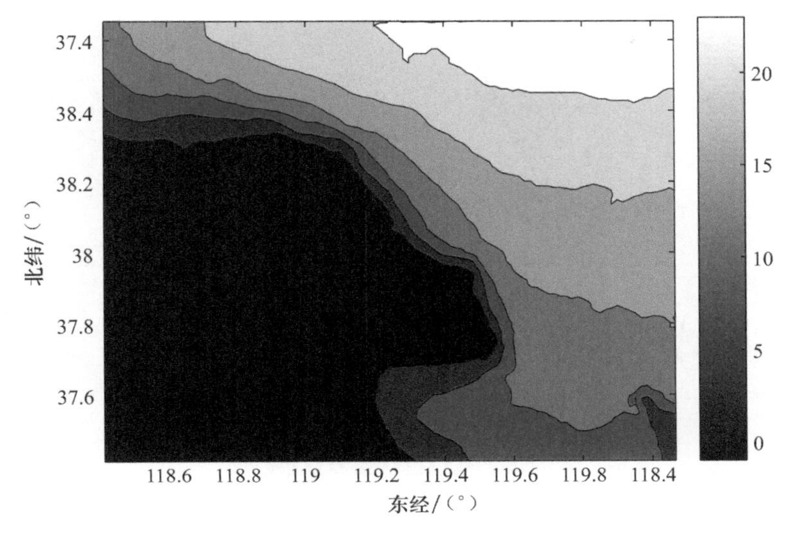

图 3.31　2000 年黄河三角洲水深地形图(水深单位:m)

试验采用引入波浪依赖的表面风应力与波浪影响下的底部剪切应力的 COHERENS 模式与第三代波浪模式 SWAN 相结合,来考虑波流相互之间的作用。

2. 计算结果有效性验证分析

本节分别计算具有波流耦合情况和不具有波流耦合情况下的流速、流向以及波浪特征波高与特征周期。图 3.32 为流速、流向的验证时程曲线,图 3.33 为特征波高与特征周期的验证结果。图中实线表示实测值,“+”线表示没有考虑耦合情况,虚线表示考虑耦合情况的结果。从图 3.32 中可知,流速、流向计算结果都与观测结果比较吻合。考虑波流耦合影响与没有考虑波流耦合影响两种情况,两者的结果差异并不明显,只是在 30h 左右时,考虑波流耦合的转流时间比不考虑波流耦合要滞后,而两者之间的流速差异出现在流向差异之后的约 1h。图 3.33 和图 3.34 揭示了发生这种现象的原因,可以看出,在 30h 之前观测点处刚刚经历 10m/s 左右较强的东北风以及波高超过 1.5m 相对较强的波浪条件,因此位于 30h 处的流向差异可能是因为强劲风速产生的强浪通过大幅度提高底部应力而阻碍了水流的转向速度。

特征波高和特征周期的验证图 3.33 显示了波浪的计算结果也比较理想,差异可能是利用一点的观测资料代替整个三角洲海域风场、观测仪器的误差风速等因素所造成的。比较有无耦合效应两种情况,考虑耦合效应的情况改善了较大波高

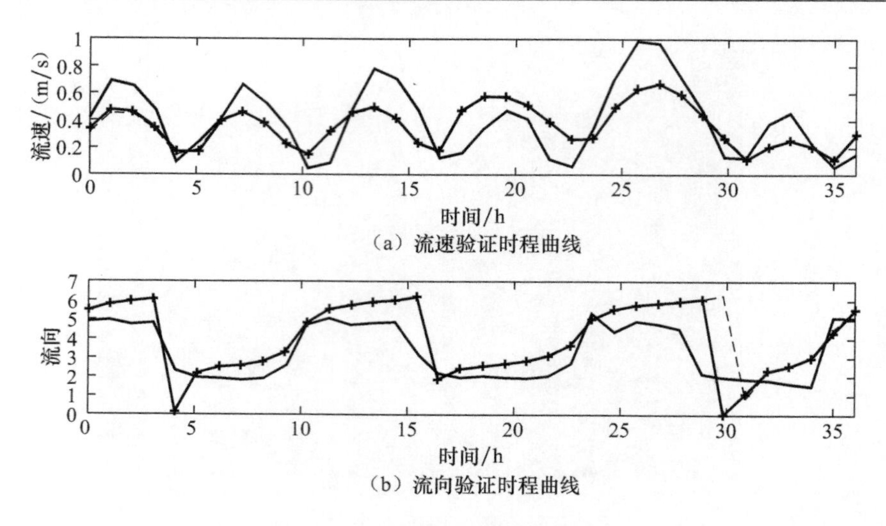

(a) 流速验证时程曲线

(b) 流向验证时程曲线

图 3.32　流速与流向验证时程曲线

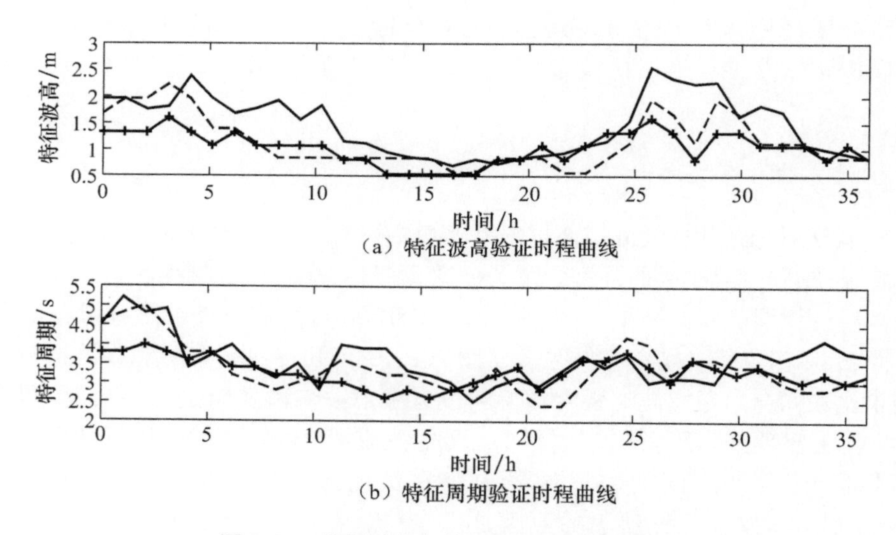

(a) 特征波高验证时程曲线

(b) 特征周期验证时程曲线

图 3.33　特征波高与特征周期验证时程曲线

和周期的计算结果，这一点可参考该图中模拟期的前 6h 以及 25～30h，考虑波流耦合效应的波高与周期都比没有考虑耦合效应的情况增加明显，更为接近观测结果。因此，考虑波流耦合作用对波浪要素的准确计算极其重要，对于一些波浪条件敏感的工程结构，在其设计中有必要考虑波流耦合效应。

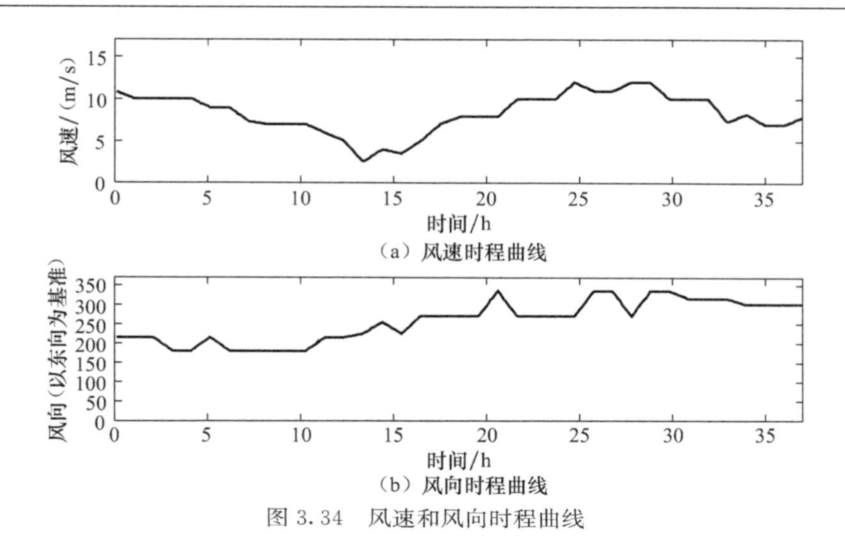

(a) 风速时程曲线

(b) 风向时程曲线

图 3.34　风速和风向时程曲线

3.4　浪流沙多因素耦合模式的应用案例

本节采用浪流沙耦合模型 COHERENS-SED，分别计算黄河三角洲滨海区以及胜利油田 KD12 海油陆采的路岛工程实施前后附近海域水动力与冲淤演变。

3.4.1　黄河三角洲应用案例

本节以分析黄河三角洲潮流场、波浪场、悬浮泥沙场的时空演变特征为目标，将三角洲的地形特征、动力条件、黄河入海水沙的变化以及海面波浪依赖的风应力，作为模型应用的基本输入条件，模拟水动力场、波浪场、悬浮泥沙场的时空分布特征。因为开边界条件资料缺乏，所以将整个三角洲滨海区作为研究对象，以使开边界远离近岸悬沙高浓度区域，减小开边界悬浮泥沙的影响，计算区域地形如图 3.31 所示。

外海开边界处采用 M_2、S_2、K_1、O_1 四个分潮控制水位，在河流段行水季节采用同一时期黄河口多年实测入海径流量平均值，考虑海面上随时间变化的、波浪依赖的风应力场。关于河口的处理，由于计算网格分辨率不高(分辨率为 $1'$)而黄河口又较窄，因此对河口入海口进行简化处理，口门朝向正东方向，宽度为一个网格。

1. 模型参数设置

1) 计算区域与网格

垂向经过 σ 坐标变换后，沿水深均匀分为九层。采用由黄河水利委员会山东水文水资源局及其所属黄河水文水资源勘测局 2000 年 7 月～10 月实测的海底地形图(见图 3.31),范围为 37°17′N～38°30′N,118°15′E～119°50′E,共 100×94 个网格点,计算网格如图 3.30 所示。

2) 初始条件

数值模拟的初始条件包括流速、水位和悬沙浓度,鉴于水位和流速对外界的动力响应很快,初始场的取值对最后趋于稳定的准定常场的结果影响很小,因此初始时刻的流速和水位可以取零值。

3) 边界条件

(1) 外海开边界条件,在开边界上采用 M_2、S_2、K_1、O_1 四个主要分潮的调和常数来确定水位的变化。

$$F_{\text{har}}(t,x,y)=A_0(x,y)+\sum_{n=1}^{N_T}A_n\cos[\omega_n t+\varphi_{n0}-\varphi_n(x,y)] \quad (3.248)$$

式中,A_0 为余流;A_n 为潮幅值调和常数;ω_n 为各分潮频率;φ_{n0} 为迟角初值;φ_n 为各分潮迟角;t 为模拟时间;N_T 为分潮数目。

(2) 河口边界的设置,采用同时间段多年河流入海径流量、含沙量平均值,断流期间都取值为零。其他边界条件设置采用模型默认值。

2. 计算结果验证

2009 年 12 月 3 日～4 日,中国海洋大学进行了大潮期的三船同步观测。本小节采取上述同步观测资料进行悬沙浓度计算结果验证,验证情况如下。

图 3.35～图 3.37 分别为 C1、C2、C3 三个站位悬沙浓度验证图。从验证情况来看,模拟悬浮泥沙的计算结果在浓度变化趋势上与观测资料基本相符。

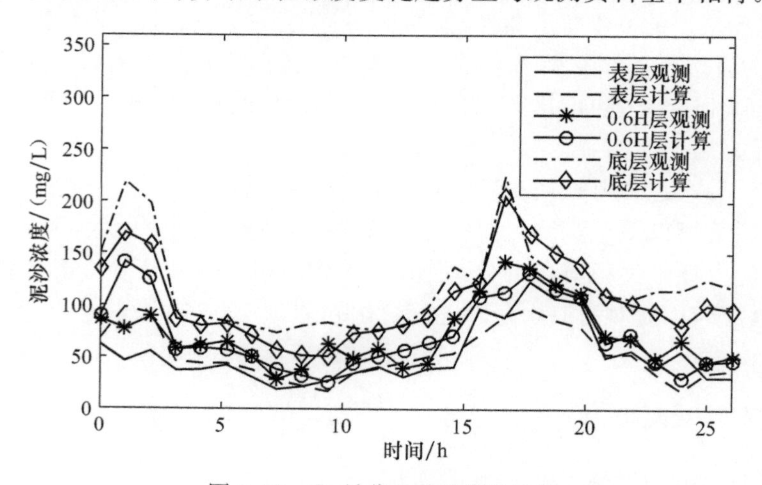

图 3.35 C1 站位悬沙浓度验证图

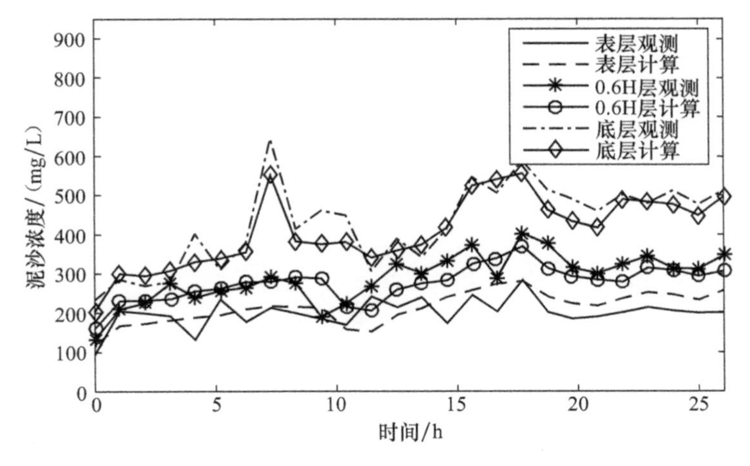

图 3.36　C2 站位悬沙浓度验证图

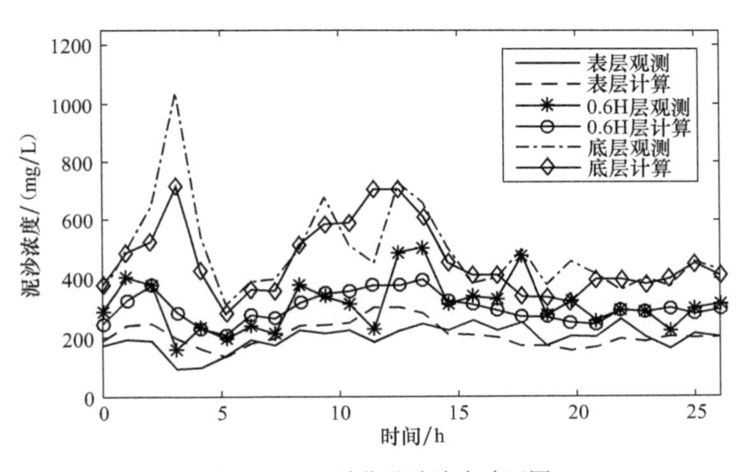

图 3.37　C3 站位悬沙浓度验证图

从表层与底层悬浮泥沙浓度的验证情况来看，波浪、海流与泥沙耦合模型 COHERENS-SED 能够反映黄河三角洲悬浮泥沙的变化过程，因此可采用该模型进行黄河三角洲滨海区悬浮泥沙输运规律的研究。

3. 计算结果分析

图 3.38 和图 3.39 分别显示了涨潮、落潮的流场图。由图可以看出，在 1996 年清水沟流路至现行黄河口附近以及三角洲北部神仙沟附近海域，都存在一个高流速区，该区域流速普遍超过了 1m/s，同时现行河口流速也比北部神仙沟海域的流速更强一些。这些区域之所以存在较大的流速，对于清水沟流路的老黄河口与现行黄河口间主要是因为该区域陆地突入海中，挤压海水所造成的高流速区；黄河

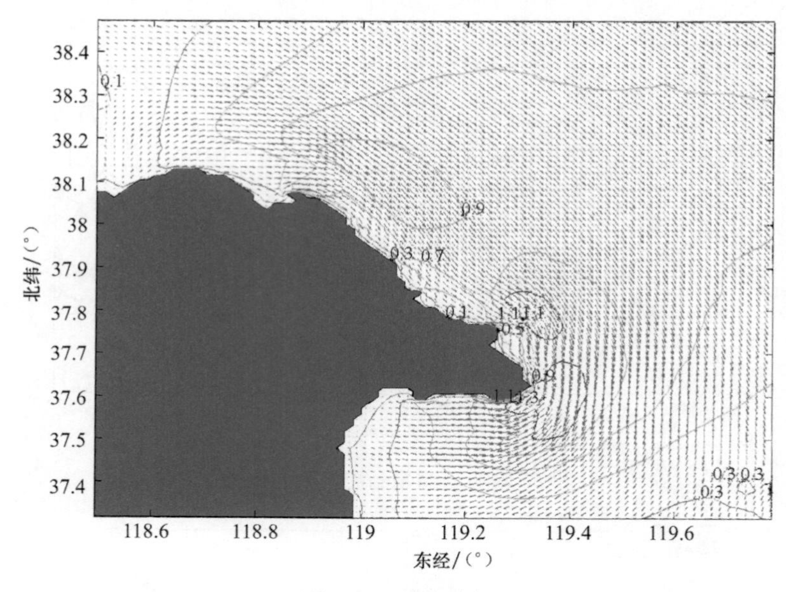

图 3.38　涨潮流场

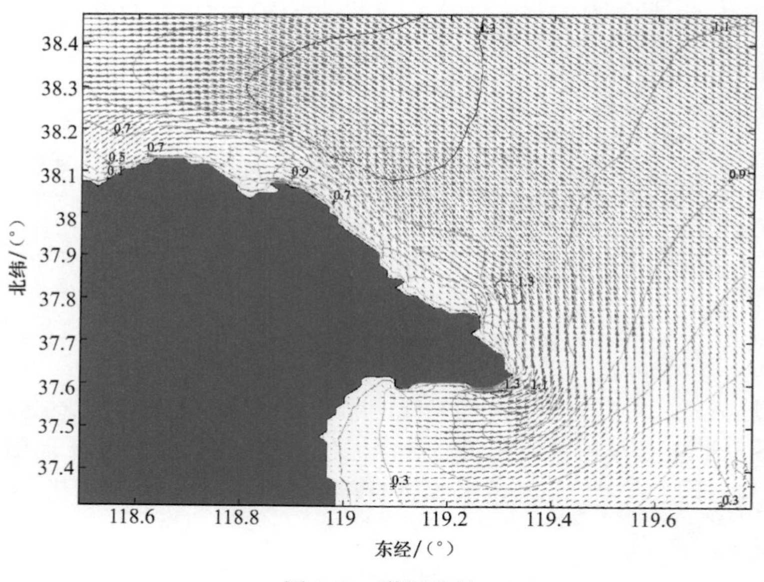

图 3.39　落潮流场

三角洲北部神仙沟附近的高流速则是因为该海域处于 M_2 无潮点附近。同时要注意到北部神仙沟附近海域的流速高值区域的最大流速等值线是以水深 10m 为中心的，次流速等值线则是一条伸向东北海域，呈现舌状曲线。这说明该海域 10m 水深处流速最大，整个高流速区域呈舌状伸向东北海域。所得的流速分布可能出现最大值区域位置与国内一些学者所得到的结论相符[95,96]，基本反映了该海区的流场情况。

底部剪切应力对底床的侵蚀、淤积起着至关重要的作用。图 3.40 与图 3.41 分别给出了潮周期最大底部剪切应力场与平均底部剪切应力场。由图可以看出，最大流速区域即三角洲北部以埕岛油田为中心区域出现了伸向东北方向的一个舌状底部应力高值区域。该高值区域的中心大约在水深 10m 处，这也说明了水深 10m 附近存在一条高流速带，流速要比水深更浅或更深处大一些。此外，在现行河口附近海域底部剪切应力强度也很大，这可能是由于该区域水深较浅且河口沙嘴

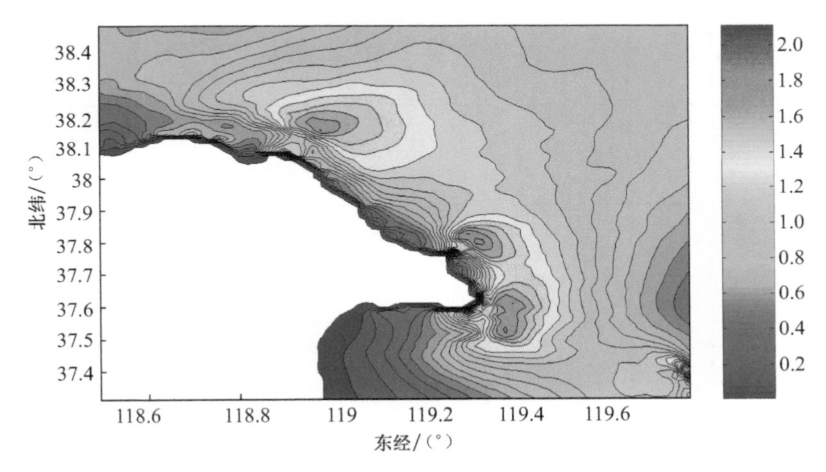

图 3.40　潮周期最大底部剪切应力(单位：N/m^2)

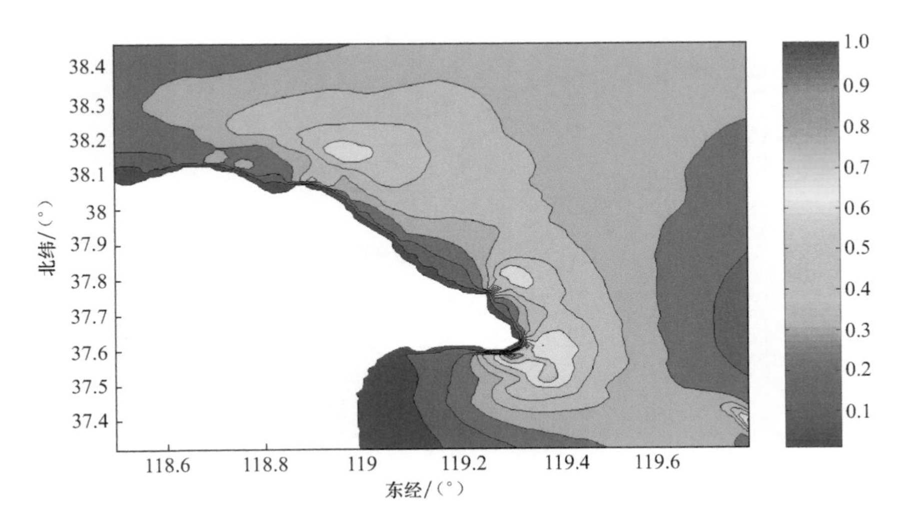

图 3.41　潮周期平均底部剪切应力(单位：N/m^2)

突入海中挤压海流增加流速，形成较强底应力区域。在三角洲北部应力较强的海域，因为黄河入海泥沙几乎影响不到该海域，所以此处底部应力必将对海底起到重要的塑造作用。黄河口附近，一旦失去黄河入海泥沙的影响，较高底部剪切应力的存在将造成该海域遭受严重的侵蚀。

图 3.42 与图 3.43 分别显示了涨潮时和落潮时的悬沙浓度分布情况。可以看出，在河口附近河流入海泥沙致使悬沙浓度最高，但由于淡水径流出流方向与口门

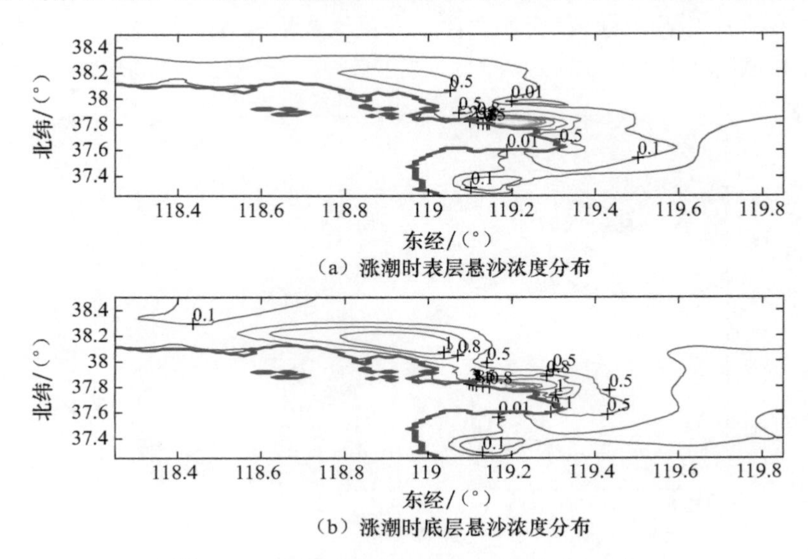

(a) 涨潮时表层悬沙浓度分布

(b) 涨潮时底层悬沙浓度分布

图 3.42　涨潮时悬沙浓度分布(单位：kg/m^3)

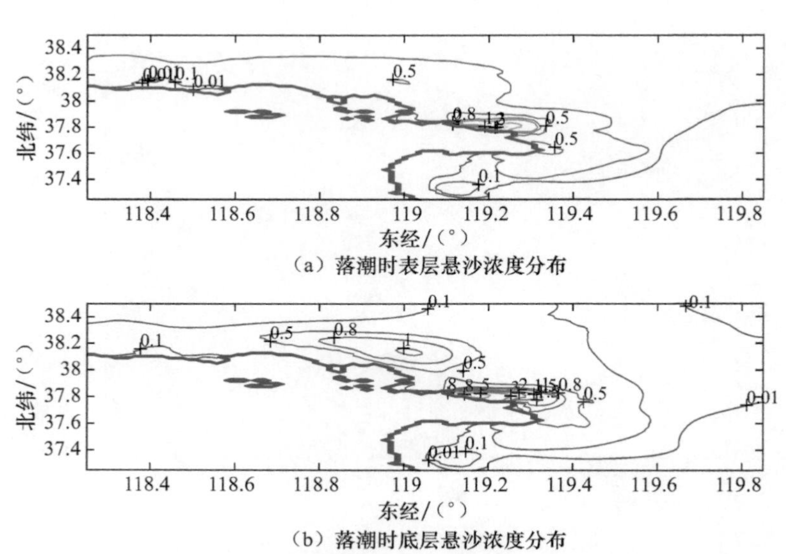

(a) 落潮时表层悬沙浓度分布

(b) 落潮时底层悬沙浓度分布

图 3.43　落潮时悬沙浓度分布(单位：kg/m^3)

处海流接近垂直，海流在阻碍淡水径流进一步进入深海的同时，减弱了流速，使得粗颗粒泥沙迅速在口门位置沉积，形成拦门沙，从而使大部分悬沙不能够进一步输运到更远的深海，因此高浓度范围不是很大。能够冲出口门的细颗粒悬沙由于受到与径流方向接近垂直的沿岸往复流的影响，因此顺岸扩散，尤其受到柯氏力的影响，悬沙主要向东南方向扩散。这从底层悬沙浓度分布图上可以得到验证，0.5kg/m^{3}的等值线甚至已经包围了清水沟流路老河口处的沙嘴，并延伸至莱州湾海域。口门北方向的扩散则距离很短，不能够到达三角洲北部高浓度区边缘。另外，在三角洲北部最大流速区域也存在一个浓度较高的海域，该高悬沙浓度海域与图3.40和图3.41中所显示的应力高值海域位置一致，其中心在离岸一定距离的水深10m左右处，而此处正是底部剪切应力图中的高应力中心，这也进一步说明了底部剪切应力是此处泥沙再悬浮的动力来源。涨潮悬沙浓度要比落潮悬沙浓度大一些，尤其是在北侧的高浓度海域，无论表层还是底层悬沙浓度，高浓度范围都明显大于落潮时悬沙浓度，我们认为这是由涨潮流速比落潮流速大造成的。涨潮使更多的泥沙被再悬浮，这些被再悬浮的泥沙进一步随涨潮流向东南方向海域运动，从而造成涨潮时比落潮时有更大的悬沙浓度高值区。这一现象可参考图3.42和图3.43中的底层悬沙浓度0.5kg/m^{3}等值线，在涨潮流时期，该等值线将河口处高浓度区与三角洲北部高浓度区包围起来，形成了一个整体的内部具有两个高浓度中心的高浓度带，然而，落潮阶段，该等值线在河口北部断开，展现出明显的南北两个高浓度海域。涨潮与落潮悬沙浓度还有一个特点就是涨潮时悬沙浓度随着涨潮流向南部发育得更为充分，这一点从底层的0.5kg/m^{3}等值线的走向可明显得知，涨潮时该等值线相对于落潮时在清水沟流路附近海域发展得比较饱满且更深入莱州湾。参考图3.44可知，三角洲北部有大面积的侵蚀，尤其在挑河口外面海域侵蚀比较严重。三角洲东北部的孤东外海显示了非常微弱的侵蚀现象。清水沟流路的肩头沙嘴附近海底也有微弱的侵蚀现象发生。但是在河口口门附近，尽管此处底部剪切应力较大，但黄河携带的大量泥沙在口门附近落淤，致使口门附近海域泥沙沉积引起床面增高明显，床面增高区域也沿着岸线向口门南侧伸展，北侧伸展范围很小，这与悬沙在口门附近的扩散规律一致。

如图3.42和图3.43所示，底层悬沙浓度的0.01kg/m^{3}等值线向东北方向延伸，这可能是近岸区的高浓度悬沙向东北方向深海扩散的结果。图3.44为悬沙引起的两个全日潮周期内的底床变化。可以看出，位于三角洲东南方向的清水沟流路沙嘴附近海域有微弱的侵蚀区域，北侧海域侵蚀现象则较为严重。但是，河口附近海域则完全相反，此处由于黄河入海泥沙大部分在口门处落淤，因此淤积较为严重，这也是拦门沙以及黄河河口沙嘴造陆的主要原因。

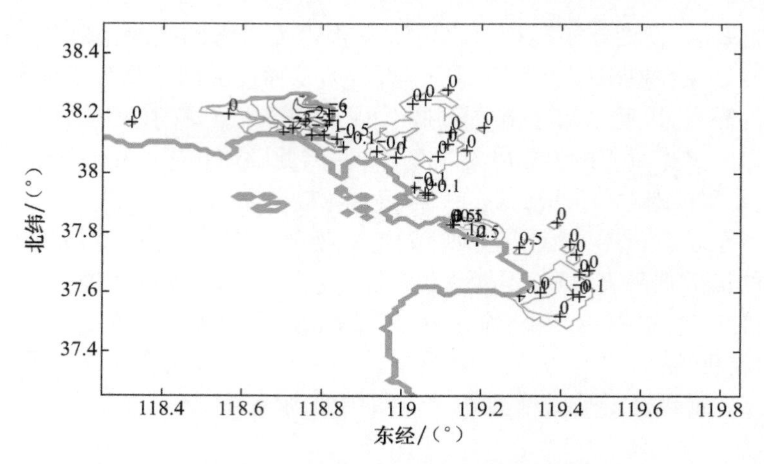

图 3.44　悬沙引起的两个全日潮周期内的底床变化(单位:mm)

3.4.2　胜利油田 KD12 路岛工程应用案例

1. 模型参数设置

计算经纬度范围为 119.00°E～119.40°E、37.65°N～37.829°N，包含整个 KD12 区块进海路及人工岛。最小计算网格为 35m。开边界来自于整个黄河三角洲数值计算结果。

2. 计算结果分析

1）工程建设前潮流场特征分析

图 3.45 与图 3.46 分别为工程建设前涨、落急时刻潮流场图。涨潮流自北向南呈顺岸方向流动。其中黄河口附近以及南侧的清水沟流路沿岸附近岸线凸入海中挤压海水致使这两处潮流流速较大，最大水深平均流速接近 1.0m/s。KD12 区块进海路及人工岛建设前的构筑物端点处流速约为 0.6m/s。

2）工程建设后潮流场特征分析

图 3.47 与图 3.48 分别为工程建设后涨、落急时刻潮流场图。与工程建设前相似，涨潮流自北向南呈顺岸方向流动，落潮流流向相反，流速大小分布规律与涨潮流相似。其中黄河口附近以及南侧的清水沟流路沿岸附近岸线凸入海中挤压海水致使这两处潮流流速较大，最大水深平均流速近 1.0m/s。KD12 区块进海路及人工岛工程建设后的构筑物端点处，即最东端的人工岛附近，最大流速达到 0.9m/s，远超过工程建设前原位置处 0.6m/s 的流速，从而造成该人工岛附近的剧烈冲刷。

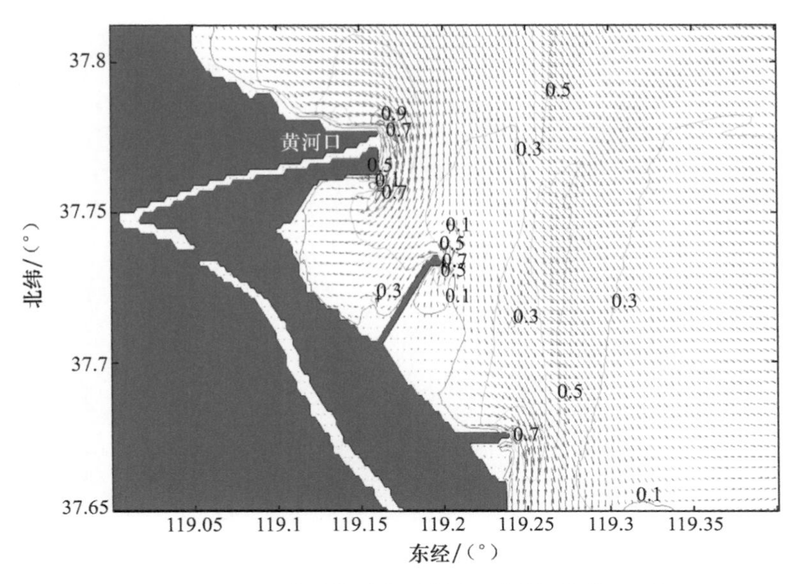

图 3.45　工程建设前涨急时刻潮流场图(单位:m/s)

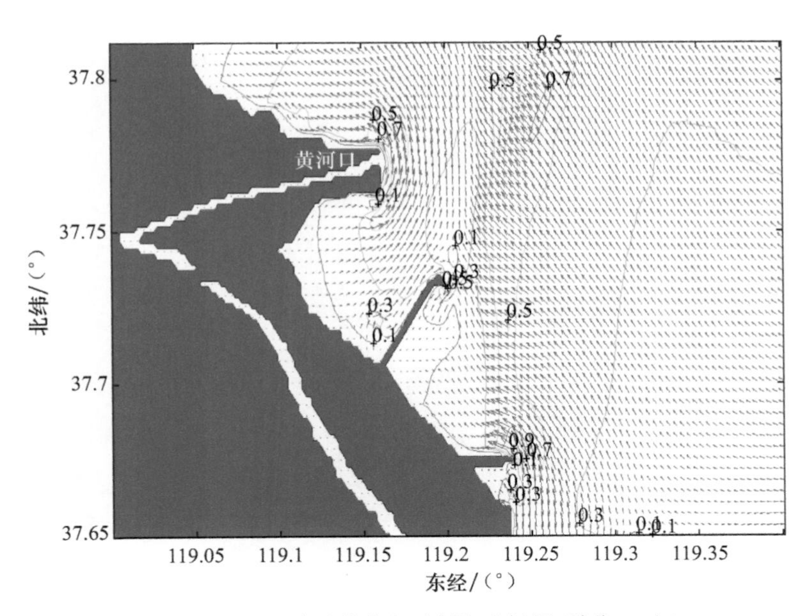

图 3.46　工程建设前落急时刻潮流场图(单位:m/s)

3）工程建设后冲淤演变计算结果

图 3.49 给出了工程建设引起的冲淤变化。可以看出，冲刷最严重区域为进海路端头人工岛附近，最终的冲刷深度超过 1.5m，最大冲刷深度出现在该端头人工

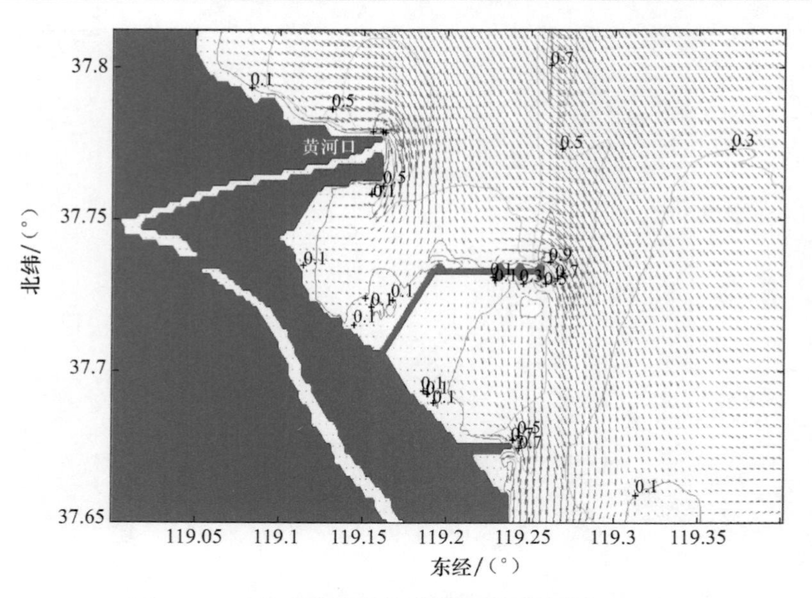

图 3.47　工程建设后涨急时刻潮流场图(单位:m/s)

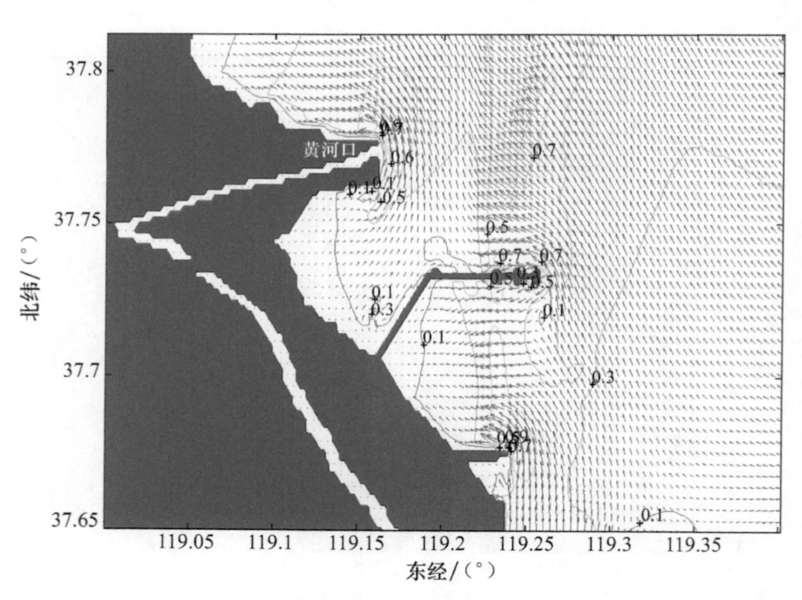

图 3.48　工程建设后落急时刻潮流场图(单位:m/s)

岛东北侧,东侧与北侧次之。进海路南侧由于其南部老黄河的清水沟流速淤积体掩护以及进海路自身阻流作用,动力条件较弱,形成淤积。结果显示,淤积区域多位于进海路附近,这是由于进海路走向与潮流方向垂直,大范围地缩减了潮流通道,显著减小了进海路附近流速,进而促使泥沙沉积。

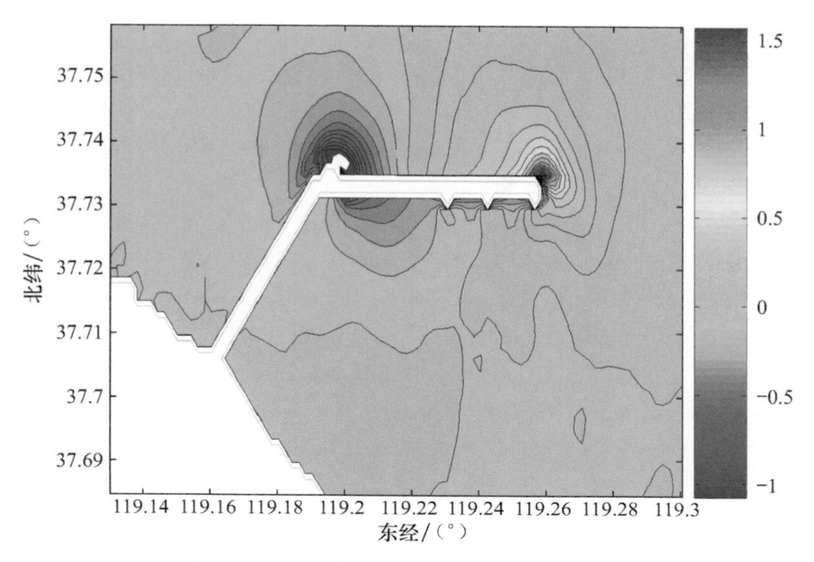

图 3.49　工程建设引起的冲淤变化(单位:m)

参 考 文 献

[1] Luyten P J, Jones J E, Proctor R, et al. COHERENS—A coupled hydrodynamical-ecological model for regional and shelf seas: User documentation. MUMM Report, Management Unit of the Mathematical Models of the North Sea. Brussels, 1999: 914.

[2] Liang B, Li H, Lee D. Numerical study of three-dimensional suspended sediment transport in waves and currents. Ocean Engineering, 2007, 34(11): 1569－1583.

[3] Deleersnijder E, Norro A, Wolanski E. A three-dimensional model of the water circulation around an island in shallow water. Continental Shelf Research, 1992, 12(7-8): 891－906.

[4] Patankar S. Numerical Heat Transfer and Fluid Flow. Washington D. C.: Hemisphere Publishing Corporation, 1980.

[5] Janenko N N. The Method of Fractional Steps. New York: Springer, 1971.

[6] 梁丙臣. 海岸、河口区波-流联合作用下三维悬沙数值模拟及其在黄河三角洲的应用[博士学位论文]. 青岛:中国海洋大学, 2005.

[7] 韩其为, 何明民. 论非均匀悬移质二维不平衡输沙方程及其边界条件. 水利学报, 1997, (1): 1－10.

[8] Zhou J J, Spork V, Koengeter J, et al. Bed conditions of non-equilibrium transport of suspended sediment. International Journal of Sediment Research, 1997, 12(3): 241－247.

[9] 蒋东辉. 渤海海峡沉积物输运的数值模拟[博士学位论文]. 青岛:中国科学院海洋研究所, 2001.

[10] 张修忠, 王光谦. 浅水流动及输运三维数学模型研究进展. 水利学报, 2002, 33(7): 1－7.

[11] 王保栋.河口细颗粒泥沙的絮凝作用.黄渤海海洋,1994,12(1):71—76.

[12] 张庆河,王殿志,吴永胜,等.粘性泥沙絮凝现象研究述评（1):絮凝机理与絮团特性.海洋通报,2001,20(6):80—90.

[13] van Leussen W. Estuarine macroflocs and their role in fine-grained sediment dynamics [PhD Thesis]. Utrecht:University of Utrecht,1994.

[14] Owen M W. The effect of turbulence on the settling velocities of silt flocs//Proceedings of the Fourteenth Congress of IAHR. Paris,1971,4:27—32.

[15] Manning A J,Dyer K R. A comparison of floc properties observed during neap and spring tidal conditions. Proceedings in Marine Science,2002,5(2):233—250.

[16] Manning A J,Dyer K R. A laboratory examination of floc characteristics with regard to turbulent shearing. Marine Geology,1999,160(1):147—170.

[17] Wolanski E,Burrage D,King B. Trapping and dispersion of coral eggs around Bowden Reef,Great Barrier Reef,following mass coral spawning. Continental Shelf Research,1989,9(5):479—496.

[18] Morel J E. Sedimentation-diffusion equilibrium of monomer-dimer mixtures,studied in the analytical ultracentrifuge. Biophysical Journal,1986,49(2):579—580.

[19] Krone R B. Flume studies of the transport of sediment in estuarial shoaling processes//Hydraulic Engineering Laboratory and Sanitary Engineering Research Laboratory,University of California. Berkeley,1962.

[20] Winterwerp J C. On the dynamics of high-concentrated mud suspensions [PhD Thesis]. Delft:Technical University of Delft,1999.

[21] Cheng N S. Simplified settling velocity formula for sediment particle. Journal of Hydraulic Engineering,1997,123(2):149—152.

[22] 程年生,朱立俊.泥沙扬动临界条件研究.水科学进展,1993,4(3):221—228.

[23] 沙玉清.泥沙运动学引论.北京:中国工业出版社,1965:146—171.

[24] 周志德.泥沙颗粒扬动条件.水利学报,1981,6:51—56.

[25] 钱宁,万兆惠.泥沙运动学.北京:科学出版社,1983:80—280.

[26] Partheniades E. Erosion and deposition of cohesive soils. Journal of the Hydraulics Division,1965,91(1):105—139.

[27] Ariathurai R,Arulanandan K. Erosion rates of cohesive soils. Journal of the Hydraulics Division,1978,104(2):279—283.

[28] Mehta A J,Parchure T M,Dixit J G,et al. ResuspensionPotential of Deposited Cohesive Sediment Beds. //Estuarine Comparisons. New York:Academic Press,1982:591—609.

[29] Mehta A J,Partheniades E,Dixit J G,et al. Properties of deposited kaolinite in a long flume//Applying Research to Hydraulic Practice:ASCE. Jackson,1982:594—603.

[30] van Rijn L C. Sediment transport,Part Ⅱ:Suspended load transport. Journal of Hydraulic Engineering,1984,110(11):1613—1641.

[31] van Rijn L C. Principles of Sediment Transport in Rivers. Amsterdam:Aqua Publications,

1993.

[32] Blumberg A F. A primer for ECOMSED. Technical Report of HydroQual,Mahwah,2002:41-47.

[33] Large W G, Pond S. Open ocean momentum flux measurements in moderate to strong winds. Journal of Physical Oceanography,1981,11(3):324-336.

[34] Smith S D,Banke E G. Variation of the sea surface drag coefficient with wind speed. Quarterly Journal of the Royal Meteorological Society,1975,101(429):665-673.

[35] Geernaert G L,Katsaros K B,Richter K. Variation of the drag coefficient and its dependence on sea state. Journal of Geophysical Research:Oceans,1986,91(C6):7667-7679.

[36] Byrne H M. The variation of the drag coefficient in the marine surface layer due to temporal and spatial variation in the wind and sea state//NOAA Technical Memorandum . Seattle,1983.

[37] Donelan M A,Dobson F W,Smith S D,et al. On the dependence of sea surface roughness on wave development. Journal of Physical Oceanography,1993,23(9):2143-2149.

[38] Toba Y. Stochastic form of the growth of wind waves in a single-parameter representation with physical implications. Journal of Physical Oceanography,1978,8(3):494-507.

[39] Blake R A. The dependence of wind stress on wave height and wind speed. Journal of Geophysical Research:Oceans,1991,96(C11):20531-20545.

[40] Xie L,Wu K,Pietrafesa L,et al. A numerical study of wave-current interaction through surface and bottom stresses:Wind-driven circulation in the South Atlantic Bight under uniform winds. Journal of Geophysical Research:Oceans,2001,106(C8):16841-16855.

[41] 林祥. 近岸海洋动力要素相互作用的数值模拟及其对物质输运影响的研究[博士学位论文]. 青岛:中科院海洋研究所,2003.

[42] Bijker E. The increase of bed shear in a current due to wave motion//Coastal Engineering Proceedings. Tokyo,1966:746-765.

[43] Grant W D,Madsen O S. Combined wave and current interaction with a rough bottom. Journal of Geophysical Research:Oceans,1979,84(C4):1797-1808.

[44] Signell R P,Beardsley R C,Graber H C,et al. Effect of wave-current interaction on wind-driven circulation in narrow, shallow embayments. Journal of Geophysical Research:Oceans,1990,95(C6):9671-9678.

[45] 吴永胜,练继建,张庆河,等. 波浪-水流共同作用下的紊动边界层数值分析. 水利学报,1999,30(9):68-74.

[46] Davies A M,Lawrence J. Examining the influence of wind and wind wave turbulence on tidal currents, using a three-dimensional hydrodynamic model including wave-current interaction. Journal of Physical Oceanography,1994,24(12):2441-2460.

[47] Liang B,Li H,Lee D. Bottom shear stress under wave-current interaction. Journal of Hydrodynamics,2008,20(1):88-95.

[48] Jing L,Ridd P V. Wave-current bottom shear stresses and sediment resuspension in Cleve-

land Bay, Australia. Coastal Engineering, 1996, 29(1): 169－186.

[49] Large W G, McWilliams J C, Doney S C. Oceanic vertical mixing: A review and a model with a nonlocal boundary layer parameterization. Reviews of Geophysics, 1994, 32(4): 363－403.

[50] Luyten P J, Deleersnijder E, Ozer J, et al. Presentation of a family of turbulence closure models for stratified shallow water flows and preliminary application to the Rhine outflow region. Continental Shelf Research, 1996, 16(1): 101－130.

[51] Xing J, Davies A M. Application of turbulence energy models to the computation of tidal currents and mixing intensities in shelf edge regions. Journal of Physical Oceanography, 1996, 26(4): 417－447.

[52] Mellor G L, Yamada T. A hierarchy of turbulence closure models for planetary boundary layers. Journal of the Atmospheric Sciences, 1974, 31(7): 1791－1806.

[53] Liang B, Li H, Lee D. Numerical study of wave effects in surface wind stress and surface mixing length by three dimensional circulation modeling. Journal of Hydrodynamics, 2006, 18(4): 397－404

[54] Mellor G, Blumberg A. Wave breaking and ocean surface layer thermal response. Journal of Physical Oceanography, 2004, 34(3): 693－698.

[55] Kantha L H, Clayson C A. An improved mixed layer model for geophysical applications. Journal of Geophysical Research, 1994, 99(C12): 25235－25266.

[56] Sheng Y P, Villaret C. Modeling the effect of suspended sediment stratification on bottom exchange processes. Journal of Geophysical Research: Oceans, 1989, 94(C10): 14429－14444.

[57] Toorman E A. Modelling of turbulent flow with suspended cohesive sediment// Proceedings in Marine Science. Amsterdam, 2002: 155－169.

[58] Longuet-Higgins M S, Stewart R W. Radiation stresses in water waves; a physical discussion, with applications. Deep-Sea Research and Oceanographic Abstracts, 1964, 11(4): 529－562.

[59] Phillips O M. The Dynamics of the Upper Ocean. New York: Cambridge University Press, 1977: 336.

[60] Powell M D, Vickery P J, Reinhold T A. Reduced drag coefficient for high wind speeds in tropical cyclones. Nature, 2003, 422(6929): 279－283.

[61] Black P G, D'Asaro E A, Sanford T B, et al. Air-sea exchange in hurricanes: Synthesis of observations from the coupled boundary layer air-sea transfer experiment. Bulletin of the American Meteorological Society, 2007, 88(3): 357－374.

[62] Jarosz E, Mitchell D A, Wang D W, et al. Bottom-up determination of air-sea momentum exchange under a major tropical cyclone. Science, 2007, 315(5819): 1707－1709.

[63] Holthuijsen L H, Powell M D, Pietrzak J D. Wind and waves in extreme hurricanes. Journal of Geophysical Research Oceans, 2012, 117(C9): 45－57.

[64] Peng S, Li Y. A parabolic model of drag coefficient for storm surge simulation in the South China Sea. Scientific Reports, 2014, 5: 15496.

[65] Garratt J R. Review of drag coefficients over oceans and continents. Monthly Weather Review,1977,105(7):915－929.

[66] Wu J. Wind-stress coefficients over sea surface from breeze to hurricane. Journal of Geophysical Research:Oceans,1982,87(C12):9704－9706.

[67] Huang Y,Weisberg R H,Zheng L. Coupling of surge and waves for an Ivan-like hurricane impacting the Tampa Bay,Florida region. Journal of Geophysical Research Oceans,2010,115(C12):93－102.

[68] Sheng Y P,Zhang Y,Paramygin V A. Simulation of storm surge,wave,and coastal inundation in the Northeastern Gulf of Mexico region during hurricane Ivan in 2004. Ocean Modelling,2010,35(4):314－331.

[69] Sheng Y P,Alymov V,Paramygin V A. Simulation of storm surge,wave,currents,and inundation in the Outer Banks and Chesapeake Bay during hurricane Isabel in 2003:The importance of waves. Journal of Geophysical Research,2010,115(115):357－366.

[70] Aron R,Zhang Y J,Wang H V,et al. A fully coupled 3D wave-current interaction model on unstructured grids. Journal of Geophysical Research,2012,117(C00J33):1－18.

[71] Resio D T,Westerink J J. Modeling the physics of storm surges. Physics Today,2008,61(9):33－38.

[72] Dietrich J C,Bunya S,Westerink J J,et al. A high-resolution coupled riverine flow,tide,wind,wind wave,and storm surge model for southern Louisiana and Mississippi. Part Ⅱ:Synoptic description and analysis of hurricanes Katrina and Rita. Monthly Weather Review,2010,138(2):345－377.

[73] Dietrich J C,Zijlema M,Westerink J J,et al. Modeling hurricane waves and storm surge using integrally-coupled,scalable computations. Coastal Engineering,2011,58(1):45－65.

[74] Kim S Y,Yasuda T,Mase H. Wave set-up in the storm surge along open coasts during Typhoon Anita. Coastal Engineering,2010,57(7):631－642.

[75] Bertin X,Li K,Roland A,et al. The contribution of short-waves in storm surges:Two case studies in the Bay of Biscay. Continental Shelf Research,2015,96:1－15.

[76] Svendsen A,Putrevu U. Nearshore circulation with 3-D profiles//Proceedings of the 22nd Coastal Engineering Conference. Delft,1990:241－254.

[77] Xie L,Liu H,Peng M. The effect of wave-current interactions on the storm surge and inundation in Charleston Harbor during Hurricane Hugo 1989. Ocean Modelling,2008,20(3):252－269.

[78] Irish J L,Resio D T,Ratcliff J J. The influence of storm size on hurricane surge. Journal of Physical Oceanography,2008,38(9):2003－2013.

[79] Rego J L,Li C. On the importance of the forward speed of hurricanes in storm surge forecasting:A numerical study. Geophysical Research Letters,2009,36(7):48－50.

[80] Weaver R J,Slinn D N. Influence of bathymetric fluctuations on coastal storm surge. Coastal Engineering,2010,57(1):62－70.

[81] Berg N J. On the influence of storm parameters on extreme surge events at the Dutch coast [MSc Thesis]. Twente: University of Twente, 2013.

[82] Li R, Xie L, Liu B, et al. On the sensitivity of hurricane storm surge simulation to domain size. Ocean Modelling, 2013, 67(67): 1-12.

[83] Chen J L, Shi F, Hsu T J, et al. NearCoM-TVD—A quasi-3D nearshore circulation and sediment transport model. Coastal Engineering, 2014, 91(9): 200-212.

[84] Kim S, Mori N, Mase H, et al. The role of sea surface drag in a coupled surge and wave model for typhoon Haiyan 2013. Ocean Modelling, 2015, 96: 65-84.

[85] Oey L Y, Ezer T, Wang D P, et al. Loop current warming by hurricane Wilma. Geophysical Research Letters, 2006, 33(8): 153-172.

[86] Zijlema M, Vledder G P V, Holthuijsen L H. Bottom friction and wind drag for wave models. Coastal Engineering, 2012, 65(7): 19-26.

[87] Flather R A, Davies A M. Note on a preliminary scheme for storm surge prediction using numerical models. Quarterly Journal of the Royal Meteorological Society, 1976, 102(431): 123-132.

[88] Carter G S, Merrifield M A. Open boundary conditions for regional tidal simulations. Ocean Modelling, 2007, 18(3): 194-209.

[89] Palma E D, Matano R P. On the implementation of passive open boundary conditions for a general circulation model: The barotropic mode. Journal of Geophysical Research Oceans, 1998, 103(C1): 1319-1341.

[90] Shi F, Kirby J T, Hsu T J T, et al. NearCoM-TVD A hybrid TVD solver for the nearshore community model documentation and user's manual. Newark: Center for applied coastal research, Ocean Engineering Laboratory, University of Delaware. 2013.

[91] Harper B A. Tropical cyclone parameter estimation in the Australian region-wind-pressure relationships and related issues for engineering planning and design-a discussion paper. Systems Engineering Australia Pty Ltd. Queensland, 2002.

[92] Holland G. A revised hurricane pressure-wind model. Monthly Weather Review, 2008, 136(9): 3432-3445.

[93] Beven J L, Avila L A, Blake E S, et al. Atlantic hurricane season of 2005. Monthly Weather Review, 2008, 136(3): 1109-1173.

[94] Webster P J, Holland G J, Curry J A, et al. Changes in tropical cyclone number, duration, and intensity in a warming environment. Science, 2005, 309(5742): 1844-1846.

[95] 胡春宏，王涛. 黄河口海洋动力特性与泥沙的输移扩散. 泥沙研究，1996 (4): 1-10.

[96] 王厚杰. 黄河口悬浮泥沙输运三维数值模拟[博士学位论文]. 青岛：中国海洋大学，2002.

第4章　滨海湿地动力过程的数值模拟分析

滨海湿地是海洋-陆地过渡区域一种典型的生态系统，一般包括河口、潮滩、盐沼、红树林、珊瑚礁、潟湖等，其中以盐沼和红树林最为典型。本章选取滨海盐沼为研究对象，以此为代表探讨此类地形复杂、植被作用显著的环境中水动力的模拟方法，以及植被因素在控制地貌演变中的作用机理。

盐沼湿地是位于潮间带上侧、被耐盐植物所覆盖、被潮汐所周期性淹没的复杂环境系统[1]。国内盐沼湿地主要分布于江苏省沿岸和长江口、辽东湾、黄河三角洲等。在地貌形态上，盐沼通常包括两个联系紧密但功能迥异的地貌单元，即沼面和潮沟。沼面的高程一般在平均潮位和最高高潮位之间，多为植被所覆盖。潮沟是盐沼系统与外界进行水、泥沙和营养物质交换的重要通道。

植被在不同的尺度上对平均和湍动水流均有重要影响[2,3]。植被还具有衰减波浪和风暴潮[4]、黏附细颗粒泥沙[5]等作用，因此在潮沟发育[6,7]、盐沼边缘侵蚀[8]等方面起着重要作用。另外，植被的演化过程也受到水动力环境本身，如水体的淹没时间和频率等的影响。近年来，盐沼湿地的水动力-植被演化-地貌演变相互作用，形成了新的研究热点，称为生态地貌动力学或生物地貌动力学[1]。

数值模拟是理解包括盐沼在内的河口海岸区域动力过程的重要手段。相对于其他海岸环境，盐沼湿地独特的地貌、生态环境使得传统的海岸模型在该区域的应用面临许多困难：

(1) 潮沟密布，地形复杂。很多潮沟宽度仅有数米甚至不足1m，因此需要以极细的网格分辨出这些地形特征。而高分辨率则意味着网格数量大、时间步长小，计算耗时极其巨大。

(2) 潮汐涨落频繁，干湿变化剧烈。准确模拟盐沼湿地的淹没-排干过程是模拟其物质输运、地貌演变的前提。

(3) 生物过程-物理过程相互作用。植被可以影响潮流形态、悬沙浓度分布和输运规律，动力地貌-植被演变之间存在复杂的耦合作用。

滨海盐沼湿地也是人类活动非常频繁和剧烈的区域。近年来，人们逐渐认识到其在海岸防护、生态修复等方面的重要作用，因此建立适用于滨海湿地环境的综合动力模型，对于合理地开发和保护滨海湿地资源，具有重要意义。

4.1 滨海盐沼湿地的亚网格水动力模型

4.1.1 盐沼湿地水动力模拟研究背景

在潮汐的作用下，盐沼湿地被潮水周期性地淹没和排干[9]。涨潮时，海水通过主潮沟进入湿地系统，在潮位升高的过程中，通过直接漫过主潮沟边缘或者通过进入更小的次级潮沟的方式实现淹没过程；落潮时，水流首先从沼面上排干，继而汇集到潮沟中。潮沟中再悬浮或者外部输入的泥沙，在淹没和排干的过程中，随水流进入、退出盐沼湿地系统，并在条件适宜的情况下，在沼面上沉积。水文周期反映了盐沼被水淹没的时间和频率。潮沟中潮位涨落持续时间不同、潮流涨落的流速大小和持续时间不同，称为潮汐和潮流的不对称性，并可分为涨潮主导型和落潮主导型。水文周期和潮汐不对称性等环境动力特点是影响盐沼湿地系统与外部系统进行水体、营养盐等的交换，以及泥沙在盐沼中输运、沉积和植被的生长等过程的关键因素。因此准确模拟盐沼湿地系统的潮汐动力，对理解和预测湿地系统的水动力、生态环境及地貌演变规律，以及科学地管理、开发和利用盐沼湿地系统都有至关重要的作用。

由于潮沟网络的广泛存在，且多数次级潮沟非常窄(可至1m甚至更小)，整个盐沼湿地系统的地形变化极为剧烈。这些微地貌特征对于潮沟和沼面上的潮流及泥沙输运规律都有很大的影响[10]。因此，如果要准确模拟盐沼湿地系统内的涨潮、落潮过程，有必要在数值模型中以高精度来分辨出这些潮沟等组成的微地貌特征。例如，Temmerman 等[11]为了研究盐沼水流和泥沙沉积特性，所建立模型水平分辨率为2m；Sullivan 等[10]为了研究微地貌特征对漫沼水流和示踪剂扩散规律的影响，所建立的模型水平分辨率高达1m。

然而，对于传统的海岸区域模型，如此高的分辨率意味着庞大的计算量和巨大的内存需求。对于一个10km×10km大小的区域，如果水平方向分辨率为2m，则计算网格数量可达5000×5000，且受限于水平方向分辨率，时间步长会很小。例如，Mieras[12]在以2m的分辨率来模拟2500m×1200m大小的区域在10天内的潮汐动力时，使用800个核并行计算仍需要3.5天。虽然计算机技术已经有了很大的发展，这种级别的模拟仍然需要借助计算机集群采用多核并行计算才能在短期内完成，因此高精度的盐沼湿地模拟目前仍限于小范围、短时间的应用中，难以在实际的工程实践中广泛使用。地貌演变的时间尺度更长达数十年乃至百年，目前的模拟技术难以满足要求。随着对盐沼湿地系统泥沙沉积规律、地貌演变规律等需求的增加，亟待研发适应滨海湿地盐沼环境的快速、准确的高精度模型。

亚网格方法是指采用某种方法来考虑小于计算网格尺度的物理过程，如湍流、底摩阻等的一种技术手段。图 4.1 给出了某盐沼湿地不同精度下的高程和网格示意图，图 4.1(a)中的高程定义在细网格上，该网格精度较高，可以精确地刻画出盐沼的潮沟、沼面的地形特征；但是直接采用该网格进行模拟，计算量则较为庞大。为了减少计算量，势必需要减少网格数，降低网格精度。图 4.1(b)给出了在一个较粗的网格上定义的高程，由于网格较粗，生成高程的过程中不可避免地采用插值或平滑的手段，因此高程的精细信息丧失，导致潮沟几乎不能分辨。采用该网格来模拟，难免会导致结果的不准确。亚网格模型结合了粗网格计算量小、计算步长大和细网格地形精度高的优点，如图 4.1(c)所示，与传统水动力模型中每个计算网格对应一个水深地形值不同，亚网格模型拥有两套网格：计算在较粗的网格上执行，而水深和底摩阻定义在较细的亚网格上；计算过程中，采用合理的方法将高精度的水深和底摩阻的影响反馈到粗网格的计算中。

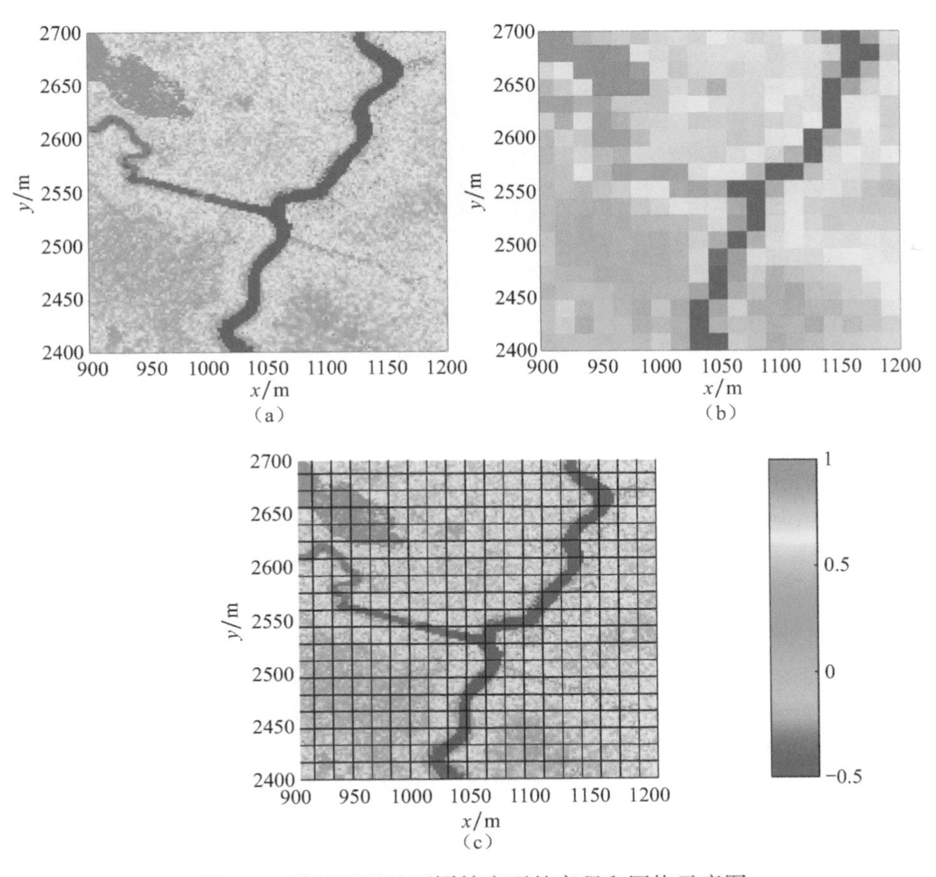

图 4.1　某盐沼湿地不同精度下的高程和网格示意图

在盐沼湿地系统中，微地貌特征和床面摩阻力起着主导作用，因此模型需要在计算网格中有效地考虑亚网格的地形和底摩阻因素。图 4.2 给出了亚网格模型的示意图。图中粗网格大小为 $\Delta x \times \Delta y$，每一个粗网格中包括 $m \times n$ 个大小为 $\delta x \times \delta y$ 的细网格。后文中我们统一将粗网格称为计算网格，将细网格称为亚网格。水深和底摩阻系数定义在亚网格的尺度上，而模型的迭代计算在计算网格上进行；可将亚网格尺度的水深和底摩阻的作用，以整体的方式反馈到计算网格中，从而避免直接在细网格上进行计算所导致的庞大计算量，同时又有效考虑了亚网格尺度上的变化对整体的影响。

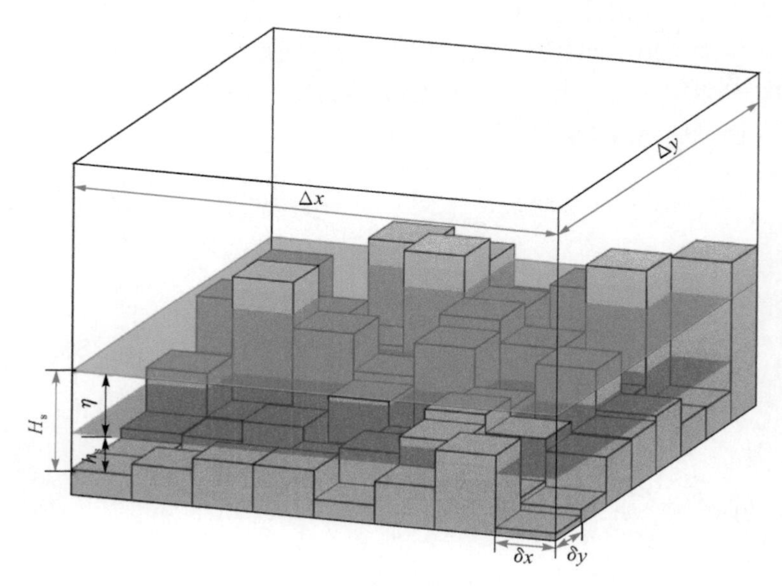

图 4.2　亚网格模型的示意图

基于以上概念，本章提出一种适用于复杂盐沼湿地系统的高精度、亚网格结构水动力模拟技术[13~15]。该亚网格模型结合了 Defina[16] 所提出的亚网格概念和 Volp 等[17] 提出的底摩阻反馈方法，采用奇偶跳点格式来求解控制方程，并编入干-湿算法、变时间步长。为了进一步提高计算效率，基于 MPI 将程序进行并行化，为了避免每个时间步都要进行烦琐的亚网格积分计算，我们提出了预存储技术。下面将详细介绍该模型主控方程的推导、数值方法、干-湿算法以及预存储方法等。

4.1.2　亚网格模型的控制方程

Defina[16] 首次从三维雷诺方程出发，通过体积平均并沿水深积分，得到了可以考虑半干区域水动力的体积平均平面二维浅水方程。下面给出该方程的推导过程。

如图 4.3 所示，对于某一控制单元区域 A，引入干湿指示函数来描述该控制区域内三维空间某一点 $\boldsymbol{x}=(x,y,z)$ 的干或湿：

$$\varphi(\boldsymbol{x})=\begin{cases}1, & z>-h\\ 0, & z\leqslant -h\end{cases} \tag{4.1}$$

式中，h 为相对于平均水平面的水深；$-h$ 则为相对于平均水平面的底高程。

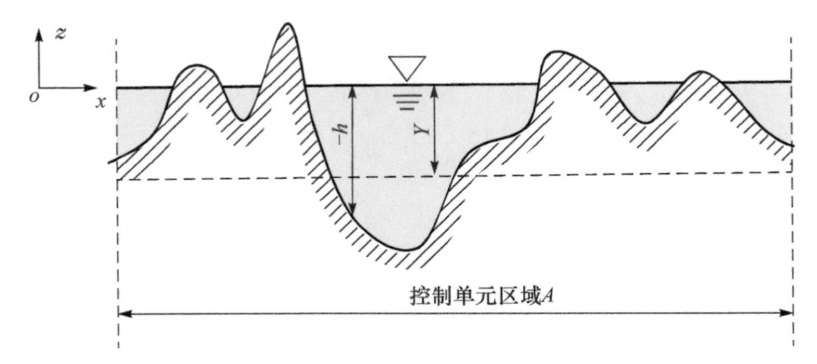

图 4.3　控制单元区域 A 的示意图

为了使问题更具有普遍性，令 $f(\boldsymbol{x})$ 代表流场的一个一般变量，如水位 η 或流速场 $\boldsymbol{u}$，令〈〉代表对该变量在控制单元区域 A 上进行平均的过程，平均后的变量为 $F(\boldsymbol{x},t)=<\varphi(\boldsymbol{x})f(\boldsymbol{x},t)>$，即

$$F(\boldsymbol{x},t)=\frac{1}{A}\int_A \varphi(\boldsymbol{x})f(\boldsymbol{x},t)\mathrm{d}A \tag{4.2}$$

该过程称为体积平均过程。同一控制单元内，可以认为湿点和干点的相态不同，故体积平均又被 Defina 称为“相平均”[16]。在模型应用过程中，控制单元区域 A 为一个粗网格，体积平均则为在该粗网格上对方程进行平均。

该体积平均过程满足莱布尼茨定理和高斯定理，即

$$\left\langle\frac{\partial\varphi(\boldsymbol{x})f(\boldsymbol{x},t)}{\partial t}\right\rangle=\frac{\partial}{\partial t}\langle\varphi(\boldsymbol{x})f(\boldsymbol{x},t)\rangle \tag{4.3}$$

$$\langle\nabla\varphi(\boldsymbol{x})f(\boldsymbol{x},t)\rangle=\nabla\langle\varphi(\boldsymbol{x})f(\boldsymbol{x},t)\rangle \tag{4.4}$$

假设在控制单元区域 A 内的自由水面变化平缓，近似为恒定值，根据式(4.4)可知

$$\langle\varphi(\boldsymbol{x})f(\boldsymbol{x},t)\ \nabla h\rangle=\langle\varphi(\boldsymbol{x})f(\boldsymbol{x},t)\rangle\ \nabla h \tag{4.5}$$

定义控制单元区域上被水覆盖的比例，即湿网格比例 Θ：

$$\Theta=\frac{1}{A}\iint_{A}\varphi|_{z=\eta}\mathrm{d}A \tag{4.6}$$

式中，φ 是 z 的函数，因此 Θ 本身随着 η 的变化而变化。如果将控制单元看成一多孔介质，则可以将该单元内湿网格比例 Θ 看成该多孔介质的孔隙率。

静压假设经常应用在浅水流动中，即忽略垂向动量方程中动压的作用，假设水体压力沿水深线性分布。则三维的雷诺方程可以写为

$$\rho\frac{\partial u_x}{\partial t}+\rho\nabla\cdot u_x\boldsymbol{u}=\nabla\cdot\boldsymbol{t}_x-\frac{\partial p}{\partial x} \tag{4.7}$$

$$\rho\frac{\partial u_y}{\partial t}+\rho\nabla\cdot u_y\boldsymbol{u}=\nabla\cdot\boldsymbol{t}_y-\frac{\partial p}{\partial y} \tag{4.8}$$

$$\frac{\partial p}{\partial z}=-\rho g \tag{4.9}$$

$$\nabla\cdot\boldsymbol{u}=0 \tag{4.10}$$

式中，$\boldsymbol{u}=(u_x,u_y,u_z)$ 为水流速度场；p 为压力；ρ 为水体密度；g 为重力加速度；$\boldsymbol{t}_i=(\tau_{ix},\tau_{iy},\tau_{iz})$，包括在 i 方向上的黏性应力和湍流应力。

将式(4.9)沿水深方向积分可以得到 $p=\rho g(\eta+h)$，将其代入式(4.7)和式(4.8)中则可消去 p。

下面将该方程组在控制单元区域 A 上进行平均，即将式(4.3)～式(4.10)分别代入式(4.2)中。

1. 连续性方程的体积平均过程

对于连续性方程式(4.10)，应用式(4.2)对其在控制单元区域 A 上进行平均，得到

$$\begin{aligned}\langle\varphi\nabla\cdot\boldsymbol{u}\rangle&=\langle\nabla\cdot\varphi\boldsymbol{u}-\boldsymbol{u}\cdot\nabla\varphi\rangle\\&=\nabla\cdot\langle\varphi\boldsymbol{u}\rangle-\langle\boldsymbol{u}\cdot\nabla\varphi\rangle\\&=\nabla\cdot\boldsymbol{U}-\langle\boldsymbol{u}\cdot\nabla\varphi\rangle\end{aligned} \tag{4.11}$$

式中，$\boldsymbol{U}$ 为体积平均的流速(即为粗网格流速)。由于 $\nabla\varphi$ 除在底床外处处为零，故式(4.11)中的 $\langle\boldsymbol{u}\cdot\nabla\varphi\rangle=0$。

将式(4.11)沿水深积分，根据莱布尼茨定理(4.3)，有

$$\frac{\partial}{\partial x}\int_{-h}^{\eta}U_x\mathrm{d}z-U_x|_{z=\eta}\frac{\partial\eta}{\partial x}+\frac{\partial}{\partial y}\int_{-h}^{\eta}U_y\mathrm{d}z-U_y|_{z=\eta}\frac{\partial\eta}{\partial x}+U_z|_{z=\eta}=0 \tag{4.12}$$

根据自由表面处的运动学边界条件，有

$$\frac{\partial\eta}{\partial t}+u_x|_{z=\eta}\frac{\partial\eta}{\partial x}+u_y|_{z=\eta}\frac{\partial\eta}{\partial y}-u_z|_{z=\eta}=0 \tag{4.13}$$

对式(4.13)进行体积平均，并根据式(4.5)和式(4.6)可得

$$\Theta \frac{\partial \eta}{\partial t}+U_x|_{z=\eta}\frac{\partial \eta}{\partial x}+U_y|_{z=\eta}\frac{\partial \eta}{\partial y}-U_z|_{z=\eta}=0 \tag{4.14}$$

将式(4.14)代入式(4.12)，得到

$$\Theta \frac{\partial \eta}{\partial t}+\frac{\partial P}{\partial x}+\frac{\partial Q}{\partial y}=0 \tag{4.15}$$

式中，η 为该控制单元区域上的水面高度；P、Q 分别为 x 和 y 方向水深平均、体积平均的单宽流量。

$$P=\int_{-h}^{\eta} U_x \mathrm{d}z$$

$$Q=\int_{-h}^{\eta} U_y \mathrm{d}z$$

与传统浅水方程的连续性方程相比，方程中多了一个修正系数 Θ，即孔隙率，该系数反映了粗网格干湿程度对质量守恒的影响。$\Theta=1$ 时，说明该粗网格为全湿；$\Theta=0$ 时，说明该粗网格为全干；当处于 0 和 1 之间时，说明该粗网格为半干半湿。

2. 动量方程的体积平均过程

以 x 方向的动量方程为例，将式(4.7)在控制单元区域 A 上进行平均，并根据式(4.3)和式(4.4)，可以得到

$$\rho \frac{\partial}{\partial t}\langle \varphi u_x \rangle+\rho \nabla\cdot\langle \varphi u_x \boldsymbol{u}\rangle-\rho\langle \nabla\varphi\cdot u_x\boldsymbol{u}\rangle-\nabla\cdot\langle \varphi \boldsymbol{t}_x\rangle$$
$$+\langle \nabla\varphi\cdot \boldsymbol{t}_x\rangle+\rho g\left\langle \varphi\frac{\partial \eta}{\partial x}\right\rangle=0 \tag{4.16}$$

同样，$\nabla\varphi$ 除在底床以外处处为零，因此式(4.16)中的第三项化为零。

对第二项进行平均时，需要将流速 $\boldsymbol{u}$ 分解为体积平均的流速 $\boldsymbol{U}/\vartheta$ 和脉动速度 $\tilde{\boldsymbol{u}}$：

$$\boldsymbol{u}=\frac{\boldsymbol{U}}{\vartheta}+\tilde{\boldsymbol{u}} \tag{4.17}$$

将式(4.17)代入式(4.16)的第二项中，注意有$\langle \varphi\tilde{\boldsymbol{u}}\rangle=0$，得到

$$\rho \nabla\cdot\langle \varphi u_x \boldsymbol{u}\rangle=\rho\nabla\cdot\frac{U_x\boldsymbol{U}}{\vartheta}+\rho\nabla\cdot\langle \varphi\tilde{u}_x\tilde{\boldsymbol{u}}\rangle \tag{4.18}$$

式(4.18)中的最后一项代表由地形不规则导致流速波动进而产生的动量交换，其形式和雷诺应力项类似，因此可以整合到 $\boldsymbol{t}_x$ 中。

根据式(4.18)和式(4.5)，可将式(4.16)整理为如下形式：

$$\rho \frac{\partial U_x}{\partial t}+\rho\nabla\cdot\frac{U_x\boldsymbol{U}}{\vartheta}-\nabla\cdot\boldsymbol{T}_x+\langle \nabla\varphi\cdot\boldsymbol{t}_x\rangle+\rho g\vartheta\left\langle \varphi\frac{\partial \eta}{\partial \boldsymbol{x}}\right\rangle=0 \tag{4.19}$$

式中，$\boldsymbol{T}_x$ 为体积平均的应力张量。

将式(4.19)沿水深垂向积分，并根据运动学边界条件式(4.14)可得

$$\rho\frac{\partial P}{\partial t}+\rho\frac{\partial}{\partial x}\left(\epsilon_{xx}\frac{P^2}{Y}\right)+\rho\frac{\partial}{\partial y}\left(\epsilon_{xy}\frac{PQ}{Y}\right)-\int_{-h}^{\eta}\nabla\cdot\boldsymbol{T}_x\mathrm{d}z+\int_{-h}^{\eta}\langle\nabla\varphi\cdot\boldsymbol{t}_x\rangle\mathrm{d}z+\rho gY\frac{\partial\eta}{\partial x}=0 \tag{4.20}$$

式中，ϵ_{xx}和ϵ_{xy}为动量纠正系数，由垂向速度分布不均匀引起，可以定义为

$$\begin{cases}\epsilon_{xx}=\dfrac{Y}{P^2}\displaystyle\int_{-h}^{\eta}\frac{U_x^2}{\vartheta}\mathrm{d}z\\ \epsilon_{xy}=\dfrac{Y}{PQ}\displaystyle\int_{-h}^{\eta}\frac{U_xU_y}{\vartheta}\mathrm{d}z\end{cases} \tag{4.21}$$

式中，Y为有效水深，即单位面积上的总水体体积(见图4.4)。

$$Y=\frac{1}{A}\int_{-h}^{\eta}\iint_A\varphi\mathrm{d}A\mathrm{d}z \tag{4.22}$$

从式(4.22)可以看出，Y的计算需要在整个粗网格上进行积分得到。

式(4.20)中的第四项可以分解为

$$\int_{-h}^{\eta}\nabla\cdot\boldsymbol{T}_x\mathrm{d}z=\frac{\partial}{\partial x}\int_{-h}^{\eta}T_{xx}\mathrm{d}z+\frac{\partial}{\partial y}\int_{-h}^{\eta}T_{xy}\mathrm{d}z+\boldsymbol{T}_x|_{z=\eta}\cdot\boldsymbol{n}_\mathrm{s} \tag{4.23}$$

式中，$\boldsymbol{n}_\mathrm{s}$为与自由水面垂直的单位向量；$\boldsymbol{T}_x|_{z=\eta}\cdot\boldsymbol{n}_\mathrm{s}=\tau_{\mathrm{s}x}$为作用在自由水面应力的$x$方向分量。

式(4.23)中右侧的前两项代表由黏性和流速波动导致的侧向剪切过程。在数学模型中，可采用有效涡黏系数ν_e来模拟这个过程，则有

$$\frac{\partial}{\partial x}\int_{-h}^{\eta}T_{xx}\mathrm{d}z+\frac{\partial}{\partial y}\int_{-h}^{\eta}T_{xy}\mathrm{d}z=\rho\left(\frac{\partial R_{xx}}{\partial x}+\frac{\partial R_{xy}}{\partial y}\right) \tag{4.24}$$

式中，

$$\begin{cases}R_{xx}=2\nu_\mathrm{e}\left(\dfrac{\partial P}{\partial x}\right)\\ R_{xy}=R_{yx}=\nu_\mathrm{e}\left(\dfrac{\partial P}{\partial y}+\dfrac{\partial Q}{\partial x}\right)\end{cases} \tag{4.25}$$

又因$\nabla\varphi$除底床以外其值均为零，故式(4.20)中的第五项可写为

$$\int_{-h}^{\eta}\langle\nabla\varphi\cdot\boldsymbol{t}_x\rangle\mathrm{d}z=\tau_{\mathrm{b}x} \tag{4.26}$$

式中，$\tau_{\mathrm{b}x}$为底部剪切应力在x方向上的分量。

最终将式(4.23)、式(4.24)和式(4.26)代入式(4.20)，得到x方向上的动量方程为

$$\frac{\partial P}{\partial t}+\frac{\partial}{\partial x}\left(\epsilon_{xx}\frac{P^2}{Y}\right)+\frac{\partial}{\partial y}\left(\epsilon_{xy}\frac{PQ}{Y}\right)+gY\frac{\partial\eta}{\partial x}-\frac{\partial R_{xx}}{\partial x}-\frac{\partial R_{xy}}{\partial y}-\frac{\tau_{\mathrm{s}x}}{\rho}+\frac{\tau_{\mathrm{b}x}}{\rho}=0 \tag{4.27}$$

同理,可以得到 y 方向上体积平均的动量守恒方程为

$$\frac{\partial Q}{\partial t}+\frac{\partial}{\partial x}\left(\epsilon_{xy}\frac{PQ}{Y}\right)+\frac{\partial}{\partial y}\left(\epsilon_{yy}\frac{Q^2}{Y}\right)+gY\frac{\partial \eta}{\partial y}-\frac{\partial R_{yx}}{\partial x}-\frac{\partial R_{yy}}{\partial y}-\frac{\tau_{sy}}{\rho}+\frac{\tau_{by}}{\rho}=0 \tag{4.28}$$

式(4.27)和式(4.28)中,(τ_{sx},τ_{sy})和(τ_{bx},τ_{by})分别为体积平均的水表面风应力和底部摩阻应力。

式(4.15)、式(4.27)和式(4.28)组成了在半干半湿区域水深平均、体积平均的控制方程组。当粗网格与亚网格的大小比例为 1 时,对于任何湿点,$\Theta=1$,$Y=H$,此时该亚网格控制方程与传统的浅水方程形式一致。

在动量方程式(4.27)和式(4.28)中,动量纠正系数 ϵ_{ij} 非常复杂,是由在对体积平均的平流项进行水深平均时产生的,一般只有在知道三维流速分布的情况下才能准确计算得出。根据 Defina[16] 的研究,ϵ_{ij} 的值略微大于 1。由于在浅水或者半湿区域,平流惯性力一般可以忽略,因此在求解过程中假设 $\epsilon_{ij}=1$ 是合理的。

值得指出的是,水深积分的平流项同样可以根据 Putrevu 等[18] 的方法,将流速分解为水深平均的流速分量和沿水深变化的分量。此时体积平均流速 $\boldsymbol{U}/\vartheta$ 可以分解为

$$\frac{\boldsymbol{U}}{\vartheta}=\frac{\boldsymbol{q}}{Y}+\widetilde{\mathbf{V}} \tag{4.29}$$

式中,$\widetilde{\mathbf{V}}$ 为沿水深变化的流速分量,且有

$$\int_{-\infty}^{\eta}\widetilde{\mathbf{V}}\vartheta \mathrm{d}z=0 \tag{4.30}$$

水深积分的平流项则可以写为

$$\nabla\cdot\int_{-\infty}^{\eta}\frac{U_x}{\vartheta}\frac{\boldsymbol{U}}{\vartheta}\vartheta \mathrm{d}z=\frac{\partial}{\partial x}\left(\frac{P^2}{Y}\right)+\frac{\partial}{\partial y}\left(\frac{PQ}{Y}\right)+\nabla\cdot\int_{-\infty}^{\eta}\widetilde{V}_x\widetilde{\mathbf{V}}\vartheta \mathrm{d}z \tag{4.31}$$

该方法得到的平流项中避免了使用动量纠正系数 ϵ_{ij},而是利用式(4.31)最后一项来表示流速垂向变化导致的三维弥散作用[18]。该三维弥散作用可以采用有效涡黏的方法来模拟。

3. 底摩阻项的处理方法

在盐沼湿地内,潮沟网络遍布,潮滩多为植被所覆盖。如前面所述,植被的存在会对水流形成较大的阻力,使得植被区底摩阻大大高于潮沟内,因而形成底摩阻在空间上分布的不均匀。又由于潮沟宽度可窄至 1~2m,意味着底摩阻可在 1~2m 的尺度上发生剧烈变化。对于盐沼湿地的模拟,精确反映植被、底摩阻在空间上的分布,对于准确模拟整个系统水动力特性是非常必要的。而传统海岸模型对于底摩阻项的处理,一般认为底摩阻系数空间均匀分布或者令其在计算网格尺度

上进行变化；因此如要反映底摩阻的空间分布，网格必须达到能够分辨潮沟的精度，导致计算量非常庞大。而 Defina[16]的亚网格模型没有考虑底摩阻系数在亚网格上的变化及对整个底摩阻项的影响。我们参考 Volp 等[17]的方法，提出一种适用于本模型的底摩阻项处理方法：考虑底摩阻系数在高精度亚网格上的变化，并反馈到较粗的计算网格上。

根据定义，底摩阻项可表达为亚网格尺度上的摩阻力在整个粗网格上的积分：

$$\tau_{\mathrm{b}}=\frac{\rho}{A}\iint_{A}C_{\mathrm{ds}}\ |\boldsymbol{u}_{\mathrm{s}}|\ \boldsymbol{u}_{\mathrm{s}}\mathrm{d}A,\quad |\boldsymbol{u}_{\mathrm{s}}|=\sqrt{u_{\mathrm{s}}^{2}+v_{\mathrm{s}}^{2}} \tag{4.32}$$

式中，$(u_{\mathrm{s}},v_{\mathrm{s}})$代表亚网格尺度上的流速；$C_{\mathrm{ds}}$为定义在亚网格尺度上的底摩阻系数，可由曼宁公式、谢才公式或其他任何合适的底摩阻公式给出。本书中采用曼宁公式：

$$C_{\mathrm{ds}}=\frac{gn_{\mathrm{s}}^{2}}{H_{\mathrm{s}}^{1/3}} \tag{4.33}$$

式中，g 为重力加速度；n_{s} 为定义在亚网格尺度上的曼宁系数（由用户自定义）；$H_{\mathrm{s}}=h_{\mathrm{s}}+\eta$，为亚网格尺度上的总水深。

假设在每个粗网格内，所有亚网格流速方向保持一致，因此亚网格流速可以表达为粗网格流速的线性函数：

$$(u_{\mathrm{s}},v_{\mathrm{s}})=\frac{(u,v)}{\alpha_{\mathrm{s}}} \tag{4.34}$$

式中，(u,v)为粗网格流速的 x 和 y 分量，可分别由 P/Y 和 Q/Y 计算所得；α_{s} 为与流速方向无关的无量纲系数，因此意味着在每一个粗网格内，其亚网格流速处处与该粗网格流速保持平行。在此假设条件下，忽略对整体摩阻系数影响较小的流向，可以计算出对整体摩阻系数较大的流速大小，因此该假设认为是合理的。

粗网格流速又可以表达为体积平均的亚网格流速，以 x-分量为例，有

$$u=\frac{1}{AY}\iint_{A}H_{\mathrm{s}}u_{\mathrm{s}}\mathrm{d}A \tag{4.35}$$

将式(4.35)代入式(4.34)，无量纲系数 α_{s} 可表示为

$$\alpha_{\mathrm{s}}=\frac{u}{u_{\mathrm{s}}}=\frac{1}{AYu_{\mathrm{s}}}\iint_{A}H_{\mathrm{s}}u_{\mathrm{s}}\mathrm{d}A \tag{4.36}$$

根据 Volp 等[17]的研究，同样假设在每一个粗网格内，其流动为恒定均匀流，因此摩擦坡度在粗网格内是保持恒定的。根据定义，摩擦坡度为水面梯度和底摩阻的比值，即

$$S=\frac{C_{\mathrm{ds}}u_{\mathrm{s}}^{2}}{gH_{\mathrm{s}}}=常数 \tag{4.37}$$

由式(4.37)，u_{s} 可表达为摩擦坡度 S 的函数，并将其代入式(4.36)，由此可以得到

$$\alpha_{\mathrm{s}}=\frac{1}{AY}\frac{\iint\limits_{A}H_{\mathrm{s}}\sqrt{\frac{SgH_{\mathrm{s}}}{C_{\mathrm{ds}}}}\mathrm{d}A}{\sqrt{\frac{SgH_{\mathrm{s}}}{C_{\mathrm{ds}}}}}=\frac{\sqrt{\frac{C_{\mathrm{ds}}}{H_{\mathrm{s}}}}}{AY}\iint\limits_{A}H_{\mathrm{s}}\sqrt{\frac{H_{\mathrm{s}}}{C_{\mathrm{ds}}}}\mathrm{d}A \tag{4.38}$$

将式(4.34)和式(4.38)代入式(4.32),将亚网格底摩阻力在整个粗网格上进行积分,从而得到粗网格,也就是计算网格上的底摩阻项,即

$$\tau_{\mathrm{b}x}=\frac{\rho u\ |\boldsymbol{u}|}{A}\iint\limits_{A}\frac{C_{\mathrm{ds}}}{{\alpha_{\mathrm{s}}}^{2}}\mathrm{d}A \tag{4.39}$$

可将底摩阻计算式(4.39)写成常用的二次律形式:

$$\tau_{\mathrm{b}x}=\rho C_{\mathrm{d}}u\ |\boldsymbol{u}| \tag{4.40}$$

式中,$|\boldsymbol{u}|$为流速矢量的绝对值。

$$|\boldsymbol{u}|=\sqrt{u^{2}+v^{2}} \tag{4.41}$$

最终得到摩阻系数的表达式为

$$C_{\mathrm{d}}=\frac{1}{A}\iint\limits_{A}\frac{H_{\mathrm{s}}}{H_{\mathrm{f}}}\mathrm{d}A \tag{4.42}$$

式中,C_{d} 为等效底摩阻系数;H_{f} 称为摩阻水深[17],其定义如下:

$$H_{\mathrm{f}}=\left[\frac{\iint\limits_{A}H_{\mathrm{s}}\sqrt{\frac{H_{\mathrm{s}}}{C_{\mathrm{ds}}}}\mathrm{d}A}{AY}\right]^{2} \tag{4.43}$$

同理,在 y 方向上的底摩阻项可以依据类似的方法推导得到。

4.1.3 数值方法

亚网格模型的概念建立在两套精度不同网格的基础上。高精度网格(即亚网格)的网格大小为 $\delta x\times\delta y$,而每个粗网格(即计算网格)中包括 $m\times n$ 个亚网格,因此其网格大小为 $m\delta x\times n\delta y$。随着机载激光雷达等测量技术越来越广泛的应用,构建高精度(1m 量级)的地形数据变得可能,而基于传统海岸模型直接在这个精度级别上进行数值模拟的能力目前仍未达到工程应用的程度,亚网格模型可最大限度地利用这些高精度的信息。

亚网格模型的目的之一即为对大范围潮滩、盐沼湿地区域的干-湿过程,进行长时间的、精细的数值模拟,如模拟区域面积为 $O(100\mathrm{km}^{2})$量级,模拟时间为数月乃至数年,同时模拟精度可达到 $O(1\mathrm{m})$。为了实现这样规模的计算量,模型并行化非常必要。为了实现更好的并行计算加速比,在程序中应使在不同处理器之间交换的变量越少越好。一般来说,海岸模型所求解的方程均为非线性浅水方程,模型所要求解的变量主要有三个:水面高度 η,流速 U 和 V。本章中,首先将以水面

高度 η 为基础变量，推导得到亚网格模型的差分-微分方程；然后基于奇偶跳点格式方法，给出方程的离散形式。对于模型中干-湿边界的处理方法、变时间步长方法以及模型的并行方法，也将给出详细阐述。

1. 混合差分-微分方程的推导

如上所述，模型在粗网格上进行计算，因此需要将连续方程式(4.15)、动量方程式(4.27)和式(4.28)在粗网格上进行离散。而与亚网格有关的量，如 Θ 和等效水深 Y，则在亚网格上积分得到。首先对式(4.27)和式(4.28)从时间步 n 到时间步 $n+1$ 进行离散：

$$P^{n+1}=-A^n\frac{\partial\eta}{\partial x}+B^n \tag{4.44}$$

$$Q^{n+1}=-A^n\frac{\partial\eta}{\partial x}+C^n \tag{4.45}$$

式中，上标 n 和 $n+1$ 分别代表该变量在时间步 n 和 $n+1$ 的值。

$$A^n=\left(\frac{gY^2\Delta t}{Y+C_{\mathrm{d}}|\boldsymbol{u}|\Delta t}\right)^n \tag{4.46}$$

$$B^n=\left(\frac{Y^2\Delta t}{Y+C_{\mathrm{d}}|\boldsymbol{u}|\Delta t}\right)^n\left[-\frac{\partial}{\partial x}\left(\frac{P^2}{Y}\right)-\frac{\partial}{\partial y}\left(\frac{PQ}{Y}\right)+\frac{\partial R_{xx}}{\partial x}+\frac{\partial R_{xy}}{\partial y}+\tau_{\mathrm{sx}}+\frac{P}{\Delta t}\right]^n \tag{4.47}$$

$$C^n=\left(\frac{Y^2\Delta t}{Y+C_{\mathrm{d}}|\boldsymbol{u}|\Delta t}\right)^n\left[-\frac{\partial}{\partial x}\left(\frac{PQ}{Y}\right)-\frac{\partial}{\partial y}\left(\frac{Q^2}{Y}\right)+\frac{\partial R_{xy}}{\partial x}+\frac{\partial R_{yy}}{\partial y}+\tau_{\mathrm{sy}}+\frac{Q}{\Delta t}\right]^n \tag{4.48}$$

在盐沼湿地中，植被覆盖区的底摩阻一般比较大，使用显示格式处理底摩阻项容易导致模型溢出，而隐式格式一般具有稳定、时间步长大等优点，因此式(4.46)中的底摩阻项采用隐式格式处理。

将动量方程(4.44)和式(4.45)代入质量守恒方程(4.15)中，可以得到一组混合差分-微分方程，即

$$\frac{\partial\eta}{\partial t}=\frac{1}{\Theta}\left[\frac{\partial}{\partial x}\left(A\frac{\partial\eta}{\partial x}\right)+\frac{\partial}{\partial y}\left(A\frac{\partial\eta}{\partial y}\right)-\frac{\partial B}{\partial x}-\frac{\partial C}{\partial y}\right] \tag{4.49}$$

求解该方程即可得到水面高度 η，将反代入动量方程(4.44)和式(4.45)中，则可分别求得 x 和 y 方向的水流通量 P 和 Q，继而可以得到流速 U 和 V。

2. 奇偶跳点数值格式

亚网格水动力模型的混合差分-微分方程，即式(4.49)，可以采用显示数值格式或者半隐式格式，如交替方向隐格式进行求解。交替方向隐格式具有稳定、时间

步长大等优点，但是每半个时间步长内需要求解一次三对角矩阵，而且在解的过程中需要存储的变量较多。为了尽量简化求解过程并减少必需变量的存储，奇偶跳点格式优势更为明显。

奇偶跳点格式最初用在求解热传导方程、Kdv方程以及激波问题。根据 de Goede 等[19]的研究，相对于交替方向隐格式，奇偶跳点格式的计算效率是交替方向隐格式的10倍以上，是非常高效且有广泛应用前景的一种数值格式。

计算网格采取水动力学中经典的 Arakawa-C 交错网格形式，即将变量 η 布置在网格中间，而流量 P、Q 或者流速 U、V 布置在网格的边上，如图4.4所示。根据奇偶跳点格式，对于所有计算网格，每一个时间步，即从第 n 更新到第 $n+1$ 步都需要分两步实施。

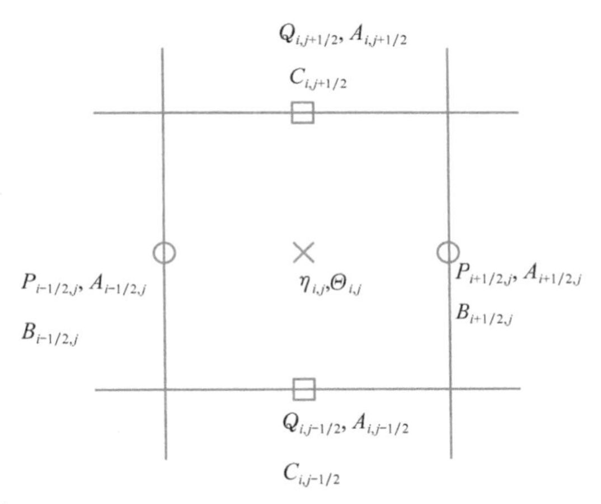

图4.4　亚网格模型计算网络变量布置示意图

第一步：当 $i+j+n=$ 偶数时，有

$$\begin{aligned}\frac{\eta^{n+1}-\eta^n}{\Delta t}=\frac{1}{\Theta_{i,j}^n}\Bigg\{&\frac{1}{(\Delta x)^2}\left[A_{i+1/2,j}^n(\eta_{i+1,j}^n-\eta_{i,j}^n)-A_{i-1/2,j}^n(\eta_{i,j}^n-\eta_{i-1,j}^n)\right]\\&+\frac{1}{(\Delta y)^2}\left[A_{i,j+1/2}^n(\eta_{i,j+1}^n-\eta_{i,j}^n)-A_{i,j-1/2}^n(\eta_{i,j}^n-\eta_{i,j-1}^n)\right]\\&-\frac{1}{\Delta x}(B_{i+1/2,j}^n-B_{i-1/2,j}^n)-\frac{1}{\Delta y}(C_{i,j+1/2}^n-C_{i,j-1/2}^n)\Bigg\}\end{aligned}\tag{4.50}$$

第二步：当 $i+j+n=$ 奇数时，有

$$\begin{aligned}\frac{\eta^{n+1}-\eta^n}{\Delta t}=\frac{1}{\Theta_{i,j}^n}\Bigg\{&\frac{1}{(\Delta x)^2}\left[A_{i+1/2,j}^n(\eta_{i+1,j}^{n+1}-\eta_{i,j}^{n+1})-A_{i-1/2,j}^n(\eta_{i,j}^{n+1}-\eta_{i-1,j}^{n+1})\right]\\&+\frac{1}{(\Delta y)^2}\left[A_{i,j+1/2}^n(\eta_{i,j+1}^{n+1}-\eta_{i,j}^{n+1})-A_{i,j-1/2}^n(\eta_{i,j}^{n+1}-\eta_{i,j-1}^{n+1})\right]\end{aligned}$$

$$-\frac{1}{\Delta x}(B^n_{i+1/2,j}-B^n_{i-1/2,j})-\frac{1}{\Delta y}(C^n_{i,j+1/2}-C^n_{i,j-1/2})\Big\} \tag{4.51}$$

需要注意的是，在第二步中，网格点(i,j)周围的四个点采用已经在第一步式(4.50)中得到更新的值。A、B和C在第一步和第二步中均采用前一时间步(即时间步n)的值。

变量A、B和C则是分别根据其离散表达式(4.46)～式(4.48)来计算，本模型采用中心差分形式，如图4.4所示。由于在对式(4.47)和式(4.48)中的平流项进行离散时不仅需要P、Q在网格单元面上的值，而且需要其在网格单元中间截面或网格节点的值，如$(i,j+1/2)$或$(i-1/2,j-1/2)$处，此时则采用线性插值的方法来获取这些点的值。

变量Y，即等效水深，在亚网格层次上进行计算获得。根据式(4.46)～式(4.48)，需要在多处计算Y的值，如点(i,j)、点$(i-1/2,j)$、点$(i,j-1/2)$和点$(i-1/2,j-1/2)$。由于水面高度η的值是在网格单元中心点(i,j)定义的，而且在模型中假设一个粗网格单元中，η值保持恒定，因此当采用式(4.22)来计算Y时，可以采用相邻网格单元的η值。图4.5给出了不同位置处的有效水深Y计算所采用的控制区域。

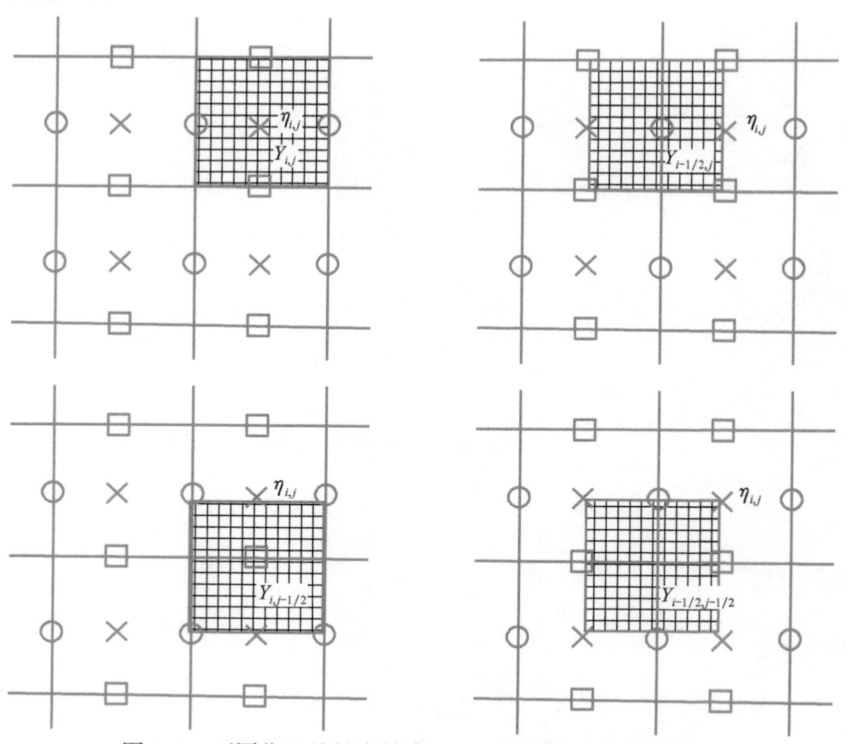

图4.5　不同位置处的有效水深Y计算所采用的控制区域

变量 Θ，即孔隙率，或每个粗网格中被水覆盖的比例，也是在亚网格层次上进行计算得到的。与 Y 不同，由于仅需要知道 Θ 在点 (i,j) 处的值，因此其计算是非常直接的，只需要根据该粗网格上每一个细网格的水深以及整个粗网格的水面高度 η 即可计算得出。

3. von Neumann 数值稳定性分析

模型所采用的奇偶跳点格式可以根据 von Neumann 分析证明其是无条件稳定的，其证明过程如下。

式(4.50)和式(4.51)可以重新整理为

$$\eta_{i,j}^{n+1}=[1-(\mu_1+\mu_2+\mu_3+\mu_4)]\eta_{i,j}^{n}+\mu_1\eta_{i+1,j}^{n}+\mu_2\eta_{i-1,j}^{n}+\mu_3\eta_{i,j+1}^{n}+\mu_4\eta_{i,j-1}^{n}+F \tag{4.52}$$

$$\eta_{i,j}^{n+1}=\frac{1}{1+\mu_1+\mu_2+\mu_3+\mu_4}(\eta_{i,j}^{n}+\mu_1\eta_{i+1,j}^{n+1}+\mu_2\eta_{i-1,j}^{n+1}+\mu_3\eta_{i,j+1}^{n+1}+\mu_4\eta_{i,j-1}^{n+1}+F) \tag{4.53}$$

式中，

$$\mu_1=\frac{\Delta tA_{i+1/2,j}^{n}}{\Theta_{i,j}^{n}(\Delta x)^2}$$

$$\mu_2=\frac{\Delta tA_{i-1/2,j}^{n}}{\Theta_{i,j}^{n}(\Delta x)^2}$$

$$\mu_3=\frac{\Delta tA_{i,j+1/2}^{n}}{\Theta_{i,j}^{n}(\Delta x)^2}$$

$$\mu_4=\frac{\Delta tA_{i,j-1/2}^{n}}{\Theta_{i,j}^{n}(\Delta x)^2}$$

$$F=-\frac{\Delta t}{\Delta x\Theta_{i,j}^{n}}(B_{i+1/2,j}^{n}-B_{i-1/2,j}^{n})-\frac{\Delta t}{\Delta y\Theta_{i,j}^{n}}(C_{i,j+1/2}^{n}-C_{i,j-1/2}^{n}) \tag{4.54}$$

注意到所有的参数，包括 μ_1、μ_2、μ_3、μ_4 和 F，在两步中均保持不变，故式(4.52)和式(4.53)的放大系数分别为

$$\begin{aligned}\gamma_1=&1-2(\mu_1+\mu_2)\sin^2\left(\frac{f\Delta x}{2}\right)-2(\mu_3+\mu_4)\sin^2\left(\frac{f\Delta y}{2}\right)\\&+i(\mu_1-\mu_2)\sin(f\Delta x)+i(\mu_3-\mu_4)\sin(f\Delta y)\end{aligned} \tag{4.55}$$

$$\begin{aligned}\gamma_2=&\left[1+2(\mu_1+\mu_2)\sin^2\left(\frac{f\Delta x}{2}\right)+2(\mu_3+\mu_4)\sin^2\left(\frac{f\Delta y}{2}\right)\right.\\&\left.-i(\mu_1-\mu_2)\sin(f\Delta x)-i(\mu_3-\mu_4)\sin(f\Delta y)\right]^{-1}\end{aligned} \tag{4.56}$$

式中，f 代表傅里叶频率，两步中的总放大系数为

$$\gamma=\gamma_1\gamma_2=\frac{1-a+ib}{1+a-ib} \tag{4.57}$$

式中，

$$a = 2(\mu_1 + \mu_2)\sin^2\left(\frac{f\Delta x}{2}\right) + 2(\mu_3 + \mu_4)\sin^2\left(\frac{f\Delta y}{2}\right) \tag{4.58}$$

$$b = (\mu_1 - \mu_2)\sin(f\Delta x) + (\mu_3 - \mu_4)\sin(f\Delta y) \tag{4.59}$$

$a \geqslant 0$，故总放大系数$|\gamma| \leqslant 1$，因此可以得出结论，该数值格式是无条件稳定的。需要注意的是，该无条件稳定的结论是基于各个系数 μ_1、μ_2、μ_3、μ_4 和 F 在两步中均保持不变得来的。

4. 干-湿算法

准确的干-湿算法对于模拟水体在沼面上的淹没和排干过程是至关重要的。在亚网格上，判断一个亚网格干湿的方法非常直接，即只要满足静水深大于零即为湿点，小于等于零则表示为干点；在粗网格级别上，仍然需要采用特别的方法来判断该网格的湿或干。

粗网格的湿或干在模型中表现为变量 P 或 Q（即流量或者流速点）处墙壁边界条件的开或关。定义一个变量 MASK，如图 4.6 所示，其位置与水面高度 η 一致，位于网格中心，其值为 0 或 1，0 代表该网格为干，1 代表该网格为湿。MASK 值的判断方法为

$$\text{MASK}_{i,j} = \begin{cases} 1, & Y_{i,j} > 0 \\ 0, & Y_{i,j} \leqslant 0 \end{cases} \tag{4.60}$$

当 $Y_{i,j} \leqslant 0$ 时，整个粗网格单元完全排干，在该粗网格中不存在亚网格湿点，此时给水面高度 η 赋予一个低于最低点的临界值，以防止该网格再次变湿时，表面压力梯度过大。

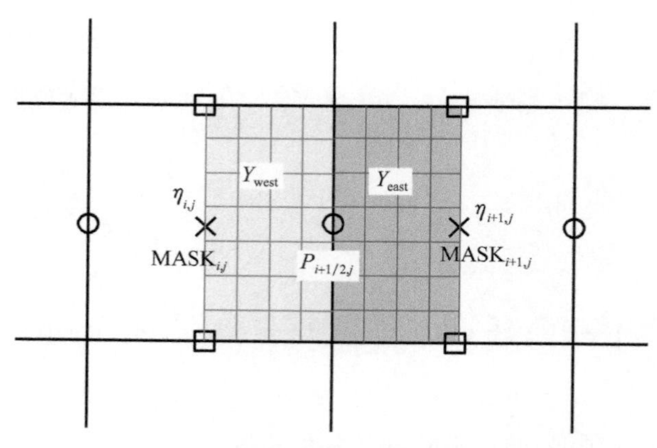

图 4.6 亚网格模型干湿算法示意图

如图 4.6 所示，以 x 方向为例，当下面两个条件同时满足时，则在 x 方向的流量点处开启墙壁边界条件，即 $P_{i+1/2,j}=0$。

(1) 流量点两侧干湿界限形成，即 $\mathrm{MASK}_{i,j}+\mathrm{MASK}_{i+1,j}=1$，

(2) 流量点左侧和右侧的控制区域，至少有一侧有效水深小于临界值，即 $Y_{\mathrm{west}}\leqslant h_{\min}$ 或 $Y_{\mathrm{east}}\leqslant h_{\min}$，其中 $h_{\min}$ 为自定义的临界最小计算水深（本模型中一般设定为 0.001m），Y_{west} 和 Y_{east} 分别为该动量控制区域的左半部分和右半部分的有效水深（见图 4.6），可表达为

$$Y_{\mathrm{west}}=\frac{2}{A}\iint\limits_{A/2,\mathrm{west}}\left[\frac{1}{2}(\eta_{i,j}+\eta_{i+1,j})+h_s\right]\mathrm{d}A \tag{4.61}$$

$$Y_{\mathrm{east}}=\frac{2}{A}\iint\limits_{A/2,\mathrm{east}}\left[\frac{1}{2}(\eta_{i,j}+\eta_{i+1,j})+h_s\right]\mathrm{d}A \tag{4.62}$$

需要注意的是，在式(4.61)和式(4.62)中，都必须用平均表面高度 $\frac{1}{2}(\eta_{i,j}+\eta_{i+1,j})$ 来代表 $P_{i+1/2,j}$ 控制区域内（见图 4.6）的表面高度，而非一侧的表面高度，如 $\eta_{i,j}$ 或 $\eta_{i+1,j}$。

该干-湿算法与 Volp 等[17] 的方法有所不同，Volp 等是根据流量点 P 或者 Q 所在的亚网格断面的高程来判断干湿。

5. 模型并行化方法

并行计算一般指将计算任务分解成多个部分，将每个任务赋予单独的处理器同时执行的计算模式。一般通过区域分解技术将计算区域（计算网格所表示的实际区域）分解成多个子区域，将每一个子区域分配给一个单独的处理器，进而实现所有子区域计算任务的同时执行。执行过程中，子区域之间相邻网格点的数据，通过在其所分配的处理器之间进行数据交换，来实现必要的差分或者梯度计算。

并行计算一般有 OpenMP 和 MPI 两种方法。OpenMP 方法采用共享式内存，适用于多核单机。该方法编程相对来说比较简单，对原有的串行代码改动较小，但具有扩展性差、只能使用单机等缺点。随着超级计算机的发展和普及，这种并行方式对于超大量的计算密集型任务已经不太能适应。并行方法，即 MPI 采用分布式内存，是在计算机集群环境下非常流行的并行计算方法，可在多个节点上进行并行计算。MPI 其实是一种并行编程的标准，具有多种实现环境，如 Open MPI、MPICH、MVAPICH 等。MPI 方法编程较为复杂，需要对原串行程序进行较大的改动。

在程序进行并行初始化后，需要对计算区域进行区域分解，即将计算区域划分成 $p_m\times p_n$ 个子区域，其中 p_m、p_n 分别为在 x 和 y 方向上分配的处理器数目，并获

取每个子区域的编号、相对位置和相邻子区域编号。图 4.7 给出了亚网格模型并行计算的区域划分示意图，图中将计算区域分解成 4×2 个子区域，分给 8 个处理器进行执行。

处理器1	处理器2	处理器3	处理器4
处理器5	处理器6	处理器7	处理器8

图 4.7　亚网格模型并行计算的区域划分示意图

当判断一个子区域相邻的是另外一个子区域而不是边界时，则需要进行数据交换。数据交换的需求来源于在每一个子区域边界上的网格进行差分时，需要知道相邻网格点的值，而该值位于相邻的子区域内。因此采用虚拟网格的方法，即每一个子区域的外侧，均增加 1 排虚拟网格，该虚拟网格不参与计算，仅仅负责接收相邻子区域的变量值。如图 4.8 所示，灰色区域为虚拟网格。图中虚线区为需要

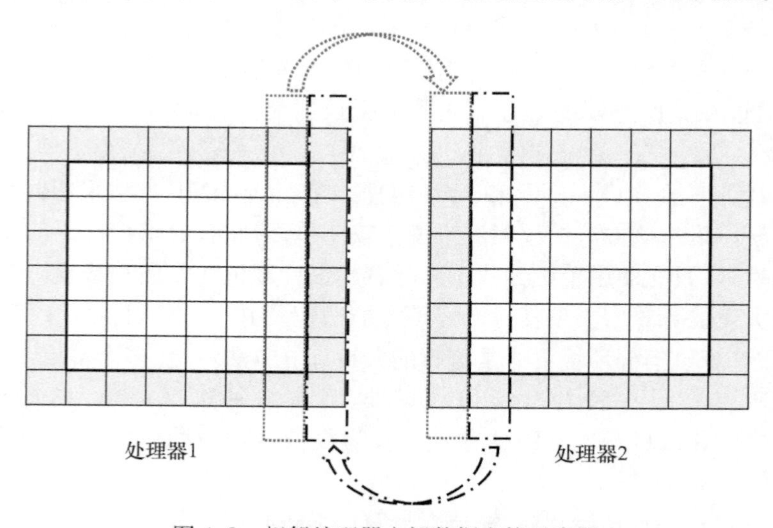

图 4.8　相邻处理器之间数据交换示意图

进行数据交换的网格位置：当判断一个子区域的相邻一侧不是整个模拟区域的边界时，将左侧虚线框中计算网格上的变量传至右侧虚线框内的虚拟网格；将右侧虚线框中计算网格上的变量传至左侧虚线框内的虚拟网格。同理，当判断该子区域其他侧(上侧、下侧、左侧)非边界时，采用同样的方法进行数据交换。

6. 变时间步长方法

时间步长的选取对于模型的稳定性以及计算结果的准确性均有很大影响。一般来说，对于有条件稳定的数值模型，其时间步长选取以CFL数小于一定值为标准。目前多数海岸数值模型中，如Delft3D、FVCOM等，其计算时间步长均由用户自行选取，其缺点也是显而易见的：取得太大，则模型不稳定甚至导致模型溢出；取得太小，则增加了不必要的计算负担。为了减小时间步长选取所导致的各种不确定性，在本亚网格模型中编入了变时间步长方法，即在计算过程中，根据水深和流速计算得到CFL数，并随时调整时间步长，以达到优化时间步长，在满足稳定性的前提下将计算时间缩至最短。

为了避免非物理性的噪声产生(尤其在干-湿变化过程中)，采用了受CFL数限制的变时间步长，其数学表达式为

$$\Delta t = C\min\left(\frac{\Delta x}{|u| + \sqrt{g(h_u+\eta_u)}}, \frac{\Delta y}{|v| + \sqrt{g(h_v+\eta_v)}}\right) \tag{4.63}$$

式中，C为Courant数；h_u和h_v分别为流速点U和V处的水深；η_u和η_v为流速点U和V处的表面高度；符号min( )则表示取两者中间的较小值。本模型在后面的验证和应用过程中均取Courant数$C=0.5$。式(4.63)中的最小值计算，其范围为整个计算区域而非每个子区域。

4.1.4 预存储方法

由于变量孔隙率、有效水深和等效底摩阻系数，即Θ、Y和C_d需要在亚网格层次上进行积分，并且在每一时间步都需要更新，耗费计算时间较多。模型计算效率在大范围、长时间、高精度的盐沼湿地模拟应用中是非常重要的。为了适应实际应用的需求，进一步提高计算效率，本研究提出了预存储技术，其具体方法如下。

亚网格层次上的水深和底摩阻作为输入数据已知后，根据式(4.15)、式(4.22)和式(4.42)可知，Θ、Y和C_d仅随着η变化而变化。因此，在一定的η变化范围内，这些变量可以预先算出其值，并存储在内存中。在模型运行过程的每一个时间步，则不必在亚网格层次上进行烦琐的积分，而只需要调用所存储的数据，进行插值或者多项式拟合即可。假设η的变化范围为$\eta_{\min}\leqslant\eta\leqslant\eta_{\max}$(若已知所模拟地区潮汐、地形等特性，则可以很容易估计得到η的大概变化范围)，定义

$$\eta_k = \eta_{\min} + (k-1)\Delta\eta, \quad k=1,\cdots,K \tag{4.64}$$

式中，$\Delta\eta=(\eta_{\max}-\eta_{\min})/(K-1)$。

根据式(4.15)、式(4.22)和式(4.42)，可以预先计算出Θ_k，Y_k和$C_{d,k}$作为η_k的不连续函数。之后，在模型运行过程中，基于该时间步的实际η值，即可根据这些预先计算得到的离散值，通过插值或者多项式拟合的方法来获得$\Theta(\eta)$、$Y(\eta)$和$C_d(\eta)$的连续函数。

对于多项式拟合方法，如采用n阶多项式，则孔隙率Θ对η的连续函数可以表达为

$$\Theta(\eta)=\begin{cases}0, & \eta_{\min}\leqslant\eta<z_{\text{low}}\\ \sum_{i=0}^{n}a_i\eta^i, & z_{\text{low}}\leqslant\eta\leqslant z_{\text{high}}\\ 1, & z_{\text{high}}<\eta\leqslant\eta_{\max}\end{cases} \tag{4.65}$$

式中，z_{low}为粗网格中底高程的最小值；z_{high}为粗网格中底高程的最大值。

当$\eta<z_{\text{low}}$时，则$\Theta(\eta)=0$，即整个粗网格中没有一个湿点；当$\eta>z_{\text{high}}$时，则$\Theta(\eta)=1$，即粗网格全湿；当满足$z_{\text{low}}\leqslant\eta\leqslant z_{\text{high}}$时，多项式系数$a_i$可通过调用最小二乘法的子程序来计算，然后这些系数作为全局变量存储在内存中。在模型运行过程中，只需要根据这些系数来计算多项式的值即可得到每个时间步的$\Theta(\eta)$值。由于避免了每个时间步都在维数更大的亚网格层次上进行积分，这种方法更加高效。根据使用经验，多项式的阶数一般取4或5阶即可达到足够的精度。

另外两个变量Y和C_d则不需要z_{high}，以C_d为例：

$$C_d(\eta)=\begin{cases}0, & \eta_{\min}\leqslant\eta<z_{\text{low}}\\ \sum_{i=0}^{n}a_i\eta^i, & z_{\text{low}}\leqslant\eta\leqslant\eta_{\max}\end{cases} \tag{4.66}$$

对于插值方法，计算更加直接。对于处于两个连续η_k值中间的任意η值，采用线性插值来获取相对应的$\Theta(\eta)$、$Y(\eta)$和$C_d(\eta)$。相对于多项式拟合方法，当预先计算时$\Delta\eta$取值足够小，则插值方法更为准确，但是需要存储的数据量更大。

图4.9给出了Θ、Y和C_d随η的变化趋势，同时给出了多项式拟合和插值两种方法得到的结果。随机生成一个4×4的亚网格水深和底摩阻系数，根据式(4.15)、式(4.22)和式(4.42)可以计算出Θ、Y和C_d随η的变化而变化的趋势。随机水深的范围为$-1.0\sim1.0$m，底摩阻的曼宁系数的范围为$0.01\sim0.03$，$\Delta\eta$取0.05m。图4.9中实线为理想的连续解，虚线为使用多项式拟合得到的结果，而点画线为使用插值方法得到的结果。由图可以看出，随着η从-2m逐渐增大到-1m，此时整个粗网格单元内，所有亚网格点均为干点，因此孔隙率Θ、有效水深Y和等效底摩阻系数C_d均为0；当η增大到-1m以上时，开始有亚网格点变湿，Θ也开始随着η增大而阶梯性上升(这是由于亚网格点水深的差异性)，有效水深Y则随着η增大而非线性地增加，等效底摩阻系数C_d同样也增加；当η增加到1.0m以上时，所有的亚网格点均被水淹没，即Θ增大到1且随着η的继续增大而保持不变，

此时有效水深 Y 则开始线性增加，等效摩阻系数 C_d 则继续增大。根据式(4.42)，Y 大到一定程度时，C_d 会减小。在图 4.9 所示的 η 范围内，C_d 尚未开始明显降低。

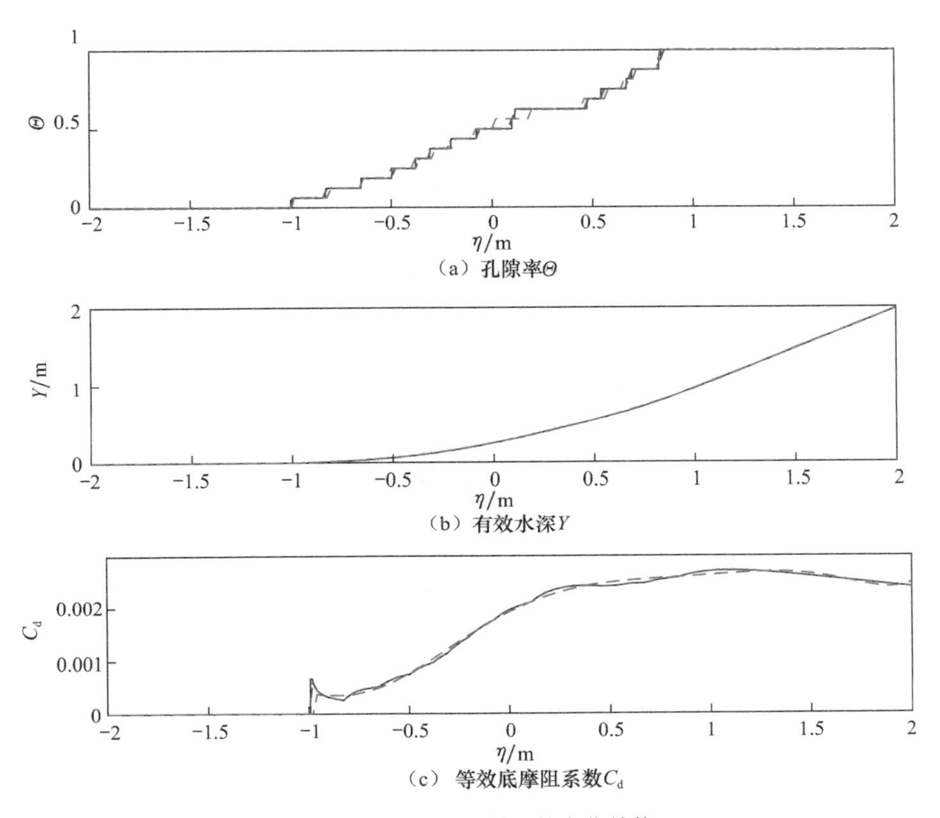

图 4.9　Θ、Y 和 C_d 随 η 的变化趋势

4.1.5　初始条件和边界条件

对于海岸区域模型，初始场一般可设置为零，模型可以只在边界条件的驱动下在一定时间内逐渐达到稳定状态，这段时间称为模型预热阶段。如果有水位和流速的初始场数据，则采用热启动可以减少甚至跳过预热阶段。本模型编入了热启动选项，可根据用户指定的时间间隔输出水位和流速场，并可以直接作为初始场读入作为热启动的初始条件。

对于开边界条件，模型中编入了潮汐边界条件和水位序列边界条件两种选项。对于潮汐边界条件，用户可以在指定边界处给出潮汐调和常数，模型在每一个时间步自行合成水位边界条件输入模型中；对于水位序列边界条件，用户需要给出边界网格点的水位时间序列，模型在运行时自行线性插值到每一个时间步上。

对于闭边界条件，一般直接将与该处边界垂直的流速分量设置为零。考虑到模型在某些理想地形中的应用，模型同样编入了自由滑移边界条件。方法即为将与该边界处垂直的流速分量设为零，而平行分量则采用零梯度条件，即虚拟网格中的该流速平行分量与计算网格边界处的流速平行分量相等。

4.1.6 模型计算流程

整个亚网格模型由 FORTRAN 90 语言编写，具体计算流程如图 4.10 所示。

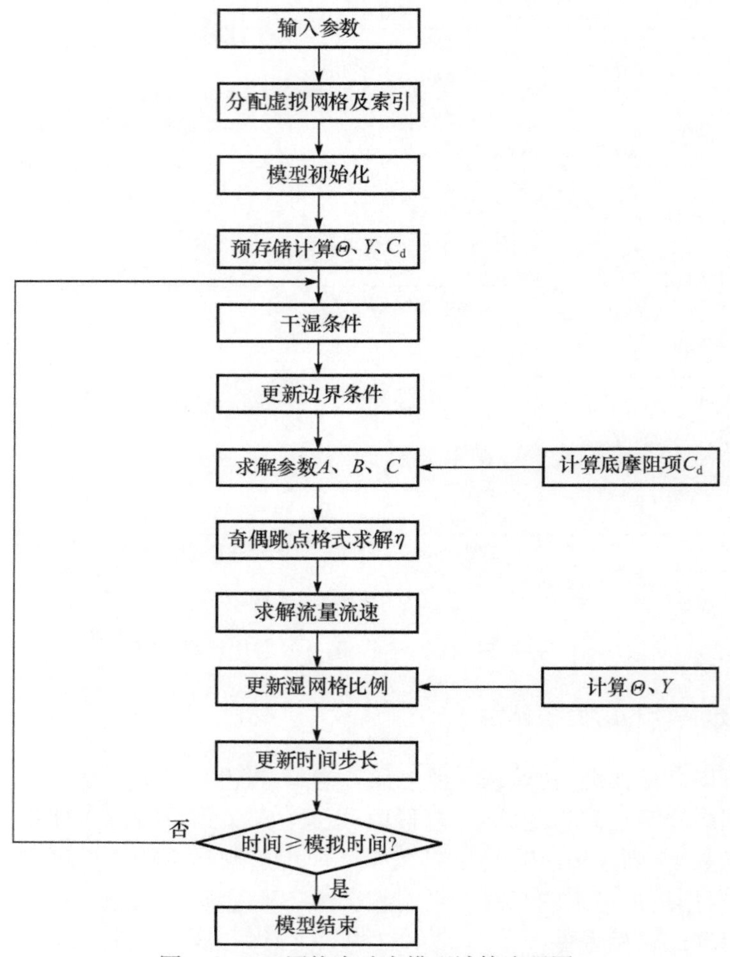

图 4.10 亚网格水动力模型计算流程图

4.2 亚网格模型在滨海盐沼湿地中的应用

亚网格模型的两个显著特色，即高精度和高效率，使其尤其适用于复杂滨海盐沼、湿地、滩涂等微地貌特征显著的环境动力模拟。本节将针对这两个预期对模型进行验证，重点关心的有如下几个问题：

(1)盐沼湿地的微地貌特征对水动力环境的准确模拟影响有多大？

(2)该亚网格模型能否以较粗的网格来反映微地貌特征的影响？

(3)与直接在细网格上计算相比，亚网格模型的结果有多大差别？

(4)与直接在细网格上计算相比，该模型的计算效率能提升多少？

为了回答这几个问题，针对盐沼湿地环境中最典型的潮沟-潮滩地形特征，本节设计了一个理想试验来验证模型在这种地形中的表现。为了展示该模型在实际盐沼湿地中的应用，选择美国特拉华州沿岸的布洛克布雷泽(Brockonbridge)盐沼湿地，根据机载激光雷达测量得到的数字高程模型建立了亚网格数值模型，并利用实测数据进行验证。在理想试验和实际应用中，均采用对比试验的方式，来展示亚网格模型相对于传统模型的优势。

4.2.1　理想潮沟-潮滩系统验证

1. 试验地形

滨海盐沼湿地的地貌形态表现为纵横交织的潮沟和大面积的潮滩。我们将复杂的盐沼湿地地形进行简化，设计了一个概化的潮沟-潮滩系统。如图 4.11 所示，该系统包括一个倒圆锥形的表面，代表潮滩；该潮滩相对于平均水平面(mean water level,MWL)的高程可表示为 $z=0.001r$，其中 r 为从该点到圆锥中心的距离。潮滩的外边缘处高程为＋0.6m MWL，故整个潮滩的半径为 600m。整个潮滩外侧被一圆形的障壁岛所包围，岛的顶高程为＋4m MWL，以保证整个模拟过程中水不能从岛上越过。一条笔直的潮沟穿过堡岛和潮滩，将外部水域与岛内潮滩连接起来。潮沟宽度为 8m，底部平坦，其高程为－2m MWL。堡岛的外部水域底高程同样为恒定－2m MWL。

模型中设置了 6 个站位，即图 4.11 中站位 $A\sim F$，分别位于潮沟的进口处、潮沟的中间位置，以及潮滩上底高程为＋0.1m、＋0.2m、＋0.3m、＋0.4m MWL 的位置。在模拟中，计算得到的水位和流速在这六个站位输出以用来对比分析。

整个模型区域大小为 1600m×1600m，其地形在 $\delta x\times\delta y=4$m 的网格精度上生成，则 x 和 y 方向上网格数均为 400。

2. 模型设置

为了对比模型的结果和计算效率，设计了三组对比试验。试验分组情况列于表 4.1 中。A 组中，模型的水平方向计算网格精度为 4m×4m，因此 8m 宽的潮沟可以被两个网格分辨出来，水可以通过潮沟进入岛内的潮滩区域。由于 A 组中网

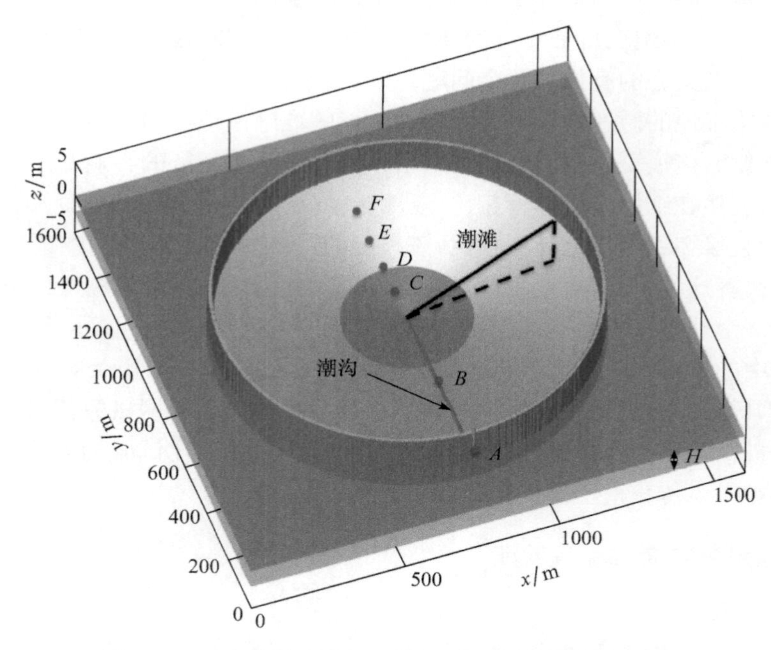

图 4.11 理想潮沟-潮滩系统的地形及站点位置示意图

格精度与地形精度相同,不需要使用亚网格功能,因此称为全网格模型,此时仅需要将计算网格与亚网格的大小比值设为 1。B 组中,模型水平方向计算网格的精度为 16m×16m,模拟过程中开启亚网格功能来考虑小于网格的地形变化。B 组中计算网格与亚网格的大小比值 m 和 n 为 4,故输入的水深数据仍为 4m×4m。图 4.12 为理想地形口门处的粗网格和细网格局部示意图,黑色实线为 16m 精度的粗网格,即 B 组中的计算网格;白色虚线为 4m 精度细网格,即 B 组中的亚网格和 A 组中的计算网格,颜色代表水深。由于普通模型用 16m 的计算网格精度是不能分辨出 8m 宽的潮沟的,因此本组测试是对该模型能否以较粗的分辨率来模拟出较细亚网格微地貌(如次级潮沟等)强有力的证明。

表 4.1 理想潮沟-潮滩系统数值试验分组

分组	水平精度	亚网格	预存储	计算所用核数	计算耗时/min
A	4m	off	—	1	1145
B	16m	on	off	1	65
B1	16m	on	on(插值方法)	1	27
B2	16m	on	on(多项式拟合法)	1	23

B 组中,与亚网格有关的变量,如 Θ、Y 和 C_d 每一时间步均在亚网格上直接积分计算。为了测试预存储技术对于计算效率的提高,另外增加了 B1 和 B2 两组测

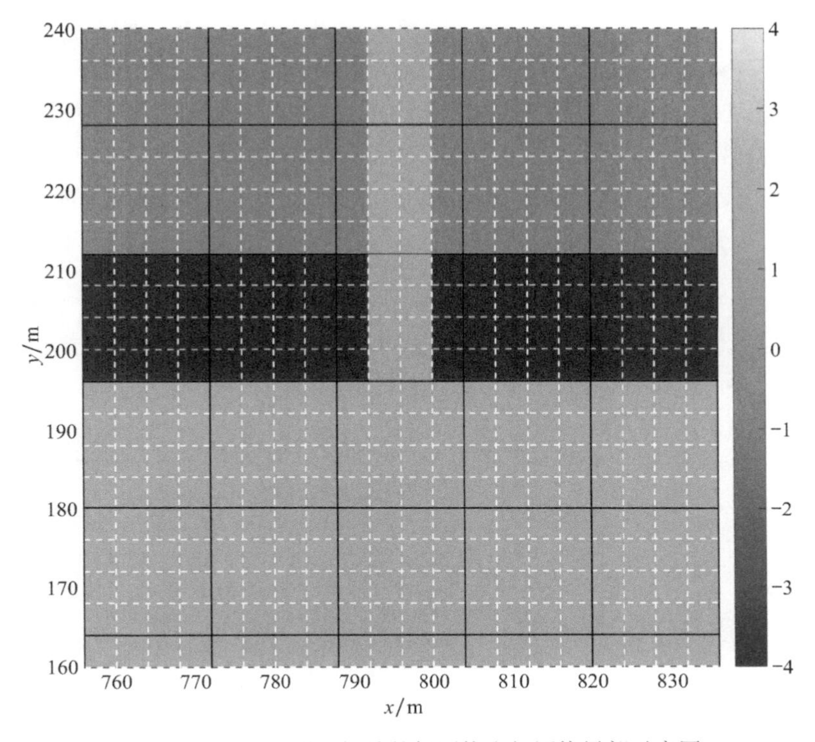

图 4.12　理想地形口门处的粗网格和细网格局部示意图

试。这两组测试中采用了预存储技术，B1 组采用插值方法，B2 组采用四次多项式拟合方法。所有组的计算均只采用一个核串行计算。

四组测试的其他条件保持一致，外海四面均为开边界，开边界条件为振幅 0.5m，周期 12h 的半日潮。模型运行两天（四个潮周期），前两个潮周期进行模型预热，后两个潮周期的计算结果被输出用来做分析。

3. 模型结果对比分析

试验 A 组和 B 组的区别在于 A 组可以分辨出潮沟，而 B 组不能直接分辨出潮沟。因此对比两组的结果可以检查亚网格模型能否重现全网格模型的结果。由于采用预存储方法的 B1、B2 组的结果与 B 组几乎完全一样，因此在此处不再专门画出，仅给出潮滩上一点处（底高程为 −0.1m MWL）的 $\Theta(\eta)$、$Y(\eta)$ 和 $C_d(\eta)$ 的对比。如图 4.13 所示，实线为采用在亚网格上直接积分计算得到的结果，采用了很小的 η 间隔 $\Delta\eta=0.001$m，故可认为计算出来的值为准连续的。点画线和虚线则分别代表插值方法和四次多项式拟合方法得到的值。由图可以看出，插值方法和多项式拟合方法的计算结果与准连续的解吻合很好。在 $\eta=0.1$m 附近，$\Theta(\eta)$ 的值迅速从

0 增加到 1，这主要是因为本试验中的潮滩坡度很小(1∶1000)，因此 η 很小的增幅即可使该粗网格从全干变为全湿，即湿网格比例 $\Theta(\eta)$ 的值从 0 变为 1。当整个网格变成全湿之后，有效水深 Y 则随着 η 的继续增加而线性增加。而等效底摩阻系数 C_d 则在粗网格刚刚变为全湿之后达到一个峰值，主要原因是此时的水深太小，而根据曼宁公式，底摩阻系数与 $H^{1/3}$ 成反比；之后则因为水深的增加而逐渐减小。

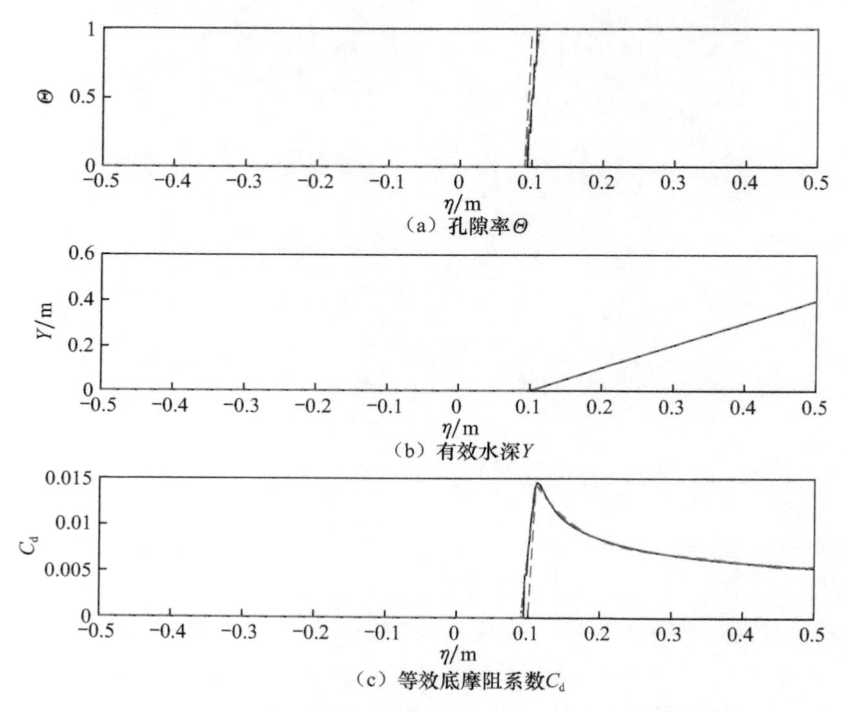

图 4.13 理想潮滩上某点上 Θ、Y 和 C_d 随 η 的变化趋势

图 4.14 给出了站位 A～F 的水位和流速对比，实线为 A 组，即全网格模型的结果，虚线为 B 组，即亚网格模型的结果。由图可以看出，亚网格模型得到的水位和全网格模型结果非常接近，两个模型的高潮、低潮潮位和潮汐相位也非常一致。由于岛内的纳潮量以及底摩阻等影响，潮沟中的水位呈现出涨潮、落潮的不对称；在潮滩上，能明显看出该站位的干湿情况，只有水位高于该处底高程时才发生变化。全网格模型和亚网格模型计算得到的流速也非常接近，潮沟入口处流速较大(最大值接近 1.0m/s)，潮滩上流速很小(小于 0.2m/s)。同样从流速上也可以看出涨落潮的不对称性：落潮流速峰值更大一些，而涨潮流速的持续时间更长一些。

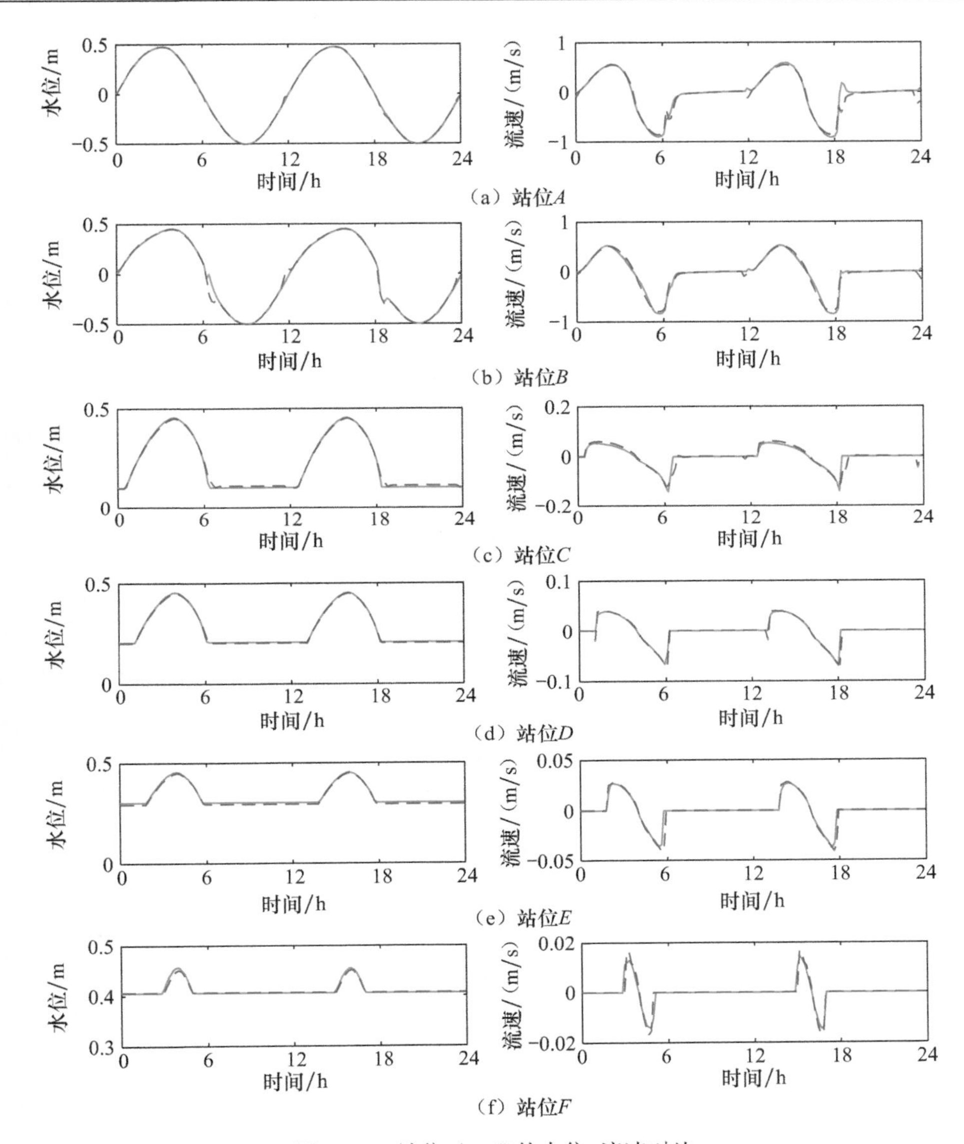

图 4.14　站位 A～F 的水位、流速对比

由于整个潮沟-潮滩系统只有一条潮沟与外界相连,因此通过潮沟的流量应该与堡岛内部水总体积的变化率相等。图 4.15 给出了潮沟-潮滩系统中水的总体积随时间的变化,实线代表全网格模型结果,虚线代表亚网格模型结果。由图可以看出,亚网格模型的总水量变化与全网格基本一致,除了在高潮位时略微有所低估。

在此理想试验中,以上对比可以看出,两组模型最大淹没面积、水位、流速以及水体积的变化率均非常一致;全网格模型可以直接分辨出潮沟,而亚网格模型则不

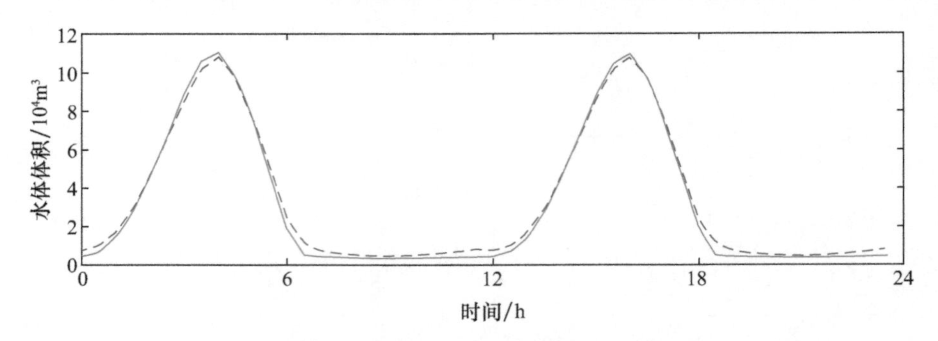

图 4.15 潮沟-潮滩系统中水的总体积随时间的变化

能直接分辨出潮沟；利用亚网格技术，模型可以准确反映出其计算网格所不能分辨的潮沟等微地貌特征，同时其计算精度几乎可以达到与全网格模型相等的级别。

4. 模型计算效率对比

四组模型的计算耗时如表 4.1 所示。全网格模型(A 组)计算耗时最长，为 1145min，与此相比，亚网格模型仅需要 65min，相当于计算效率提高了 17 倍。当采用预存储技术之后，计算耗时进一步缩小到 27min(插值方法)和 23min(四次多项式拟合方法)，与全网格模型相比相当于计算效率进一步分别提高了 42 倍和 49 倍。说明在计算结果几乎相同的情况下，计算效率提高数十倍。这证明了亚网格模型的准确性和高效性，这些特点在实际盐沼湿地环境的应用中非常实用。

4.2.2 在布洛克布雷泽盐沼湿地的应用

1. 布洛克布雷泽盐沼湿地地理环境

盐沼湿地系统在美国东海岸和墨西哥湾沿海地区分布非常广泛[20]。布洛克布雷泽盐沼湿地位于特拉华湾西侧，距离特拉华湾的入口处大概 38km，其位置如图 4.16 所示。该处盐沼面积约为 $10km^2$，一条主潮沟穿过整个区域，主潮沟两侧为沼面，沼面上主要植物为互花米草。主潮沟的宽度随着潮沟深入内地的距离而逐渐减小，从外海入口处的 20～30m 宽逐渐减小到约 5m 宽。盐沼湿地内部有数条二级潮沟与主潮沟相连，其宽度为 2～8m。二级潮沟分叉成很多条更窄更小的次级潮沟，以及为控制蚊子繁衍所开挖的蚊子沟，其宽度为0.5～2m。整个布洛克布雷泽盐沼湿地的平均沼面高度在约 88 北美高程基准面以上 0.3m，且沼面高程从岸边到内地递减[12]。

布洛克布雷泽盐沼与旁边另外一片湿地通过西北部的一条小潮沟相连，但是由于只有在高潮位时潮水才会涌到该潮水沟，因此两片湿地的水交换可以忽略不计。东南部为公路，阻断了布洛克布雷泽盐沼湿地与相邻系统的连接。在南部有

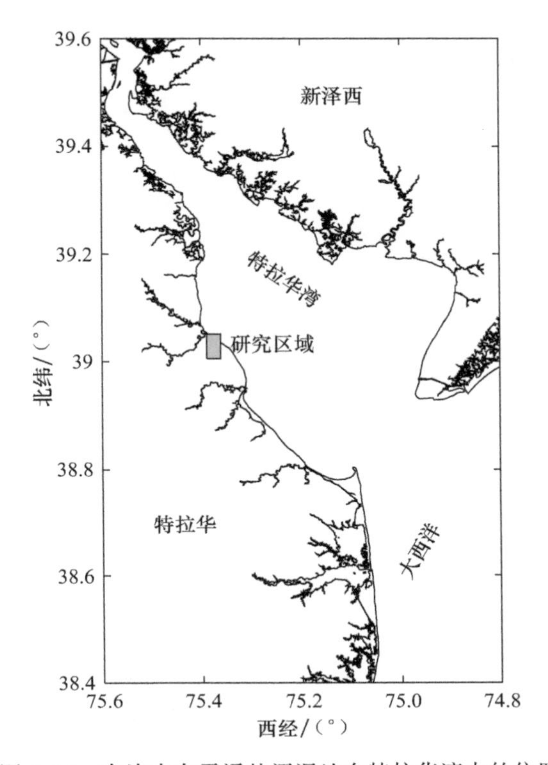

图 4.16　布洛克布雷泽盐沼湿地在特拉华湾中的位置

一片高程较高的耕地隔开。在靠着特拉华湾的一侧，盐沼被沿岸沙丘防护起来，只有一条潮汐通道与外海相通。因此整个盐沼湿地系统为半封闭的系统。根据 2km 外的 Bowers 潮汐观测站的潮汐数据可知，该处的潮差在大潮期间约为 1.5m，主要潮汐成分为 M_2 半日潮，其振幅为 0.68m。

2013 年春天，在布洛克布雷泽盐沼湿地实施了长达两周的实地调查，主要观测内容为潮汐作用下湿地内部的水位变化，观测时间正好覆盖一个大潮-小潮周期。如图 4.17 所示，共计布置了 7 个观测站位。站位 A～F 位于主潮沟内，站位 G 则位于一处宽度仅为 2～4m 的次级潮沟中。站位 A 位于主潮沟的口门处，该处所放置的仪器为多普勒声学流速仪，可以同时测得水位和流速剖面信息；其他站位所放置的仪器均为压力计，只能测得水位信息。这些观测数据为亚网格模型提供了实际盐沼湿地中的验证资料。2013 年 3 月 25 日和 26 日，恰逢一场风暴经过。产生的风暴潮叠加在潮位上，导致大片盐沼被淹没，即便远离主潮沟口门处的站点也经历了较长时间的高水位。

美国地质调查局在低潮期间采用机载激光雷达观测技术调查所建立附近区域的数字高程模型，为本研究的开展提供了初始的地形数据。但是该观测技术不能

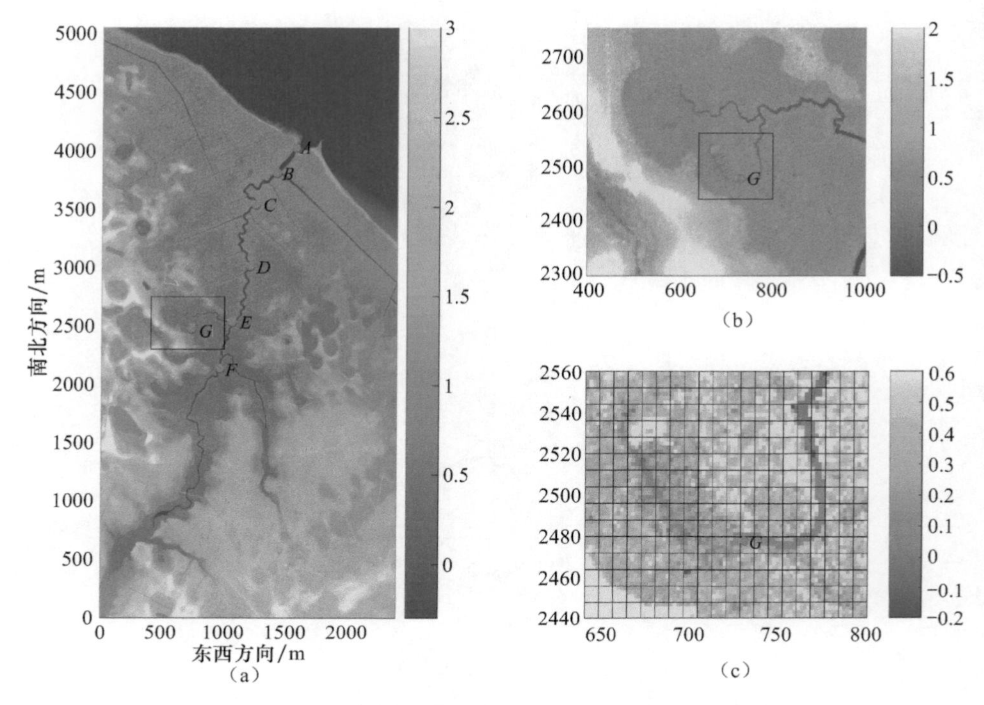

图 4.17　布洛克布雷泽盐沼的地面高程和观测站点的位置

穿透水面，因此潮沟等低潮期间被水所覆盖的部分采用 Mieras[12] 的实际调查数据。Mieras[12]同样根据当地植被特征对数字高程模型进行了修正。将修正后的数字高程模型和实际调查模型结合，并插值到 2m 等间距的网格上，从而得到了一个混合的地形-水深模型，作为下面数值模拟的输入数据。

2. 布洛克布雷泽盐沼的亚网格模型配置

计算区域在东西方向长 2400m，南北方向长 5056m，水平方向精度均为 2m，因此东西方向网格数为 1200，南北方向网格数为 2528。图 4.17(a)给出了模拟区域的地形图。模拟区域东北部为开边界，由于开边界距离潮沟口门处站位 A 仅有数百米，因此采用 A 站实测水位时序作为开边界条件。

为了对比亚网格模型的能力和效率，本研究设计了五组模拟，分别称为 A、B、B1、B2 和 C 组，如表 4.2 所示。A 组直接采用 2m 高精度的水深地形数据进行计算，因此不需要开启亚网格，故称 A 组为全网格模型组；B 组的计算网格精度设置为 8m×8m，且开启亚网格功能，每个计算网格内含有 4×4 个亚网格；计算网格与亚网格的大小比例 $m=n=4$。根据模型敏感性分析确定，当超过 4 时，模拟准确度有所下降。C 组中原始的 2m 精度的水深地形被平滑到 8m×8m 的计算网格上，不考虑亚网格的地形变化。由于该盐沼湿地的主潮沟在内地很多地方不足 8m 宽，多数次级潮沟只有 2～8m 宽，因此平滑之后，实际地形的很多信息会丢失，尤其是在潮沟边缘等地形变化剧烈的地方。在这里考虑 C 组主要是为了显示盐沼湿地微地貌特征对水动力的影响，证明足够高的精度对准确模拟水动力的必要性，同时与 B 组对比也可以展示模型中的亚网格计算部分的计算耗时。在 B 组中，变量湿网格比例 Θ、有效水深 Y 和等效底摩阻系数 C_d 每个时间步均在亚网格上直接积分计算得出，B1 组和 B2 组则在 B 组的基础上，采用了预存储技术，其中 B1 组采用插值方法，B2 组采用四次多项式拟合方法。B1 组和 B2 组中 η_{max} 和 η_{min} 分别设为 5.0m 和 −1.0m，$\Delta\eta$ 则取为 0.05m。图 4.17(c)展示了站位 G 附近的精细地形图，其中黑色实线表示组 B 中的计算网格，每个黑色实线网格中的颜色变化表示该计算网格中的亚网格水深变化。

表 4.2　布洛克布雷泽盐沼的模拟分组情况

分组	水平精度	亚网格	预存储	并行核数	耗时/h
A	2m	off	—	20	763.3
B	8m	on, m, n=4	off	20	20.7
B1	8m	on, m, n=4	on(插值方法)	20	7.0
B2	8m	on, m, n=4	on(多项式拟合方法)	20	7.0
C	8m	off	—	20	6.7

由于植被的存在，一般在沼面上的底摩阻比潮沟中的底摩阻要大很多。因此应考虑随空间分布不均匀的底摩阻。根据文献[21]，盐沼沼面上的曼宁系数可高达 0.16～0.55s/m$^{1/3}$。在这里对沼面和潮沟分别处理：沼面的曼宁系数采用 0.25s/m$^{1/3}$，而潮沟中则采用 0.04s/m$^{1/3}$。对于 A 组的全网格模型和 B 组、B1 组和 B2 组中的亚网格模型，曼宁系数均在亚网格精度上给出，即在 2m×2m 的精度上给出。对于 C 组，曼宁系数则在 8m×8m 的精度上给出。在计算中，最小计算水深取为 0.001m。所有五组模型均在开边界水位序列的驱动下运行 10.6 天，并行核数均采用 20 个核。

3. 布洛克布雷泽盐沼的模拟结果

为了展示采用直接在亚网格上计算和采用不同预存储技术得到的变量湿网格比例 Θ、有效水深 Y 和等效底摩阻系数 C_d 值的不同，选取沼面上一个计算网格，给出这些值随 η 的变化，如图 4.18 所示。该计算网格中的亚网格水深为 −0.42～−0.20m 不等，图中的黑色实线为采用很小的 η 间隔($\Delta\eta$=0.001m)所计算得到的，因此可认为其是准连续的。蓝色虚线为采用插值方法得到的结果，红色虚线为采用多项式拟合方法得到的结果。由图可以看出，两种预存储技术计算得到的变量值均与准连续值非常接近。当 η 从 0.2m 增加到 0.42m 时，该计算网格从全干过

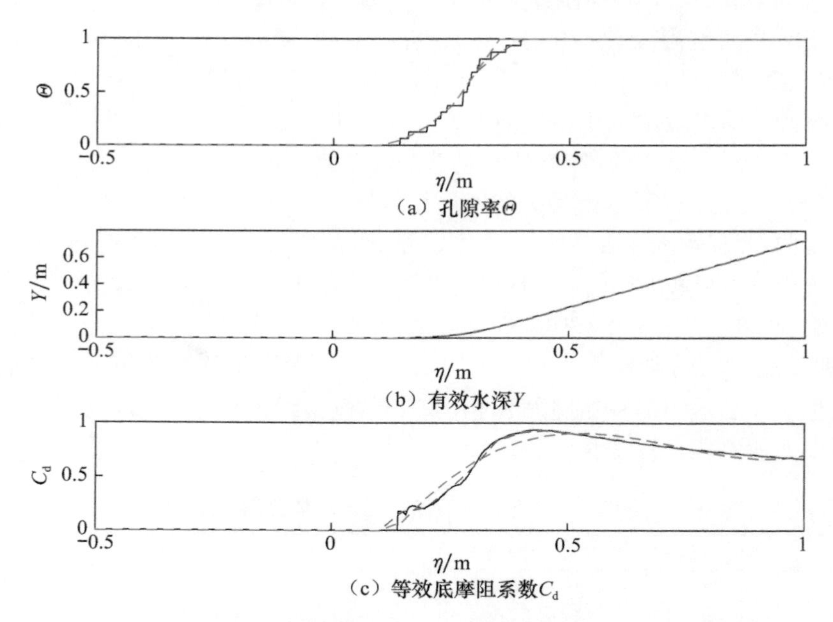

图 4.18 布洛克布雷泽盐沼沼面上某点的变量 Θ、Y 和 C_d 的值

渡到全湿状态，因此湿网格比例 Θ 也从 0 逐渐增加到 1；准连续值的 Θ 变化有着明显的锯齿形状，这是该计算网格中的亚网格水深的空间变化导致的，而采用插值方法和多项式拟合方法的结果则较为平缓，但是总体差别很小。该计算网格在全干状态下时，有效水深 Y 保持为 0；在该计算网格从全干变为全湿的过程中，Y 呈现出非线性的增加；变为全湿状态之后，则呈现为线性增加。等效摩阻系数 C_d 则在网格刚刚变为全湿后出现了一个峰值，主要是由于水深太小，之后则随着 η 的继续增大而单调递减。

如图 4.19 所示，黑色实线为实测水位值，蓝色虚线为全网格模型，即 A 组的模拟结果，红色虚线为亚网格模型 B 组的模拟结果，深绿色虚线为粗网格模型 C 组的模拟结果。由于采用亚网格技术的 B1 和 B2 组计算结果与 B 组计算结果几乎一样，在图中基本是和红色虚线重合的，因此这两组的结果不在图中展示。

由图 4.19 可以看出，亚网格模型 B 组与全网格模型 A 组的计算结果一致，且与实测值吻合很好。在 3 月 25～26 日期间风暴潮导致了持续的高水位，且距离口门处越远的站位，高水位的持续时间越长。其中站位 F 处数天后才回到正常水位。模型中没有考虑向岸风对水位的驱动，而盐沼内部依然出现了持续的高水位，这表明盐沼内部的高水位过程主要由边界的水位驱动所导致，而非局地的风作用。

C 组的模拟结果总体上差很多。在靠近口门的站位 A～C，可以看出明显的潮位波动，结果尚可接受，主要是因为这些地方潮沟宽度大多超过 20m，8m 的精度尚

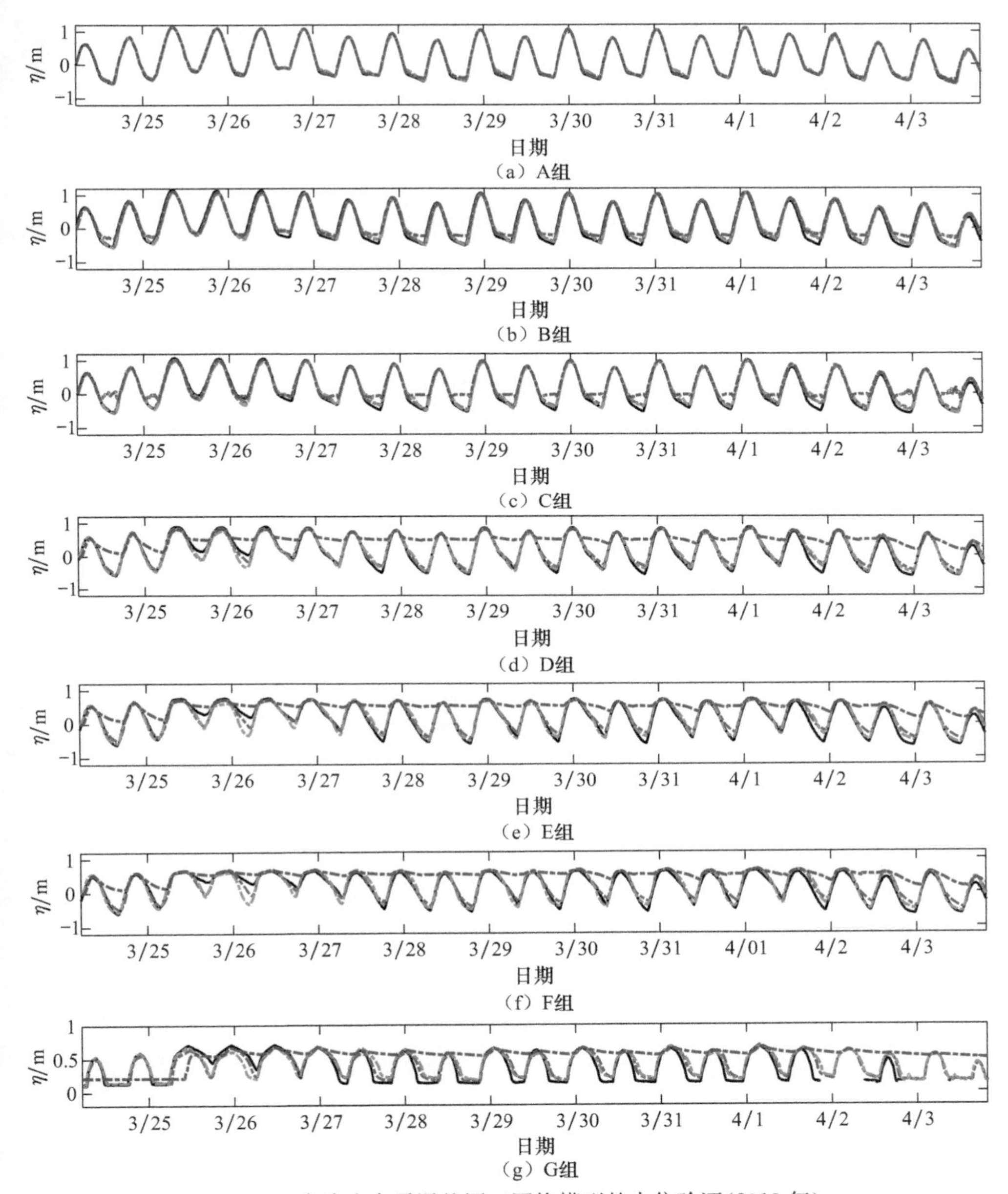

图 4.19　布洛克布雷泽盐沼亚网格模型的水位验证(2013 年)

可分辨。但是与 A 组和 B 组相比,存在明显的偏差,且越靠近盐沼湿地内部,偏差越大。在站位 $D\sim G$,C 组则不能模拟出落潮的过程,这说明在盐沼地形中精细的微地貌特征对水动力环境的影响较大,如果精度不能够分辨这些精细的地形,模型则不能准确模拟盐沼内部的水动力环境。

为了更直观地评价模型的能力，根据 Wilmott 公式可计算模型的技巧分数：

$$\text{Skill}=1-\frac{\sum_{i=1}^{N}|X_{\text{mod}}-X_{\text{obs}}|^2}{\sum_{i=1}^{N}(|X_{\text{mod}}-\overline{X}_{\text{obs}}|+|X_{\text{obs}}-\overline{X}_{\text{obs}}|)^2} \tag{4.67}$$

式中，X 为所要对比的变量(此处为水位 η)；$\overline{X}$ 为该变量的平均值；下标 mod 和 obs 则分别代表模型计算结果和观测数据。当模型计算结果和观测结果完全吻合时，模型技巧分数则为 1.0。

根据式(4.67)计算的各组技巧分数列在表 4.3 中。可以看出，A 组和 B 组的技巧分数相当，均达到 0.94～0.99；C 组的技巧分数则明显差很多。

表 4.3　布洛克布雷泽盐沼模拟的各组技巧分数

分组 1	站位 *A*	站位 *B*	站位 *C*	站位 *D*	站位 *E*	站位 *F*	站位 *G*
A	0.999	0.991	0.993	0.986	0.974	0.970	0.950
B	0.998	0.985	0.991	0.987	0.977	0.969	0.942
C	0.998	0.975	0.930	0.617	0.582	0.570	0.822

A 组和 B 组模拟的最大淹没范围如图 4.20 所示。图 4.20(a)、(b)两图中的

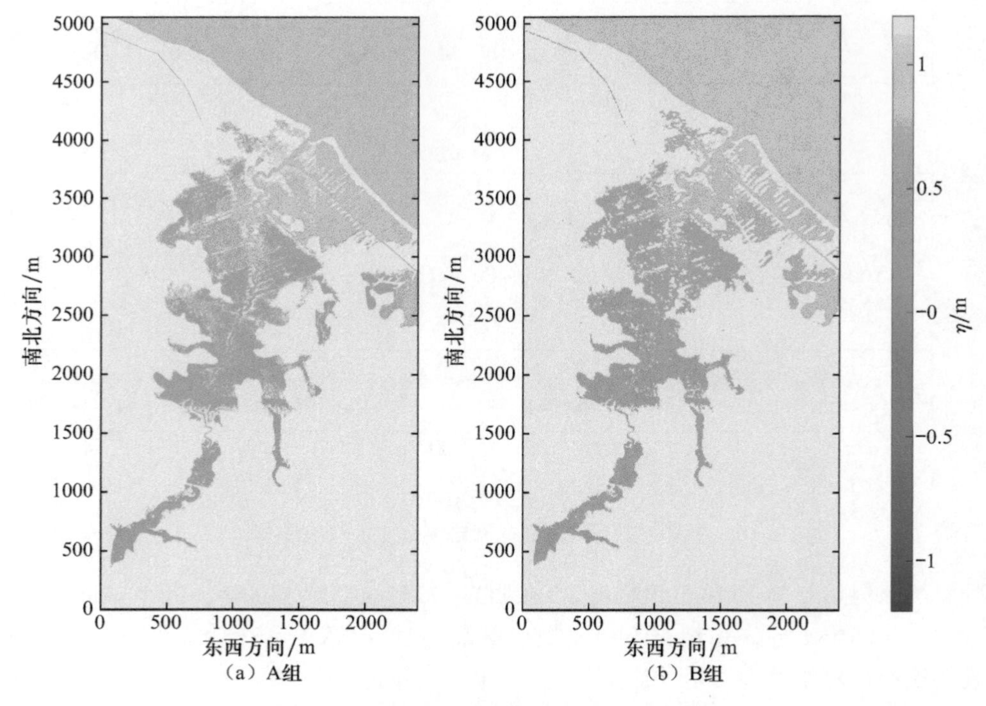

(a) A组　　(b) B组

图 4.20　A 组和 B 组模拟的最大淹没范围

时刻一致,均为风暴潮刚过的高潮位时刻。可以看出,亚网格模型 B 组虽然计算在较粗的网格上执行(8m 精度),其所计算得到的淹没范围和形态均与直接在高分辨率(2m 精度)网格上计算的全网格模型,即 A 组的结果基本一致。由于该盐沼潮沟宽度一般为 2～8m,这说明采用亚网格技术,模型中不需要直接分辨这些潮沟,也能模拟出盐沼湿地系统的涨潮淹没和落潮干出的过程。

各组计算的耗时列于表 4.2 中。对比表 4.2 中各组的计算时间可以看出,相对于全网格模型,亚网格模型的计算效率提高了 36 倍;当亚网格模型中采用预存储技术时,计算效率进一步提高了 109 倍。两种预存储技术,即插值方法和多项式拟合方法,两者的计算时间基本相等。相比于前面理想算例的加速比,此处实际算例的加速比更大,这是因为在全网格模型中,时间步长受模拟区域中最大水深所限制,而采用亚网格方法的时间步长则受有效水深 Y 控制。有效水深 Y 的值是在亚网格上积分所得到的,相当于对亚网格水深进行了平滑的作用,因此限制得到放宽。B1 组的计算时间(7.0h)和 B2 组的计算时间(7.0h)仅略高于(小于 5%)C 组的计算时间(6.7h),这说明无论插值方法(B1)还是多项式拟合方法(B2)中,计算变量湿网格比例 Θ、有效水深 Y 和等效底摩阻系数 C_d 所导致的额外耗时是较小的。

全网格模型采用 20 核并行时,计算耗时仍达 763.3h,合一个多月的时间。测试表明,采用 800 个核并行时,计算耗时可缩短至 80h,即 3 天多时间,尚可以接受。如果以 0.1 元/核小时的收费标准来算,采用全网格每次模拟需要花费 1526.6 元(20 核)或 6400.0 元(800 核),而本亚网格模型仅需耗费 14.0 元(20 核,以 B1 组为例)。而在实际模型率定、验证过程中,经常需要试算很多次,因此无论时间上还是费用上都是难以负担的,亚网格模型的计算效率提升可以带来巨大的时间和经济节省。

在亚网格模型的应用过程中,值得注意的是计算网格与亚网格的大小比例,即 m 和 n 的值,需要根据当地的地形条件仔细选取,必要时需要对其取值进行敏感性分析。在取值时使用者应该明白亚网格模型的两个基本假设条件:①任一粗网格内所有亚网格点的水位相等;②任一粗网格内所有亚网格点的流速方向保持一致,流速大小为粗网格流速大小的线性函数。

亚网格模型也不可避免地存在一些缺点,如对于实际的盐沼湿地-潮沟环境中,底摩阻经常是空间分布高度不均匀的。由于本模型中采用等效底摩阻的概念来反映其在亚网格尺度上的分布,因此率定过程相对来说不是很容易。

4.3　滨海盐沼湿地的生态-地貌耦合模拟

盐沼湿地中的泥沙输运形式以悬移质为主,悬浮泥沙的来源一般为河流、湿地外部(如相邻河口)以及潮沟和盐沼前缘的侵蚀。潮沟中的水流速度一般较大,当底部剪切应力超过临界侵蚀应力时，泥沙从底床悬浮，并在水流的作用下输运；当水流从潮沟漫到沼面时，植被的存在使得流速大幅衰减，泥沙因此落淤。一个健康的盐沼湿地系统必定是泥沙的汇。湿地植被的茎叶对细颗粒泥沙还有黏附作用。植被根系的生物量也是不可忽略的，其产生的有机质对于泥沙的积累和沼面高程的升高都有重要作用。目前大多数地貌演变模型考虑物理过程较多，而同时考虑植被等生态过程与物理过程之间的相互作用，及其对地貌演变影响的模型少之又少。本章针对盐沼湿地环境，基于亚网格水动力模型，构建了一套考虑植被动态演变与动力地貌之间相互作用的生态-地貌耦合模型，并基于该模型研究植被在滨海潮滩湿地系统长期地貌演变中的作用。

4.3.1 亚网格水位、流速和泥沙浓度的重建方法

在亚网格模型中，地形、底摩阻定义于高精度亚网格上，而水位、流速和悬沙浓度在粗网格上求解，其中水位和悬沙浓度位于粗网格中心，流速位于粗网格面上，因此仍需要依据计算所得的粗网格变量，结合亚网格水深和底摩阻信息，重新建立每一个高精度亚网格上的水位、流速和悬沙浓度。重建得到的亚网格变量值可用于计算悬沙侵蚀、淤积的源项。

Volp 等[22]在其有限体积亚网格模型中添加了适用于砂质底床的地形模块，模型中采用泥沙输运率的方法考虑推移质输沙或者全沙输运，而泥沙输运率可以与流速、底部剪切应力直接建立关系，不需要求解泥沙对流扩散方程，方法较为简单。潮滩、盐沼环境中的细颗粒泥沙以悬移质形式输运，因此需要求解悬沙的对流扩散方程。无论计算推移质的输沙率，还是悬移质的对流扩散，首先均需要重建亚网格水动力和泥沙变量。图 4.21 给出了粗网格与亚网格水位、流速的位置关系，i 和 j 代表粗网格在 x 和 y 方向的编号，ii 和 jj 代表一个粗网格内亚网格的编号。首先将 $\eta_{i,j}$ 所在控制单元分成四个象限，以第一象限(图中灰色阴影区)为例，当该象限相邻的两个粗网格为湿时($\mathrm{MASKu}_{i+1/2,j}=1$ 且 $\mathrm{MASKv}_{i,j+1/2}=1$)，位于该象限内的亚网格水位 $\zeta_{i,j,ii,jj}$ 可以采用最近的三个粗网格水位内插得到，即 $\eta_{i,j}$、$\eta_{i+1,j}$ 和 $\eta_{i,j+1}$，插值公式可以表示为

$$\zeta_{i,j,ii,jj}=f_0\eta_{i,j}+f_x\eta_{i+1,j}+f_y\eta_{i,j+1} \tag{4.68}$$

式中，权重系数 f_0、f_x 和 f_y 的表达式分别为

$$f_x=\frac{ii-0.5-0.5N_{sx}}{N_{sx}} \tag{4.69}$$

$$f_y=\frac{jj-0.5-0.5N_{sy}}{N_{sy}} \tag{4.70}$$

$$f_0=1-f_x-f_y \tag{4.71}$$

式中，N_{sx} 和 N_{sy} 分别为一个粗网格内 x、y 方向上的亚网格数。

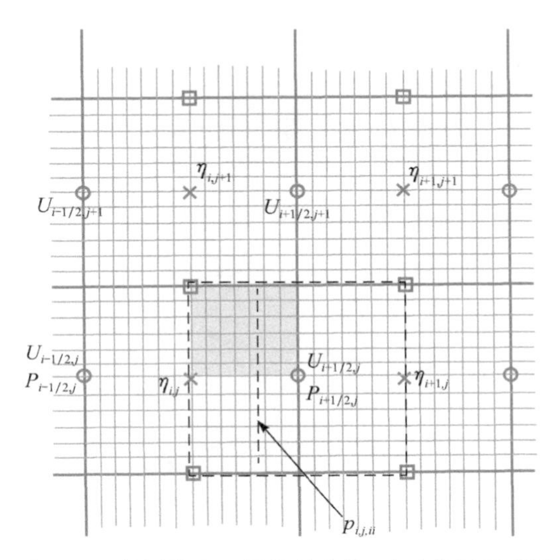

图 4.21　粗网格和亚网格的水位、流速位置示意图

其他三个象限也采用类似的内插方法来获取所包含的亚网格点的水位。需要指出的是，当与该象限相邻的两个网格单元其中有一个为干单元时，即不再采用内插方法，直接令 $\zeta_{i,j,ii,jj}=\eta_{i,j}$。

由于悬沙浓度也定义在粗网格中心位置，因此可以采用同样的方法获得亚网格上的悬沙浓度。但是对于任一控制单元，插值后的亚网格悬沙浓度，积分起来可能与该控制单元内的悬沙总量不一致。可以认为这种差异是很小的，在地形演变模型中，底床与水体之间的泥沙交换是控制侵蚀和淤积的主要因素，而水体中悬沙含量的微小变化对于地形演变的影响可以认为忽略不计。

假设粗网格内的流速方向一致，亚网格流速可表示为粗网格流速的线性函数，即

$$(u_s,v_s)=\frac{(U,V)}{\alpha_s} \tag{4.72}$$

式中，α_s 可由式(4.38)求出。

式(4.72)假设在每一粗网格内，水面压力梯度与底摩阻相平衡，且底摩阻坡度均匀，从而建立起亚网格流速与粗网格流速之间的关系。注意流速 $U_{i+1/2,j}$ 所在的粗网格为图 4.21 中的虚线框。但根据式(4.72)求出来的亚网格流速在两个粗网格之间是不连续的，还需要进一步调整。将该控制单元分为两部分，以 x 方向为例，左半部分中，通过绿色细虚线所在断面的流量可以表示为通过该断面每个亚网格流量的积分，即

$$p'_{i,j,ii}=\sum_{jj=1}^{N_{sy}}\frac{u_{s0,(i,j,ii,jj)}h_{s,(i,j,ii,jj)}\Delta y}{N_{sy}} \tag{4.73}$$

式中，u_{s0} 为未修正的亚网格流速，根据式(4.72)可以计算得到；h_s 为亚网格总水深；Δy 为 y 方向的粗网格精度。

而通过绿色虚线断面的实际流量，用插值方法得到更为准确，即

$$p_{i,j,ii}=f_l P_{i-1/2,j}+f_r P_{i+1/2,j} \tag{4.74}$$

式中，加权系数 f_l 和 f_r 分别可以表示为

$$f_l=\frac{N_{sx}-ii+0.5}{N_{sx}} \tag{4.75}$$

$$f_r=\frac{ii-0.5}{N_{sx}} \tag{4.76}$$

最终亚网格流速可以修正为

$$u_{s,(i,j,ii,jj)}=u_{s0,(i,j,ii,jj)}\ \frac{p'_{i,j,ii}}{p_{i,j,ii}} \tag{4.77}$$

控制单元右半部分内的亚网格流速可以采用类似的方法获得，y 方向同理。

Volp 等[22]首先计算各个断面的摩阻坡度，然后将摩阻坡度插值，并假设底摩阻与表面压力梯度平衡，建立亚网格流速与摩阻坡度之间的关系。本书的方法与其有殊途同归之处。Volp 等[22]还对粗网格内不同干湿形态，如半干网格带有全湿网格面、半干网格带有半干干湿网格面等复杂情况做出判断并调整插值方法，以防止不实或过大流速的产生。这种方法较为复杂，降低了模型的计算效率。本模型采用限制 Froude 数的方法，来避免出现不实际的流速过大现象，计算快速、简单。

4.3.2 亚网格悬沙输运方程的推导

推导亚网络悬浮泥沙控制方程的主要思路包括两个步骤，从三维悬浮泥沙输运控制方程出发，首先将方程在控制单元上进行体积平均，再沿水深方向积分。传统的三维泥沙对流扩散方程可以写为

$$\frac{\partial c}{\partial t}+\nabla\cdot(c\boldsymbol{u})-\nabla\cdot(\mu\nabla c)=0 \tag{4.78}$$

式中，c 为泥沙浓度，单位为 $\mathrm{kg/m^3}$ 或者 $\mathrm{g/cm^3}$；μ 为悬沙扩散系数。

对于一控制单元区域，首先定义指示函数 $\varphi(\boldsymbol{x})$：

$$\varphi(\boldsymbol{x})=\begin{cases}1, & z>-h\\ 0, & z\leqslant -h\end{cases} \tag{4.79}$$

式中，$-h$ 为底床高度。$\varphi(\boldsymbol{x})$代表点 $\boldsymbol{x}$ 的状态。

将三维泥沙对流扩散方程在控制单元区域上进行体积平均。控制单元在模型中即为一个计算网格(由于采用交错网格，故变量 η、U、V 控制单元的位置是不同的)；体积平均即在该计算网格上进行网格平均。

对方程左侧第一项进行平均后，根据莱布尼茨定理，可以得到

$$\left\langle \varphi \frac{\partial c}{\partial t} \right\rangle = \frac{\partial \langle \varphi c \rangle}{\partial t} - \left\langle c \frac{\partial \varphi}{\partial t} \right\rangle = \Phi \frac{\partial \bar{c}}{\partial t} \tag{4.80}$$

式中，

$$\Phi = \langle \varphi \rangle = \frac{1}{A} \int_A \varphi \mathrm{d}A \tag{4.81}$$

$$\bar{c} = \frac{\langle \varphi c \rangle}{\Phi} \tag{4.82}$$

式中，$\bar{c}$ 为体积平均泥沙浓度。

注意在推导式(4.80)的过程中，φ 不是时间的函数。

对式(4.78)左侧第二项，即平流项做体积平均，得到

$$\langle \varphi \nabla \cdot (c\boldsymbol{u}) \rangle = \langle \nabla \cdot (\varphi c \boldsymbol{u}) \rangle - \langle c\boldsymbol{u} \cdot \nabla \varphi \rangle \tag{4.83}$$

由于$\nabla \varphi = 0$(除在底部处不为 0，方向与水流方向垂直)，故式(4.83)中方程右侧第二项为零。对于方程右侧第一项，可以将实际流速 $\boldsymbol{u}$ 分解为

$$\boldsymbol{u} = \bar{\boldsymbol{u}} + \tilde{\boldsymbol{u}} = \frac{\boldsymbol{U}}{\Phi} + \tilde{\boldsymbol{u}} \tag{4.84}$$

式中，$\bar{\boldsymbol{u}} = \boldsymbol{U}/\Phi$，为体积平均的真实流速，其中 $\boldsymbol{U}$ 为体积平均的流速值；$\tilde{\boldsymbol{u}}$ 为脉动流速。

同理，可以将泥沙浓度分解为

$$c = \bar{c} + \tilde{c} \tag{4.85}$$

式中，$\bar{c}$ 为体积平均浓度；$\tilde{c}$ 为脉动浓度。

将式(4.84)和式(4.85)代入式(4.83)，并注意到有$\langle \varphi \tilde{u} \rangle = 0$ 且$\langle \varphi \tilde{c} \rangle = 0$，则式(4.83)变为

$$\begin{aligned} \langle \varphi \nabla \cdot (c\boldsymbol{u}) \rangle &= \langle \nabla \cdot \varphi \bar{c}\, \boldsymbol{U}/\Phi \rangle + \langle \nabla \cdot (\varphi \tilde{c}\, \tilde{\boldsymbol{u}}) \rangle \\ &= \nabla \cdot \langle \varphi \bar{c}\, \boldsymbol{U}/\Phi \rangle + \nabla \cdot \langle \varphi \tilde{c}\, \tilde{\boldsymbol{u}} \rangle \\ &= \nabla \cdot (\bar{c}\, \boldsymbol{U}) + \nabla \cdot \langle \varphi \tilde{c}\, \tilde{\boldsymbol{u}} \rangle \end{aligned} \tag{4.86}$$

式中的最后一项代表由不规则地形导致的脉动流速和脉动泥沙浓度引起的弥散过程。由于其形式与扩散项类似，因此可以合并到式(4.78)中的最后一项扩散项中。

对式(4.78)中的扩散项进行体积平均，得到

$$\langle \varphi \nabla \cdot (\mu \nabla c) \rangle = \nabla \cdot \langle \varphi \mu \nabla c \rangle + \langle \mu \nabla c \cdot \nabla \varphi \rangle \tag{4.87}$$

原来的泥沙平流扩散方程[式(4.78)]可以重新整理为

$$\Phi \frac{\partial \bar{c}}{\partial t} + \nabla \cdot (\bar{c} \boldsymbol{u}) - \nabla \cdot \langle \varphi \mu \nabla c \rangle - \langle \mu \nabla c \cdot \nabla \varphi \rangle = 0 \tag{4.88}$$

为了得到水深平均的泥沙输运控制方程，将式(4.88)沿水深方向进行积分。参考 Defina[16] 的研究，体积平均的运动学边界条件有

$$W \big|_{z=\eta} - U \big|_{z=\eta} \frac{\partial \eta}{\partial x} - V \big|_{z=\eta} \frac{\partial \eta}{\partial y} - \Theta \frac{\partial \eta}{\partial t} = 0 \tag{4.89}$$

则式(4.88)的前两项变为

$$\int_{-\infty}^{\eta}\Phi\frac{\partial\bar{c}}{\partial t}\mathrm{d}z+\int_{-\infty}^{\eta}\nabla\cdot(\bar{c}\,\boldsymbol{U})\mathrm{d}z$$

$$=\int_{-\infty}^{\eta}\frac{1}{A}\iint_{A}\varphi\mathrm{d}A\mathrm{d}z\frac{\partial\bar{c}}{\partial t}+\int_{-\infty}^{\eta}\frac{\partial\bar{c}\,\boldsymbol{U}}{\partial z}+\int_{-\infty}^{\eta}\nabla_{H}\cdot(\bar{c}\boldsymbol{u})\mathrm{d}z$$

$$=Y\frac{\partial\bar{c}}{\partial t}+\bar{c}\Theta\frac{\partial\eta}{\partial t}+\nabla_{H}\cdot\int_{-\infty}^{\eta}\bar{c}\,\boldsymbol{U}\mathrm{d}z$$

$$=Y\frac{\partial\bar{c}}{\partial t}+\bar{c}\Theta\frac{\partial\eta}{\partial t}+\frac{\partial\bar{c}P}{\partial x}+\frac{\partial\bar{c}Q}{\partial y}\tag{4.90}$$

式(4.90)的推导中假设 $\bar{c}$ 沿垂向没有变化。

继续将式(4.88)中的第三项进行垂向积分，有

$$-\int_{-\infty}^{\eta}\nabla\cdot\langle\varphi\mu\,\nabla c\rangle\mathrm{d}z=-\nabla_{H}\cdot\int_{-\infty}^{\eta}\langle\varphi\mu\,\nabla_{H}c\rangle\mathrm{d}z-\langle\varphi\mu\,\nabla c\cdot\boldsymbol{s}\rangle\tag{4.91}$$

式中，$\boldsymbol{s}$ 为与自由表面垂直的矢量。

一般水体表面没有泥沙来源，即$\nabla c\cdot\boldsymbol{s}=0$，因此式(4.91)中方程右侧的第二项消失。方程右侧第一项代表湍流和不规则底部地形导致的侧向混合过程，因此可以采用有效扩散系数的方法来模拟。假设有效扩散系数 ν 各向同性，为一常值，则侧向扩散可以表达为

$$\nabla_{H}\cdot\int_{-\infty}^{\eta}\nabla\cdot\langle\varphi\mu\,\nabla_{H}c\rangle\mathrm{d}z=\nabla_{H}\cdot[\nu(h+\eta)\,\nabla\bar{c}]\tag{4.92}$$

同理，根据$\nabla\varphi$ 的性质，将式(4.88)方程右侧最后一项垂向积分可得

$$\int_{-\infty}^{\eta}\nabla\cdot\langle\mu\,\nabla c\cdot\nabla\varphi\rangle\mathrm{d}z=\left\langle\mu\frac{\partial c}{\partial z}\bigg|_{z=-h}\right\rangle S\tag{4.93}$$

式中，S 为通过水体和底床界面的泥沙通量。

将以上各项的推导综合起来，得到最终的亚网格悬浮泥沙输运的平流扩散控制方程为

$$Y\frac{\partial\bar{c}}{\partial t}+\Theta\bar{c}\frac{\partial\eta}{\partial t}+\frac{\partial\bar{c}P}{\partial x}+\frac{\partial\bar{c}Q}{\partial y}-\frac{\partial}{\partial x}\left(\nu Y\frac{\partial\bar{c}}{\partial x}\right)-\frac{\partial}{\partial y}\left(\nu Y\frac{\partial\bar{c}}{\partial y}\right)-S=0\tag{4.94}$$

式中，Y 为有效水深；$\bar{c}$ 为体积平均(或网格平均)的泥沙浓度；P 和 Q 分别为 x 和 y 方向上的单位水体流量；η 为自由表面高度；h 为静水深。泥沙源汇项 S 的计算方法在 4.3.3 节详细给出。

当粗网格与亚网格的比例为 1 时，亚网格模型恢复至传统的水深平均浅水方程，泥沙输运的控制方程也退变为传统的垂向平均二维泥沙输运方程：

$$\frac{\partial cH}{\partial t}+\frac{\partial cP}{\partial x}+\frac{\partial cQ}{\partial y}-\frac{\partial}{\partial x}\left(\nu H\frac{\partial c}{\partial x}\right)-\frac{\partial}{\partial y}\left(\nu H\frac{\partial c}{\partial y}\right)-S=0\tag{4.95}$$

式中，c 为泥沙浓度；$H=\eta+h$ 为总水深；S 为泥沙源汇项。这也证明了所推导的亚网格泥沙输运方程与传统泥沙输运方程的一致性。

4.3.3　亚网格泥沙输运模型的建立

在求解上述亚网格泥沙输运方程时，源汇项代表泥沙在水体和底床之间的交换，是准确模拟侵蚀、淤积过程的关键。在盐沼湿地、浅海滩涂区域的泥沙形态以细颗粒泥沙为主，输沙模式主要以悬移质输沙为主，因此本书中以盐沼、滩涂环境为背景，建立细颗粒泥沙的输沙模型。下面将详细阐述泥沙的侵蚀和淤积过程，以及模型的数值方法、开边界的处理等主要问题。

1. 侵蚀和淤积

对于细颗粒黏性泥沙的侵蚀和淤积，本书采用 Partheniades-Krone 公式，对于每一个亚网格点，表层底床的侵蚀通量和淤积通量的计算公式分别为

$$E_s = \begin{cases} M\left(\dfrac{\tau_s}{\tau_{ce}} - 1\right), & \tau_s > \tau_{ce} \\ 0, & \tau_s \leqslant \tau_{ce} \end{cases} \tag{4.96}$$

式中，E_s 为侵蚀通量，kg/(m²/s)；M 为侵蚀速率，kg/(m²/s)；τ_s 为亚网格上的底部剪切应力；τ_{ce}为临界侵蚀应力。

$$D_s = \begin{cases} \omega_s c_s\left(1 - \dfrac{\tau_s}{\tau_{cd}}\right), & \tau_s > \tau_{cd} \\ 0, & \tau_s \leqslant \tau_{cd} \end{cases} \tag{4.97}$$

式中，D_s 为淤积通量，kg/(m²/s)；ω_s 为泥沙沉速，m/s；c_s 为亚网格上的泥沙浓度；τ_{ce}为临界淤积应力。

亚网格底部剪切应力计算公式为

$$\tau_s = \rho_\omega C_{ds}(u_s^2 + v_s^2) \tag{4.98}$$

亚网格流速(u_s，v_s)可根据式(4.34)和式(4.38)计算，亚网格底部摩阻系数C_{ds}可以根据式(4.33)计算得到。

式(4.96)和式(4.97)中的侵蚀系数M、临界侵蚀应力τ_{ce}和临界淤积应力τ_{cd}均为用户自定义量。一般认为$\tau_{ce} > \tau_{cd}$，即侵蚀过程和淤积过程是相互排斥的。因此存在三个区间：当$\tau > \tau_{ce}$时，只侵蚀，不淤积；当$\tau < \tau_{cd}$时，只淤积，不侵蚀；当$\tau_{cd} \leqslant \tau \leqslant \tau_{ce}$时，既不侵蚀也不淤积。不过最近也有部分学者开始质疑侵蚀和淤积过程的互相排斥性[23,24]。Sanford 等[23]对比模型结果与切萨皮克湾湾顶处的淤积实测数据时，发现侵蚀淤积互斥理论对于很多实测数据不能解释。同样 Winterwerp 等[24]也认为互斥理论在物理过程上解释不通。在本模型中，为了考虑侵蚀和淤积同时发生的情况，可以将τ_{cd}设为较大的值，如 1000N/m²，即无论底部剪切应力多大，淤积过程始终发生。

式(4.96)和式(4.97)中下标含 s 的项均定义在精度较高的亚网格上，故侵蚀

和淤积过程均在亚网格层次上进行计算。为了计算体积平均的泥沙浓度，需要对整个粗网格进行积分，泥沙源汇项可以表示为

$$S = E - D = \iint_{A_{\text{wet}}} E_s \mathrm{d}A - \iint_{A_{\text{wet}}} D_s \mathrm{d}A \tag{4.99}$$

2. 数值方法

为了求解泥沙输运方程式(4.94)，首先需要对方程进行离散。体积平均泥沙浓度 $\bar{c}$ 为标量，定义在网格中心位置，为了增强模型稳定性，泥沙侵蚀项采用显式格式，而淤积项 D 采用隐式格式处理，与二维岸滩演变模型 XBeach 处理方法类似[25]。从时间步 n 到 $n+1$，有

$$Y\left(\frac{\bar{c}^{n+1} - \bar{c}^n}{\Delta t}\right) + \bar{c}^{n+1}\Theta \frac{\partial \eta}{\partial t} + \left(\frac{\partial \bar{c} P}{\partial x} + \frac{\partial \bar{c} Q}{\partial y}\right)^n - \left\{\frac{\partial}{\partial x}\left[\nu(\eta + h)\frac{\partial \bar{c}}{\partial x}\right] + \frac{\partial}{\partial y}\left[\nu(\eta + h)\frac{\partial \bar{c}}{\partial y}\right]\right\}^n - (E^n - D^{n+1}) = 0 \tag{4.100}$$

整理可得到 $\bar{c}^{n+1}$ 的表达式为

$$\bar{c}^{n+1} = A^n\ (\bar{c} - \mathrm{Adv} + \mathrm{Dif} + E)^n \tag{4.101}$$

式中，系数 A^n 的表达式为

$$A^n = \left[\frac{Y}{Y + \Delta t\left(\Theta \dfrac{\partial \eta}{\partial t} + D'\right)}\right]^n \tag{4.102}$$

式中，

$$D' = \iint_{A_{\text{wet}}} \frac{D_s}{\bar{c}} \mathrm{d}A \tag{4.103}$$

平流项 Adv 采用一阶迎风格式进行离散，x 方向上的平流项可以写为

$$\mathrm{Adv}_x^n = \begin{cases} \left(\dfrac{\bar{c}_{i,j} P_{i+1,j} - \bar{c}_{i-1,j} P_{i,j}}{\Delta x}\right)^n, & P_{i+1,j} \geqslant 0 \text{ 且 } P_{i,j} \geqslant 0 \\ \left(\dfrac{\bar{c}_{i+1,j} P_{i+1,j} - \bar{c}_{i,j} P_{i,j}}{\Delta x}\right)^n, & P_{i+1,j} < 0 \text{ 且 } P_{i,j} < 0 \\ \left(\dfrac{\bar{c}_{i,j} P_{i+1,j} - \bar{c}_{i,j} P_{i,j}}{\Delta x}\right)^n, & P_{i+1,j} \geqslant 0 \text{ 且 } P_{i,j} < 0 \\ \left(\dfrac{\bar{c}_{i+1,j} P_{i+1,j} - \bar{c}_{i-1,j} P_{i,j}}{\Delta x}\right)^n, & P_{i+1,j} < 0 \text{ 且 } P_{i,j} \geqslant 0 \end{cases} \tag{4.104}$$

可以整合为

$$\mathrm{Adv}_x^n = \frac{[\max(P_{i+1,j}, 0)\bar{c}_{i,j} - \max(P_{i,j}, 0)\bar{c}_{i-1,j}]^n}{\Delta x}$$

$$+\frac{[\min(P_{i+1,j},0)\bar{c}_{i+1,j}-\min(P_{i,j},0)\bar{c}_{i,j}]^n}{\Delta x} \tag{4.105}$$

同样得到 y 方向上的平流项后，总的泥沙平流项可以表示为

$$\begin{aligned}\mathrm{Adv}^n=&\frac{[\min(P_{i+1,j},0)\bar{c}_{i,j}-\min(P_{i,j},0)\bar{c}_{i-1,j}]^n}{\Delta x}\\&+\frac{[\min(P_{i+1,j},0)\bar{c}_{i+1,j}-\min(P_{i,j},0)\bar{c}_{i,j}]^n}{\Delta x}\\&+\frac{[\max(Q_{i,j+1},0)\bar{c}_{i,j}-\max(Q_{i,j},0)\bar{c}_{i,j-1}]^n}{\Delta y}\\&+\frac{[\min(Q_{i,j+1},0)\bar{c}_{i,j+1}-\min(Q_{i,j},0)\bar{c}_{i,j}]^n}{\Delta y}\end{aligned} \tag{4.106}$$

泥沙扩散项 Dif 则采用中心差分格式，即

$$\begin{aligned}\mathrm{Dif}^n=&-\nu\left(Y_{i+1/2,j}\frac{\bar{c}_{i+1,j}-\bar{c}_{i,j}}{\Delta x^2}-Y_{i-1/2,j}\frac{\bar{c}_{i,j}-\bar{c}_{i-1,j}}{\Delta x^2}\right)^n\\&-\nu\left(Y_{i,j+1/2}\frac{\bar{c}_{i,j+1}-\bar{c}_{i,j}}{\Delta y^2}-Y_{i,j-1/2}\frac{\bar{c}_{i,j}-\bar{c}_{i,j-1}}{\Delta y^2}\right)^n\end{aligned} \tag{4.107}$$

求解该离散方程，即可得到在水流作用下随时间、空间而变化的泥沙浓度场。

3. 边界条件和初始条件

模型中编入了三种悬移质泥沙边界条件，即 CLAMPED、CONSTANT 和 NEUMANN 边界条件。当模型边界距离所关心区域较近，且边界处有泥沙浓度的观测值或模拟值时，可以在模型边界每个网格点给出泥沙浓度的时间序列，该类边界类型为 CLAMPED；在理想数值试验中，边界条件经常设为均匀、恒定值，故为方便起见，模型只需要读入该恒定值而无需另外准备边界条件文件，该类边界类型为 CONSTANT；当模型边界较远，边界处没有可用的泥沙观测数据时，本模型中也给出了一种 NEUMANN 类型的边界条件，令与边界垂直的方向上泥沙浓度的梯度为零。该方法对于以悬移质为主的泥沙输运较为适用，在其他模型如 Delft3D[26] 中也被采用。位于边界外、为方便差分所设置的虚拟网格，其泥沙浓度也应令其等于边界网格的泥沙浓度，来防止不实的数值扩散。

对于 CLAMPED 和 CONSTANT 两种边界条件，当水体进入模型区域，即入流时，令边界泥沙浓度值等于给定的边界条件值；当水体出流时，不需要给出边界条件，此时边界泥沙浓度由模型内部决定，忽略式(4.94)中泥沙的沉降、再悬浮和扩散项以及 $\Theta\bar{c}\dfrac{\partial\eta}{\partial t}$ 项，认为边界处的泥沙浓度由模型内部平流作用决定，以东、西边界为例，泥沙输运主控方程可以简化为

$$Y\frac{\partial\bar{c}}{\partial t}+\frac{\partial\bar{c}P}{\partial x}=0 \tag{4.108}$$

根据式(4.108)可以求出出流时的边界泥沙浓度。

现实中一般很难获得所模拟区域初始泥沙浓度的分布数据，故悬浮泥沙模型经常采用冷启动，即初始泥沙浓度场设为零，在水流的驱动下经过一段时间预热则可以获得一个较为稳定的泥沙浓度场。本模型仍然给出了读入泥沙浓度初始条件的功能，以方便模型热启动计算。

4. 模型验证

为了研究泥沙在潮流、波浪下的输运规律，人们开展了很多相关的物理模型试验研究，积累了相当数量的试验数据。然而，大多数试验针对的是砂质海岸背景，泥沙粒径较粗。本书所关心的潮滩浅海、盐沼湿地地区，主体一般为细颗粒泥沙(泥沙粒径小于 62.5μm)。对于细颗粒泥沙的输运，目前公开且普遍认可的试验数据较少。因此本书采用理想数值试验，通过与在海岸工程界得到系统验证和广泛应用的 Delft3D 模型进行对比，来对本亚网格模型进行验证。

潮汐汊道是海岸地区常见的地貌形态之一，其将内部纳潮盆地与外海相连。潮汐汊道系统的地貌动力也较为复杂和剧烈。参考 Roelvink[27] 所设计的潮汐汊道系统，采用上述亚网格悬沙输运模型模拟该系统在潮流作用下的泥沙悬浮与扩散规律，并与 Delft3D 模型进行对比。图 4.22 给出了该理想潮汐汊道系统的地形水深和验证站位 A～F 的位置。纳潮盆地为 2.0m 均匀水深，外海边界处水深为

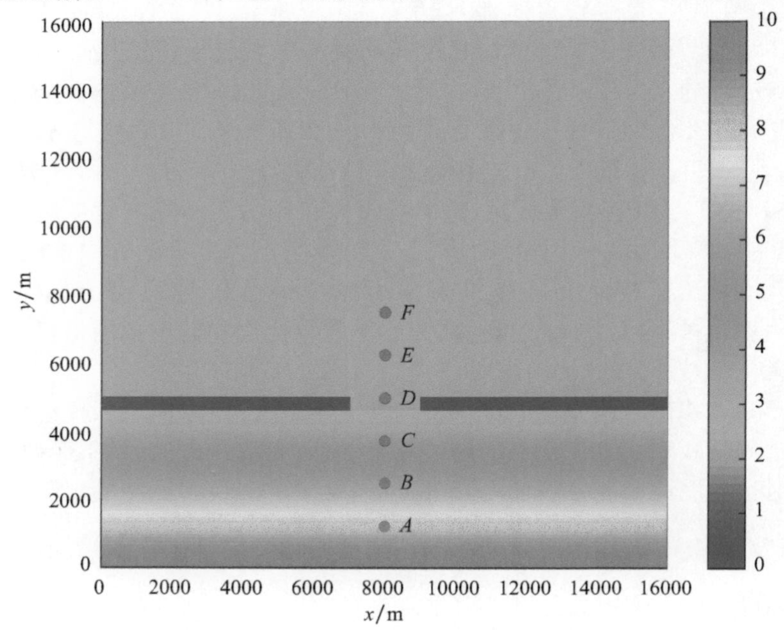

图 4.22　理想潮汐汊道系统的地形水深图及站位 A～F 位置

10.0m，海底坡度为 1.6∶1000。模型区域大小为 15km×15km。

外海开边界设置为均匀的 M_2 分潮，潮汐振幅为 1.0m，周期为 12h。外海泥沙开边界不考虑泥沙的输入，设置为 NEUMANN 类型边界条件。底床临界剪切应力为 1.0Pa，泥沙沉速设置为 1.0mm/s，侵蚀速率为 0.0001kg/(m^2·s)。

Delft3D 模型的计算网格和水深精度均为 25m×25m，这里称为 D 组；亚网格模型分为 A、B 两组，其中 A 组计算网格和水深精度同样均为 25m×25m，与 Delft3D 模型保持一致，不需要开启亚网格功能；B 组采用与 A 组相同的地形，但计算网格为 100m×100m，这意味着每个计算网格中包括 4×4 个亚网格。

图 4.23 分别给出了站位 A～F 潮流速度对比与悬沙浓度对比，灰色粗线为 Delft3D 结果，细实线为亚网格模型 A 组结果，虚线为 B 组结果。A 组中没有开启亚网格功能，亚网格模型的控制方程简化为普通的浅水方程，与平面二维 Delft3D 模型的控制方程相同。由图可以看出，亚网格模型 A、B 组的结果与 Delft3D 结果几乎完全一致。由于 Delft3D 模型得到了广泛的验证和应用，而本模型与 Delft3D 模型结果一致，也侧面证明了本模型的准确性。

图 4.24 和图 4.25 分别给出了涨急、落急时刻的悬沙浓度场与流场对比。可以看出，潮汐进入或退出汊道口时，口门较窄，此处水流速度增加，造成底床泥沙悬浮；同时潮流在通过较窄的口门后，平流作用使得水流从集束状转为发散状，携带悬沙向周围扩散。通过对比可以看出，亚网格模型和 Delft3D 的模拟结果也非常一致。这证明本模型可以准确地模拟该潮汐汊道系统中泥沙在潮流作用下的再悬浮、平流扩散等输运特征。

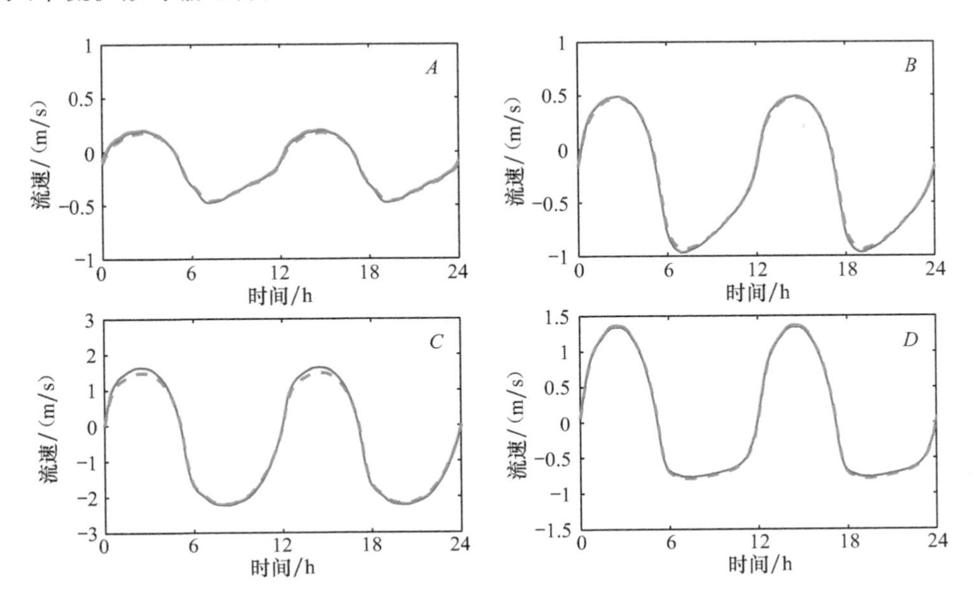

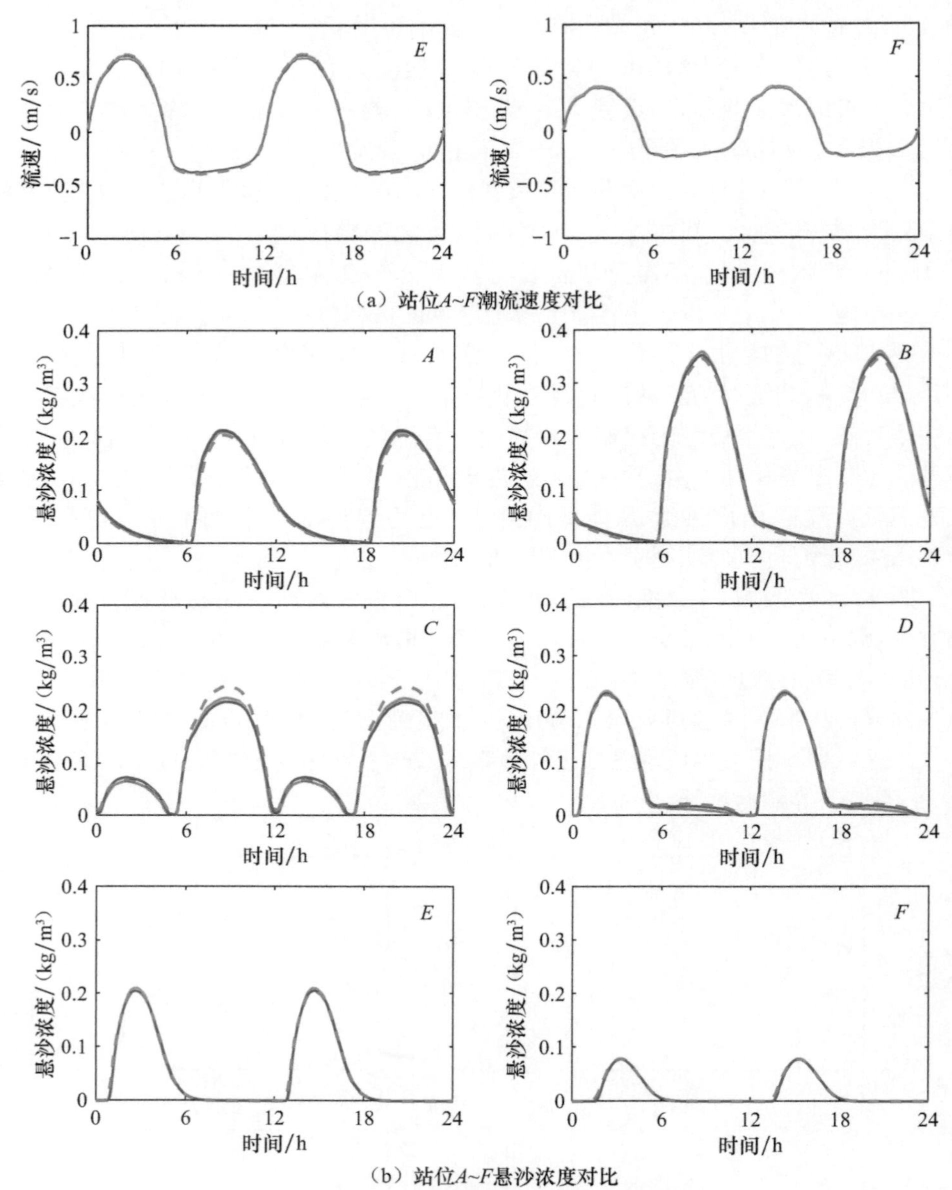

(a) 站位A~F潮流速度对比

(b) 站位A~F悬沙浓度对比

图 4.23 站位 A～F 潮流速度对比与悬沙浓度对比

4.3.4 植被-地貌演变耦合模型

盐沼湿地的水动力、泥沙输运规律和长期地貌演变受植被的影响非常大。目前有一些模型可以模拟植被对水流和泥沙输运的影响，在这些模型中，植被的分布是固定的。然而在数十年甚至上百年的地貌演变过程中，植被的生长、扩散、消亡

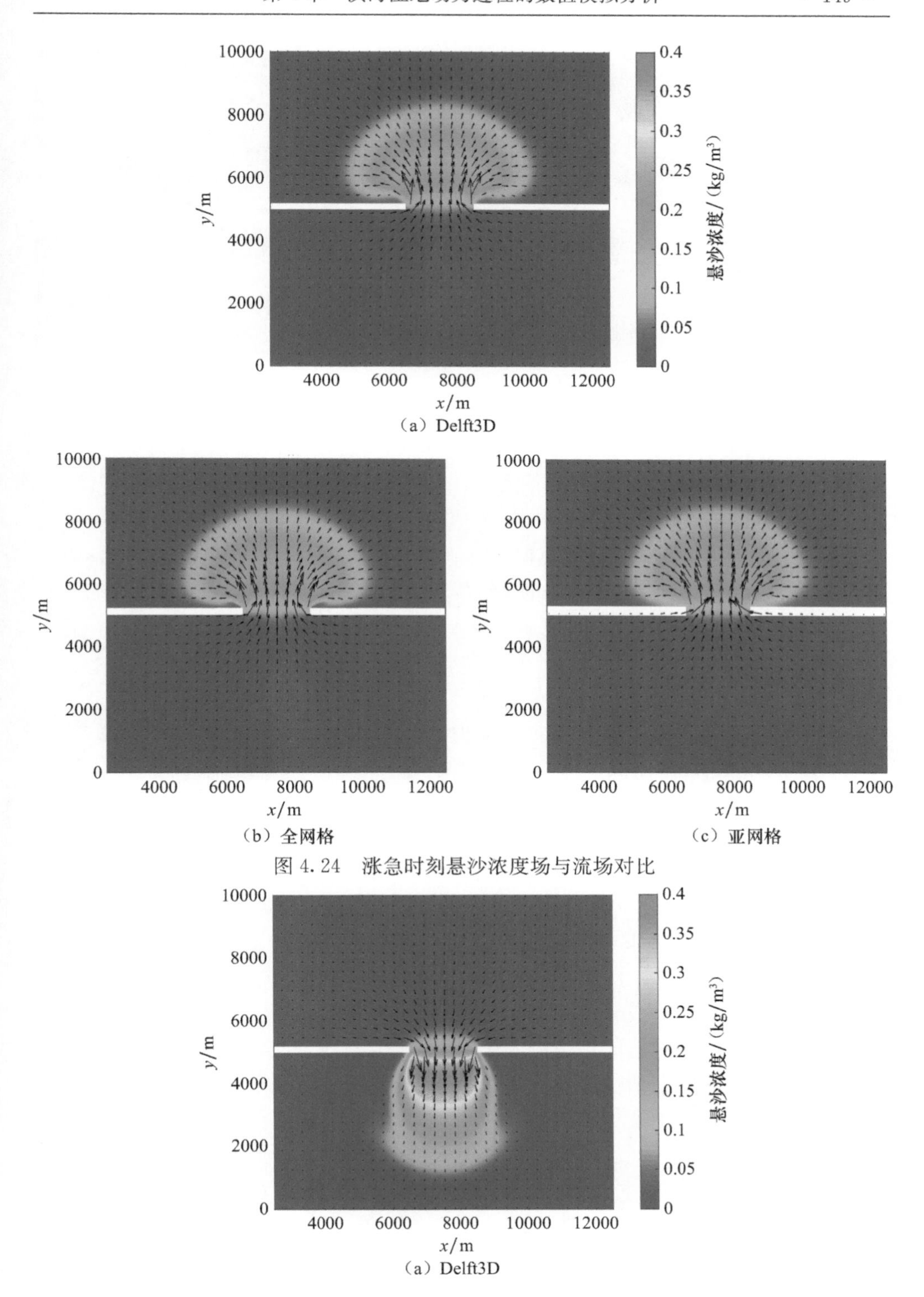

（a）Delft3D

（b）全网格　　（c）亚网格

图 4.24　涨急时刻悬沙浓度场与流场对比

（a）Delft3D

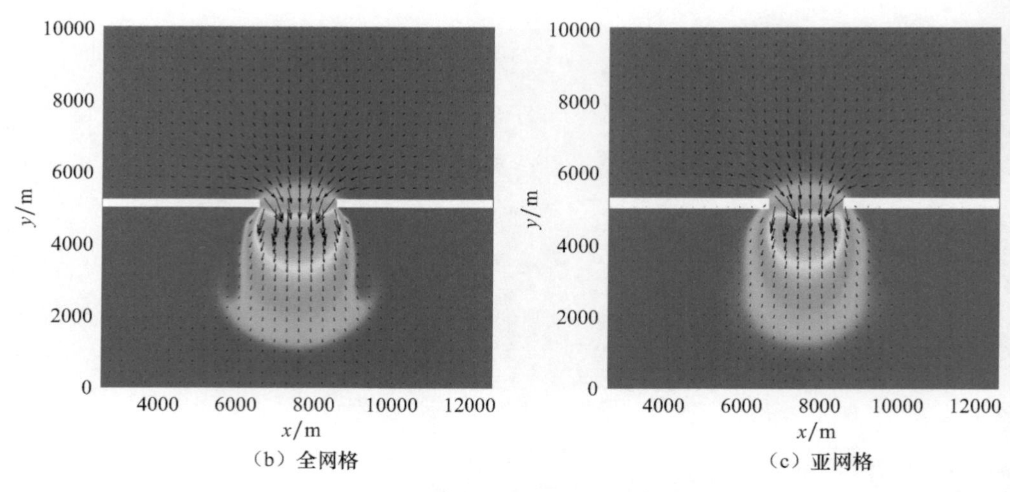

（b）全网格　　（c）亚网格

图 4.25　落急时刻悬沙浓度场与流场对比

是一个动态变化过程，受水动力环境、泥沙供给、海平面上升和季节更替的影响很大。本节在亚网格水动力、悬沙模型的基础上，构建滨海盐沼湿地系统长期地貌演变和植被动态变化相互耦合的平面二维模型，以实现生态过程和地貌过程的有机融合。下面分别就植被演变模块、地形更新模块给出具体方法。

1. 植被对水动力的影响

为了研究植被及其空间分布对水动力环境的影响，人们提出了很多在数值模型中考虑植被作用的方法[28,29]。传统模型中，经常根据经验来调整底摩阻系数[10,30,31]，以较大的底摩阻系数来反映植被对水流的阻力。这种方法的优点是较为简单直接，然而底摩阻系数并不是均匀分布的，跟植被的特征、空间分布都有很大关系，底摩阻系数的选取具有很大的不确定性，且不能反映植被区水流和湍流动能的垂向结构。Sullivan 等[10]总结了文献中盐沼区域曼宁系数的取值，发现不同文献中虽然验证结果都非常好，但是所采用的曼宁系数相差甚大，范围为 0.006～$0.63s/m^{1/3}$；而且对于潮沟和沼面、主潮沟和次级潮沟、高程较低和较高的盐沼、植被完全淹没和不完全淹没状态下，曼宁系数的取值也相差很大。因此采用调整底摩阻方法对模型的率定形成了很大困难。

另外一种方法则以植被的形状参数为基础，在动量平衡方程中添加动量源项，在湍流闭合模型中添加湍流动能源项和湍流动能耗散率源项的方法，来考虑植被对水流的拖曳作用和对湍流动能产生和耗散的影响[14,15]。与人为调整底摩阻系数方法相比，此种方法是一种基于物理过程更显式的模拟方法，一般用于三维模型中，如 Sheng 等[28]所建立的植被解析风暴潮模型，以及在开源模型 Delft3D 中所采用的三维刚体植被模型。Horstman 等[32]对比了三种植被模型在模拟植被区内潮水沟的潮汐和泥沙输移的表现，分别为三维刚体植被模型、二维刚体植被模型和底摩阻系数调整方法。结果显示，三种模型均能得到与实际测量一致的结果，但底摩阻系数调整方法的结果相对较差，而二维刚体植被模型所计算的潮汐变形、底部剪切应力、泥沙浓度和泥沙淤积量都与更加精细的三维刚体植被模型结果非常接近，但是计算效率高了一个量级。在盐沼湿地这种计算量庞大的区域，计算效率非常重要。因此采用垂向平均的二维刚性植被模型是一个较为实际的选择。

水流作用在植被上的力包括拖曳力和惯性力，拖曳力由水流黏性和植被形状所导致，而惯性力则由周围流体的加速度所引起。将植被看成刚性的圆柱体，采用Morison方程的形式，以 x 方向为例，水流对植被的作用力可表达为

$$F_x = \frac{1}{2}\rho C_D \phi_{\text{veg}} n_{\text{veg}} H_{\text{veg}} |\boldsymbol{u}| u + \rho C_M N_{\text{veg}} H_{\text{veg}} A_{\text{veg}} \frac{\partial u}{\partial t} \tag{4.109}$$

式中，方程右侧的第一项即为拖曳力项，第二项为惯性力项；H_{veg} 为植被浸入水中的高度，$H_{\text{veg}}=\min(h_{\text{veg}}, H_{\text{w}})$，$H_{\text{w}}$ 为水深；ϕ_{veg} 为垂向平均的植被直径；N_{veg} 为垂向平均的植被密度；A_{veg} 为垂向平均的植被横断面面积；C_M 为惯性力系数，一般可以取值为2.0；u 为流速在 x 方向上的分量；$|\boldsymbol{u}|$ 为该处流速值的大小。在海岸环境中，惯性力项的值一般比拖曳力项的值小一个量级，通常可以忽略。

在较大尺度的平面二维海岸模型中，经常采用简单的零方程湍流模型来计算涡旋黏度，本书的亚网格模型则假设涡旋黏度为恒定值。根据经验，而非具体的湍流结构时，正常范围内的涡旋黏度值对所模拟的水位、流速等影响不大。因此，本书中忽略植被的存在对涡旋黏度的影响，仍采用恒定的涡旋黏度。该值为可率定参数，用户可以依据经验针对不同情况（网格大小等）选取合适的涡黏系数。

当植被存在时，动量方程式(4.27)和式(4.28)分别可以写为

$$\frac{\partial P}{\partial t} + \frac{\partial}{\partial x}\left(\epsilon_{xx}\frac{P^2}{Y}\right) + \frac{\partial}{\partial y}\left(\epsilon_{xy}\frac{PQ}{Y}\right) + gY\frac{\partial \eta}{\partial x} - \frac{\partial R_{xx}}{\partial x} - \frac{\partial R_{xy}}{\partial y} + \frac{\tau_{\text{b}x}}{\rho} + \frac{\tau_{\text{v}x}}{\rho} = 0 \tag{4.110}$$

$$\frac{\partial Q}{\partial t} + \frac{\partial}{\partial x}\left(\epsilon_{xx}\frac{PQ}{Y}\right) + \frac{\partial}{\partial y}\left(\epsilon_{xy}\frac{Q^2}{Y}\right) + gY\frac{\partial \eta}{\partial y} - \frac{\partial R_{yx}}{\partial x} - \frac{\partial R_{yy}}{\partial y} + \frac{\tau_{\text{b}y}}{\rho} + \frac{\tau_{\text{v}y}}{\rho} = 0 \tag{4.111}$$

以 x 方向为例，考虑亚网格流速、底摩阻系数变化的底摩阻项可以写为

$$\tau_{\text{b}x} = \frac{1}{A}\iint_A \rho C_{\text{ds}} |\boldsymbol{u}_{\text{s}}| u_{\text{s}} \text{d}A \tag{4.112}$$

同样，通过在亚网格上进行积分，植被阻力项可以写为

$$\tau_{\text{v}x} = \frac{1}{A}\iint_A \rho C_{\text{vs}} |\boldsymbol{u}_{\text{s}}| u_{\text{s}} \text{d}A \tag{4.113}$$

式中，C_{vs} 为植被的等效阻力系数。

由式(4.109)，忽略惯性项后，有

$$C_{\text{vs}} = \frac{1}{2} C_D \phi_{\text{s}} N_{\text{s}} D_{\text{s}} \tag{4.114}$$

式中，$D_s=\min(H_s,H_{vs})$为总水深和植被高度中的较小值；N_s 为植被密度；ϕ_s 为植被直径；C_D 为拖曳力系数；下标包括 s 的变量均为定义在亚网格上的变量。

总的阻力包括植被阻力和底部剪切应力，即

$$\tau_x=\frac{\rho}{A}\iint_A(C_{ds}+C_{vs})|\boldsymbol{u}_s|u_s\mathrm{d}A \tag{4.115}$$

与等效底摩阻系数的推导方式类似，假设同一个粗网格内的流速方向在所有亚网格点上保持一致，则亚网格流速可表示为粗网格流速的线性函数，即

$$(u_s,v_s)=\frac{(u,v)}{\alpha_s} \tag{4.116}$$

式中，α_s 为与流速方向无关的无量纲系数。

粗网格流速可以表达为体积平均的亚网格流速，以 x 分量为例，有

$$u=\frac{1}{AY}\iint_A u_sH_s\mathrm{d}A \tag{4.117}$$

无量纲参数 α_s 可表示为

$$\alpha_s=\frac{u}{u_s}=\frac{1}{AYu_s}\iint_A u_sH_s\mathrm{d}A \tag{4.118}$$

假设每一个粗网格内其流动为恒定均匀流，因此摩擦坡度在粗网格内是保持恒定的。在植被存在时，摩擦坡度为水面梯度和底摩阻与植被阻力之和的比值，即

$$S=\frac{(C_{ds}+C_{vs})u_s^2}{gH_s}=常数 \tag{4.119}$$

将式(4.119)代入式(4.118)，可得

$$\alpha_s=\frac{1}{AY}\sqrt{\frac{C_{ds}+C_{vs}}{H_s}}\iint_A\sqrt{\frac{H_s}{C_{ds}+C_{vs}}}H_s\mathrm{d}A \tag{4.120}$$

将式(4.120)和式(4.116)代入式(4.115)，即可得到底部摩阻与植被拖曳共同作用下的总应力

$$\tau_x=\frac{\rho}{A}\iint_A(C_{ds}+C_{vs})\frac{|\boldsymbol{u}|u}{\alpha_s^2}\mathrm{d}A=\rho C_d|\boldsymbol{u}|u \tag{4.121}$$

式(4.121)将总应力与粗网格流速 u 建立起直接的关系，其中 C_d 为植被存在时的等效阻力系数，暗含底部摩阻和植被拖曳的共同作用，其表达式为[14]

$$C_d=\frac{1}{A}\iint_A\frac{C_{ds}+C_{vs}}{{\alpha_s}^2}\mathrm{d}A=\frac{1}{A}\iint_A\frac{H_s}{H_f}\mathrm{d}A \tag{4.122}$$

式中，H_f 为考虑植被作用时的摩阻水深。

$$H_f=\left(\frac{\iint_A H_s\sqrt{\frac{H_s}{C_{vs}+C_{ds}}}}{AY}\right)^2=\left(\frac{\iint_A H_s\sqrt{\frac{2H_s}{C_D\phi_sN_sD_s+2gn_s^2/h^{1/3}}}}{AY}\right)^2 \tag{4.123}$$

式中，H_s 为亚网格点总水深；ϕ_s 为植被茎秆的直径；N_s 为植被茎秆的密度；D_s 为植

被被水淹没的高度；C_D 为拖曳力系数；n_s 为亚网格点曼宁系数；g 为重力加速度。

与不考虑植被时的等效底摩阻系数式(4.42)和式(4.43)相比，式(4.122)和式(4.123)的形式类似，因此可以采用相同的数值格式，隐式考虑等效阻力系数项，以保证数值稳定性。

2. 盐沼湿地植被的动态演变

盐沼湿地植物的生物量受多种因素影响，如潮汐动力、泥沙供给、环境温度等。对于某一海岸区域，植被所占据的高程范围经常是比较固定的，即处于平均潮位和平均高潮位之间。Morris 等[33]通过对多处盐沼湿地的实际观测，首次将植物的地上生物量与平均高潮位和盐沼高程之差联系起来，提出了盐沼植被生物量的估算方程。采用该二次方程模型来计算植被的生物量，即

$$B=\begin{cases}B_{\max}(aD+bD^2+c), & D_{\min}\leqslant D\leqslant D_{\max}\\ 0, & D<D_{\min}\text{ 或 }D>D_{\max}\end{cases}\tag{4.124}$$

式中，B 为地上生物量，g/m^2；$B_{\max}$为可能的最大生物量，其值与不同的海岸区域和植物类型有关，根据 Mudd 等[34]对一处互花米草盐沼的研究，$B_{\max}$约为 $2000g/m^2$；二次方程的系数 a、b 和 c 满足当 $D=D_{\min}$和 $D=D_{\max}$时，$B=0$；且在抛物线顶点时，$B=B_{\max}$；$D_{\min}$和 $D_{\max}$分别为平均高潮位下的最小和最大深度。系数 a、b、c 可表示为

$$a=\frac{-4}{(D_{\min}-D_{\max})^2}\tag{4.125}$$

$$b=\frac{D_{\min}+D_{\max}}{(D_{\min}-D_{\max})^2}\tag{4.126}$$

$$c=1-\frac{(D_{\min}+D_{\max})^2}{(D_{\min}-D_{\max})^2}\tag{4.127}$$

根据 Mudd 等[35]的研究，$D_{\min}$可取为 0m，$D_{\max}$为潮差 T_r 的函数：

$$D_{\max}=0.7167T_r-0.483\tag{4.128}$$

考虑在不同的季节时生物量也随之变化，可以将上述所得到的年平均生物量乘以一个年内变化系数，即

$$B_v=\frac{B(1-\omega)}{2}\left(1-\cos\frac{2\pi J_d}{365}\right)+\omega B\tag{4.129}$$

式中，J_d 为儒略日；ω 为无量纲系数，可以取 0.1[34]。式(4.124)针对的是以互花米草为主导的盐沼。对于多种系植被共生的盐沼环境，式(4.129)可能不适用。

Mudd 等[34,35]通过对互花米草主导的盐沼植被生物量的观测数据进行分析，获得了植被形态参数，即植株密度 n_s、直径 d_s 和高度 h_s 的表达式：

$$n_s=250B^{0.3032}\tag{4.130}$$

$$d_s = 0.0006B^{0.3} \tag{4.131}$$

$$h_s = 0.0609B^{0.1876} \tag{4.132}$$

根据式(4.124)和式(4.130)～式(4.132)可知，由盐沼湿地的高程、当地潮差便可知道湿地植被的形态参数。这些参数反馈至水动力模型中，便可模拟植被对水流和泥沙输运的影响。

3. 地形演变控制方程

滩涂盐沼湿地环境中的泥沙输运主要以悬移质为主，其地形演变主要取决于泥沙的淤积和再悬浮速率，即

$$\rho_b \frac{\partial Z_b}{\partial T} + \frac{f_{mor}}{1-p}(E-D) = 0 \tag{4.133}$$

式中，ρ_b 为底床泥沙密度；Z_b 为床面高程；f_{mor}为地形加速因子；p 为底床泥沙孔隙度；E 为泥沙侵蚀通量；D 为泥沙淤积通量，为三部分之和，即泥沙自然淤积速率、植被黏附速率和地下有机质生产速率：

$$D = D_s + D_{tp} + D_{bg} \tag{4.134}$$

式中，D_s 为淤积通量，可根据式(4.97)计算；D_{tp}为植被对泥沙的黏附速率。

$$D_{tp} = c_s U \epsilon d_s n_s \min(h_s, H) \tag{4.135}$$

式中，ϵ 为黏附率。

$$\epsilon = \alpha_\epsilon \left(\frac{Ud_s}{\nu}\right)^{\beta_\epsilon} \left(\frac{d_{50}}{d_s}\right)^{\gamma_\epsilon} \tag{4.136}$$

式中，U 为水流流速大小；d_{50}为泥沙的中值粒径；ν 为水体的动能黏性系数；α_ϵ、β_ϵ、γ_ϵ均为经验系数，分别取为 0.224、0.718 和 2.08。

盐沼湿地植被根系可以造成地下有机质的积累，该积累速率与地上生物量存在线性相关关系[35]，D_{bg}可以表示为

$$D_{bg} = D_{bg,0} \frac{B}{B_{max}} \tag{4.137}$$

式中，$D_{bg,0}$为经验系数，文献[36]、[37]中的取值范围为 2～9mm/a。

一方面，植被导致流速减缓、湍流衰减，间接地促进泥沙沉降；另一方面，植被对泥沙的黏附作用[式(4.135)]和对地下有机质生产的贡献[式(4.137)]，直接造成淤积增加、高程升高。

4. 耦合流程

生态-地貌耦合模型各子模块的关系如图 4.26 所示，图中实线部分代表模型中直接考虑的，虚线部分代表间接考虑的，如水动力环境对盐沼植被演变的影响，其实是通过地面高程的改变来影响植被生物量，从而改变植被形态参数的方法实现的。

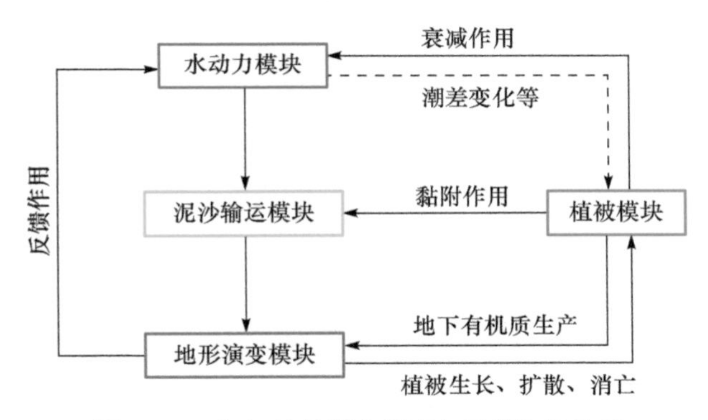

图4.26　生态-地貌耦合模型各子模块的关系

4.3.5　潮滩-盐沼湿地系统发育的数值模拟

1. 初始地形

初始潮滩地形为一沿岸方向均匀的斜坡,坡度为1∶1000,初始水深范围为−1.0～1.1m;外海边界处水深为5.0m,为缩小模型范围减少计算量,自外海边界处至1.1m水深之间为较陡的斜坡,坡度为13∶1000。向岸方向2400m,沿岸方向2000m,网格精度两方向均为20m。水深的基础上叠加了一个随机生成的小幅度扰动,最终形成的理想潮滩初始地形高程如图4.27所示。

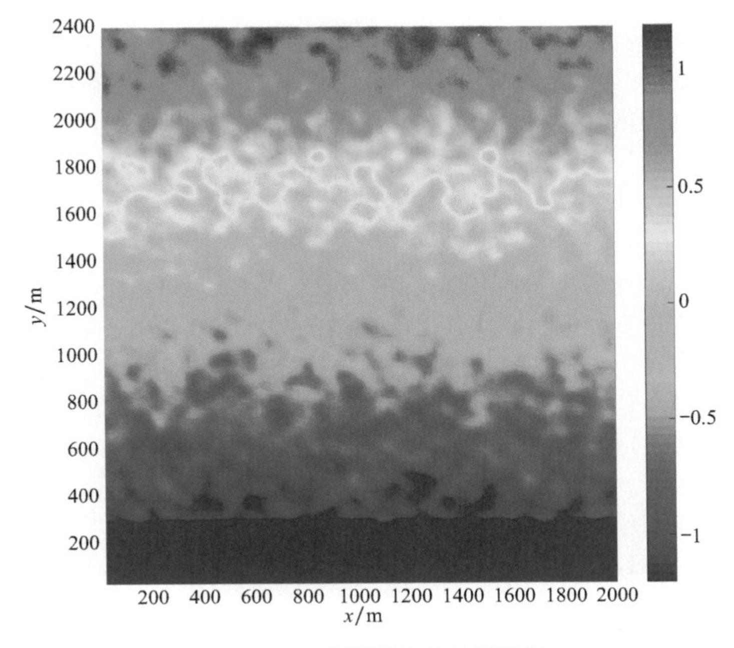

图4.27　理想潮滩初始地形高程

2. 模型参数

模型外海边界采用 M_2 潮汐驱动，振幅为 1m，周期为 12h。外海泥沙边界条件设置为 NEUMANN 类型边界条件，没有专门考虑外部的泥沙来源。泥沙模型的临界冲刷应力为 0.15Pa，临界淤积应力为 1000.0Pa，这意味着泥沙淤积在任何动力条件下始终发生。泥沙沉速为 0.3mm/s，侵蚀速率为 0.0001kg/(m^2·s)。模拟时间为 6 个月，地形演变加速因子取为 20，实际反映了 10 年的地貌演变。植被模型与地貌模型的耦合时间步长为 5 天，最高生物量设为 2000g/m^2，D_{min}=0.0m，D_{max}=0.95m，泥沙黏附作用公式中的参数 α_c、β_c、γ_c 分别取为 0.224、0.718 和 2.08，地下有机质的积累速率为 $D_{bg,0}$=9mm/a。为了说明盐沼植被对地貌演变的影响，模拟了两组情况，分别为不考虑植被作用和植被-地貌耦合情况。

3. 结果与分析

图 4.28 给出了潮滩经过 0.5 年、5 年、10 年之后的地形演变。可以看出，两组模型最终均形成了典型的潮沟-潮滩系统，最开始的 0.5 年内，地形变化较为剧烈，已经基本形成了潮沟的初始形态。这是因为包含有随机扰动的初始地形极度不规则，在潮汐潮流的强迫下，水流容易汇集至“洼”的地方，而避开“凸”的地方；水流的汇集导致洼地的流速增大，引起局部冲刷，在冲刷达到平衡状态之前，这种水动力强迫-底床冲刷的响应机制是相互促进的；长期作用下，相邻的洼地冲刷加深、拓宽并连接起来，形成潮沟网系的地形特征。从第 5 年到第 10 年，两组模拟的变化都很小，说明地形变化先快后慢，地貌与水动力逐渐达到了基本平衡的状态。

采用植被地貌耦合模型所计算的盐沼植被生物量和植被形态参数的分布如图 4.29 所示。可以看出，植被大约分布于平均潮位至平均高潮位之间(y 方向为 1400～2400m)。

对比有、无植被作用的模拟结果可以看出，耦合植被作用时，潮间带区域(y 方向为 400～2400m)所形成潮沟更深；在平均潮位以上部分的潮沟，其宽度比平均潮位以下部分的潮沟宽度更小。这是由于植被的分布和高程有直接关系，地形的不规则也导致了植被空间分布的高度不均匀。植被生物量高的地方，植被密度、直径和高度也大，因此对水流的阻力也大；植被对水流形成了更强的集中作用，因此流速更大，达到平衡时的潮沟深度更深、宽度更窄。

为了更直观地看出植被对潮沟发育的影响，选取六个沿岸方向的地形断面，断面 1～6 的向岸方向 y 坐标分别为 400m、800m、1200m、1600m、2000m、2300m，断面 1～3 位于平均潮位以下，4～6 位于平均潮位以上。断面的地形变化如图 4.30 所示。图中蓝色实线为该断面的初始地形，红色实线为不考虑植被的结果，绿色实

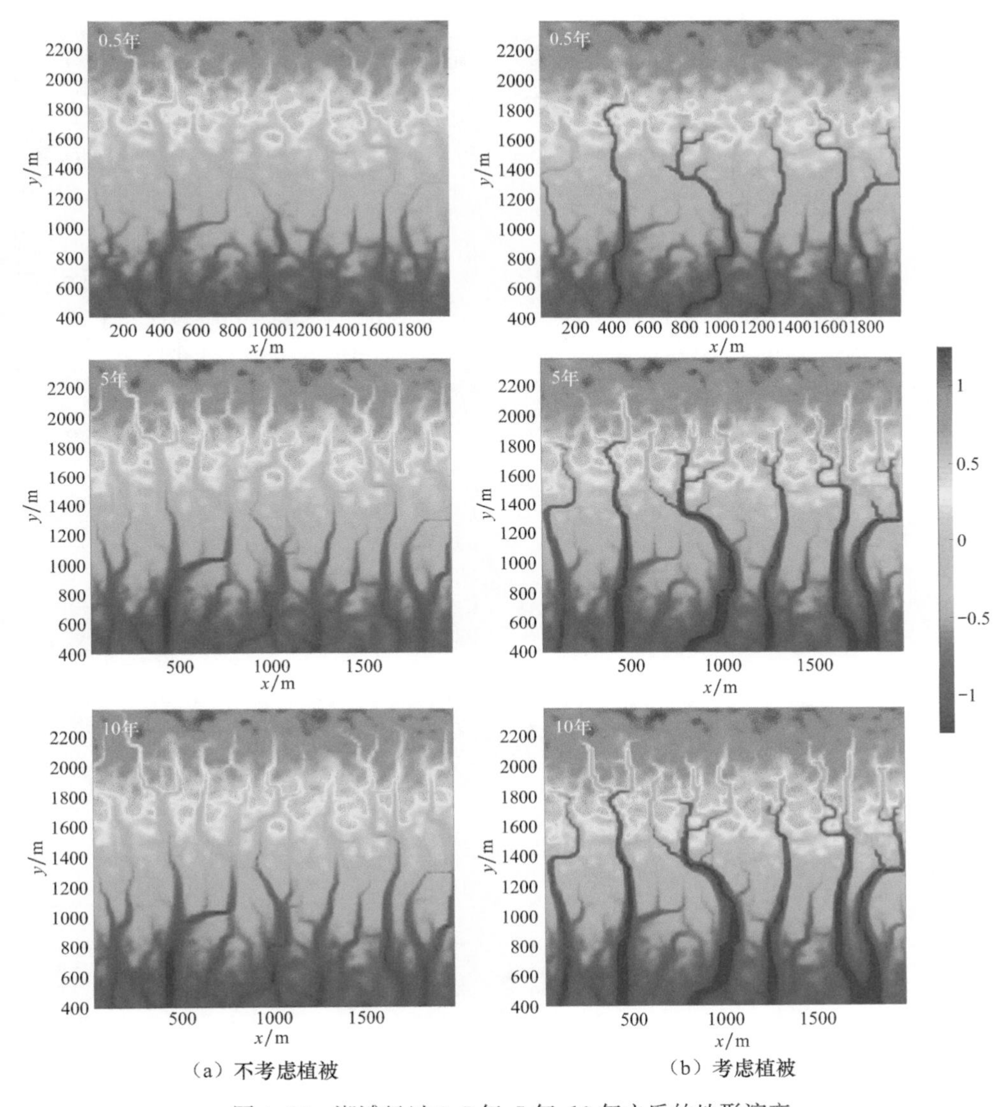

图 4.28　潮滩经过 0.5 年、5 年、10 年之后的地形演变

线为植被地貌耦合模型的结果。由图可以看出，断面 1～3 中，无论是否考虑植被作用，均有潮沟断面形成；植被地貌耦合比不考虑植被作用所形成的潮沟深度更深，例如，断面 3 中，植被地貌耦合模拟得到的最深潮沟可接近 1.5m，而相应位置不考虑植被时仅约为 0.75m。位于潮间带靠下部分的断面 2，潮沟形成的位置并没有直接对应初始底床较“洼”的地方，说明该处潮沟形成受局地初始地形影响较小，有可能更受附近地形分布的影响。对于断面 3，潮沟形成的位置与初始底床的“洼”地位置对应良好，这说明潮沟对初始水深具有一定的继承性。

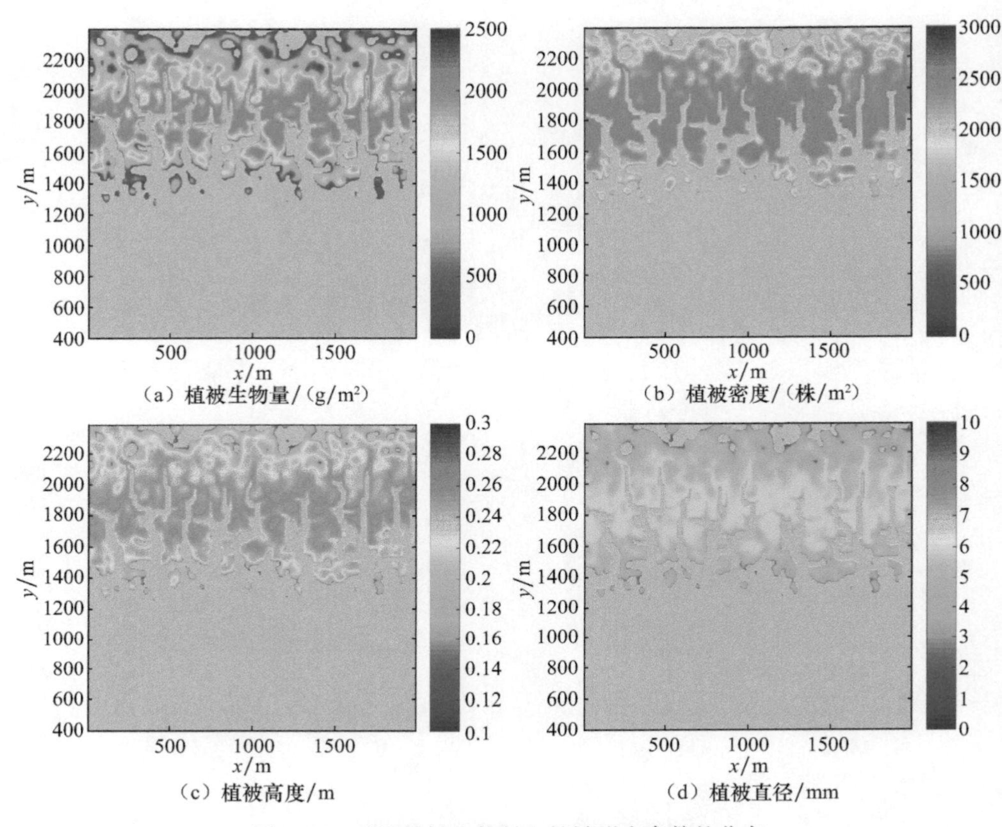

图 4.29　盐沼植被生物量和植被形态参数的分布

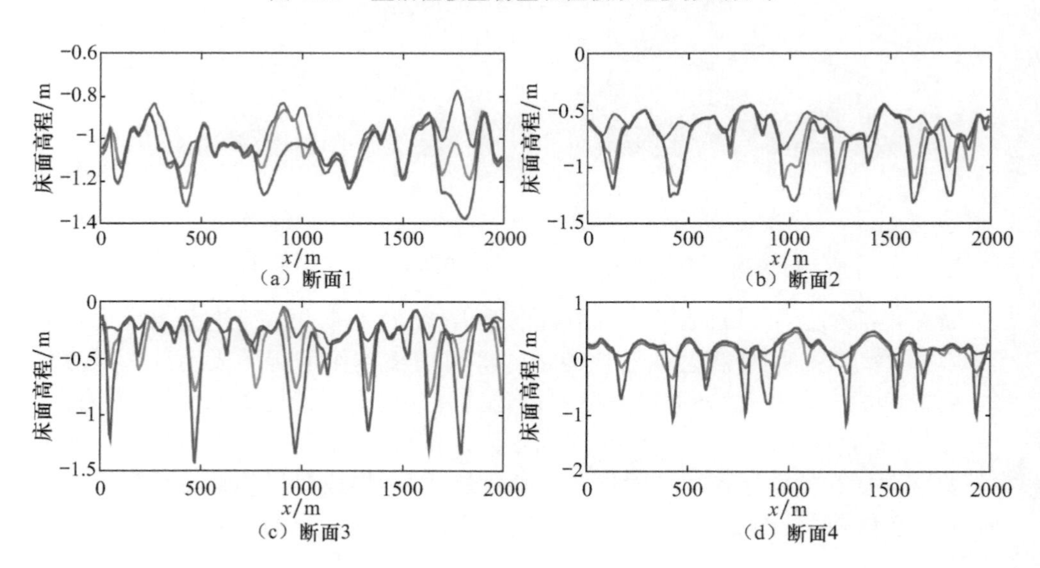

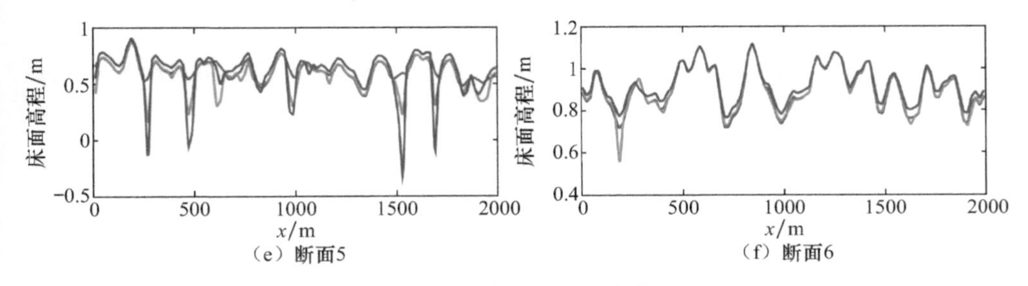

（e）断面5　　（f）断面6

图 4.30　断面的地形变化

对于断面 4 和 5，同样可以看出潮沟形成的位置与初始底床的"洼"地具有一定的相关性。断面 4 和 5 的位置是植被分布的区域，Schwarz 等[7]研究表明，存在一个初始底床深度的临界值，当潮沟深度大于该值时，植被可巩固潮沟的稳定，即潮沟的发育对初始深度具有继承性；而小于该值时，植被则导致潮沟侧向侵蚀。除此以外，植被地貌耦合模型所模拟的沼面高程比不考虑植被时更高，这是几个因素共同作用下形成的：水体从流速较大的潮沟中携带泥沙漫过沼面时，沼面植被导致流速大幅降低，促进了泥沙的淤积；沼面植被对泥沙具有黏附作用；沼面植被的地下有机质生产对床面的升高也有贡献作用。对于断面 6，由于该处接近高潮位，淹没频率和时间均较小，因此地形演变总体不大，但依然可以看出植被地貌耦合模型所模拟的床面高程更高。

图 4.31 给出了植被对潮滩冲淤变化的影响。图中蓝色为冲刷，红色为淤积。

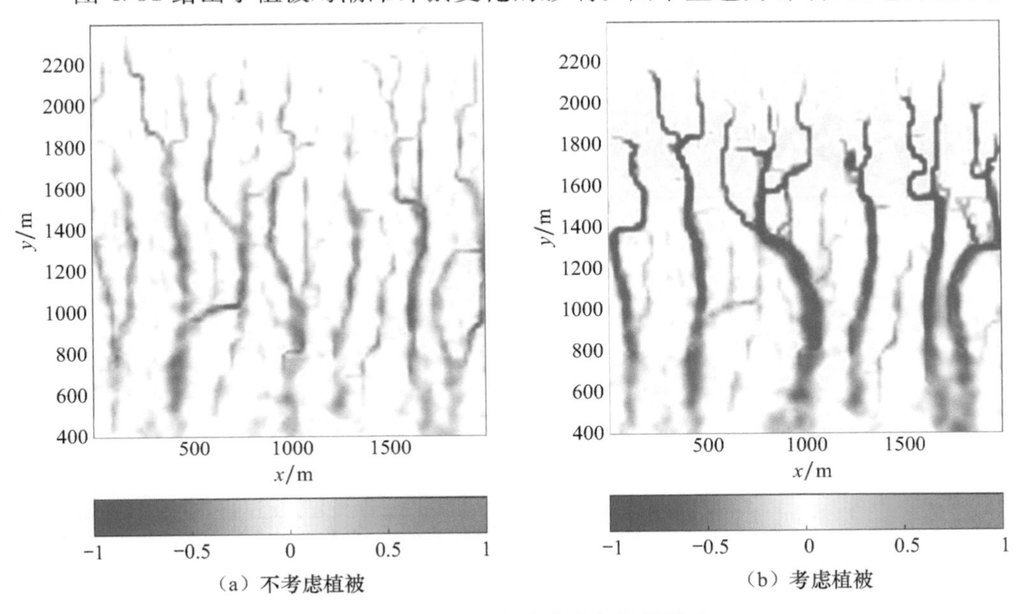

（a）不考虑植被　　（b）考虑植被

图 4.31　植被对潮滩冲淤变化的影响

由于外海开边界不考虑泥沙的输入，因此整个潮滩区域总体趋势均以冲刷为主。潮沟网系的整体平面形态比较相似，但植被地貌耦合模型计算的冲刷深度明显更大，多数潮沟区域冲刷深度接近 1.0m；而不考虑植被时，大部分潮沟冲刷深度均不足 0.5m。植被地貌耦合模型中，在平均潮位以上的沼面上淤积较为明显，可达 0.20m。整体淤积范围与图 4.29 中生物量的分布范围一致；在 y 方向约 1800m 的位置淤积最大，这也对应着最大生物量的位置。淤积范围和淤积程度与生物量分布的相关性说明，在该理想试验所代表的环境中（无外界泥沙输入），植物是沼面淤积的最大控制因素。

图 4.32 给出了自外海至岸滩方向上的平均高程分布。可以看出，与初始床面（黑色实线）相比，不考虑植被作用（红色虚线）时，整个潮滩几乎都表现为冲刷；考虑植被时（绿色虚线），在 y 方向约 1900m 以下，潮滩是冲刷的，且冲刷程度比无植被时更大，而在约 1900m 以上，潮滩表现为淤积。由于 y 方向 1400m 以上部分均有植被分布，1400～1900m 部分认为是较深的潮沟导致了平均高程比不考虑植被时更低；而 1900m 以上部分则是植被的促淤、黏附和地下有机质生产使得平均高程增加。在地下有机质生产速率较低的情况下，可认为高程的增加是有极限的；当高程达到临界值时，不能或者极少被水体淹没，沼面上的泥沙来源减少，导致植被死亡，高程不再继续增加。水动力、植被生长和泥沙动力之间的相互作用是盐沼高程的主要控制因素。

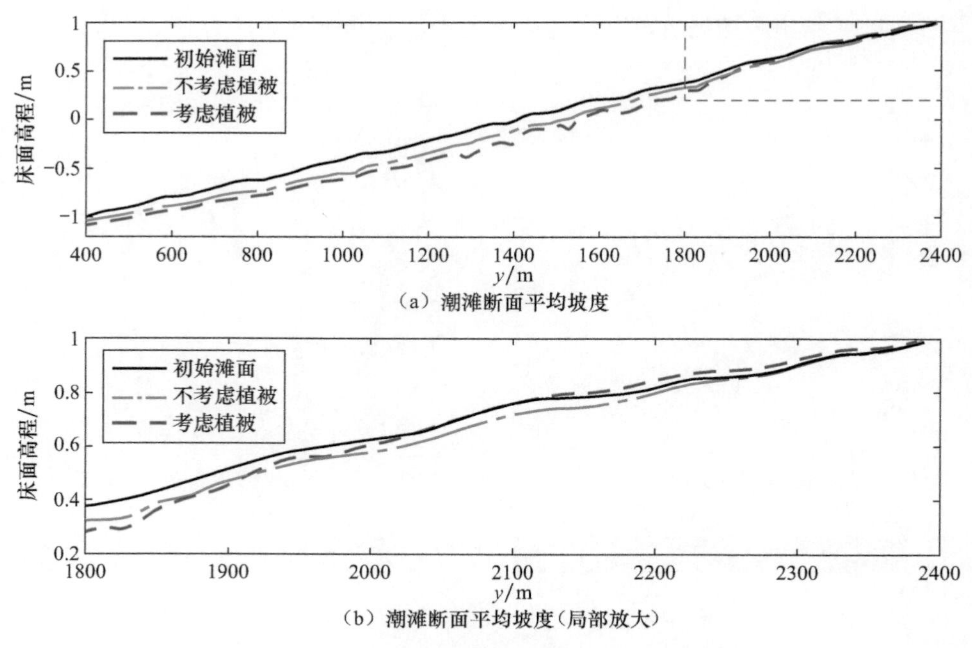

图 4.32 从外海至岸滩方向上的平均高程变化

参考文献

[1] Fagherazzi S, Kirwan M L, Mudd S M, et al. Numerical models of salt marsh evolution: Ecological, geomorphic, and climatic factors. Reviews of Geophysics, 2012, 50(1): 294−295.

[2] Nepf H M. Drag, turbulence, and diffusion in flow through emergent vegetation. Water Resources Research, 1999, 35(2): 479−489.

[3] Nepf H M. Flow and transport in regions with aquatic vegetation. Annual Review of Fluid Mechanics, 2011, 44(1): 123−142.

[4] Möller I, Kudella M, Rupprecht F, et al. Addendum: Wave attenuation over coastal salt marshes under storm surge conditions. Nature Geoscience, 2014, 7(10): 727−731.

[5] Li H, Yang S L. Trapping effect of tidal marsh vegetation on suspended sediment, Yangtze Delta. Journal of Coastal Research, 2009, 25(4): 915−924.

[6] Temmerman S, Bouma T J, Van de Koppel J, et al. Vegetation causes channel erosion in a tidal landscape. Geology, 2007, 35(7): 631−634.

[7] Schwarz C, Ye Q H, Wal D, et al. Impacts of salt marsh plants on tidal channel initiation and inheritance. Journal of Geophysical Research: Earth Surface, 2014, 119(2): 385−400.

[8] Leonardi N, Ganju N K, Fagherazzi S. A linear relationship between wave power and erosion determines salt-marsh resilience to violent storms and hurricanes. Proceedings of the National Academy of Sciences, 2016, 113(1): 64−68.

[9] 杨世伦. 海岸环境和地貌过程导论. 青岛：海洋出版社，2003.

[10] Sullivan J C, Torres R, Garrett A, et al. Complexity in salt marsh circulation for a semienclosed basin. Journal of Geophysical Research: Earth Surface, 2015, 120(10): 1973−1989.

[11] Temmerman S, Bouma T J, Govers G, et al. Impact of vegetation on flow routing and sedimentation patterns: Three-dimensional modeling for a tidal marsh. Journal of Geophysical Research: Earth Surface, 2005, 110(F4): 308−324.

[12] Mieras R. A high-resolution numerical model investigation into the response of a channelized salt marsh to a storm surge event[Master's Thesis]. Delaware: University of Delaware, 2014.

[13] Wu G, Shi F, Kirby J T, et al. A pre-storage, subgrid model for simulating flooding and draining processes in salt marshes. Coastal Engineering, 2016, 108: 65−78.

[14] Wu G, Li H, Liang B, et al. Subgrid modeling of salt marsh hydrodynamics with effects of vegetation and vegetation zonation. Earth Surface Processes and Landforms, 2017, DOI: 10.1002/esp.4121.

[15] 武国相. 滨海盐沼动力过程的高精度亚网格模拟[博士学位论文]. 青岛：中国海洋大学，2016.

[16] Defina A. Two-dimensional shallow flow equations for partially dry areas. Water Resources Research, 2000, 36(11): 3251−3264.

[17] Volp N D,Prooijen B C,Stelling G S. A finite volume approach for shallow water flow accounting for high-resolution bathymetry and roughness data. Water Resources Research, 2013,49(7):4126—4135.

[18] Putrevu U, Svendsen I A. Three-dimensional dispersion of momentum in wave-induced nearshore currents. European Journal of Mechanics-B/Fluids,1999,18(3):409—427.

[19] de Goede E D, ten Thije Boonkkamp J H M. Vectorization of the odd-even hopscotch scheme and the alternating direction implicit scheme for the two-dimensional Burgers equations. SIAM Journal on Scientific and Statistical Computing,1990,11(2):354—367.

[20] Titus J G,Jones R,Streeter R. Maps that depict site-specific scenarios for wetland accretion as sea level rise along the Mid-Atlantic coast. Section 2. 2. //Background Documents Supporting Climate Change Science Program Synthesis and Assessment Product 4. 1. EPA 430R07004. U. S. EPA,Washington D. C. ,2008.

[21] Shih S F,Rahi G S. Seasonal variations of manning's roughness coefficient in a subtropical marsh. Transactions of The American Society of Agricultural Engineers, 1982, 25(1): 116—119.

[22] Volp N D,Van Prooijen B C,Pietrzak J D,et al. A subgrid based approach for morphodynamic modelling. Advances in Water Resources,2016,93:105—117.

[23] Sanford L P,Halka J P. Assessing the paradigm of mutually exclusive erosion and deposition of mud,with examples from upper Chesapeake Bay. Marine Geology,1993,114(1-2): 37—57.

[24] Winterwerp J C, van Kesteren W G M. Introduction to the Physics of Cohesive Sediment Dynamics in the Marine Environment. Amsterdam:Elsevier,2004.

[25] Roelvink D,Reniers A J H M,van Dongeren A,et al. XBeach model description and manual. Unesco-IHE Institute for Water Education,Deltares and Delft University of Tecnhology. Report June 21,2010.

[26] Deltares. DELFT3D-FLOW:Simulation of multi-dimensional hydrodynamic flow andtransport phenomena,including sediments. Delft,2014.

[27] Roelvink J A. Coastal morphodynamic evolution techniques. Coastal Engineering, 2006, 53(2):277—287.

[28] Sheng Y P, Lapetina A, Ma G. The reduction of storm surge by vegetation canopies: Three-dimensional simulations. Geophysical Research Letters,2012,39(20):L20601.

[29] Baptist M J,Babovic V,Rodríguez Uthurburu J,et al. On inducing equations for vegetation resistance. Journal of Hydraulic Research,2007,45(4):435—450.

[30] Loder N M,Irish J L,Cialone M A,et al. Sensitivity of hurricane surge to morphological parameters of coastal wetlands. Estuarine,Coastal and Shelf Science,2009,84(4):625—636.

[31] Bruder B,Bomminayuni S,Haas K,et al. Modeling tidal distortion in the ogeechee estuary. Ocean Modelling,2014,82:60—69.

[32] Horstman E M,Dohmen-Janssen C M,Hulscher S. Modeling tidal dynamics in a mangrove

creek catchment in delft3D// Bonneton P, Garlan T. Extended Abstracts of Coastal Dynamics. Arcachon, 2013: 833—844.

[33] Morris J T, Sundareshwar P V, Nietch C T, et al. Responses of coastal wetlands to rising Sea Level. Ecology, 2002, 83(10): 2869—2877.

[34] Mudd S M, Fagherazzi S, Morris J T, et al. Flow, sedimentation, and biomass production on a vegetated salt marsh in South Carolina: Toward a predictive model of marsh morphologic and ecologic evolution. The Ecogeomorphology of Tidal Marshes, 2004: 165—188.

[35] Mudd S M, D'Alpaos A, Morris J T. How does vegetation affect sedimentation on tidal marshes? Investigating particle capture and hydrodynamic controls on biologically mediated sedimentation. Journal of Geophysical Research: Earth Surface, 2010, 115 (F3): F03029.

[36] Belliard J P, Toffolon M, Carniello L, et al. An ecogeomorphic model of tidal channel initiation and elaboration in progressive marsh accretional contexts. Journal of Geophysical Research: Earth Surface, 2015, 120(6): 1040—1064.

[37] Mariotti G, Fagherazzi S. A numerical model for the coupled long-term evolution of salt marshes and tidal flats. Journal of Geophysical Research: Earth Surface, 2010, 115(F1): F01004.

第5章　新型海岸结构物水动力解析研究

海岸工程中修建了许多新型消能式结构物，如堆石潜堤、排桩防波堤、开孔沉箱、异形混凝土护面等。波浪作用下，这些新型消能式海岸结构物的消浪性能和安全性是工程设计和学术研究中重点关注的问题，研究新型消能式海岸结构物的水动力特性具有重要的理论意义和应用价值。波浪对消能式海岸结构物的作用机理非常复杂，物理模型试验通常是不可缺少的研究手段，但是通过合理简化和数学描述，可以得到波浪对一些典型消能式海岸结构作用的解析解。解析解的计算过程简单、高效，物理意义明确，能够阐明结构物水动力特性的基本变化规律，可以为物理模型试验研究、计算流体力学数值模拟、工程设计等提供有效指导。本章将首先介绍新型消能式海岸结构物水动力解析研究的理论基础，之后依次采用匹配特征函数展开分析、多极子展开分析、速度势分解技术给出波浪对典型消能式海岸结构物作用的解析解，并进行必要的计算分析和讨论。

5.1　基本理论

5.1.1　控制方程和边界条件

本节简要介绍海岸结构物水动力特性解析研究的基本控制方程和边界条件，相关问题的详细阐述可以参考 Wehausen 等[1]、Linton 等[2]、Mei 等[3]、邹志利[4]、李玉成等[5]的著作。

在三维直角坐标系下描述波浪对海岸结构物的作用，坐标原点位于静水面，z 轴垂直向上，x 轴水平向右。对于重力水波问题，可以假定流体不可压缩，流体运动满足质量守恒方程和动量守恒方程：

$$\nabla\cdot \boldsymbol{u}=0 \tag{5.1}$$

$$\frac{\partial \boldsymbol{u}}{\partial t}+(\boldsymbol{u}\cdot\nabla)\boldsymbol{u}=-\nabla\left(gz+\frac{P}{\rho}\right)+\nu\nabla^2\boldsymbol{u} \tag{5.2}$$

式中，$\nabla=(\partial/\partial x,\partial/\partial y,\partial/\partial z)$；$\boldsymbol{u}(x,y,z,t)$为流体运动的速度矢量；$g$ 为重力加速度；ρ 为流体密度；P 为 t 时刻流体在空间点(x,y,z)处产生的压力；ν 为运动黏性系数。

考虑重力波对较大尺度海岸结构物的绕射问题，可以进一步假定流体无黏、流动无旋，流体运动的速度矢量 $\boldsymbol{u}(x,y,z,t)$可以表示为标量速度势 $\Phi(x,y,z,t)$的梯度：

$$\boldsymbol{u}(x,y,z,t)=\nabla\Phi(x,y,z,t) \tag{5.3}$$

则质量守恒方程(5.1)变为拉普拉斯方程：

$$\frac{\partial^2\Phi}{\partial x^2}+\frac{\partial^2\Phi}{\partial y^2}+\frac{\partial^2\Phi}{\partial z^2}=0 \tag{5.4}$$

动量守恒方程(5.2)简化为伯努利方程：

$$gz+\frac{\partial\Phi}{\partial t}+\frac{1}{2}|\nabla\Phi|^2=-\frac{P}{\rho} \tag{5.5}$$

在流体与空气的交界面 $z=\zeta(x,y,t)$，自由水面的运动学边界条件为

$$\frac{\partial\Phi}{\partial z}=\frac{\partial\zeta}{\partial t}+\frac{\partial\Phi}{\partial x}\frac{\partial\zeta}{\partial x}+\frac{\partial\Phi}{\partial y}\frac{\partial\zeta}{\partial y} \tag{5.6}$$

将伯努利方程(5.5)应用到自由水面，并取大气压强为0，可以得到自由水面上的动力学边界条件：

$$\frac{\partial\Phi}{\partial t}+\frac{1}{2}|\nabla\Phi|^2+g\zeta=0 \tag{5.7}$$

从式(5.6)和式(5.7)中消去波面函数 ζ，可以得到一个仅包含速度势的非线性自由水面条件：

$$\frac{\partial^2\Phi}{\partial t^2}+g\frac{\partial\Phi}{\partial z}+\frac{\partial}{\partial t}|\nabla\Phi|^2+\frac{1}{2}\nabla\Phi\cdot\nabla|\nabla\Phi|^2=0 \tag{5.8}$$

式(5.8)是在未知的自由水面上满足的非线性边界条件，解析求解非常困难。考虑线性波问题，通过摄动展开，将非线性自由水面条件式(5.8)简化为在平均水面(静水面)上满足的线性自由水面条件：

$$\frac{\partial\Phi}{\partial z}=-\frac{1}{g}\frac{\partial^2\Phi}{\partial t^2},\quad z=0 \tag{5.9}$$

与此同时，伯努利方程(5.5)和动力学边界条件式(5.7)简化为

$$P=-\rho gz-\rho\frac{\partial\Phi}{\partial t} \tag{5.10}$$

$$\zeta=-\frac{1}{g}\frac{\partial\Phi}{\partial t},\quad z=0 \tag{5.11}$$

式(5.10)等号右侧第一项为流体内任意点的静水压力，第二项为流体运动在该点产生的动水压力。式(5.11)给出了波面高度与速度势之间的关系。

考虑圆频率为 ω 的周期波作用，可以将时间因子从速度势和波面函数中分离出来：

$$\Phi=\mathrm{Re}\{\phi(x,y,z)\mathrm{e}^{-\mathrm{i}\omega t}\} \tag{5.12}$$

$$\zeta=\mathrm{Re}\{\eta(x,y)\mathrm{e}^{-\mathrm{i}\omega t}\} \tag{5.13}$$

式中，Re代表对变量取实部；$\phi(x,y,z)$ 和 $\eta(x,y)$ 分别表示与时间无关的空间速度势和波面，均为复数。在波浪对结构物作用的解析分析中，关键问题就是求解空间速度势 $\phi(x,y,z)$，进而得到工程中感兴趣的水动力参数。

考虑空间速度势，式(5.4)、式(5.9)和式(5.11)可以写为

$$\frac{\partial^2 \phi}{\partial x^2}+\frac{\partial^2 \phi}{\partial y^2}+\frac{\partial^2 \phi}{\partial z^2}=0 \tag{5.14}$$

$$\frac{\partial \phi}{\partial z}=K\phi, \quad K=\frac{\omega^2}{g}, \quad z=0 \tag{5.15}$$

$$\eta=\frac{\mathrm{i}\omega}{g}\phi, \quad z=0 \tag{5.16}$$

考虑空间动水压力 $p(x,y,z)$，伯努利方程(5.10)可以简化为

$$p=\mathrm{i}\omega\rho\phi \tag{5.17}$$

忽略海床渗透性对波浪场的影响，则海床上的不透水边界条件为

$$\frac{\partial \phi}{\partial \boldsymbol{n}}=0 \tag{5.18}$$

式中，$\boldsymbol{n}$ 为海床表面的单位法向矢量。

对于表面不透水的海岸结构物，流体在结构物表面同样满足边界条件式(5.18)，但是对于多孔消能式海岸结构物，流体可以透过结构并耗散能量(动水压力损失)，需要对消能式海岸结构物的表面边界条件进行修正。海岸工程中常见的多孔消能式结构主要包括两大类：①多孔介质结构，如堆石潜堤、异形混凝土护面等；②具有不同形状孔洞的薄板结构，如排桩防波堤、开孔沉箱等。对于这两类不同的消能式结构，流体通过结构的边界条件有很大不同，分别在下面详细阐述。

5.1.2 多孔介质模型

在水波与多孔介质结构相互作用的解析研究中，Sollitt 等[6]的多孔介质模型应用最为广泛，本节简要介绍该多孔介质模型，详细推导可参考 Sollitt 等[6]的文章。

将堆石等多孔结构视为刚性、各向同性的均匀多孔介质，假定流体在多孔介质内的渗流速度矢量 $\boldsymbol{u}(x,y,z,t)$ 可以表示成标量速度势 $\Phi(x,y,z,t)$ 的梯度，则流体在多孔介质内的运动仍然满足拉普拉斯方程(5.4)。但是，为了描述多孔介质对流体运动的影响，Sollitt 等[6]忽略动量守恒方程(5.2)中的对流加速度项和黏性项，将方程修正为

$$\frac{\partial \boldsymbol{u}}{\partial t}=-\nabla\left(gz+\frac{P}{\rho}\right)-\left(\frac{\nu}{K_{\mathrm{p}}}\varepsilon\boldsymbol{u}+\frac{C_f}{\sqrt{K_{\mathrm{p}}}}\varepsilon^2\boldsymbol{u}|\boldsymbol{u}|\right)-\frac{1-\varepsilon}{\varepsilon}C_{\mathrm{m}}\frac{\partial \boldsymbol{u}}{\partial t} \tag{5.19}$$

式中，ε 为多孔介质的孔隙率；K_{p} 为多孔材料的固有渗透系数；C_{f} 为无因次的紊动阻力系数；C_{m} 为附加质量系数。

式(5.19)等号右侧第二项是多孔介质对流体运动产生的耗散阻力项，包括线性和非线性两部分；第三项是由多孔介质颗粒附加质量引起的非耗散惯性项。

考虑圆频率为 ω 的周期波作用，利用 Lorentz 等价假定将式(5.19)等号右侧第二项做线性化处理：

$$\frac{\nu}{K_\mathrm{p}}\varepsilon\boldsymbol{u}+\frac{C_\mathrm{f}}{\sqrt{K_\mathrm{p}}}\varepsilon^2\boldsymbol{u}|\boldsymbol{u}|\to f\omega\boldsymbol{u} \tag{5.20}$$

式中，f 为多孔介质的无因次线性化阻力系数。

式(5.20)的物理解释为：在一个波浪周期内，线性化以后的阻力和原非线性阻力在相同多孔介质体积内耗散的波浪能量相等。线性化阻力系数 f 的计算公式为

$$f=\frac{1}{\omega}\frac{\int_V\int_t^{t+T}\left(\frac{\varepsilon^2\nu}{K_\mathrm{p}}|\boldsymbol{u}_\mathrm{R}|^2+\frac{\varepsilon^3C_\mathrm{f}}{\sqrt{K_\mathrm{p}}}|\boldsymbol{u}_\mathrm{R}|^3\right)\mathrm{d}t\mathrm{d}V}{\int_V\int_t^{t+T}\varepsilon|\boldsymbol{u}_\mathrm{R}|^2\mathrm{d}t\mathrm{d}V} \tag{5.21}$$

式中，V 为多孔介质体积；T 为波浪周期；$\boldsymbol{u}_\mathrm{R}$ 为渗流速度 $\boldsymbol{u}$ 的实部。

可以看出，计算阻力系数需要已知渗流速度，因此需要迭代计算。也可以通过物理模型试验，直接测量多孔介质的阻力系数 f[7]。

经线性化处理后，式(5.19)变为

$$s\frac{\partial\boldsymbol{u}}{\partial t}=-\nabla\left(gz+\frac{P}{\rho}\right)-f\omega\boldsymbol{u} \tag{5.22}$$

式中，s 为惯性力系数，定义为

$$s=1+\frac{1-\varepsilon}{\varepsilon}C_\mathrm{m} \tag{5.23}$$

在实际计算中经常可以将惯性力系数 s 简单取为 1。

将式(5.3)代入动量守恒方程(5.22)，可得

$$s\frac{\partial\Phi}{\partial t}+\frac{P}{\rho}+gz+f\omega\Phi=0 \tag{5.24}$$

式(5.24)为流体在多孔介质内运动的伯努利方程。

将时间因子 $\mathrm{e}^{-\mathrm{i}\omega t}$ 从速度势、波面和动水压力函数中分离出来，伯努利方程(5.24)可进一步简化为

$$p=\mathrm{i}\rho\omega(s+\mathrm{i}f)\phi \tag{5.25}$$

式中，p 和 ϕ 分别为多孔介质内的空间动水压力和速度势。

如果多孔介质内存在与大气交界的自由水面，利用伯努利方程，可以得到多孔介质内的自由水面条件：

$$\frac{\partial\phi}{\partial z}=\frac{\omega^2}{g}(s+\mathrm{i}f)\phi \tag{5.26}$$

此时，波面高度 $\eta(x,y)$ 可以表示为

$$\eta=(s+\mathrm{i}f)\frac{\mathrm{i}\omega}{g}\phi \tag{5.27}$$

在多孔介质与外部水体的交界面或不同性质多孔介质的交界面，交界面的法向质量输移和动水压力必须保持连续：

$$\varepsilon_1 \frac{\partial \phi_1}{\partial \boldsymbol{n}} = \varepsilon_2 \frac{\partial \phi_2}{\partial \boldsymbol{n}} \tag{5.28}$$

$$(s_1 + \mathrm{i} f_1)\phi_1 = (s_2 + \mathrm{i} f_2)\phi_2 \tag{5.29}$$

式中，下标 1 和 2 分别代表交界面两侧的多孔介质参数。

如果多孔介质内存在不透水的物面或海床，则物面或海床上的不透水边界条件为

$$\frac{\partial \phi}{\partial \boldsymbol{n}} = 0 \tag{5.30}$$

需要说明的是，如果阻力系数 $f=0$、惯性力系数 $s=1$、孔隙率 $\varepsilon=1$，流体内不存在多孔介质，此时本节所给出的多孔介质边界条件与 5.1.1 节水波问题的相应边界条件完全一致。可以看出，式(5.26)和式(5.29)为耗散边界条件，表示流体在该耗散边界所包围的区域内产生能量耗散。

5.1.3 开孔薄板边界条件

波浪通过开孔薄板时（板的厚度远小于波长），将产生能量损失和相位改变，需要采用合理的边界条件来描述开孔薄板对波浪运动的影响。目前在消能式海岸结构物水动力分析中，Mei 等[8] 和 Yu[9] 推导的两类开孔薄板边界条件应用较广泛，本节简要介绍这两类边界条件，详细过程可参考 Mei 等[8]、Yu[9]、Bennett 等[10] 和 Huang 等[11] 的文献。

Mei 等[8] 考虑流体经过开孔薄板时，发生流动分离，产生射流，给出以下二次压力损失边界条件：

$$\Delta P = \rho \frac{\widetilde{C}_{\mathrm{f}}}{2} u|u| + \rho L_{\mathrm{g}} \frac{\partial u}{\partial t} \tag{5.31}$$

$$\widetilde{C}_{\mathrm{f}} = \left(\frac{1}{\varepsilon C_{\mathrm{c}}} - 1\right)^2 \tag{5.32}$$

式中，ΔP 为开孔板两侧的动水压力差（压力损失）；u 为靠近开孔板处的流体法向运动速度，可以是开孔板任意一侧的速度，即在开孔板处，流体法向速度连续；L_{g} 为具有长度单位的经验系数；ε 为开孔板的开孔率（开孔面积除以板的总面积）；C_{c} 为无因次的孔口收缩系数。式(5.31)等号右侧第一项表示阻力（压力或水头损失）影响；第二项为惯性力影响，使波浪通过开孔板后产生一个相位变化，但是并不带来能量耗散。$\widetilde{C}_{\mathrm{f}}$ 和 L_{g} 分别代表开孔板的阻力影响系数和惯性力影响系数，类似莫里森公式中的阻力系数和惯性力系数。Mei 等[8] 最初基于长波理论给出式(5.31)，后来该边界条件被扩展应用到一般的波浪条件[10,11]。

式(5.31)是一个瞬时的非线性边界条件，压力和速度中均包含时间项，可以仅对时间项做线性化处理。对于圆频率为 ω 的周期波作用，在一个波浪周期内具有以下线性化关系[12]：

$$|\mathrm{Re}\{Fe^{-i\omega t}\}|\mathrm{Re}\{Fe^{-i\omega t}\}=\frac{8}{3\pi}|F|\mathrm{Re}\{Fe^{-i\omega t}\} \tag{5.33}$$

式中，F 代表任意与时间无关的函数。

时间项线性化后，利用流体速度与速度势之间的关系式(5.3)以及伯努利方程(5.17)，式(5.31)变为

$$\Delta\phi=-\frac{8\mathrm{i}}{3\pi\omega}\frac{\widetilde{C}_f}{2}\left|\frac{\partial\phi}{\partial \boldsymbol{n}}\right|\frac{\partial\phi}{\partial \boldsymbol{n}}-L_g\frac{\partial\phi}{\partial \boldsymbol{n}} \tag{5.34}$$

式中，$\Delta\phi$ 为开孔板两侧空间速度势的差；流体法向速度 $\partial\phi/\partial \boldsymbol{n}$ 是开孔板任意一侧的速度。式(5.34)为非线性边界条件，在实际应用时需要进行迭代计算。

Yu[9]将开孔薄板假定为均匀的刚性多孔介质，基于5.1.2节所述 Sollitt 等[6]的多孔介质模型，推导了开孔薄板处的边界条件：

$$\mathrm{i}k_0G\Delta\phi=\frac{\partial\phi}{\partial \boldsymbol{n}} \tag{5.35}$$

$$G=\frac{\varepsilon}{k_0\delta(f-\mathrm{i}s)} \tag{5.36}$$

式中，G 为无因次的开孔板孔隙影响系数；k_0 为入射波的波数，这里引入波数是为了得到无因次的 G；ε、f、s 分别为开孔板(多孔介质)的开孔率、线性化阻力系数、惯性力系数；δ 为开孔板的厚度；流体法向速度 $\partial\phi/\partial \boldsymbol{n}$ 是开孔板任意一侧的速度，即开孔板处流体法向速度连续。

式(5.35)可以解释为：流体通过开孔薄板的法向速度与开孔板两侧压力差呈线性正比关系，$\mathrm{i}k_0G$ 为比例系数。G 为复数，实部和虚部分别代表开孔薄板对流动的阻力影响和惯性力影响，通常阻力影响占优。惯性力影响并不产生能量耗散，也就是说，如果将 G 取为纯虚数，势流理论的计算结果将没有任何能量耗散，当然，这样的开孔板在实际中可能并不存在。在工程应用中，需要通过物理模型试验来确定开孔薄板的孔隙影响系数 G 或阻力系数 f[13~15]。

应用式(5.34)或式(5.35)进行水动力分析时(波浪绕射和辐射问题)，由于开孔薄板的厚度相对于波长很小，可直接将开孔板厚度忽略。式(5.34)和式(5.35)均为耗散边界条件，表示流体通过该边界时产生能量耗散和相位变化，这与5.1.2节中的耗散边界条件式(5.26)和式(5.29)在物理意义上是完全不同的。此外，式(5.34)和式(5.35)存在一定的关联性。如果将式(5.31)利用 Lorentz 等价假定做完全的线性化处理：

$$\frac{\widetilde{C}_\mathrm{f}}{2}u|u|\rightarrow f_\mathrm{e}\frac{\omega}{k_0}u \tag{5.37}$$

式中，f_e 为无因次的线性化系数。则式(5.34)变为

$$\mathrm{i}k_0\left(\frac{1}{f_\mathrm{e}-\mathrm{i}k_0L_\mathrm{g}}\right)\Delta\phi=\frac{\partial\phi}{\partial \boldsymbol{n}} \tag{5.38}$$

比较式(5.38)和式(5.35)可得[11]：

$$f_{\mathrm{e}}=\frac{k_0\delta}{\varepsilon}f,\quad L_{\mathrm{g}}=\frac{\delta}{\varepsilon}s \tag{5.39}$$

可以说，只要通过物理模型试验合理确定开孔薄板的阻力影响系数和惯性力影响系数，利用耗散边界条件式(5.34)或式(5.35)应该都可以给出合理的计算结果，本书采用边界条件式(5.35)进行与开孔薄板相关的水动力分析。

5.2　匹配特征函数展开法

在波浪与结构物相互作用的解析研究中，匹配特征函数展开法是一种简单、有效的理论分析方法。该方法依据结构物的形状和坐标系将流场划分为多个子区域，在每个子区域内利用分离变量法得到波浪速度势的级数解，然后利用各子区域之间的边界条件匹配确定级数解中的展开系数，便可以确定出波浪速度势和相关水动力参数。对于波浪与不透水结构物相互作用的匹配特征函数展开分析问题，Linton 等[2]、李玉成等[5]进行了系统介绍。本节主要介绍如何利用匹配特征函数展开法分析消能式海岸结构物的水动力特性，考虑正向入射波的作用，以多孔堆石潜堤、水平多孔板防波堤、排桩堆石结构为例进行分析，最后介绍如何将正向波的解析解扩展分析斜向波问题。

5.2.1　多孔堆石潜堤

堆石潜堤是海岸工程中比较常见的消能式防护结构，结构型式简单，施工便利。如果将堆石潜堤简化为一个理想化的矩形多孔介质结构，便可以得到波浪对该结构作用的解析解，Rojanakamthorn 等[16]、Losada 等[17]曾利用匹配特征函数展开法对该问题进行解析研究，这也是波浪对消能式海岸结构作用解析研究的一个典型问题。

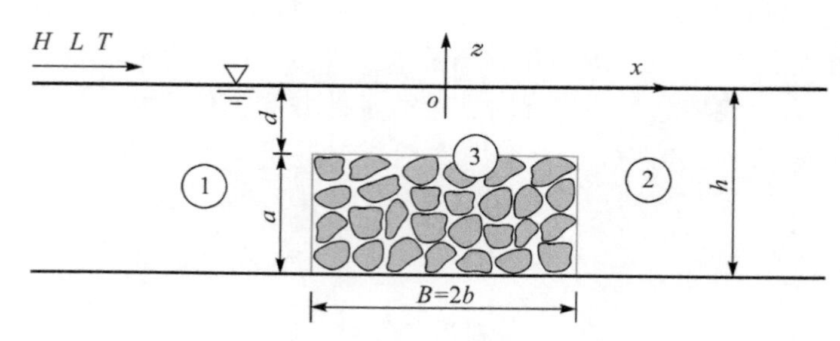

图 5.1　波浪对多孔堆石潜堤作用示意图

图 5.1 为波浪对多孔堆石潜堤作用示意图，水深为 h，潜堤宽度为 $B(=2b)$、高度为 a、淹没深度为 d，入射波从左向右传播，波高为 H，波长为 L，周期为 T。x 轴

正方向沿静水面水平向右，z 轴正方向沿潜堤中垂线垂直向上。为了进行匹配特征函数展开分析，将整个流场分成三个子区域：子区域①，$x \leqslant -b, -h \leqslant z \leqslant 0$；子区域②，$x \geqslant b, -h \leqslant z \leqslant 0$；子区域③，$|x| \leqslant b, -h \leqslant z \leqslant 0$。

在各子区域内，流体运动速度势均满足二维拉普拉斯方程：

$$\frac{\partial^2 \phi}{\partial x^2} + \frac{\partial^2 \phi}{\partial z^2} = 0 \tag{5.40}$$

速度势满足自由水面条件和海床不透水边界条件：

$$\frac{\partial \phi}{\partial z} = K\phi, \quad z = 0 \tag{5.41}$$

$$\frac{\partial \phi}{\partial z} = 0, \quad z = -h \tag{5.42}$$

式中，$K = \omega^2/g$ 为深水（无穷水深）波数。在子区域①和②的远场，速度势还满足远场辐射条件：

$$\lim_{x \to \pm\infty} \left(\frac{\partial}{\partial x} \mp \mathrm{i}k_0 \right) (\phi - \phi_1) = 0 \tag{5.43}$$

式中，ϕ_1 为入射波的速度势。

采用分离变量法，在子区域①和②内满足拉普拉斯方程（5.40）、自由水面条件式（5.41）、水底条件式（5.42）和远场辐射条件式（5.43）的速度势表达式为

$$\phi_1 = -\frac{\mathrm{i}gH}{2\omega} \left[\mathrm{e}^{\mathrm{i}k_0(x+b)} Z_0(z) + R_0 \mathrm{e}^{-\mathrm{i}k_0(x+b)} Z_0(z) + \sum_{m=1}^{\infty} R_m \mathrm{e}^{k_m(x+b)} Z_m(z) \right] \tag{5.44}$$

$$\phi_2 = -\frac{\mathrm{i}gH}{2\omega} \left[T_0 \mathrm{e}^{\mathrm{i}k_0(x-b)} Z_0(z) + \sum_{m=1}^{\infty} T_m \mathrm{e}^{-k_m(x-b)} Z_m(z) \right] \tag{5.45}$$

式中，下标 1 和 2 分别代表子区域①和②的速度势；R_m 和 T_m 表示未知的展开系数，均为复数；波数 k_0 满足色散方程：

$$K = k_0 \tanh(k_0 h) \tag{5.46a}$$

$k_m (m=1,2,3,\cdots)$ 为正实数，满足方程：

$$K = -k_m \tan(k_m h) = (\mathrm{i}k_m) \tanh(\mathrm{i}k_m h), \quad m = 1,2,3,\cdots \tag{5.46b}$$

$Z_m(z) (m=0,1,2,\cdots)$ 表示沿水深方向的特征函数系：

$$Z_m(z) = \begin{cases} \dfrac{\cosh[k_m(z+h)]}{\cosh(k_m h)}, & m = 0 \\ \dfrac{\cos[k_m(z+h)]}{\cos(k_m h)}, & m = 1,2,3,\cdots \end{cases} \tag{5.47}$$

特征函数系 $Z_m(z)$ 具备正交性：

$$\int_{-h}^{0} Z_m(z) Z_n(z) \mathrm{d}z = 0, \quad m \neq n \tag{5.48}$$

式（5.44）等号右侧包括三项：第 1 项为入射波的速度势；第 2 项为反射波（传

播模态波)的速度势;第 3 项为局部衰减模态项,随着离开潜堤水平距离的增加(沿 x 轴负方向)呈指数衰减。式(5.45)等号右侧包括两项:第 1 项为透射波(传播模态波)的速度势;第 2 项为局部衰减模态项,随着离开潜堤水平距离的增加(沿 x 轴正方向)呈指数衰减。

将海岸结构物的反射系数定义为结构物前方(迎浪面)反射波高与入射波高的比值,将透射系数定义为结构物后方(背浪面)透射波高与入射波高的比值。这里的入射波、反射波和透射波都是指传播模态波,并不包含结构物附近非传播衰减模态波的影响。当试验测量结构物的反射系数和透射系数时,需要将浪高仪放置在离开结构物一定距离之外的位置,就是为了消除结构物附近非传播衰减模态波对测量结果的影响。研究反射系数和透射系数都具有重要的工程意义:结构物透射系数低表示掩护效果好;结构物反射系数低有利于抑制结构前海床的冲刷,并有利于船舶在结构物前方的安全通航。水动力性能优良的透空式防波堤结构,有可能同时具有低透射、低反射特性。

多孔堆石潜堤的反射系数和透射系数分别为

$$C_{\mathrm{R}} = |R_0| \tag{5.49}$$

$$C_{\mathrm{T}} = |T_0| \tag{5.50}$$

消能式海岸结构物的能量耗散系数定义为

$$C_{\mathrm{L}} = 1 - C_{\mathrm{R}}^2 - C_{\mathrm{T}}^2 \tag{5.51}$$

在子区域③内部多孔堆石潜堤的上表面,速度势满足边界条件式(5.28)和式(5.29),可以具体写为

$$\frac{\partial \phi_3^+}{\partial z} = \varepsilon \frac{\partial \phi_3^-}{\partial z}, \quad z = -d \tag{5.52a}$$

$$\phi_3^+ = (s + \mathrm{i}f)\phi_3^-, \quad z = -d \tag{5.52b}$$

式中,上标+和−分别表示上部水体区域和下部多孔介质区域在交界面上的值。

采用分离变量法,在子区域③内满足拉普拉斯方程(5.40)和边界条件式(5.41)、式(5.42)、式(5.52)的速度势可以表示为

$$\phi_3 = -\frac{\mathrm{i}gH}{2\omega}\sum_{n=0}^{\infty}\left[A_n\cos(\lambda_n x) + B_n\sin(\lambda_n x)\right]U_n(z) \tag{5.53}$$

式中,A_n 和 B_n 表示未知的复系数;$U_n(z)(n=0,1,2,\cdots)$为沿水深方向的特征函数系[17]:

$$U_n(z) = \begin{cases} \dfrac{\cosh[\lambda_n(z+h)] - P_n\sinh[\lambda_n(z+h)]}{\cosh(\lambda_n h) - P_n\sinh(\lambda_n h)}, & -d \leqslant z \leqslant 0 \\ \dfrac{1 - P_n\tanh(\lambda_n a)}{s + \mathrm{i}f}\dfrac{\cosh[\lambda_n(z+h)]}{\cosh(\lambda_n h) - P_n\sinh(\lambda_n h)}, & -h \leqslant z \leqslant -d \end{cases} \tag{5.54}$$

式中，

$$P_n=\frac{\left(1-\frac{\varepsilon}{s+\mathrm{i}f}\right)\tanh(\lambda_n a)}{1-\frac{\varepsilon}{s+\mathrm{i}f}\tanh^2(\lambda_n a)}$$

特征函数系 $U_n(z)$ 具备以下加权正交性[18]：

$$\int_{-h}^{0}\hbar U_m(z)U_n(z)\mathrm{d}z=0,\quad m\neq n \tag{5.55a}$$

$$\hbar=\begin{cases}1, & -d\leqslant z\leqslant 0\\ \varepsilon(s+\mathrm{i}f), & -h\leqslant z\leqslant -d\end{cases} \tag{5.55b}$$

λ_n 为复波数，满足复色散方程：

$$K-\lambda_n\tanh(\lambda_n h)=P_n[K\tanh(\lambda_n h)-\lambda_n],\quad n=0,1,2,\cdots \tag{5.56}$$

复波数 λ_n 的实部决定波浪在多孔潜堤上传播的波长，虚部则决定波浪在多孔潜堤上传播时波高的衰减幅值，换言之，波浪在多孔潜堤上传播的同时伴随着能量的衰减，这与波浪在不透水海床上的传播完全不同。

复色散方程(5.56)的精确求解存在较大难度，因为波数 λ_n 位于复平面上，在迭代计算中难以给出所有复根的合理初始猜值。Mendez 等[19]发展了一种摄动展开方法，可以较好地给出复波数的近似值。将复色散方程(5.56)写成无因次形式：

$$F(\varphi,x)=\Gamma-x\tanh(\tilde{d}x)-\varphi[x-\Gamma\tanh(\tilde{d}x)]\tanh(\tilde{a}x)=0 \tag{5.57}$$

式中，$\varphi=\varepsilon/(s+\mathrm{i}f)$，$x=\lambda_n h$，$\Gamma=Kh$，$\tilde{a}=a/h$，$\tilde{d}=d/h$。$\varphi$ 是由多孔介质性质决定的耗散参数，如果多孔介质的耗散参数 φ 有一个小的变化量 $\delta\varphi$，将导致无因次波数 x 也产生一个小的变化量 δx。

将式(5.57)做泰勒级数展开，可得

$$F(\varphi+\delta\varphi,x+\delta x)=\sum_{m,n=0}^{\infty}\frac{1}{m!\ n!}\frac{\partial^{m+n}F(\varphi,x)}{\partial x^m\partial\varphi^n}\delta x^m\delta\varphi^n \tag{5.58}$$

展开后的级数表达式(5.58)仍满足式(5.57)，只取 $\delta\varphi$ 和 δx 项，可得

$$\begin{aligned}\delta x&=-\delta\varphi\frac{\partial F(\varphi,x)/\partial\varphi}{\partial F(\varphi,x)/\partial x}\\&=\delta\varphi\frac{[\Gamma\tanh(\tilde{d}x)-x]\tanh(\tilde{a}x)}{\tanh(\tilde{d}x)+\varphi\tanh(\tilde{a}x)+\dfrac{\tilde{d}x-\Gamma\tilde{d}\varphi\tanh(\tilde{a}x)}{\cosh^2(\tilde{d}x)}+\dfrac{\tilde{a}\varphi[x-\Gamma\tanh(\tilde{d}x)]}{\cosh^2(\tilde{a}x)}}\end{aligned} \tag{5.59}$$

对于水，$\varphi=1(\varepsilon=1,s=1,f=0)$，此时式(5.57)是色散方程(5.46)的无因次形式，则 $x=k_0h$ 或 $\mathrm{i}k_mh(m=1,2,3,\cdots)$。对于某一多孔介质，复波数的近似初始猜值计算过程如下：①取 $\delta\varphi=(\varphi-1)/N$，式中 N 为正整数，可以根据精度需要任意选取；②将 δx_i 视为 x_{i-1}、φ_{i-1} 和 $\delta\varphi$ 的函数，利用式(5.59)计算 δx_i；③计算 $x_i=x_{i-1}+\delta x_i$；④将计

算过程②和③重复 N 次，可得到 $x=x_N=x_{N-1}+\delta_{xN}$、$\varphi=\varphi_N=\varphi_{N-1}+\delta\varphi$。得到复波数的初始猜值后，就可以用牛顿-下山法迭代求解复色散方程(5.56)。图 5.2 给出波浪在多孔堆石潜堤上运动的前四个复波数的典型计算结果。图中横坐标和纵坐标分别代表复波数的实部和虚部，计算条件为：$Kh=1.3577(k_0h=1.5)$，$a/h=0.5$，$\varepsilon=0.45$，$s=1$，$f=0.5,2,5$。由图可以看出，所有复波数的虚部均为正数，并依次增加；波数 λ_0 的实部为正数，并且大于相应无多孔介质条件的波数 k_0；其他波数的实部都接近 0，并有可能为正数或负数。

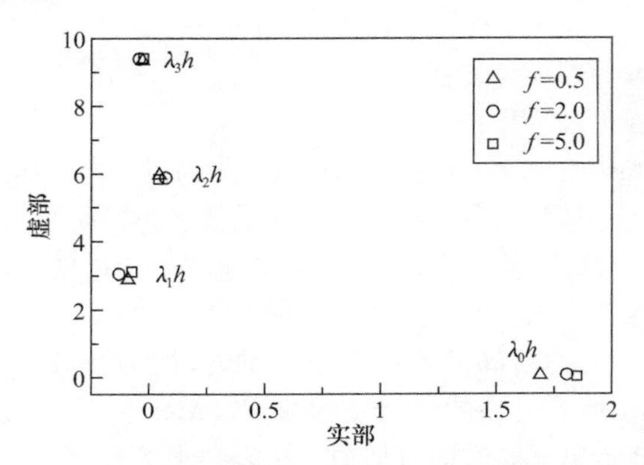

图 5.2 波浪在多孔堆石潜堤上运动的复波数的典型计算结果

下面利用各子区域之间的边界条件来匹配确定速度势表达式中的未知展开系数，这些匹配边界条件为

$$\alpha\phi_1=\phi_3,\quad x=-b \tag{5.60}$$

$$\frac{\partial\phi_1}{\partial x}=\beta\frac{\partial\phi_3}{\partial x},\quad x=-b \tag{5.61}$$

$$\alpha\phi_2=\phi_3,\quad x=b \tag{5.62}$$

$$\frac{\partial\phi_2}{\partial x}=\beta\frac{\partial\phi_3}{\partial x},\quad x=b \tag{5.63}$$

$$\alpha=\beta=1,\quad -d\leqslant z\leqslant 0 \tag{5.64a}$$

$$\alpha=\frac{1}{s+\mathrm{i}f},\quad \beta=\varepsilon,\quad -h\leqslant z\leqslant -d \tag{5.64b}$$

将式(5.44)和式(5.53)代入式(5.60)，可得

$$\alpha Z_0(z)+\alpha\sum_{m=1}^{\infty}R_mZ_m(z)=\sum_{n=0}^{\infty}\left[A_n\cos(\lambda_nb)-B_n\sin(\lambda_nb)\right]U_n(z) \tag{5.65}$$

将式(5.65)两侧乘上 $\hbar U_n(z)$，然后沿整个水深进行积分，并利用式(5.55)可得

$$\frac{\Lambda_{0n}}{\Omega_n}+\sum_{m=0}^{\infty}R_m\frac{\Lambda_{mn}}{\Omega_n}=A_n\cos(\lambda_nb)-B_n\sin(\lambda_nb),\quad n=0,1,2,\cdots \tag{5.66}$$

式中，

$$\Lambda_{mn}=\int_{-h}^{0}\beta Z_m(z)U_n(z)\mathrm{d}z$$

$$\Omega_n=\int_{-h}^{0}\hbar\ [U_n(z)]^2\mathrm{d}z$$

将式(5.45)和式(5.53)代入式(5.61)，可得

$$-\kappa_0 Z_0(z)+\sum_{m=1}^{\infty}\kappa_m R_m Z_m(z)=\beta\sum_{n=0}^{\infty}[A_n\lambda_n\sin(\lambda_n b)+B_n\lambda_n\cos(\lambda_n b)]U_n(z) \tag{5.67a}$$

式中，κ_m 为水波色散方程的根。

$$\kappa_m=\begin{cases}-\mathrm{i}k_m, & m=0\\ k_m, & m=1,2,3,\cdots\end{cases} \tag{5.67b}$$

将式(5.67a)两侧乘上 $Z_m(z)$，然后沿整个水深进行积分，并利用式(5.48)可得

$$-\delta_{m0}+R_m=\sum_{n=0}^{\infty}\frac{\lambda_n\Lambda_{mn}}{\kappa_m N_m}[A_n\sin(\lambda_n b)+B_n\cos(\lambda_n b)],\quad m=0,1,2,\cdots \tag{5.68}$$

式中，$\delta_{00}=1$，$\delta_{m0}=0(m\neq 0)$，$N_m=\int_{-h}^{0}[Z_m(z)]^2\mathrm{d}z$。

采用类似的处理方法，可将式(5.62)和式(5.63)转换为

$$\sum_{m=0}^{\infty}T_m\frac{\Lambda_{mn}}{\Omega_n}=A_n\cos(\lambda_n b)+B_n\sin(\lambda_n b),\quad n=0,1,2,\cdots \tag{5.69}$$

$$T_m=\sum_{n=0}^{\infty}\frac{\lambda_n\Lambda_{mn}}{\kappa_m N_m}[A_n\sin(\lambda_n b)-B_n\cos(\lambda_n b)],\quad m=0,1,2,\cdots \tag{5.70}$$

将式(5.66)、式(5.68)～式(5.70)中的 m 和 n 截断到 M 项，可以得到一个 $4M\times 4M$ 的线性方程组，求解该线性方程组就可以确定速度势级数解中所有的展开系数，进而计算结构的反射系数、透射系数、能量耗散系数等水动力参数。在下面的计算中，取截断数 $M=50$，可以保证计算结果收敛。

图 5.3 给出潜堤反射系数和透射系数理论计算结果与试验结果[20]的对比，在理论和试验的对比计算中，需要确定堆石潜堤的阻力系数 f 和惯性力系数 s。Pérez-Romero 等[7]分析了出水多孔直立堤的物理模型试验数据，建议在计算中取 $s=1$，并给出以下确定阻力系数的经验公式：

$$f=f_c(k_0 D_{50})^{-0.57} \tag{5.71}$$

式中，D_{50} 为块石的中值粒径；$f_c=0.21\sim0.46$。对于出水多孔斜坡堤，Liu 等[21]取 $f_c=1$，得到的计算结果与试验结果符合较好。对于多孔堆石潜堤，经过对比分析，在图 5.3 的计算中取 $f_c=0.7$、$s=1$。可以看出，对于孔隙率为 0.521 的多孔潜堤，计算结果和试验结果符合很好，对于孔隙率为 0.62 的多孔潜堤，透射系数的计算

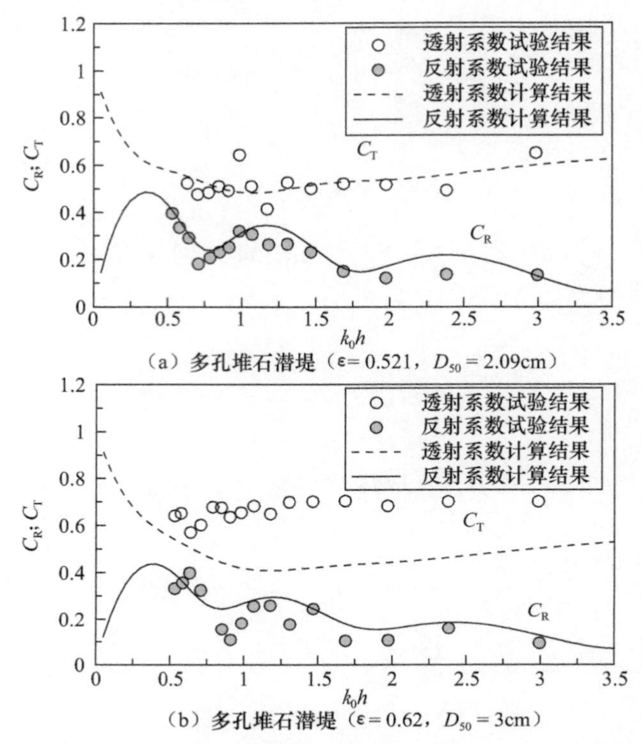

（a）多孔堆石潜堤（ε= 0.521，D_{50} = 2.09cm）

（b）多孔堆石潜堤（ε= 0.62，D_{50} = 3cm）

图 5.3　潜堤反射系数和透射系数理论计算与试验结果[20]对比

(h=47.5cm,H=2～4.3cm,a=38.5cm,B=80cm)

结果要偏小一些,但是总体变化趋势一致。

图 5.4 给出潜堤水动力参数随相对宽度 B/L 的变化规律。图 5.4(a)给出不透水潜堤的计算结果,不透水潜堤反射系数和透射系数的平方和等于 1,即能量损失系数为 0(图中未绘出),反射系数和透射系数随着潜堤相对宽度的增加呈周期性变化,并在某些潜堤宽度产生全透射。需要说明的是:图 5.4(a)是基于势流理论

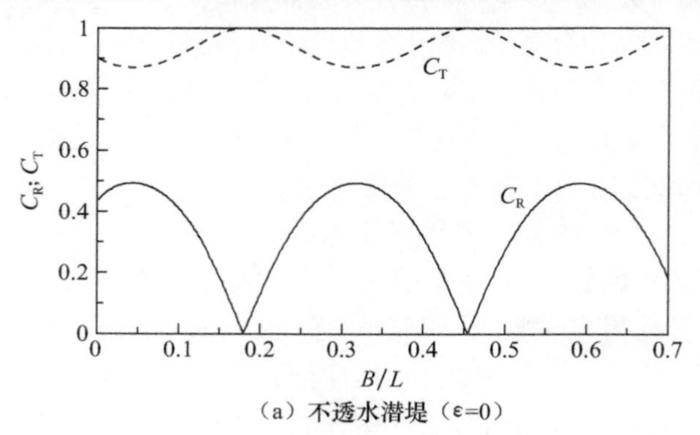

（a）不透水潜堤（ε=0）

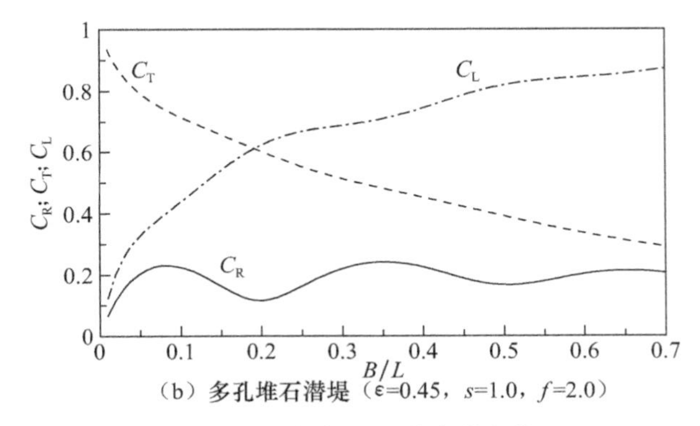

（b）多孔堆石潜堤（ε=0.45，s=1.0，f=2.0）

图 5.4　潜堤水动力参数随相对宽度 B/L 的变化规律（$k_0h=1.5, d/h=0.2$）

的结果，实际波浪通过不透水潜堤时，由于阻力、流动分离、波浪破碎等原因，仍然会产生一定的能量损耗。图 5.4(b)给出多孔堆石潜堤的计算结果。可以看出，多孔潜堤可以有效耗散波浪能量；随着潜堤相对宽度的增加，能量耗散系数显著增加，潜堤的透射系数不断减小；多孔潜堤的最大反射系数也远小于不透水潜堤。

5.2.2　水平多孔板

水平多孔板是一种新型海上结构物，主要用作离岸式防波堤，是将多孔板水平放置在海平面以下，利用桩基支撑固定，可以部分反射、耗散外海入射波浪，为岸滩、海岸结构等提供有效掩护。水平多孔板还可用于试验水槽末端的消波装置、海上浮式平台的垂荡板等。水平多孔板防波堤具有受力小、消浪效果好、水体交换性能优良、对近岸潮流和泥沙输移影响小等优点。

日本曾在北海道君津市修建了水平多孔板防波堤[22]，水平板由钢筋混凝土预制，利用四根钢管桩支撑，安装后的混凝土板与水平面有一定的倾斜角度，以适应潮位变化，在靠近自由水面处的混凝土板上开孔，以降低结构承受的波浪力。该结构可以有效耗散入射波能量，有良好的工程效果。

Yu 等[23]和 Chwang 等[24]分别利用边界元方法和匹配特征函数展开法较早研究了水平多孔板(圆盘)结构的水动力特性，Cho 等[14]分析了波浪水池末端水平多孔板的消波性能，Yu[25]对波浪与各类水平板结构相互作用的研究成果进行了综述。本节介绍如何利用匹配特征函数展开法解析研究水平多孔板防波堤的水动力特性。

图 5.5 为波浪对水平多孔板作用示意图，其中，水深为 h，水平板宽度为 $B(=2b)$、淹没深度为 d，水平板与海床之间的垂向间距为 a、入射波从左向右传播，波高为 H，波长为 L，周期为 T。x 轴正方向沿静水面水平向右，z 轴正方向沿水平多孔板中垂线垂直向上。与图 5.1 中的多孔堆石潜堤类似，也将整个流场分成三个子区域：子区域①，$x\leqslant -b, -h\leqslant z\leqslant 0$；子区域②，$x\geqslant b, -h\leqslant z\leqslant 0$；子区域③，$|x|\leqslant b, -h\leqslant z\leqslant 0$。

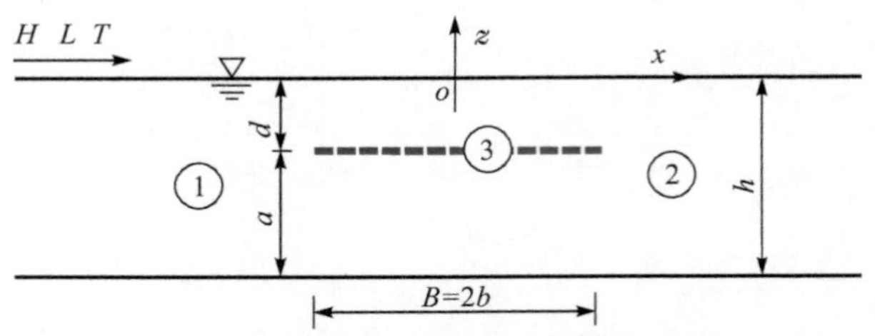

图 5.5 波浪对水平多孔板作用示意图

在子区域①和②内，速度势满足拉普拉斯方程(5.40)、自由水面条件式(5.41)、水底条件式(5.42)和远场辐射条件式(5.43)，速度势表达式与多孔堆石潜堤的式(5.44)和式(5.45)完全一致。

在子区域③内，速度势在水平多孔板上满足边界条件式(5.35)，具体写为

$$\frac{\partial \phi_3^+}{\partial z}=\frac{\partial \phi_3^-}{\partial z}=\mathrm{i}k_0 G(\phi_3^- - \phi_3^+),\quad z=-d \tag{5.72}$$

式中，上标+和−分别表示速度势在水平多孔上表面和下表面的值。此外，子区域③内的速度势还满足拉普拉斯方程(5.40)、自由水面条件式(5.41)、水底条件式(5.42)。在子区域③内，速度势级数解在形式上与多孔堆石潜堤的式(5.53)完全一致，但是需要将沿着水深方向的特征函数系 $U_n(z)(n=0,1,2,\cdots)$ 变为

$$U_n(z)=\begin{cases}\dfrac{\cosh[\lambda_n(z+h)]-P_n\sinh[\lambda_n(z+h)]}{\cosh(\lambda_n h)-P_n\sinh(\lambda_n h)}, & -d\leqslant z\leqslant 0\\[2ex] \dfrac{\tanh(\lambda_n a)-P_n}{\tanh(\lambda_n a)}\dfrac{\cosh[\lambda_n(z+h)]}{\cosh(\lambda_n h)-P_n\sinh(\lambda_n h)}, & -h\leqslant z\leqslant -d\end{cases} \tag{5.73}$$

式中，

$$P_n=\frac{\lambda_n\tanh^2(\lambda_n a)}{\lambda_n\tanh(\lambda_n a)-\mathrm{i}k_0 G[1-\tanh^2(\lambda_n a)]}$$

特征函数系 $U_n(z)$ 具备正交性：

$$\int_{-h}^{0} U_m(z)U_n(z)\mathrm{d}z=0,\quad m\neq n \tag{5.74}$$

水平多孔板上的复波数 λ_n 满足复色散方程：

$$K-\lambda_n\tanh(\lambda_n h)=P_n[K\tanh(\lambda_n h)-\lambda_n],\quad n=0,1,2,\cdots \tag{5.75}$$

可以看出，水平多孔板上波浪运动的复色散方程(5.75)与多孔堆石潜堤的复色散方程(5.56)在形式上一致，只是其中包含的变量 P_n 的表达式不同。式(5.75)同样可以采用 Mendez 等[19]的摄动展开方法求解。与多孔堆石潜堤类似，水平多孔板上复波数的实部和虚部分别决定波浪在水平多孔板上传播的波长和波高衰减幅值，即波浪在水平多孔板上传播的同时伴随着能量衰减。

对于水平多孔板，各子区域之间的压力和速度连续条件为

$$\phi_1=\phi_3,\quad x=-b \tag{5.76}$$

$$\frac{\partial \phi_1}{\partial x}=\frac{\partial \phi_3}{\partial x},\quad x=-b \tag{5.77}$$

$$\phi_2=\phi_3,\quad x=b \tag{5.78}$$

$$\frac{\partial \phi_2}{\partial x}=\frac{\partial \phi_3}{\partial x},\quad x=b \tag{5.79}$$

采取与5.2.1节相同的处理方法,可以把上述边界条件转换为四组线性方程,并求解确定速度势中的展开系数。对于水平多孔板,这四组线性方程的具体形式与式(5.66)、式(5.68)、式(5.69)和式(5.70)完全一致,只需要将其中的两个积分项Λ_{mn}和Ω_n变为$\Lambda_{mn}=\int_{-h}^{0}Z_m(z)U_n(z)\mathrm{d}z$,$\Omega_n=\int_{-h}^{0}[U_n(z)]^2\mathrm{d}z$。在计算中取截断数$M=50$(与前面多孔堆石潜堤一样),可以得到收敛的计算结果。

采用式(5.49)～式(5.51)计算水平多孔板的反射系数、透射系数和能量耗散系数。利用伯努利方程(5.17)计算水平多孔板上的动水压力分布,将动水压力沿结构表面积分,得到作用于水平多孔板上的垂向波浪力为

$$F_z=\mathrm{i}\rho\omega\int_{-b}^{b}(\phi_3^- - \phi_3^+)\big|_{z=-d}\mathrm{d}x=\frac{\rho gH}{\mathrm{i}k_0G}\sum_{n=0}^{\infty}\frac{A_nU'_n(-d)\sin(\lambda_nb)}{\lambda_n} \tag{5.80}$$

在式(5.80)的积分中,应用了多孔板边界条件式(5.72)。

定义水平多孔板上无因次的垂向波浪力系数为

$$C_{F_z}=\frac{|F_z|}{\rho gHB} \tag{5.81}$$

图5.6为水平多孔板反射系数和透射系数理论计算与试验结果[26]的对比,在计算中需要确定水平多孔板的孔隙影响系数G。从孔隙影响系数的定义式(5.36)可以看出,孔隙影响系数的值应该与波数k_0有关,但是Cho等[14]通过分析试验数据发现,对于水平多孔板,G可以取为实数,并简单表示为开孔率ε的函数,他们给出如下经验式:

$$G=\frac{1}{2\pi}(57.63\varepsilon-0.9717),\quad \varepsilon=0.057\sim0.403 \tag{5.82}$$

在图5.6的对比计算中,利用式(5.82)确定G。由图可以看出,计算与试验结果符合良好,说明解析模型能够合理反映物理规律。

图5.7为水平多孔板水动力参数随孔隙影响系数G(取为实数)的变化规律。可以看出,随着水平多孔板孔隙影响系数G的增加(开孔率增加),反射系数和垂向波浪力单调减小到0;能量耗散系数先增加后减小;在水平多孔板波浪反射和能量耗散的共同作用下,透射系数先略有减小,达到最小值后又增加到1。对于图5.7中的算例,能量耗散系数在$G\approx0.6$时达到最大值,如果根据式(5.82)推算,此时水平多孔板的开孔率约为0.08。

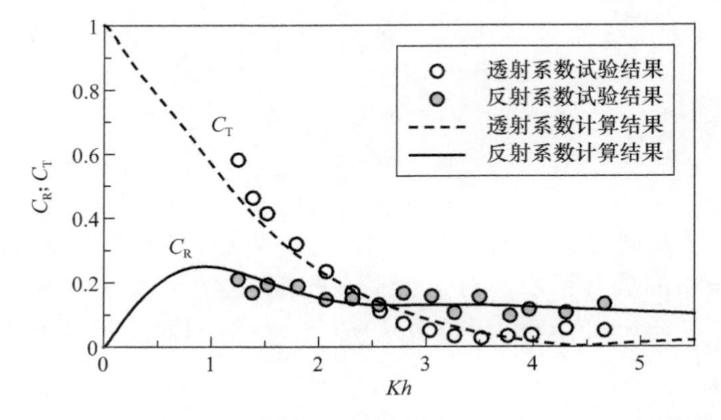

图 5.6　水平多孔板反射系数和透射系数理论计算与试验结果[26]对比

(h=60cm,H/L=0.02,d=4cm,B=80cm,ε=0.13)

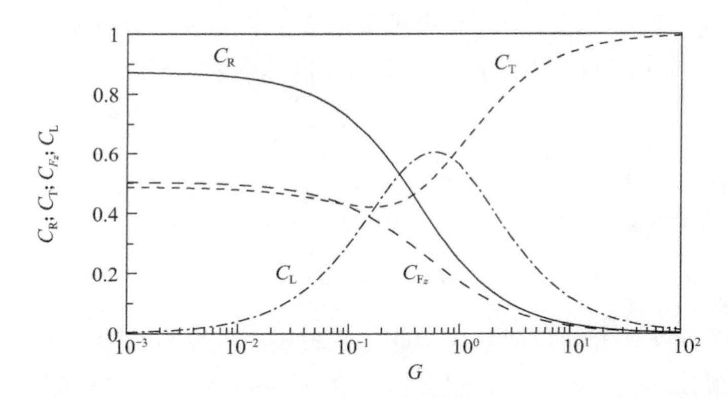

图 5.7　水平多孔板水动力参数随孔隙影响系数 G 的变化规律

(k_0h=1.5,d/h=0.2,B/L=0.3)

5.2.3　排桩堆石结构

在 5.2.1 节和 5.2.2 节的分析中,分别单独考虑了波浪与多孔堆石结构和开孔板结构的作用,下面考虑波浪与排桩堆石结构的作用问题,该结构由多孔堆石和开孔板(排桩)联合组成,可用于丁坝、离岸式防波堤等海岸防护结构。该结构主要由前后两排紧密排列的排桩和内部填充块石组成。排桩插入海床,顶部通过横梁和纵梁连接,可以很好地抵御波流冲刷作用,并能够有效保护内部的填充块石。与传统堆石结构相比,排桩堆石结构的断面尺度和结构自重明显降低,抗冲刷能力显著提升,因此,排桩堆石结构非常适用于基础软弱、冲刷剧烈的淤泥质滩浅海区域。

在解析研究中,前后排桩可以视为开孔板,利用开孔边界条件来描述排桩对波浪运动的影响,内部的堆石则简化为多孔介质,利用多孔介质模型来描述堆石对波浪运

动的影响。图5.8为波浪对排桩堆石结构作用示意图,坐标原点位于结构中垂线和静水位的交点处,x轴水平向右,z轴垂直向上。波浪从左向右沿着x轴正方向传播,波高为H,波长为L,周期为T,水深为h,排桩堆石结构的宽度为$B(B=2b)$。把整个流域划分为三个子区域:结构的前方与后方分别为子区域①($x\leqslant -b,-h\leqslant z\leqslant 0$)和子区域②($x\geqslant b,-h\leqslant z\leqslant 0$),结构内部为子区域③($|x|\leqslant b,-h\leqslant z\leqslant 0$)。

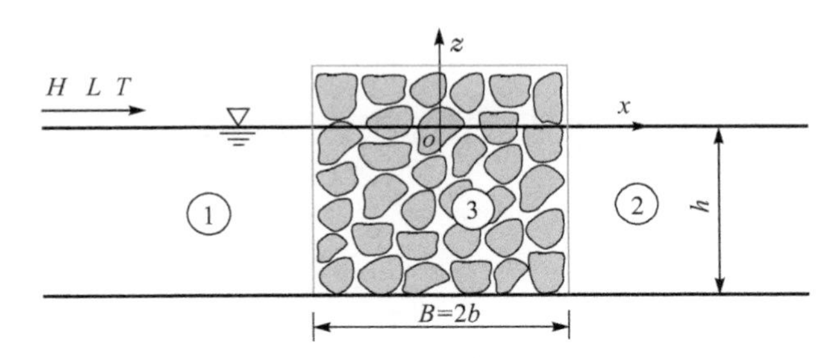

图5.8　波浪对排桩堆石结构作用示意图

在子区域①和②,速度势表达式与多孔堆石潜堤的式(5.44)和式(5.45)完全一致。在子区域③,多孔介质内存在自由水面,满足自由水面条件(5.26),具体写为

$$\frac{\partial\phi_3}{\partial z}=(s_r+\mathrm{i}f_r)K\phi_3,\quad z=0 \tag{5.83}$$

式中,s_r和f_r分别为内部填石的惯性力系数和线性化阻力系数。

子区域③内的速度势满足拉普拉斯方程(5.40)、多孔介质自由水面条件式(5.83)以及水底条件式(5.42),其表达式与多孔堆石潜堤的式(5.53)一致,只需要将特征函数系$U_n(z)(n=0,1,2,\cdots)$变为

$$U_n(z)=\frac{\cosh[\lambda_n(z+h)]}{\cosh(\lambda_n h)} \tag{5.84}$$

特征函数系$U_n(z)$具备正交性:

$$\int_{-h}^{0}U_m(z)U_n(z)\mathrm{d}z=0,\quad m\neq n \tag{5.85}$$

出水多孔堆石内部的复波数λ_n满足复色散方程:

$$(s_r+\mathrm{i}f_r)K=\lambda_n\tanh(\lambda_n h),\quad n=0,1,2,\cdots \tag{5.86}$$

与复色散方程式(5.56)和式(5.75)相比,式(5.86)在形式上更加简单,但是精确求解同样存在困难,也采用Mendez等[19]的摄动展开方法来确定复数根的初始猜值。

要确定速度势中的待定系数,需要利用以下开孔板(排桩)边界条件[27]:

$$\frac{\partial\phi_1}{\partial x}=\varepsilon_r\frac{\partial\phi_3}{\partial x}=\mathrm{i}k_0G_1[\phi_1-(s_r+\mathrm{i}f_r)\phi_3],\quad x=-b \tag{5.87}$$

$$\frac{\partial\phi_2}{\partial x}=\varepsilon_r\frac{\partial\phi_3}{\partial x}=\mathrm{i}k_0G_2[(s_r+\mathrm{i}f_r)\phi_3-\phi_2],\quad x=b \tag{5.88}$$

式中，G_1 和 G_2 分别表示前排桩与后排桩的孔隙影响系数，由式(5.36)确定。

将子区域①和③中的速度势表达式(5.44)和式(5.53)代入边界条件式(5.87)中的第一个等号，可得

$$-\kappa_0 Z_0(z)+\sum_{m=1}^{\infty}\kappa_m R_m Z_m(z)=\varepsilon_r\sum_{n=0}^{\infty}[A_n\lambda_n\sin(\lambda_n b)+B_n\lambda_n\cos(\lambda_n b)]U_n(z) \tag{5.89}$$

式中，κ_m 的定义见式(5.67b)。

将式(5.89)两侧乘上 $Z_m(z)$，沿整个水深进行积分，并利用式(5.48)可得

$$-\delta_{m0}+R_m=\sum_{n=0}^{\infty}\frac{\varepsilon_r\lambda_n\Lambda_{mn}}{\kappa_m N_m}[A_n\sin(\lambda_n b)+B_n\cos(\lambda_n b)],\quad m=0,1,2,\cdots \tag{5.90}$$

式中，$\Lambda_{mn}=\int_{-h}^{0}Z_m(z)U_n(z)\mathrm{d}z$，$N_m=\int_{-h}^{0}[Z_m(z)]^2\mathrm{d}z$，$\delta_{00}=1$，$\delta_{m0}=0(m\neq 0)$。

将速度势表达式(5.44)和式(5.53)代入边界条件(5.87)中的第二个等号，可得

$$\begin{aligned}&(\mathrm{i}k_0G_1+\kappa_0)Z_0(z)+\sum_{m=1}^{\infty}(\mathrm{i}k_0G_1-\kappa_m)R_mZ_m(z)\\&=\mathrm{i}k_0G_1(s_r+\mathrm{i}f_r)\sum_{n=0}^{\infty}[A_n\cos(\lambda_n b)-B_n\sin(\lambda_n b)]U_n(z)\end{aligned} \tag{5.91}$$

将式(5.91)两侧乘以 $U_n(z)$，沿整个水深进行积分，并利用式(5.85)可得

$$\begin{aligned}&(\mathrm{i}k_0G_1+\kappa_0)\frac{\Lambda_{0n}}{\Omega_n}+\sum_{m=0}^{\infty}R_m(\mathrm{i}k_0G_1-\kappa_m)\frac{\Lambda_{mn}}{\Omega_n}\\&=\mathrm{i}k_0G_1(s_r+\mathrm{i}f_r)[A_n\cos(\lambda_n b)-B_n\sin(\lambda_n b)],\quad n=0,1,2,\cdots\end{aligned} \tag{5.92}$$

式中，$\Omega_n=\int_{-h}^{0}[U_n(z)]^2\mathrm{d}z$。

采用同样的处理方法，可将式(5.88)转换为

$$T_m=\sum_{n=0}^{\infty}\frac{\varepsilon_r\lambda_n\Lambda_{mn}}{\kappa_m N_m}[A_n\sin(\lambda_n b)-B_n\cos(\lambda_n b)],\quad m=0,1,2,\cdots \tag{5.93}$$

$$\sum_{m=0}^{\infty}T_m(\mathrm{i}k_0G_2-\kappa_m)\frac{\Lambda_{mn}}{\Omega_n}=\mathrm{i}k_0G_2(s_r+\mathrm{i}f_r)[A_n\cos(\lambda_n b)+B_n\sin(\lambda_n b)],\quad n=0,1,2,\cdots \tag{5.94}$$

将式(5.90)、式(5.92)、式(5.93)和式(5.94)中的 m 和 n 截断到 M 项，求解得到速度势中的展开系数，利用式(5.49)～式(5.51)计算结构的反射系数、透射系数和能量耗散系数。在下面的具体计算中，将 M 取到 20 项，可以得到收敛的计算结果。

对于排桩堆石结构，去掉内部填充的块石($\varepsilon_r=1.0$、$s_r=1.0$、$f_r=0$)，结构变成双排桩防波堤，此时防波堤的反射系数、透射系数的计算公式为[28]

$$C_R=|Q_2/Q_1| \tag{5.95}$$

$$C_T = |1/Q_1| \tag{5.96}$$

式中，

$$Q_1 = \frac{(1+2G_1)(1+2G_2)}{4G_1G_2}e^{-ik_0B} - \frac{1}{4G_1G_2}e^{ik_0B} \tag{5.97}$$

$$Q_2 = \frac{1+2G_2}{4G_1G_2}e^{-ik_0B} - \frac{1-2G_1}{4G_1G_2}e^{ik_0B} \tag{5.98}$$

对于双排桩防波堤，本节解析解与式(5.95)和式(5.96)的计算结果相同。

图5.9～图5.11为排桩堆石防波堤工作性能的分析算例，利用式(5.36)计算前后排桩的孔隙影响系数 G_1 和 G_2，具体的计算条件为：$s_r=s_1=s_2=1$，$f_r=f_1=f_2=2$，$\varepsilon_r=0.45$，$\delta_1=\delta_2=0.05h$。

图5.9为排桩堆石防波堤反射系数和透射系数随波数 k_0h 的变化规律。由图可以看出，随着波数 k_0h 的增加，透射系数单调减小，反射系数单调增加，表明长波对排桩堆石结构的透过能力更强。随着排桩墙开孔率的减小，结构透射系数单调减小，反射系数单调增加。

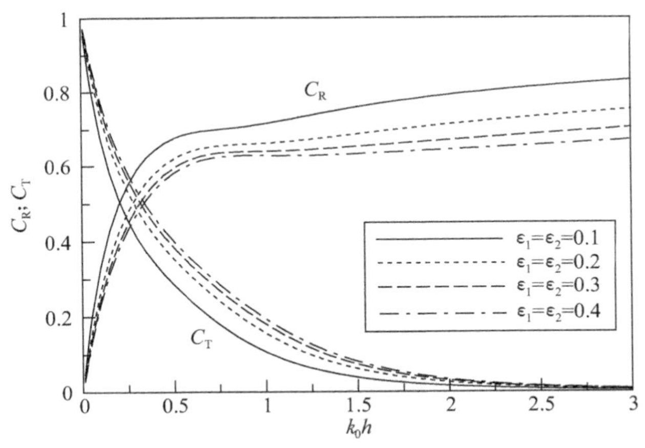

图5.9　排桩堆石结构反射系数和透射系数随波数 k_0h 的变化规律($B=h$)

图5.10给出了不同排桩墙开孔率条件下排桩堆石结构水动力参数的对比，共考虑了三种不同的排桩堆石结构。结构1：$\varepsilon_1=0.3$，$\varepsilon_2=0.1$；结构2：$\varepsilon_1=\varepsilon_2=0.2$；结构3：$\varepsilon_1=0.1$，$\varepsilon_2=0.3$。对于这三种结构，工程建造中所采用的总排桩数相同。从图5.10可以看出，结构1和结构3的透射系数相同；当 $k_0h<0.5$(入射波周期较长)时，三种结构的消浪性能接近；当 $k_0h>0.5$ 时，结构1能够耗散更多的入射波能量，具有更低的反射系数。因此，在工程设计中，推荐采用结构1，即前排桩墙的开孔率要大于后排桩墙的开孔率。

图5.11给出反射系数、透射系数和能量耗散系数随结构相对宽度 B/L 的变化规律。由图可以看出，随着结构宽度的增加，反射系数和能量耗散系数趋于某一固定值，透射系数则会逐渐减小到0。当 B/L 值从0增加到0.2时，透射系数的减

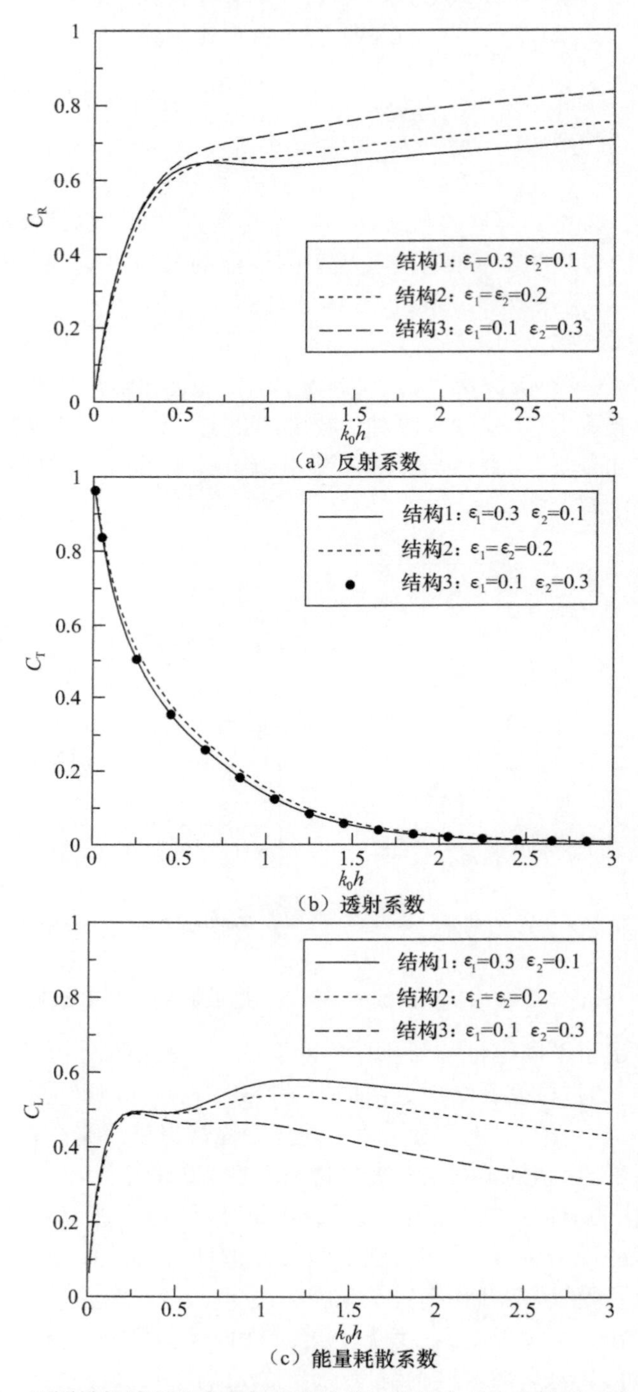

图 5.10　不同排桩墙开孔率条件下排桩堆石结构水动力参数的对比($B=h$)

小非常明显；进一步增加 B/L 值，透射系数只是略有降低，但是工程造价会增加很多，这在实际工程设计中应该避免。

在排桩堆石结构的工程初步设计中，可以应用上述解析解来分析结构的消浪性能，进而优化结构的设计参数。

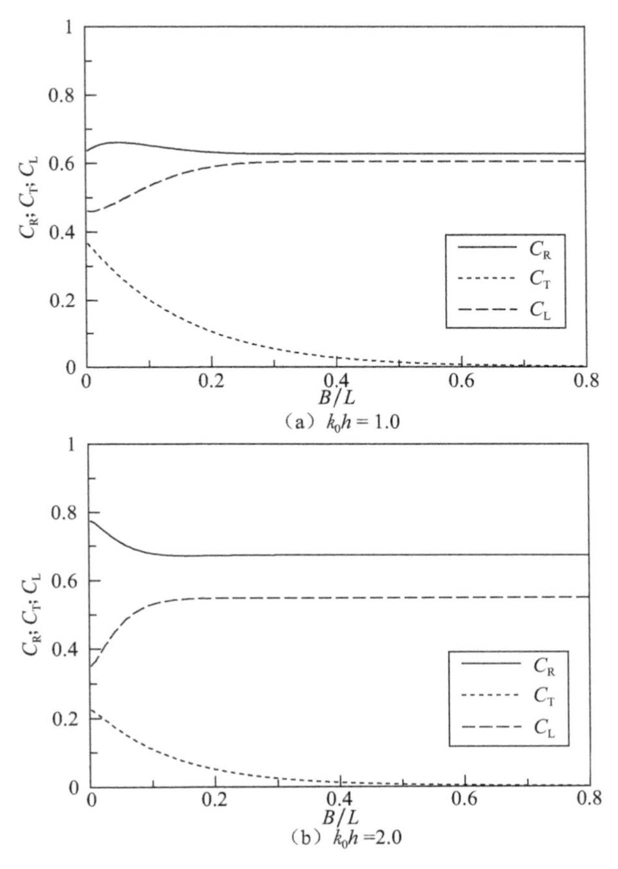

图 5.11　水动力参数随相对宽度 B/L 的变化规律($\varepsilon_1 = 0.3$, $\varepsilon_2 = 0.1$)

5.2.4　斜向波问题

前面分析中，波浪入射方向与结构物轴线垂直，并没有考虑波浪入射角度的影响。当波浪斜向入射时，如果结构物沿轴线方向的尺度远大于入射波波长，则可以将结构物视为无限长，这样就可以把三维问题在数学上简化为二维问题来分析。下面介绍如何将前面所述的正向波解扩展到斜向波。

仍然采用图 5.1、图 5.5 和图 5.8 中相同的直角坐标系，但是沿结构物长度(轴线)方向增加 y 轴。波浪入射方向与 x 轴夹角为 β，入射波的波数 k_0 在 x 轴和 y 轴方向的分量分别为

$$k_{0x}=k_0\cos\beta \tag{5.99}$$

$$k_{0y}=k_0\sin\beta \tag{5.100}$$

对于斜向波，可以把时间因子和 y 方向的空间分量都从速度势中分离出来：

$$\Phi=\mathrm{Re}\{\phi(x,z)\mathrm{e}^{\mathrm{i}k_{0y}y}\mathrm{e}^{-\mathrm{i}\omega t}\} \tag{5.101}$$

则空间速度势 $\phi(x,z)$ 满足修正的亥姆霍兹方程：

$$\frac{\partial^2\phi}{\partial x^2}+\frac{\partial^2\phi}{\partial z^2}-k_{0y}^2\phi=0 \tag{5.102}$$

自由水面条件式(5.41)、式(5.83)和水底条件式(5.42)在形式上保持不变，但是远场辐射条件式(5.43)变为

$$\lim_{x\to\pm\infty}\left(\frac{\partial}{\partial x}\mp\mathrm{i}k_{0x}\right)(\phi-\phi_{\mathrm{I}})=0 \tag{5.103}$$

式中，ϕ_{I} 为斜向入射波的速度势，其表达式为

$$\phi_{\mathrm{I}}=-\frac{\mathrm{i}gH}{2\omega}\frac{\cosh[k_0(z+h)]}{\cosh(k_0h)}\mathrm{e}^{\mathrm{i}k_{0x}x} \tag{5.104}$$

采用匹配特征函数展开法求解斜向波问题时，速度势表达式中的垂向特征函数与前面的正向波问题完全一致，各子区域之间的匹配边界条件也相同，但是因为控制方程变为修正的亥姆霍兹方程，与水平方向(x 轴)有关的波数(特征值)有所变化，速度势表达式(5.44)、式(5.45)和式(5.53)变为

$$\phi_1=-\frac{\mathrm{i}gH}{2\omega}\left[\mathrm{e}^{\mathrm{i}k_{0x}(x+b)}Z_0(z)+R_0\mathrm{e}^{-\mathrm{i}k_{0x}(x+b)}Z_0(z)+\sum_{m=1}^{\infty}R_m\mathrm{e}^{k_{mx}(x+b)}Z_m(z)\right] \tag{5.105}$$

$$\phi_2=-\frac{\mathrm{i}gH}{2\omega}\left[T_0\mathrm{e}^{\mathrm{i}k_{0x}(x-b)}Z_0(z)+\sum_{m=1}^{\infty}T_m\mathrm{e}^{-k_{mx}(x-b)}Z_m(z)\right] \tag{5.106}$$

$$\phi_3=-\frac{\mathrm{i}gH}{2\omega}\sum_{n=0}^{\infty}[A_n\cos(\lambda_{nx}x)+B_n\sin(\lambda_{nx}x)]U_n(z) \tag{5.107}$$

式中，

$$k_{mx}=\sqrt{k_m^2+k_{0y}^2},\quad m=1,2,3,\cdots \tag{5.108}$$

$$\lambda_{nx}=\sqrt{\lambda_n^2-k_{0y}^2},\quad n=0,1,2,\cdots \tag{5.109}$$

可以看出，当波浪入射角度 $\beta=0°$时，$k_{0y}=0$，$k_{0x}=k_0$，式(5.105)～式(5.107)与正向波作用下的表达式完全相同。

斜向波作用下，各子区域之间的匹配边界条件和速度势中待定系数的确定方法与前面正向波相同，水动力参数的计算方法也一致，这里不再赘述。

图 5.12 为多孔堆石潜堤水动力参数为随波浪入射角度 β 的变化规律。由图可以看出，随着波浪入射角度增加，反射系数先减少到最小值，然后增加到 1；当波浪入射角度从 0°增加到 60°时，透射系数和能量耗散系数变化并不明显，波浪入射角度进一步增大，透射系数和能量耗散系数快速趋近 0。

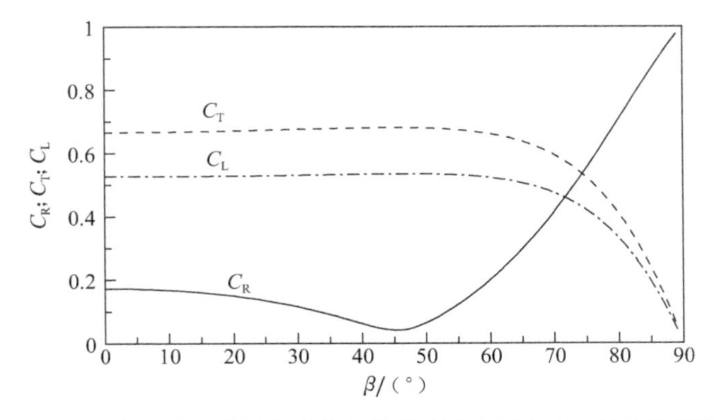

图 5.12 多孔堆石潜堤水动力参数随波浪入射角度 β 的变化规律
($k_0h=1.5$, $d/h=0.2$, $B/h=0.6$, $\varepsilon=0.45$, $s=1.0$, $f=2.0$)

5.3 多极子展开分析

在匹配特征函数展开分析中,一般要求结构物的几何边界与坐标轴平行,因此该方法无法分析水平圆柱、球体等结构,对于这一类结构,可以采用多极子展开技术得到波浪与结构物相互作用的解析解。Ursell[29]最早将多极子展开技术引入水波对结构物作用研究领域,分析了自由水面上垂荡水平圆柱的水动力系数。该方法主要是推导出拉普拉斯方程的一系列奇异解(多极子),该奇异解满足远场辐射条件、自由水面条件和水底条件,在物体中心点处具有奇异性,但不满足物面条件;将奇异解叠加,可以得到问题的级数解,再利用物面条件,确定出级数解中的展开系数,就可以得到波浪运动的速度势,进而计算得到相应的水动力参数。该方法具有收敛性好、计算精度高的优点。Linton 等[2]总结了各种条件下多极子的表达式,介绍了如何利用多极子展开技术分析波浪与各类不透水结构物的相互作用。本节以半圆型开孔潜堤为例,介绍如何应用多极子展开方法解析研究消能式海岸结构物的水动力特性。与匹配特征函数展开法不同,正向波和斜向波作用下的多极子展开分析有很大不同,因此分两小节分别进行介绍。

5.3.1 正向波对半圆型开孔潜堤的作用

半圆型沉箱结构最初由日本开发,并在宫崎港进行了原型试验研究[30]。近年来,半圆型沉箱结构在我国天津港、长江口深水航道整治工程、威海等工程中得到大量应用,取得了良好的工程效果,可根据工程需要在半圆型沉箱上开孔,可用于修建出水堤或潜堤。半圆型防波堤的主要优点包括[31]:①与传统直立堤相比,半圆型结构的波浪力较小,抗滑稳定性好,堤身断面经济;②波浪压力作用方向均通过圆心,无倾覆力矩,地基应力分布均匀,适用软弱基础;③圆拱结构受力性能好;④构件全部陆上预制,施工便捷,特别适用于自然条件较差的外海地区。可以看出,半圆型结构抗滑、抗倾稳定性好,结构重量轻、特别适用于海床基础软弱的地区。国内外学者对半圆型沉箱进行了大量物理模型试验研究[32~34],本章介绍如何解析研究半圆型开孔潜堤的水动力特性。

图 5.13 为正向波对半圆型开孔潜堤作用示意图,直角坐标系的原点位于结构中垂线与静水位交点处,z 轴垂直向上,x 轴水平向右,将极坐标系定义为 $r\cos\theta=-(z+h)$,$r\sin\theta=x$。波浪从左向右沿 x 轴正方向传播,波高为 H,波长为 L,周期为 T,水深为 h,半圆型防波堤的半径为 a。防波堤外部流场定义为子区域①($r\geqslant a$),内部流场定义为子区域②($r\leqslant a$)。在子区域①利用多极子展开法得到速度势的级数解,在子区域②利用分离变量法得到速度势的级数解,然后利用半圆型开孔板上的边界条件匹配确定速度势级数解中的展开系数。

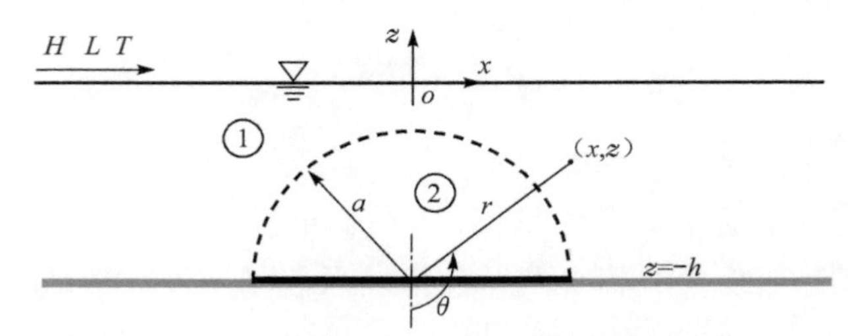

图 5.13　正向波对半圆型开孔潜堤作用示意图

入射波速度势的表达式为

$$\phi_{\mathrm{I}}=-\frac{\mathrm{i}gH}{2\omega}\frac{\cosh[k_0(z+h)]}{\cosh(k_0h)}\mathrm{e}^{\mathrm{i}k_0x} \tag{5.110}$$

将指数函数做泰勒级数展开,式(5.110)可以改写为

$$\phi_{\mathrm{I}}=\frac{-\mathrm{i}gH}{2\omega}\frac{1}{\cosh(k_0h)}\left\{\sum_{n=0}^{\infty}\frac{(k_0r)^{2n}}{(2n)!}\cos(2n\theta)+\mathrm{i}\sum_{n=1}^{\infty}\frac{(k_0r)^{2n-1}}{(2n-1)!}\sin[(2n-1)\theta]\right\} \tag{5.111}$$

多极子为拉普拉斯方程(5.40)的奇异解,在半圆型潜堤的圆心点(0,$-h$)处具有奇异性,且满足自由水面条件式(5.41)、水底条件式(5.42)和远场辐射条件式(5.43)。关于 z 轴对称和反对称的多极子表达式分别为[35]

$$\varphi_n^{+}=\frac{\cos(2n\theta)}{r^{2n}}+\frac{1}{(2n-1)!}\int_0^{\infty}\frac{(\mu+K)\mu^{2n-1}\mathrm{e}^{-\mu h}\cosh[\mu(z+h)]}{\mu\sinh(\mu h)-K\cosh(\mu h)}\cos(\mu x)\mathrm{d}\mu \tag{5.112}$$

$$\varphi_n^{-}=\frac{\sin[(2n-1)\theta]}{r^{2n-1}}+\frac{1}{(2n-2)!}\int_0^{\infty}\frac{(\mu+K)\mu^{2n-2}\mathrm{e}^{-\mu h}\cosh[\mu(z+h)]}{\mu\sinh(\mu h)-K\cosh(\mu h)}\sin(\mu x)\mathrm{d}\mu \tag{5.113}$$

式中,积分的路径从下方绕过点 $\mu=k_0$,以满足远场辐射条件[36,37]。

以上多极子中积分的计算方法可以参见 Linton[38]。多极子的远场表达式为

$$\varphi_n^+ \sim \frac{\pi i k_0^{2n-1}\cosh k_0(z+h)}{2hN_0^2(2n-1)!}e^{\pm i k_0 x}, \quad x\to\pm\infty \tag{5.114}$$

$$\varphi_n^- \sim \pm\frac{\pi k_0^{2n-2}\cosh[k_0(z+h)]}{2hN_0^2(2n-2)!}e^{\pm i k_0 x}, \quad x\to\pm\infty \tag{5.115}$$

式中,

$$N_0^2=\frac{1}{2}+\frac{\sinh(2k_0h)}{4k_0h} \tag{5.116}$$

将多极子做幂级数展开,可得

$$\varphi_n^+=\frac{\cos(2n\theta)}{r^{2n}}+\sum_{m=0}^{\infty}C_{mn}^+ r^{2m}\cos(2m\theta) \tag{5.117a}$$

$$C_{mn}^+=\frac{1}{(2m)!\,(2n-1)!}\int_0^{\infty}\frac{(\mu+K)\mu^{2m+2n-1}e^{-\mu h}}{\mu\sinh(\mu h)-K\cosh(\mu h)}d\mu \tag{5.117b}$$

$$\varphi_n^-=\frac{\sin[(2n-1)\theta]}{r^{2n-1}}+\sum_{m=1}^{\infty}C_{mn}^- r^{2m-1}\sin[(2m-1)\theta] \tag{5.118a}$$

$$C_{mn}^-=\frac{1}{(2m-1)!\,(2n-2)!}\int_0^{\infty}\frac{(\mu+K)\mu^{2m+2n-3}e^{-\mu h}}{\mu\sinh(\mu h)-K\cosh(\mu h)}d\mu \tag{5.118b}$$

将入射波速度势和多极子叠加,可以得到子区域 1 内速度势的表达式为

$$\phi_1=\frac{-igH}{2\omega}\frac{1}{\cosh(k_0h)}\left[\sum_{n=0}^{\infty}\frac{(k_0r)^{2n}}{(2n)!}\cos(2n\theta)+\sum_{n=1}^{\infty}a^{2n}c_n^+\varphi_n^+ + i\sum_{n=1}^{\infty}\frac{(k_0r)^{2n-1}}{(2n-1)!}\sin[(2n-1)\theta]+\sum_{n=1}^{\infty}a^{2n-1}c_n^-\varphi_n^-\right] \tag{5.119}$$

式中,c_n^+ 和 c_n^- 为待定的展开系数。

在子区域②,利用分离变量法,可以得到满足拉普拉斯方程(5.40)和水底条件式(5.42)的速度势表达式:

$$\phi_2=\frac{-igH}{2\omega}\frac{1}{\cosh(k_0h)}\left\{d_0^+ +\sum_{n=1}^{\infty}d_n^+ r^{2n}\cos(2n\theta)+\sum_{n=1}^{\infty}d_n^- r^{2n-1}\sin[(2n-1)\theta]\right\} \tag{5.120}$$

式中,d_n^+ 和 d_n^- 为待定的展开系数。

在半圆型开孔板上,子区域①和②内的速度势满足开孔板边界条件:

$$\frac{\partial\phi_1}{\partial r}=\frac{\partial\phi_2}{\partial r}=ik_0G(\phi_2-\phi_1), \quad r=a \tag{5.121}$$

将速度势表达式(5.119)和式(5.120)代入边界条件式(5.121),然后在方程两边分别乘以 $\cos(2m\theta)$ 或 $\sin[(2m-1)\theta]$,沿整个半圆弧积分,并利用三角函数的正交性,可以得到

$$c_m^+ - \sum_{n=1}^{\infty} a^{2(m+n)} C_{mn}^+ c_n^+ + a^{2m} d_m^+ = \frac{(k_0 a)^{2m}}{(2m)!}, \quad m=1,2,3,\cdots \tag{5.122}$$

$$\sum_{n=1}^{\infty} a^{2n} C_{0n}^+ c_n^+ - d_0^+ = -1 \tag{5.123a}$$

$$c_m^+ + \sum_{n=1}^{\infty} a^{2(m+n)} C_{mn}^+ c_n^+ + a^{2m-1}\left(\frac{2m}{\mathrm{i}k_0 G} - a\right) d_m^+ = -\frac{(k_0 a)^{2m}}{(2m)!}, \quad m=1,2,3,\cdots \tag{5.123b}$$

$$c_m^- - \sum_{n=1}^{\infty} a^{2(m+n-1)} C_{mn}^- c_n^- + a^{2m-1} d_m^- = \frac{\mathrm{i}\,(k_0 a)^{2m-1}}{(2m-1)!}, \quad m=1,2,3,\cdots \tag{5.124}$$

$$c_m^- + \sum_{n=1}^{\infty} a^{2(m+n-1)} C_{mn}^- c_n^- + a^{2(m-1)}\left(\frac{2m-1}{\mathrm{i}k_0 G} - a\right) d_m^- = -\frac{\mathrm{i}\,(k_0 a)^{2m-1}}{(2m-1)!}, \quad m=1,2,3,\cdots \tag{5.125}$$

将以上四组方程中的 m 和 n 截断到 M，求解式(5.122)和式(5.123)，再求解式(5.124)和式(5.125)，便可以确定出所有的展开系数。

考虑多极子的远场表达式(5.114)和式(5.115)，可以得到半圆型开孔潜堤反射系数、透射系数和能量耗散系数的表达式为

$$C_R = \left| \sum_{n=1}^{M} a^{2n} c_n^+ \frac{\mathrm{i}\pi k_0^{2n-1}}{2hN_0^2(2n-1)!} - \sum_{n=1}^{M} a^{2n-1} c_n^- \frac{\pi k_0^{2n-2}}{2hN_0^2(2n-2)!} \right| \tag{5.126}$$

$$C_T = \left| 1 + \sum_{n=1}^{M} a^{2n} c_n^+ \frac{\mathrm{i}\pi k_0^{2n-1}}{2hN_0^2(2n-1)!} + \sum_{n=1}^{M} a^{2n-1} c_n^- \frac{\pi k_0^{2n-2}}{2hN_0^2(2n-2)!} \right| \tag{5.127}$$

$$C_\mathrm{L} = 1 - C_\mathrm{R}^2 - C_\mathrm{T}^2 \tag{5.128}$$

将动水压力沿半圆型潜堤的结构表面积分，可以得到结构承受的总波浪力，作用在开孔半圆弧上的水平波浪力 F_x 和垂向波浪力 F_z 分别为

$$\begin{aligned} F_x &= \mathrm{i}\rho\omega \int_{\pi/2}^{3\pi/2} [\phi_2(a,\theta) - \phi_1(a,\theta)]\, a\sin\theta \mathrm{d}\theta \\ &= \frac{\rho\omega}{k_0 G} \int_{\pi/2}^{3\pi/2} \left.\frac{\partial \phi_2^-(r,\theta)}{\partial r}\right|_{r=a} a\sin\theta \mathrm{d}\theta = \frac{\pi\rho g H a}{4\mathrm{i}k_0 G\cosh(k_0 h)} d_1^- \end{aligned} \tag{5.129}$$

$$\begin{aligned} F_z &= \mathrm{i}\rho\omega \int_{\pi/2}^{3\pi/2} [\phi_2(a,\theta) - \phi_1(a,\theta)]\, a(-\cos\theta) \mathrm{d}\theta \\ &= -\frac{\rho\omega}{k_0 G} \int_{\pi/2}^{3\pi/2} \left.\frac{\partial \phi_2^+(r,\theta)}{\partial r}\right|_{r=a} a\cos\theta \mathrm{d}\theta = \frac{-2\rho g H a}{\mathrm{i}k_0 G\cosh(k_0 h)} \sum_{n=1}^{M} \frac{(-1)^n n d_n^+ a^{2n-1}}{4n^2-1} \end{aligned} \tag{5.130}$$

定义水平和垂直方向的无因次波浪力为

$$C_{F_x} = \left| \frac{F_x}{\rho g H a} \right| \tag{5.131a}$$

$$C_{F_z} = \left| \frac{F_z}{\rho g H a} \right| \tag{5.131b}$$

如果半圆型潜堤不开孔，边界条件式(5.121)变为

$$\frac{\partial \phi_1}{\partial r}=0,\quad r=a \tag{5.132}$$

式(5.122)～式(5.125)简化为

$$c_m^+-\sum_{n=1}^{\infty}a^{2(m+n)}C_{mn}^+c_n^+=\frac{(k_0a)^{2m}}{(2m)!},\quad m=1,2,3,\cdots \tag{5.133}$$

$$c_m^--\sum_{n=1}^{\infty}a^{2(m+n-1)}C_{mn}^-c_n^-=\frac{\mathrm{i}\,(k_0a)^{2m-1}}{(2m-1)!},\quad m=1,2,3,\cdots \tag{5.134}$$

此时能量耗散系数 C_L 等于 0，半圆体上的水平波浪力和垂向波浪力为

$$\begin{aligned}F_x&=\mathrm{i}\rho\omega\int_{\pi/2}^{3\pi/2}\phi_1(a,\theta)a(-\sin\theta)\mathrm{d}\theta\\&=-\mathrm{i}\rho\omega\int_{\pi/2}^{3\pi/2}\phi_1^+(a,\theta)a\sin\theta\mathrm{d}\theta=\frac{-\pi\rho gHa}{2\cosh(k_0h)}c_1^-\end{aligned} \tag{5.135}$$

$$\begin{aligned}F_z&=\mathrm{i}\rho\omega\int_{\pi/2}^{3\pi/2}\phi_1(a,\theta)a\cos\theta\mathrm{d}\theta\\&=\mathrm{i}\rho\omega\int_{\pi/2}^{3\pi/2}\phi_1^+(a,\theta)a\cos\theta\mathrm{d}\theta\\&=\frac{\rho gHa}{\cosh(k_0h)}\left[\sum_{n=1}^{M}\frac{2\,(-1)^nc_n^+}{4n^2-1}-1\right]\end{aligned} \tag{5.136}$$

在式(5.135)和式(5.136)的推导中，需要利用式(5.133)和式(5.134)[39]。

多极子展开方法具有非常好的收敛性，表 5.1 检验了半圆型潜堤反射系数 C_R 随截断数 M 的收敛性。可以看出，取 $M=7$ 便可以得到非常精确的结果。在下面的计算中，取截断数 $M=7$。

表 5.1　半圆型潜堤反射系数 C_R 随截断数 M 的收敛性($a/h=0.8,G=0$)

截断数	反射系数 C_R						
	$k_0h=0.1$	$k_0h=0.5$	$k_0h=1.0$	$k_0h=1.5$	$k_0h=2.0$	$k_0h=2.5$	$k_0h=3.0$
$M=1$	0.2040	0.5547	0.2927	0.1156	0.2663	0.2740	0.2297
2	0.2084	0.5740	0.3539	0.0035	0.0913	0.0847	0.0789
3	0.2086	0.5746	0.3558	0.0108	0.0688	0.0390	0.0116
4	0.2086	0.5747	0.3559	0.0111	0.0678	0.0364	0.0059
5	0.2086	0.5747	0.3559	0.0111	0.0678	0.0363	0.0057
7	0.2086	0.5747	0.3559	0.0111	0.0678	0.0363	0.0057

图 5.14 给出半圆型不开孔潜堤反射系数和透射系数理论计算与试验结果的对比，物理模型试验在中国海洋大学山东省海洋工程重点实验室的波流水槽中进行，试验水槽长 60m、宽 3m、深 1.5m，将水槽后端分为 1.2m 宽和 1.8m 宽

两部分，将钢板制作的半圆型潜堤模型放置在 1.2m 宽的一侧开展试验，详细试验过程见 Liu 等[40]的研究。可以看出，图 5.14 中的计算结果和试验结果符合良好。

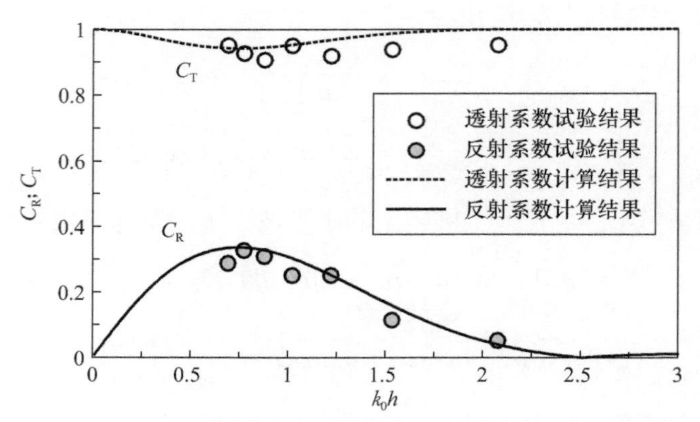

图 5.14　半圆型不开孔潜堤反射系数和透射系数理论计算与试验结果对比
(h=50cm，H/L=0.01，a=30cm)

图 5.15 为孔隙影响系数对半圆型开孔潜堤水动力参数的影响。根据式(5.36)，半圆弧开孔板的孔隙影响系数 G 在理论上与波数 k_0 有关，定义一个新的无因次孔隙影响系数 $G_0=Gk_0h$，并在计算中将 G_0 简单地取为实数。从图 5.15 可以看出，随着 G_0 的增加(半圆弧板开孔率的增加)，半圆型潜堤的反射系数显著减小；但是，由于开孔板可以有效耗散入射波能量，开孔潜堤的透射系数比不开孔潜堤的透射系数显著减小；合理选择板的开孔率，可以达到良好的消浪效果。

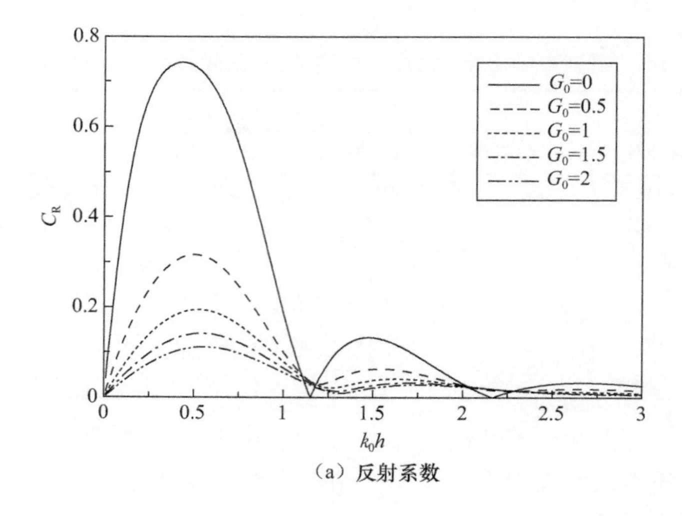

(a) 反射系数

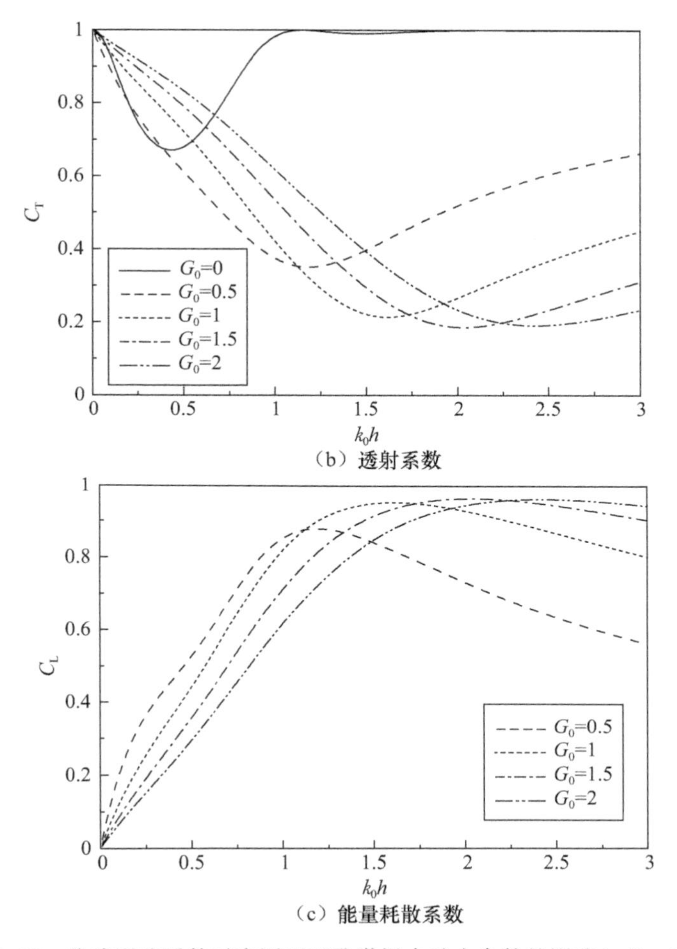

（b）透射系数

（c）能量耗散系数

图 5.15　孔隙影响系数对半圆型开孔潜堤水动力参数的影响（$a/h=0.9$）

图 5.16 为孔隙影响系数对半圆型开孔潜堤的无因次波浪力和波浪力之间的无因次相位差的影响。无因次相位差 C_θ 定义为：水平力和垂直力之间的相位差除以 π。当 $C_\theta=0$ 时，水平力和垂直力同相位；当 $C_\theta=1$ 时，水平力和垂直力相位完全相反，垂直力和水平力同时达到最大值，且垂直力向下，这对提高结构稳定性最有利。从图 5.16 可以看出，随着 G_0 的增加，结构承受的最大水平波浪力显著减小，这有利于提高结构的稳定性；水平力和垂直力之间通常存在一个明显的相位差，这也有利于提高结构的稳定性。此外，不开孔潜堤（$G_0=0$）和开孔潜堤（$G_0\neq 0$）的垂直力特性有很大不同，当 k_0h 趋近 0 时，不开孔潜堤的垂直力趋近 1，而开孔潜堤的垂直力趋近 0。

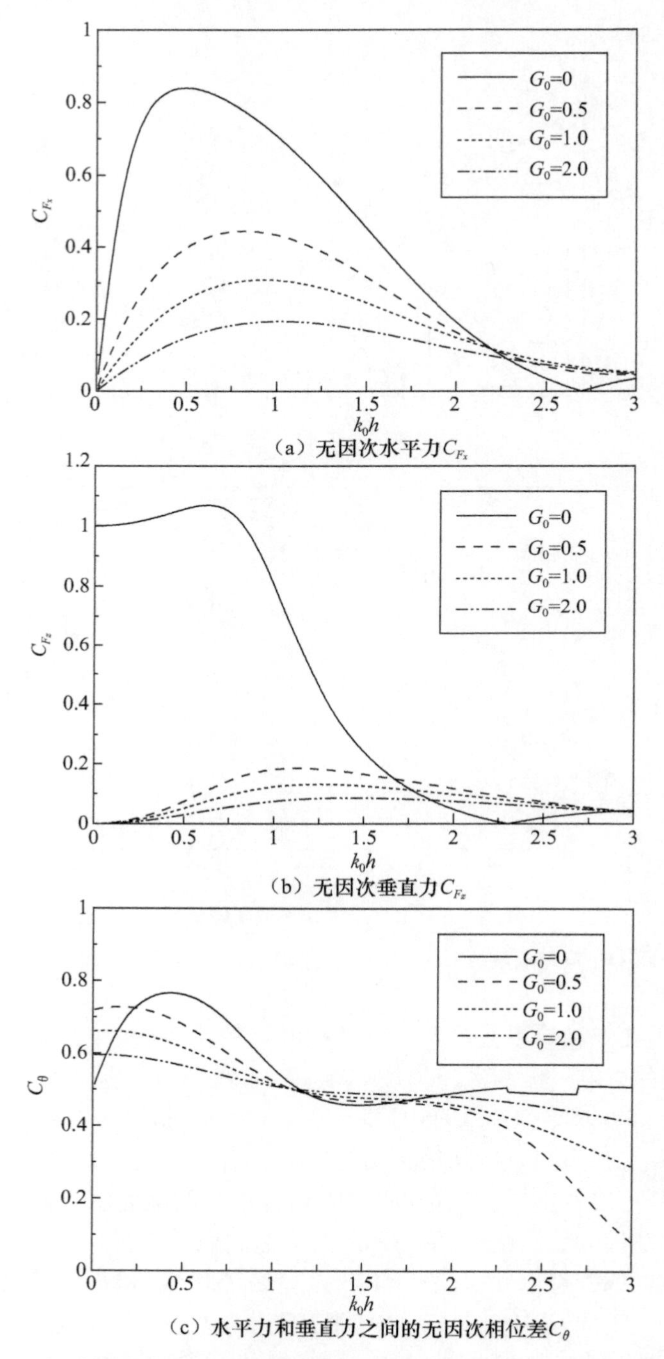

(a) 无因次水平力C_{F_x}

(b) 无因次垂直力C_{F_z}

(c) 水平力和垂直力之间的无因次相位差C_θ

图 5.16　孔隙影响系数对半圆型开孔潜堤的无因次波浪力和波浪力之间的无因次相位差的影响(a/h=0.9)

5.3.2　斜向波对半圆型开孔潜堤的作用

图 5.17 为斜向波对半圆型开孔潜堤作用示意图，与图 5.13 中坐标系的建立方法类似，只是沿防波堤轴线(长度)方向增加 y 轴，并考虑波浪入射方向与 x 轴之间的夹角为 β。下面介绍如何利用多极子展开法解析研究斜向波对半圆型开孔潜堤的作用。

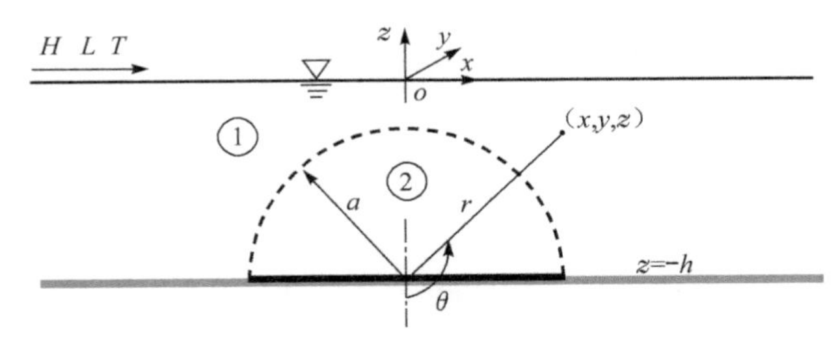

图 5.17　斜向波对半圆型开孔潜堤作用示意图

斜向入射波速度势的表达式为

$$\phi_{\mathrm{I}}=-\frac{\mathrm{i}gH}{2\omega}\frac{\cosh[k_0(z+h)]}{\cosh(k_0h)}\mathrm{e}^{\mathrm{i}k_{0x}x} \tag{5.137}$$

式中，k_{0x} 为波数 k_0 在 x 轴方向的分量，定义见式(5.99)。第一类 n 阶修正贝塞尔函数 $I_n(z)$ 满足如下关系[41]：

$$\mathrm{e}^{z\cos\varphi}=\sum_{n=0}^{\infty}\varepsilon_n I_n(z)\cos(n\varphi) \tag{5.138a}$$

$$\mathrm{e}^{-z\cos\varphi}=\sum_{n=0}^{\infty}\varepsilon_n(-1)^n I_n(z)\cos(n\varphi) \tag{5.138b}$$

式中，$\varepsilon_0=1$，$\varepsilon_n=2(n\geqslant1)$，可以将入射波速度势在极坐标系下改写为

$$\phi_{\mathrm{I}}=\frac{-\mathrm{i}gH}{2\omega}\frac{1}{\cosh(k_0h)}\left\{\sum_{n=0}^{\infty}\varepsilon_n\cosh(2n\ell)I_{2n}(k_{0y}r)\cos(2n\theta)\right.$$
$$\left.+2\mathrm{i}\sum_{n=1}^{\infty}\sinh[(2n-1)\ell]I_{2n-1}(k_{0y}r)\sin[(2n-1)\theta]\right\} \tag{5.139}$$

式中，$\ell=\ln(1/\sin\beta+\sqrt{1/\sin^2\beta-1})$；$k_{0y}$ 为波数 k_0 在 y 轴方向分量，定义见式(5.100)。

满足修正的亥姆霍兹方程(5.102)、自由水面条件式(5.41)、水底条件式(5.42)以及远场辐射条件式(5.103)，并在半圆型潜堤的圆心点$(0,-h)$处奇异的对称和反对称多极子表达式为[42]

$$\varphi_n^{+}=K_{2n}(k_{0y}r)\cos(2n\theta)$$
$$+\int_0^{\infty}\lambda(\nu)\cosh(2n\mu)\cos(k_{0y}x\sinh\mu)\cosh[\nu(z+h)]\,\mathrm{d}\mu,\quad n=0,1,2,\cdots \tag{5.140}$$

$$\varphi_n^- = K_{2n-1}(k_{0y}r)\sin[(2n-1)\theta] + \int_0^\infty \lambda(\nu)\sinh[(2n-1)\mu]\sin(k_{0y}x\sinh\mu)\cosh[\nu(z+h)]\,\mathrm{d}\mu, \quad n=1,2,3,\cdots \tag{5.141}$$

$$\lambda(\nu) = \frac{(K+\nu)\mathrm{e}^{-\nu h}}{\nu\sinh(\nu h) - K\cosh(\nu h)} \tag{5.142}$$

式中,K_n 为第二类 n 阶修正贝塞尔函数,$\nu = k_{0y}\cosh\mu$,积分的路径从下方绕过点 $\mu=\ell$。多极子的远场表达式为

$$\varphi_n^+ \sim \frac{\mathrm{i}\pi\cosh(2n\ell)}{2k_{0x}hN_0^2}\cosh[k_0(z+h)]\,\mathrm{e}^{\pm \mathrm{i}k_{0x}x}, \quad x\to\pm\infty \tag{5.143}$$

$$\varphi_n^- \sim \pm\frac{\pi\sinh[(2n-1)\ell]}{2k_{0x}hN_0^2}\cosh[k_0(z+h)]\,\mathrm{e}^{\pm \mathrm{i}k_{0x}x}, \quad x\to\pm\infty \tag{5.144}$$

式中,N_0^2 的定义见式(5.116)。

将多极子做幂级数展开,可得[43]

$$\varphi_n^+ = K_{2n}(k_{0y}r)\cos(2n\theta) + \sum_{m=0}^{\infty} C_{mn}^+ I_{2m}(k_{0y}r)\cos(2m\theta), \quad n=0,1,2,\cdots \tag{5.145a}$$

$$C_{mn}^+ = \varepsilon_m\int_0^\infty \lambda(\nu)\cosh(2n\mu)\cosh(2m\mu)\,\mathrm{d}\mu \tag{5.145b}$$

$$\varphi_n^- = K_{2n-1}(k_{0y}r)\sin[(2n-1)\theta] + \sum_{m=1}^{\infty} C_{mn}^- I_{2m-1}(k_{0y}r)\sin[(2m-1)\theta], \quad n=1,2,3,\cdots \tag{5.146a}$$

$$C_{mn}^- = 2\int_0^\infty \lambda(\nu)\sinh[(2n-1)\mu]\sinh[(2m-1)\mu]\,\mathrm{d}\mu \tag{5.146b}$$

将入射波速度势和多极子叠加,可以得到子区域①内的速度势为

$$\phi_1 = \frac{-\mathrm{i}gH}{2\omega}\frac{1}{\cosh(k_0h)}\left\{\sum_{n=0}^{\infty}\varepsilon_n\cosh(2n\ell)I_{2n}(k_{0y}r)\cos(2n\theta) + \sum_{n=0}^{\infty}c_n^+\varphi_n^+ + 2\mathrm{i}\sum_{n=1}^{\infty}\sinh[(2n-1)\ell]I_{2n-1}(k_{0y}r)\sin[(2n-1)\theta] + \sum_{n=1}^{\infty}c_n^-\varphi_n^-\right\} \tag{5.147}$$

式中,c_n^+ 和 c_n^- 为待定的展开系数。

在子区域②,速度势满足修正的亥姆霍兹方程(5.102)和水底条件式(5.42),利用分离变量法,可将速度势写为

$$\phi_2 = \frac{-\mathrm{i}gH}{2\omega}\frac{1}{\cosh(k_0h)}\left\{\sum_{n=0}^{\infty}d_n^+ I_{2n}(k_{0y}r)\cos(2n\theta) + \sum_{n=1}^{\infty}d_n^- I_{2n-1}(k_{0y}r)\sin[(2n-1)\theta]\right\} \tag{5.148}$$

式中,d_n^+ 和 d_n^- 为待定的展开系数。

在斜向波作用下，半圆型开孔板上的开孔边界条件与正向波条件下的式(5.121)具有相同的形式。将式(5.147)和式(5.148)代入式(5.121)，然后在方程两边分别乘以 $\cos(2m\theta)$ 或 $\sin[(2m-1)\theta]$，沿整个半圆弧积分，并利用三角函数的正交性，可以得到

$$c_m^+ + \sum_{n=0}^{\infty} c_n^+ B_{2m} C_{mn}^+ - B_{2m} d_m^+ = -\varepsilon_m B_{2m} \cosh(2m\ell), \quad m=0,1,2,\cdots \tag{5.149}$$

$$c_m^+ + \sum_{n=0}^{\infty} c_n^+ D_{2m} C_{mn}^+ + \left(\frac{k_{0y}E_{2m}}{\mathrm{i}k_0 G} - D_{2m}\right) d_m^+ = -\varepsilon_m D_{2m} \cosh(2m\ell), \quad m=0,1,2,\cdots \tag{5.150}$$

$$c_m^- + \sum_{n=1}^{\infty} c_n^- B_{2m-1} C_{mn}^- - B_{2m-1} d_m^- = -2\mathrm{i}B_{2m-1} \sinh[(2m-1)\ell], \quad m=1,2,3,\cdots \tag{5.151}$$

$$\begin{aligned} c_m^- + \sum_{n=1}^{\infty} c_n^- D_{2m-1} C_{mn}^- + \left(\frac{k_{0y}E_{2m-1}}{\mathrm{i}k_0 G} - D_{2m-1}\right) d_m^- \\ = -2\mathrm{i}D_{2m-1} \sinh[(2m-1)\ell], \quad m=1,2,3,\cdots \end{aligned} \tag{5.152}$$

式中，$B_m = I_m'(k_{0y}a)/K_m'(k_{0y}a)$；$D_m = I_m(k_{0y}a)/K_m(k_{0y}a)$；$E_m = I_m'(k_{0y}a)/K_m(k_{0y}a)$。

将以上四组方程中的 m 和 n 截断到 M，求解式(5.149)和式(5.150)，再求解式(5.151)和式(5.152)，便可以确定所有的展开系数。与 5.3.1 节正向波一致，在计算中也取截断数 $M=7$，可以得到收敛的计算结果。

依据多极子的远场表达式(5.143)和式(5.144)，可以得到斜向波作用下半圆型开孔潜堤的反射系数、透射系数和能量耗散系数为

$$C_\mathrm{R} = \left| \sum_{n=0}^{\infty} c_n^+ \frac{\mathrm{i}\pi\cosh(2n\ell)}{2k_{0x}hN_0^2} - \sum_{n=1}^{\infty} c_n^- \frac{\pi\sinh[(2n-1)\ell]}{2k_{0x}hN_0^2} \right| \tag{5.153}$$

$$C_\mathrm{T} = \left| 1 + \sum_{n=0}^{\infty} c_n^+ \frac{\mathrm{i}\pi\cosh(2n\ell)}{2k_{0x}hN_0^2} + \sum_{n=1}^{\infty} c_n^- \frac{\pi\sinh[(2n-1)\ell]}{2k_{0x}hN_0^2} \right| \tag{5.154}$$

$$C_\mathrm{L} = 1 - C_\mathrm{R}^2 - C_\mathrm{T}^2 \tag{5.155}$$

斜向波作用下，开孔半圆弧上的水平波浪力 F_x 和垂向波浪力 F_z 分别为

$$\begin{aligned} F_x &= \mathrm{i}\rho\omega \int_{\pi/2}^{3\pi/2} [\phi_2(a,\theta) - \phi_1(a,\theta)]\, a\sin\theta \mathrm{d}\theta \\ &= \frac{\rho\omega a}{k_0 G} \int_{\pi/2}^{3\pi/2} \left.\frac{\partial \phi_2(r,\theta)}{\partial r}\right|_{r=a} \sin\theta \mathrm{d}\theta = \frac{\rho g H \pi k_{0y} a}{4\mathrm{i}k_0 G\cosh(k_0 h)} d_1^- I_1'(k_{0y}a) \end{aligned} \tag{5.156}$$

$$\begin{aligned} F_z &= \mathrm{i}\rho\omega \int_{\pi/2}^{3\pi/2} [\phi_2(a,\theta) - \phi_1(a,\theta)]\, a(-\cos\theta) \mathrm{d}\theta \\ &= -\frac{\rho\omega a}{k_0 G} \int_{\pi/2}^{3\pi/2} \left.\frac{\partial \phi_2(r,\theta)}{\partial r}\right|_{r=a} \cos\theta \mathrm{d}\theta = -\frac{\rho g H k_{0y} a}{\mathrm{i}k_0 G\cosh(k_0 h)} \sum_{n=0}^{\infty} \frac{(-1)^n d_n^+ I_{2n}'(k_{0y}a)}{4n^2-1} \end{aligned} \tag{5.157}$$

斜向波作用下水平和垂直方向无因次波浪力的定义与正向波的式(5.131)相同。对于不开孔的半圆型潜堤，式(5.149)～式(5.152)简化为

$$c_m^+ + \sum_{n=0}^{\infty} c_n^+ B_{2m} C_{mn}^+ = -\varepsilon_m B_{2m} \cosh(2m\ell), \quad m=0,1,2,\cdots \tag{5.158}$$

$$c_m^- + \sum_{n=1}^{\infty} c_n^- B_{2m-1} C_{mn}^- = -2\mathrm{i} B_{2m-1} \sinh[(2m-1)\ell], \quad m=1,2,3,\cdots \tag{5.159}$$

不开孔半圆体上的水平波浪力和垂直波浪力简化为

$$F_x = \mathrm{i}\rho\omega \int_{\pi/2}^{3\pi/2} \phi_1(a,\theta) a(-\sin\theta) \mathrm{d}\theta = -\frac{\rho g H \pi}{4k_{0y}\cosh(k_0 h)} \frac{c_1^-}{I'_1(k_{0y}a)} \tag{5.160}$$

$$F_z = \mathrm{i}\rho\omega \int_{\pi/2}^{3\pi/2} \phi_1(a,\theta) a\cos\theta \mathrm{d}\theta = \frac{\rho g H}{k_{0y}\cosh(k_0 h)} \sum_{n=0}^{\infty} \frac{(-1)^n c_n^+}{(4n^2-1) I'_{2n}(k_{0y}a)} \tag{5.161}$$

在式(5.160)和式(5.161)的推导中，需要应用式(5.158)和式(5.159)以及以下恒等式[43]：

$$K_n(\mu) I'_n(\mu) - K'_n(\mu) I_n(\mu) = \frac{1}{\mu}, \quad n=0,1,2,\cdots \tag{5.162}$$

图 5.18 为波浪入射角度对半圆型开孔潜堤水动力参数的影响。由图可以看出，波浪入射角度 β 对半圆型开孔潜堤的反射系数有重要影响，当波浪入射角度从 0°增加到 60°时，反射系数的峰值逐渐减小，但是当 $\beta=75°$、$k_0h>1.0$ 时，反射系数迅速增加；透射系数的最小值随波浪入射角度的增加而降低，透射系数和能量耗散系数的变化是负相关的，说明开孔板导致的能量耗散对降低潜堤透射系数起重要作用。

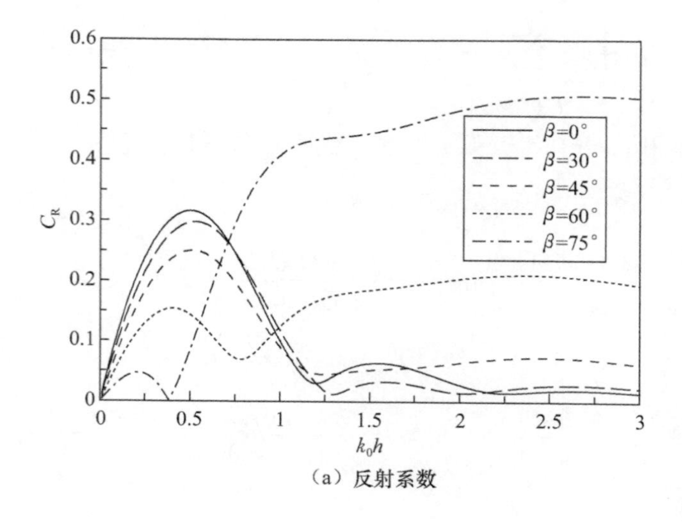

(a) 反射系数

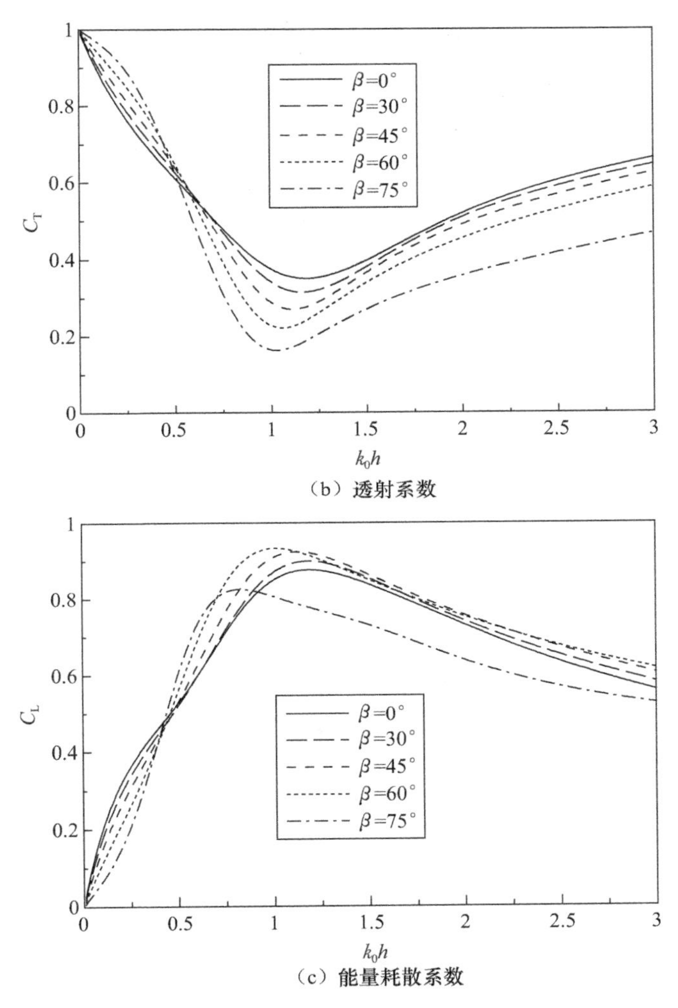

(b) 透射系数

(c) 能量耗散系数

图 5.18　波浪入射角度对半圆型开孔潜堤水动力参数的影响
($a/h=0.9, G_0=0.5$)

图 5.19 给出波浪入射角度对半圆型开孔潜堤的波浪力以及波浪力之间无因次相位差 C_θ 的影响。由图可以看出，随着波浪入射角度增加，水平力的峰值单调减小，且峰值所对应的波浪频率向高频移动；随波浪入射角度的增加，垂直力的峰值先增加后减小。此外，在斜向波作用下，水平力和垂直力之间存在一个明显的相位差。对于低频入射波，相位差随波浪入射角度的增加而减小；对于高频波，相位差随波浪入射角度的增加而显著增加，该相位差的存在有利于提高结构稳定性。

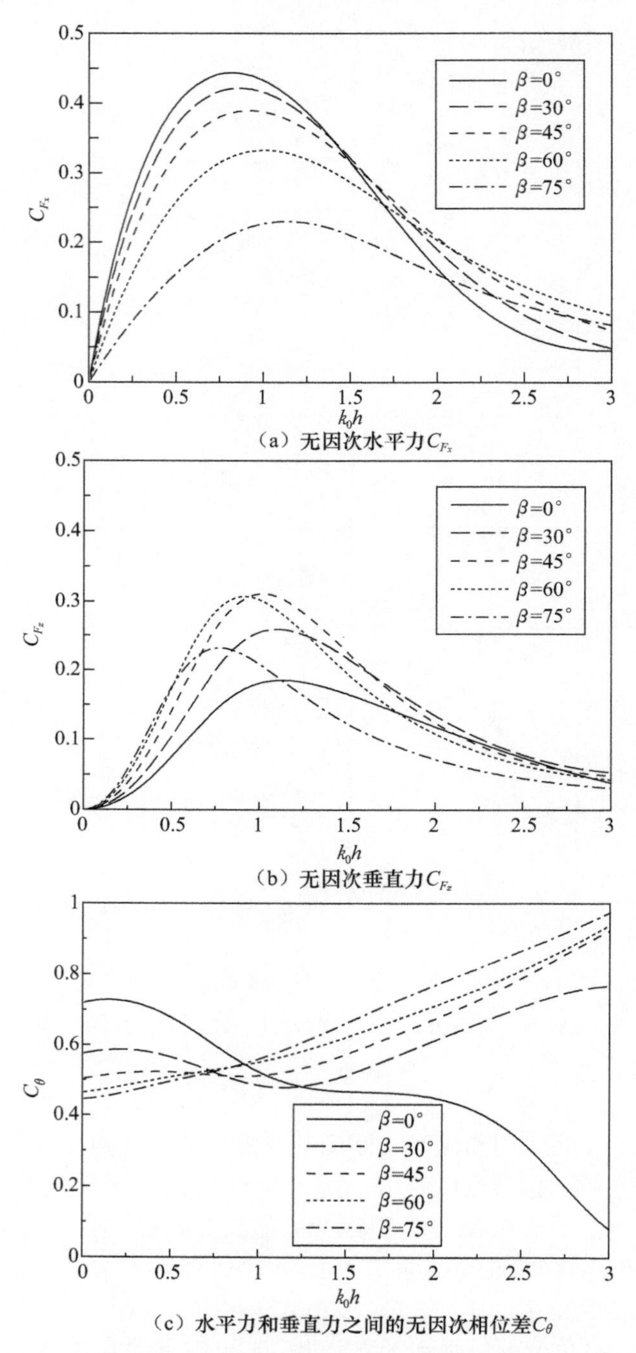

(a) 无因次水平力C_{F_x}

(b) 无因次垂直力C_{F_z}

(c) 水平力和垂直力之间的无因次相位差C_θ

图 5.19　波浪入射角度对半圆型开孔潜堤的无因次波浪力和波浪力之间无因次相位差的影响(a/h=0.9,G_0=0.5)

5.4　速度势分解技术

在5.2节所述的直接匹配特征函数展开分析中，需要建立和求解波浪在多孔薄板、多孔堆石等耗散介质上运动的复色散方程，但是精确求解各类复色散方程存在较大困难，特别是当耗散介质的组成较为复杂时，复色散方程的求解尤为困难。在直接匹配特征函数展开分析中，利用自由水面条件（或耗散自由水面条件）、水底条件和流体内部的耗散边界条件来构建沿水深方向的特征函数，从而产生了复色散方程。如果采用合适的速度势分解技术，在子区域内构建特征函数时不直接应用耗散边界条件，而是将耗散边界条件转换为不同子区域速度势之间的匹配边界条件，则可以避免复色散方程，复色散方程导致的求解困难也随之消失。Lee[44]较早采用速度势分解技术研究水面垂荡方箱的水动力系数，李兆芳等[45]利用速度势分解技术建立波浪通过多孔潜堤的解析解。本节以出水多孔堆石防波堤、单层水平多孔板、双层水平多孔板、水平多孔板-堆石复合型潜堤为例，按照由简到繁的原则，介绍如何利用速度势分解技术解析研究消能式海岸结构物的水动力特性。

5.4.1　出水多孔防波堤

图5.20为波浪对出水多孔堆石防波堤的作用示意图，水深为h，防波堤宽度为$B(=2b)$，x轴正方向沿静水面水平向右，z轴正方向沿防波堤中垂线垂直向上，波浪沿x轴正方向传播，波高为H，波长为L，周期为T。就理论描述而言，图5.20中的多孔防波堤实际为图5.8中排桩堆石防波堤的极限情况（将前后排桩墙的开孔率取为1）。下面采用速度势分解技术得到该问题的解析解。

考虑多孔防波堤关于z轴对称，可以将速度势分解为对称速度势和反对称速度势之和[5,46]，即

$$\phi(x,z)=\frac{1}{2}\left[\phi^{+}(x,z)+\phi^{-}(x,z)\right] \tag{5.163a}$$

$$\phi^{+}(-x,z)=\phi^{+}(x,z) \tag{5.163b}$$

$$\left.\frac{\partial\phi^{+}(x,z)}{\partial x}\right|_{x=0}=0 \tag{5.163c}$$

$$\phi^{-}(-x,z)=-\phi^{-}(x,z) \tag{5.163d}$$

$$\phi^{-}(0,z)=0 \tag{5.163e}$$

式中，上标＋和－分别表示对称势和反对称势。与原速度势相同，对称势和反对称势仍然满足拉普拉斯方程和所有的边界条件。将速度势分解为对称势和反对称势后，求解过程得到简化，只需要在左半平面（$x\leqslant 0$，$-h\leqslant z\leqslant 0$）求解该问题。将左半

平面进一步分解为两个子区域：结构前方为子区域①($x\leqslant -b, -h\leqslant z\leqslant 0$)，结构内部为子区域②($-b\leqslant x\leqslant 0, -h\leqslant z\leqslant 0$)。

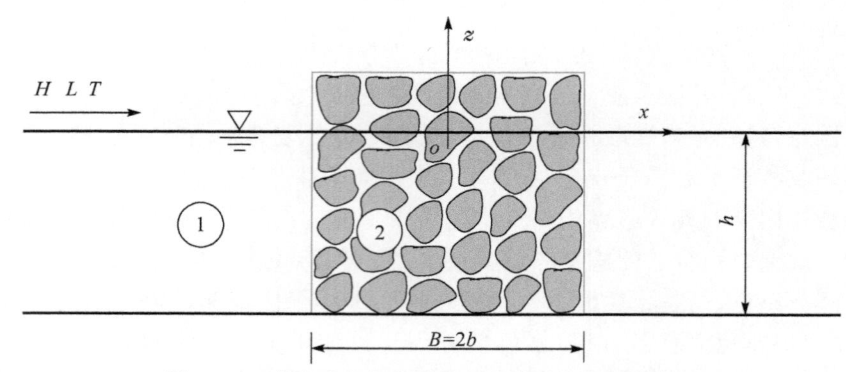

图 5.20　波浪对出水多孔堆石防波堤的作用示意图

在子区域①内，对称速度势和反对称速度势均满足拉普拉斯方程式(5.40)、自由水面条件式(5.41)、水底条件式(5.42)以及远场条件式(5.43)，利用分离变量法，可以得到速度势表达式：

$$\phi_1^{+(-)} = -\frac{igH}{2\omega}\left[e^{ik_0(x+b)}Z_0(z) + R_0^{+(-)}e^{-ik_0(x+b)}Z_0(z) + \sum_{n=1}^{\infty}R_n^{+(-)}e^{k_n(x+b)}Z_n(z)\right] \tag{5.164}$$

式中，$R_n^{+(-)}$ 为对称势(反对称势)中的待定展开系数；波数 k_n 和垂向特征函数 $Z_n(z)$的定义见式(5.46)和式(5.47)。

在子区域②，对称速度势和反对称速度势均满足拉普拉斯方程式(5.40)、耗散自由水面条件式(5.26)和水底条件式(5.42)。为了避免直接应用耗散自由水面条件式(5.26)(避免产生复色散方程)，将速度势做进一步分解：

$$\phi_2^{+(-)} = \phi_{2,v}^{+(-)} + \phi_{2,h}^{+(-)} \tag{5.165}$$

令分解后的速度势满足以下边界条件：

$$\frac{\partial\phi_{2,v}^{+(-)}}{\partial z} = 0,\quad z = 0 \tag{5.166}$$

$$\phi_{2,h}^{+} = 0,\quad x = -b \tag{5.167}$$

$$\frac{\partial\phi_{2,h}^{-}}{\partial x} = 0,\quad x = -b \tag{5.168}$$

$$\frac{\partial\phi_{2,v}^{+(-)}}{\partial z} = 0,\quad z = -h \tag{5.169}$$

$$\frac{\partial\phi_{2,h}^{+(-)}}{\partial z} = 0,\quad z = -h \tag{5.170}$$

此外，根据式(5.163c)和式(5.163e)可得

$$\frac{\partial \phi_{2,v}^{+}}{\partial x}=0,\quad x=0 \tag{5.171}$$

$$\frac{\partial \phi_{2,h}^{+}}{\partial x}=0,\quad x=0 \tag{5.172}$$

$$\phi_{2,v}^{-}=0,\quad x=0 \tag{5.173}$$

$$\phi_{2,h}^{-}=0,\quad x=0 \tag{5.174}$$

利用分离变量法，可以得到满足拉普拉斯方程以及上述相关边界条件的对称势和反对称势表达式，即

$$\phi_{2,v}^{+}=-\frac{\mathrm{i}gH}{2\omega}\left[C_0^{+}Y_0(z)+\sum_{n=1}^{\infty}C_n^{+}\frac{\cosh(\alpha_n x)}{\cosh(\alpha_n b)}Y_n(z)\right] \tag{5.175}$$

$$\phi_{2,h}^{+}=-\frac{\mathrm{i}gH}{2\omega}\sum_{n=0}^{\infty}D_n^{+}X_n^{+}(x)\frac{\cosh[\beta_n(z+h)]}{\cosh(\beta_n d)} \tag{5.176}$$

$$\phi_{2,v}^{-}=-\frac{\mathrm{i}gH}{2\omega}\left[C_0^{-}xY_0(z)+\sum_{n=1}^{\infty}C_n^{-}\frac{\sinh(\alpha_n x)}{\cosh(\alpha_n b)}Y_n(z)\right] \tag{5.177}$$

$$\phi_{2,h}^{-}=-\frac{\mathrm{i}gH}{2\omega}\sum_{n=0}^{\infty}D_n^{-}X_n^{-}(x)\frac{\cosh[\beta_n(z+h)]}{\cosh(\beta_n d)} \tag{5.178}$$

式中，$C_n^{+(-)}$ 和 $D_n^{+(-)}$ 是待定的展开系数；$Y_n(z)$以及 $X_n^{+}(x)$和 $X_n^{-}(x)(n=0,1,2,\cdots)$分别是沿垂直方向和水平方向变化的特征函数系：

$$Y_n(z)=\begin{cases}\dfrac{\sqrt{2}}{2}, & n=0\\ \cos[\alpha_n(z+h)], & n=1,2,3,\cdots\end{cases} \tag{5.179}$$

$$X_n^{+}(x)=\cos(\beta_n x) \tag{5.180}$$

$$X_n^{-}(x)=\sin(\beta_n x) \tag{5.181}$$

这些特征函数系具备正交性：

$$\int_{-h}^{0}Y_m(z)Y_n(z)\mathrm{d}z=0,\quad m\neq n \tag{5.182}$$

$$\int_{-b}^{0}X_m^{+}(x)X_n^{+}(x)\mathrm{d}x=0,\quad m\neq n \tag{5.183}$$

$$\int_{-b}^{0}X_m^{-}(x)X_n^{-}(x)\mathrm{d}x=0,\quad m\neq n \tag{5.184}$$

特征值 α_n 和 β_n 的表达式为

$$\alpha_n=\frac{n\pi}{h},\quad n=1,2,3,\cdots \tag{5.185}$$

$$\beta_n=\frac{n+0.5}{b}\pi,\quad n=0,1,2,\cdots \tag{5.186}$$

下面利用子区域②的耗散自由水面条件以及子区域①和②之间的压力和速度连续条件来匹配确定速度势中的展开系数，这些边界条件可以利用分解后的速度

势表示为

$$\frac{\partial \phi_{2,h}^{+}}{\partial z}=K(s+\mathrm{i}f)(\phi_{2,v}^{+}+\phi_{2,h}^{+}),\quad z=0 \tag{5.187}$$

$$\phi_{1}^{+}=(s+\mathrm{i}f)\phi_{2,v}^{+},\quad x=-b \tag{5.188}$$

$$\frac{\partial \phi_{1}^{+}}{\partial x}=\varepsilon\left(\frac{\partial \phi_{2,v}^{+}}{\partial x}+\frac{\partial \phi_{2,h}^{+}}{\partial x}\right),\quad x=-b \tag{5.189}$$

$$\frac{\partial \phi_{2,h}^{-}}{\partial z}=K(s+\mathrm{i}f)(\phi_{2,v}^{-}+\phi_{2,h}^{-}),\quad z=0 \tag{5.190}$$

$$\phi_{1}^{-}=(s+\mathrm{i}f)(\phi_{2,v}^{-}+\phi_{2,h}^{-}),\quad x=-b \tag{5.191}$$

$$\frac{\partial \phi_{1}^{-}}{\partial x}=\varepsilon\frac{\partial \phi_{2,v}^{-}}{\partial x},\quad x=-b \tag{5.192}$$

将式(5.175)和式(5.176)代入式(5.187)，可得

$$\sum_{n=0}^{\infty}\left[\frac{\beta_n\tanh(\beta_n h)}{K(s+\mathrm{i}f)}-1\right]D_n^{+}X_n^{+}(x)=\frac{\sqrt{2}}{2}C_0^{+}+\sum_{n=1}^{\infty}(-1)^n\frac{\cosh(\alpha_n x)}{\cosh(\alpha_n b)}C_n^{+} \tag{5.193}$$

将式(5.193)两边乘上特征函数系 $X_m^{+}(x)(m=0,1,2\cdots)$，对 x 从 $-b$ 到 0 积分，利用正交关系式(5.183)，并将 m 和 n 截断到 N，可得

$$[a_{mn}^{+}]\{C_n^{+}\}=\{D_m^{+}\},\quad m,n=0,1,2,\cdots,N \tag{5.194}$$

考虑到本节匹配求解过程中得到的方程较多，为简洁、方便，将方程都直接写成矩阵形式，系数矩阵$[a_{mn}^{+}]$的值在表 5.2 中给出。采用类似的处理方法，将式(5.188)～式(5.192)转换为

$$\{C_m^{+}\}=[b_{mn}^{+}]\{R_n^{+}\}+\{e_m^{+}\},\quad m,n=0,1,2,\cdots,N \tag{5.195}$$

$$[c_{mn}^{+}]\{C_n^{+}\}+[d_{mn}^{+}]\{D_n^{+}\}=\{R_m^{+}\}+\{f_m\},\quad m,n=0,1,2,\cdots,N \tag{5.196}$$

$$[a_{mn}^{-}]\{C_n^{-}\}=\{D_m^{-}\},\quad m,n=0,1,2,\cdots,N \tag{5.197}$$

$$\{C_m^{-}\}+[d_{mn}^{-}]\{D_n^{-}\}=[b_{mn}^{-}]\{R_n^{-}\}+\{e_m^{-}\},\quad m,n=0,1,2,\cdots,N \tag{5.198}$$

$$[c_{mn}^{-}]\{C_n^{-}\}=\{R_m^{-}\}+\{f_m\},\quad m,n=0,1,2,\cdots,N \tag{5.199}$$

式中，系数矩阵的值都在表 5.2 中列出。为了书写方便，在表 5.2 中定义以下值：$\delta_{mn}=1(m=n)$，$\delta_{mn}=0(m\neq n)$，$\tilde{\alpha}_0=-b$，$\tilde{\alpha}_m=-\tanh(\alpha_m b)(m\neq 0)$，$\kappa_0=-\mathrm{i}k_0$，$\kappa_m=k_m(m\neq 0)$，$\nu_0=1$，$\nu_n=\alpha_n(n\neq 0)$，$U_0^{+}(x)=\sqrt{2}/2$，$U_n^{+}(x)=\cosh(\alpha_n x)/\cosh(\alpha_n b)(n\neq 0)$，$U_0^{-}(x)=\sqrt{2}x/2$，$U_n^{-}(x)=\sinh(\alpha_n x)/\cosh(\alpha_n b)(n\neq 0)$，$N_m=\int_{-h}^{0}[Z_m(z)]^2\mathrm{d}z$。

分别求解矩阵方程式(5.194)～式(5.196)和式(5.197)～式(5.199)，确定出速度势表达式中所有的展开系数，便可以计算多孔防波堤的水动力参数。

从以上求解过程可以看出，通过速度势分解，将耗散自由水面条件式(5.26)转换用于确定速度势展开式中的待定系数，从而在多孔防波堤区域内不需要考虑任何复色散方程。特别是子区域②中的特征值 α_n 和 β_n 可以通过代数式直接计算，不需要任何复杂的迭代求解过程。但需要说明的是，α_n 和 β_n 只是用来辅助构建速度

势的表达式，并没有特别的物理意义，而 5.2 节中的复波数具有很明确的物理意义，可以解释波浪通过耗散介质的波长与波幅变化。

表 5.2　式(5.194)～式(5.199)中系数矩阵的值

系数矩阵	计算值	系数矩阵	计算值
b_{mn}^{+}	$2\int_{-h}^{0}Y_m(z)Z_n(z)\mathrm{d}z/[(s+\mathrm{i}f)h]$	b_{mn}^{-}	$b_{mn}^{-}/\tilde{\alpha}_m$
c_{mn}^{+}	$\varepsilon\alpha_n\tanh(\alpha_n b)(\delta_{0n}-1)\int_{-h}^{0}Z_m(z)Y_n(z)\mathrm{d}z/(\kappa_m N_m)$	$e_m^{+(-)}$	$b_{m0}^{+(-)}$
c_{mn}^{-}	$\varepsilon\nu_n\int_{-h}^{0}Z_m(z)Y_n(z)\mathrm{d}z/(\kappa_m N_m)$	f_m	$-\delta_{0m}$
d_{mn}^{+}	$\varepsilon\beta_n\sin(\beta_n b)\int_{-h}^{0}Z_m(z)\cosh[\beta_n(z+h)]\mathrm{d}z/[\kappa_m N_m\cosh(\beta_n h)]$		
d_{mn}^{-}	$-2\sin(\beta_n b)\int_{-h}^{0}Y_m(z)\cosh[\beta_n(z+h)]\mathrm{d}z/[\tilde{\alpha}_m h\cosh(\beta_n h)]$		
$a_{mn}^{+(-)}$	$2(-1)^n K(s+\mathrm{i}f)\int_{-b}^{0}X_m^{+(-)}(x)U_n^{+(-)}(x)\mathrm{d}x/[\beta_m b\tanh(\beta_m h)-Kb(s+\mathrm{i}f)]$		

出水多孔堆石防波堤的反射系数、透射系数和能量耗散系数为

$$C_{\mathrm{R}}=\frac{|R_0^{+}+R_0^{-}|}{2} \tag{5.200}$$

$$C_{\mathrm{T}}=\frac{|R_0^{+}-R_0^{-}|}{2} \tag{5.201}$$

$$C_{\mathrm{L}}=1-C_{\mathrm{R}}^2-C_{\mathrm{T}}^2 \tag{5.202}$$

应用式(5.27)可以得到多孔堆石防波堤内部的波面幅值为

$$\begin{aligned}\eta(\pm x,0)&=\frac{H(s+\mathrm{i}f)}{4}[\phi_{2,v}^{+}(x,0)+\phi_{2,h}^{+}(x,0)\pm\phi_{2,v}^{-}(x,0)\pm\phi_{2,h}^{-}(x,0)]\\&=\frac{H(s+\mathrm{i}f)}{4}\left\{\frac{\sqrt{2}(C_0^{+}\pm C_0^{-}x)}{2}+\sum_{n=1}^{\infty}\frac{C_n^{+}\cosh(\alpha_n x)\pm C_n^{-}\sinh(\alpha_n x)}{(-1)^n\cosh(\alpha_n b)}\right.\\&\quad\left.+\sum_{n=0}^{\infty}[D_n^{+}\cos(\beta_n x)\pm D_n^{-}\sin(\beta_n x)]\right\},\quad -b\leqslant x\leqslant 0\end{aligned} \tag{5.203}$$

无因次的波面幅值定义为

$$C_\eta=\frac{2|\eta|}{H} \tag{5.204}$$

就物理问题而言，上述对称速度势解相当于在多孔堆石防波堤的中垂线处设置一个不透水直立墙(直立式护岸)，因此，本节对称解实际上也是波浪对多孔堆石护岸作用的解析解。则多孔堆石护岸的反射系数为

$$C_{\mathrm{R}}^{+}=|R_0^{+}| \tag{5.205}$$

表 5.3 检验了出水多孔堆石防波堤反射系数 C_{R} 随截断数 N 的收敛性。由表可以看出，当截断数 N 大于 50 时，可以得到收敛的结果，在下面计算中取 $N=100$。为了进行对比，将 5.2.3 节直接匹配特征函数展开法(直接法，考虑复色散方程)的计算结果也在表 5.3 中给出。可以看出，两种方法的计算结果一致。此外，当多孔堆石防波堤的宽度大于 1 倍水深时，结构反射系数趋于一个固定值，这也是

出水多孔防波堤反射系数的基本特征[7,47]。

表 5.3 出水多孔堆石防波堤反射系数 C_R 随截断数 N 的收敛性

($k_0h=2, \varepsilon=0.45, s=1, f=2$)

B/h	C_R(速度势分解法)					C_R (直接法)
	$N=10$	$N=50$	$N=100$	$N=150$	$N=200$	
0.1	0.300	0.299	0.299	0.299	0.299	0.299
0.5	0.523	0.521	0.521	0.521	0.521	0.521
1.0	0.542	0.539	0.539	0.539	0.539	0.539
2.0	0.544	0.541	0.540	0.540	0.540	0.540
3.0	0.546	0.541	0.540	0.540	0.540	0.540

将本节多孔堆石防波堤能量耗散系数 C_L 的计算结果与 Twu 等[48]解析解的计算结果进行对比。Twu 等[48]采用直接匹配特征函数展开法进行求解，需要考虑复色散方程。图 5.21 为出水多孔堆石防波堤能量耗散系数本节解析解计算结果与 Twu 等[48]计算结果的对比。由图可以看出，对于不同的多孔介质阻力系数 f，两种方法的计算结果一致。

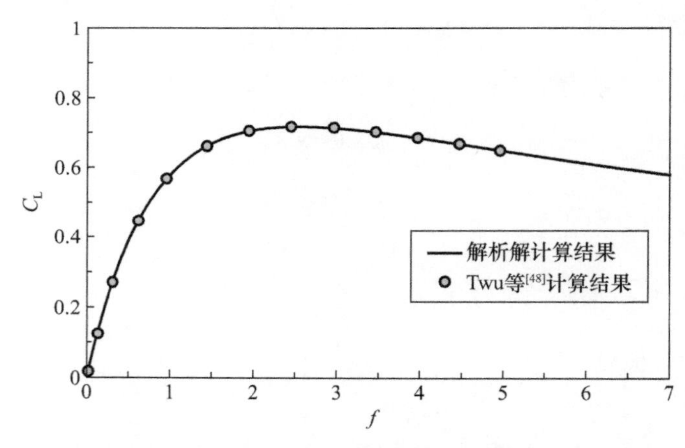

图 5.21 出水多孔堆石防波堤能量耗散系数本节解析解计算结果与 Twu 等[48]计算结果的对比

($k_0h=0.3\pi, B/h=1, \varepsilon=0.7, s=1.429$)

图 5.22 为出水多孔堆石防波堤内无因次波面幅值沿波浪传播方向的变化。由图可以看出，由于多孔防波堤的能量耗散作用，波面幅值沿波浪传播方向(x 轴正方向)逐渐衰减；在多孔防波堤内同一位置处，堆石通常对短波的能量耗散作用更明显。

考虑线性浅水长波($k_0=\omega/\sqrt{gh}$)，Dalrymple 等[49]给出了出水多孔堆石防波堤的反射系数和透射系数长波近似解的计算公式：

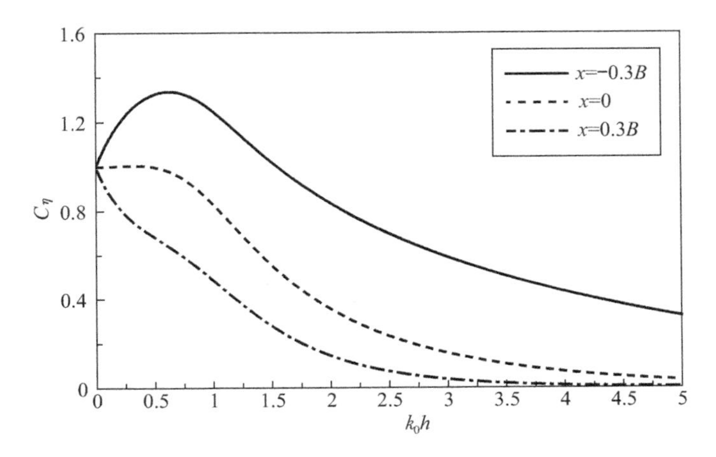

图 5.22　出水多孔堆石防波堤内无因次波面幅值沿波浪传播方向的变化

($B/h=1,\varepsilon=0.45,s=1,f=2$)

$$C_{\mathrm{R}}=\frac{1}{2}\left|\frac{\mathrm{i}\tau-\varepsilon\tan(\tau k_0 B/2)}{\mathrm{i}\tau+\varepsilon\tan(\tau k_0 B/2)}+\frac{\mathrm{i}\tau\tan(\tau k_0 B/2)+\varepsilon}{\mathrm{i}\tau\tan(\tau k_0 B/2)-\varepsilon}\right| \tag{5.206a}$$

$$C_{\mathrm{T}}=\frac{1}{2}\left|\frac{\mathrm{i}\tau-\varepsilon\tan(\tau k_0 B/2)}{\mathrm{i}\tau+\varepsilon\tan(\tau k_0 B/2)}-\frac{\mathrm{i}\tau\tan(\tau k_0 B/2)+\varepsilon}{\mathrm{i}\tau\tan(\tau k_0 B/2)-\varepsilon}\right| \tag{5.206b}$$

式中，$\tau=\sqrt{s+\mathrm{i}f}$。

考虑线性浅水长波，Madsen[50]给出了出水多孔堆石护岸结构的反射系数计算公式：

$$C_{\mathrm{R}}^{+}=\left|\frac{\mathrm{i}\tau-\varepsilon\tan(\tau k_0 b)}{\mathrm{i}\tau+\varepsilon\tan(\tau k_0 b)}\right| \tag{5.207}$$

图 5.23 为出水多孔堆石防波堤反射系数和透射系数的解析解和长波近似解对比。图 5.24 为出水多孔堆石护岸反射系数的解析解和长波近似解对比。可以

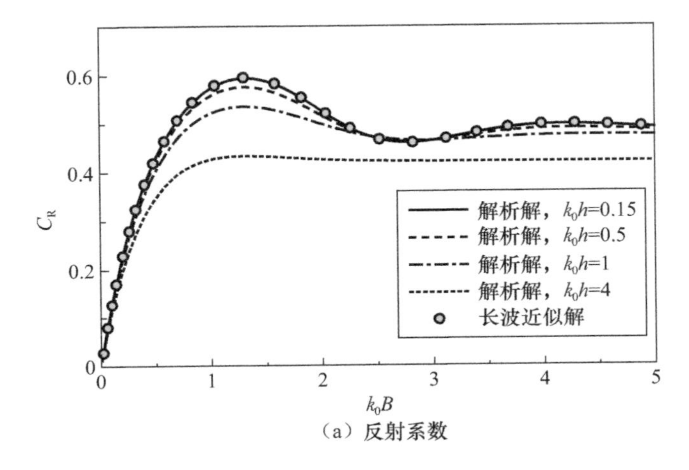

(a) 反射系数

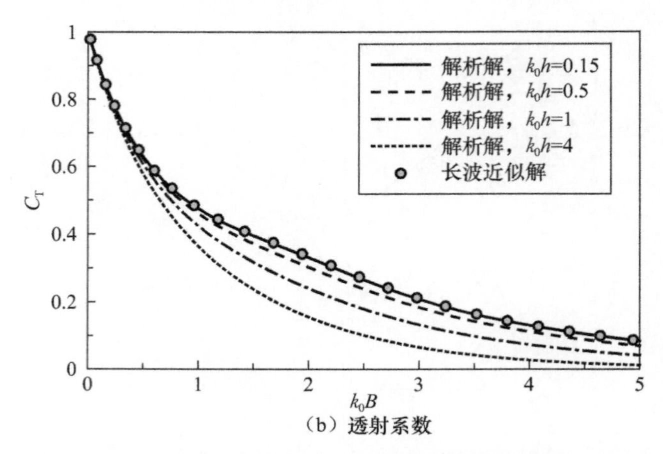

(b) 透射系数

图 5.23 出水多孔堆石防波堤反射系数和透射系数的解析解和长波近似解对比($\varepsilon=0.45, s=1, f=1$)

看出，随着无因次波数 k_0h 的减小(波长增加)，解析解的计算结果趋近长波近似解的计算结果，这在理论上是正确的。当考虑长波对多孔防波堤或护岸作用时，可以直接利用式(5.206)和式(5.207)估算结构的反射系数和透射系数。

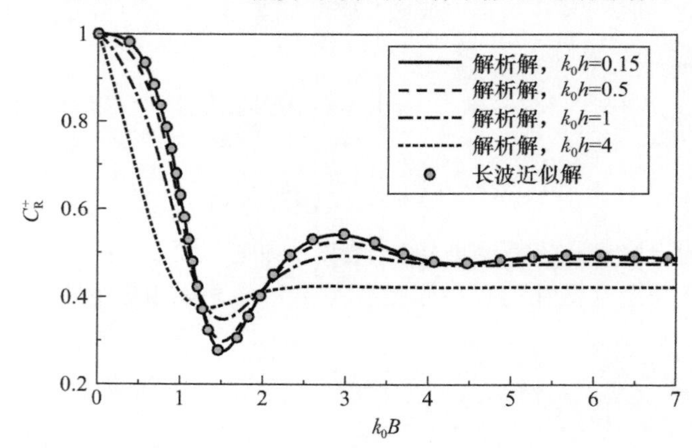

图 5.24 出水多孔堆石护岸反射系数的解析解和长波近似解对比($\varepsilon=0.45, s=1, f=1$)

5.4.2 单层水平多孔板

图 5.25 为波浪对单层水平多孔板防波堤作用示意图，在 5.2.2 节中利用直接匹配特征函数展开法对该问题进行了解析研究，这里采用速度势分解技术来分析。与 5.4.1 节的出水多孔堆石防波堤类似，利用式(5.163)将速度势首先分解为对称速度势和反对称速度势，只需要在左半平面分析该问题，将左半平面进一步分为三个子区域：水平多孔板前方为子区域①($x\leqslant -b, -h\leqslant z\leqslant 0$)，水平多孔板上

方为子区域②$(-b\leqslant x\leqslant 0,-d\leqslant z\leqslant 0)$,水平多孔板下方为子区域③$(-b\leqslant x\leqslant 0,-h\leqslant z\leqslant -d)$。

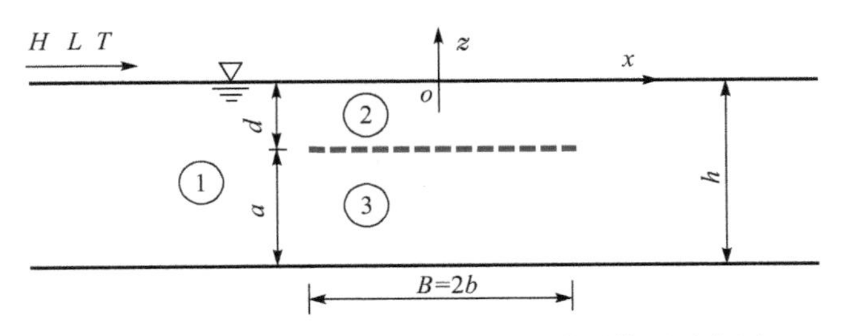

图 5.25　波浪对单层水平多孔板防波堤作用示意图

在子区域①内,对称速度势和反对称速度势的表达式与式(5.164)完全相同。在子区域②和③内,为了避免考虑水平多孔板上的复色散方程,将速度势进一步分解为

$$\phi_j^{+(-)}=\phi_{j,v}^{+(-)}+\phi_{j,h}^{+(-)},\quad j=2,3 \tag{5.208}$$

令分解后的对称速度势满足以下边界条件:

$$\frac{\partial\phi_{2,v}^{+}}{\partial z}=K\phi_{2,v}^{+},\quad z=0 \tag{5.209a}$$

$$\frac{\partial\phi_{2,v}^{+}}{\partial z}=0,\quad z=-d \tag{5.209b}$$

$$\frac{\partial\phi_{2,v}^{+}}{\partial x}=0,\quad x=0 \tag{5.209c}$$

$$\frac{\partial\phi_{3,v}^{+}}{\partial z}=0,\quad z=-d,-h \tag{5.210a}$$

$$\frac{\partial\phi_{3,v}^{+}}{\partial x}=0,\quad x=0 \tag{5.210b}$$

$$\phi_{2,h}^{+}=0,\quad x=-b \tag{5.211a}$$

$$\frac{\partial\phi_{2,h}^{+}}{\partial x}=0,\quad x=0 \tag{5.211b}$$

$$\frac{\partial\phi_{2,h}^{+}}{\partial z}=K\phi_{2,h}^{+},\quad z=0 \tag{5.211c}$$

$$\phi_{3,h}^{+}=0,\quad x=-b \tag{5.212a}$$

$$\frac{\partial\phi_{3,h}^{+}}{\partial x}=0,\quad x=0 \tag{5.212b}$$

$$\frac{\partial\phi_{3,h}^{+}}{\partial z}=0,\quad z=-h \tag{5.212c}$$

令分解后的反对称速度势满足以下边界条件:

$$\frac{\partial \phi_{2,v}^{-}}{\partial z}=K\phi_{2,v}^{-},\quad z=0 \tag{5.213a}$$

$$\frac{\partial \phi_{2,v}^{-}}{\partial z}=0,\quad z=-d \tag{5.213b}$$

$$\frac{\partial \phi_{2,v}^{-}}{\partial x}=0,\quad x=0 \tag{5.213c}$$

$$\frac{\partial \phi_{3,v}^{-}}{\partial z}=0,\quad z=-d,-h \tag{5.214a}$$

$$\phi_{3,v}^{-}=0,\quad x=0 \tag{5.214b}$$

$$\frac{\partial \phi_{2,h}^{-}}{\partial x}=0,\quad x=-b \tag{5.215a}$$

$$\phi_{2,h}^{-}=0,\quad x=0 \tag{5.215b}$$

$$\frac{\partial \phi_{2,h}^{-}}{\partial z}=K\phi_{2,h}^{-},\quad z=0 \tag{5.215c}$$

$$\frac{\partial \phi_{3,h}^{-}}{\partial x}=0,\quad x=-b \tag{5.216a}$$

$$\phi_{3,h}^{-}=0,\quad x=0 \tag{5.216b}$$

$$\frac{\partial \phi_{3,h}^{-}}{\partial z}=0,\quad z=-h \tag{5.216c}$$

上述人工边界条件的设置可以保证在垂直或水平方向上应用分离变量法构建适当的正交特征函数系，得到速度势的级数解。在子区域②和③内，满足拉普拉斯方程以及上述相关边界条件的对称速度势和反对称速度势可以写为

$$\phi_{2,v}^{+}=-\frac{\mathrm{i}gH}{2\omega}\left[A_0^{+}\cos(\lambda_0 x)Y_0(z)+\sum_{n=1}^{\infty}A_n^{+}\frac{\cosh(\lambda_n x)}{\cosh(\lambda_n b)}Y_n(z)\right] \tag{5.217}$$

$$\phi_{3,v}^{+}=-\frac{\mathrm{i}gH}{2\omega}\left[B_0^{+}X_0(z)+\sum_{n=1}^{\infty}B_n^{+}\frac{\cosh(\mu_n x)}{\cosh(\mu_n b)}X_n(z)\right] \tag{5.218}$$

$$\phi_{2,h}^{+(-)}=-\frac{\mathrm{i}gH}{2\omega}\sum_{n=0}^{\infty}C_n^{+(-)}W_n^{+(-)}(x)\frac{\cosh(\beta_n z)+(K/\beta_n)\sinh(\beta_n z)}{\cosh(\beta_n d)} \tag{5.219}$$

$$\phi_{3,h}^{+(-)}=-\frac{\mathrm{i}gH}{2\omega}\sum_{n=0}^{\infty}D_n^{+(-)}W_n^{+(-)}(x)\frac{\cosh[\beta_n(z+h)]}{\cosh(\beta_n a)} \tag{5.220}$$

$$\phi_{2,v}^{-}=-\frac{\mathrm{i}gH}{2\omega}\left[A_0^{-}\sin(\lambda_0 x)Y_0(z)+\sum_{n=1}^{\infty}A_n^{-}\frac{\sinh(\lambda_n x)}{\cosh(\lambda_n b)}Y_n(z)\right] \tag{5.221}$$

$$\phi_{3,v}^{-}=-\frac{\mathrm{i}gH}{2\omega}\left[B_0^{-}xX_0(z)+\sum_{n=1}^{\infty}B_n^{-}\frac{\sinh(\mu_n x)}{\cosh(\mu_n b)}X_n(z)\right] \tag{5.222}$$

式中，$A_n^{+(-)}$、$B_n^{+(-)}$、$C_n^{+(-)}$、$D_n^{+(-)}$ 是待定的速度势展开系数。

$Y_n(z)$和$X_n(z)$以及$W_n^{+(-)}(x)(n=0,1,2,\cdots)$分别是沿垂直和水平方向的特征函数系，具体形式为

$$Y_n(z)=\begin{cases}\dfrac{\cosh[\lambda_n(z+d)]}{\cosh(\lambda_n d)}, & n=0\\ \dfrac{\cos[\lambda_n(z+d)]}{\cos(\lambda_n d)}, & n=1,2,3,\cdots\end{cases} \tag{5.223}$$

$$X_n(z)=\begin{cases}\dfrac{\sqrt{2}}{2}, & n=0\\ \cos[\mu_n(z+h)], & n=1,2,3,\cdots\end{cases} \tag{5.224}$$

$$W_n^{+}(z)=\cos(\beta_n x),\quad n=0,1,2,\cdots \tag{5.225}$$

$$W_n^{-}(x)=\sin(\beta_n x),\quad n=1,2,3,\cdots \tag{5.226}$$

以上特征函数系具备正交性：

$$\int_{-d}^{0}Y_m(z)Y_n(z)\mathrm{d}z=0,\quad m\neq n \tag{5.227}$$

$$\int_{-h}^{-d}X_m(z)X_n(z)\mathrm{d}z=0,\quad m\neq n \tag{5.228}$$

$$\int_{-b}^{0}W_m^{+(-)}(x)W_n^{+(-)}(x)\mathrm{d}x=0,\quad m\neq n \tag{5.229}$$

特征值λ_n是以下色散方程的正实根：

$$K=\lambda_0\tanh(\lambda_0 d)=-\lambda_n\tan(\lambda_n d),\quad n=1,2,3,\cdots \tag{5.230}$$

特征值μ_n和β_n的值为

$$\mu_n=\frac{n\pi}{a},\quad n=1,2,3,\cdots \tag{5.231}$$

$$\beta_n=\frac{(n+0.5)\pi}{b},\quad n=0,1,2\cdots \tag{5.232}$$

需要说明的是，如果水平多孔板不开孔，速度势式(5.219)和式(5.220)将变为0，实际上，式(5.217)和式(5.221)就是波浪在不开孔水平板上运动的速度势。可以看出，通过速度势分解技术，在构建各子区域内速度势表达式时没有应用水平多孔板上的开孔边界条件，因此避免了考虑复色散方程。

下面首先利用各子区域之间的匹配边界条件(包括水平多孔板上的开孔边界条件)，确定对称速度势中的展开系数，这些匹配边界条件为

$$\phi_1^{+}=\phi_{2,v}^{+},\quad x=-b;-d\leqslant z\leqslant 0 \tag{5.233}$$

$$\phi_1^{+}=\phi_{3,v}^{+},\quad x=-b;-h\leqslant z\leqslant -d \tag{5.234}$$

$$\frac{\partial\phi_1^{+}}{\partial x}=\frac{\partial\phi_{2,v}^{+}}{\partial x}+\frac{\partial\phi_{2,h}^{+}}{\partial x},\quad x=-b;-d\leqslant z\leqslant 0 \tag{5.235}$$

$$\frac{\partial\phi_1^{+}}{\partial x}=\frac{\partial\phi_{3,v}^{+}}{\partial x}+\frac{\partial\phi_{3,h}^{+}}{\partial x},\quad x=-b;-h\leqslant z\leqslant -d \tag{5.236}$$

$$\frac{\partial \phi_{2,h}^{+}}{\partial z}=\frac{\partial \phi_{3,h}^{+}}{\partial z}=\mathrm{i}k_0 G(\phi_{3,v}^{+}+\phi_{3,h}^{+}-\phi_{2,v}^{+}-\phi_{2,h}^{+}),\quad z=-d \tag{5.237}$$

将对称速度势的表达式代入上述匹配边界条件，可以得到五组方程：

$$Z_0(z)+\sum_{n=0}^{\infty}R_n^{+}Z_n(z)=A_0^{+}\cos(\lambda_0 b)Y_0(z)+\sum_{n=1}^{\infty}A_n^{+}Y_n(z) \tag{5.238}$$

$$Z_0(z)+\sum_{n=0}^{\infty}R_n^{+}Z_n(z)=\sum_{n=0}^{\infty}B_n^{+}X_n(z) \tag{5.239}$$

$$\mathrm{i}k_0 Z_0(z)+\sum_{n=0}^{\infty}\kappa_n R_n^{+}Z_n(z)$$
$$=\begin{cases}\displaystyle\sum_{n=0}^{\infty}A_n^{+}\tilde{\lambda}_n^{+}Y_n(z)+\sum_{n=0}^{\infty}C_n^{+}\beta_n\sin(\beta_n b)\frac{\cosh(\beta_n z)+(K/\beta_n)\sinh(\beta_n z)}{\cosh(\beta_n d)}, & -d\leqslant z\leqslant 0\\ \displaystyle\sum_{n=0}^{\infty}B_n^{+}\tilde{\mu}_n^{+}X_n(z)+\sum_{n=0}^{\infty}D_n^{+}\beta_n\sin(\beta_n b)\frac{\cosh[\beta_n(z+h)]}{\cosh(\beta_n a)}, & -h\leqslant z\leqslant -d\end{cases} \tag{5.240}$$

$$\sum_{n=0}^{\infty}C_n^{+}[K-\beta_n\tanh(\beta_n d)]W_n^{+}(x)=\sum_{n=0}^{\infty}D_n^{+}\beta_n\tanh(\beta_n a)W_n^{+}(x) \tag{5.241}$$

$$\sum_{n=0}^{\infty}D_n^{+}\beta_n\tanh(\beta_n a)W_n^{+}(x)$$
$$=\mathrm{i}k_0 G\left\{\sum_{n=0}^{\infty}D_n^{+}W_n^{+}(x)-\sum_{n=0}^{\infty}C_n^{+}\left[1-\frac{K}{\beta_n}\tanh(\beta_n d)\right]W_n^{+}(x)+\frac{\sqrt{2}}{2}B_0^{+}\right.$$
$$\left.+\sum_{n=1}^{\infty}\frac{B_n^{+}\cos(\mu_n a)\cosh(\mu_n x)}{\cosh(\mu_n b)}-\frac{A_0^{+}\cos(\lambda_0 x)}{\cosh(\lambda_0 d)}-\sum_{n=1}^{\infty}\frac{A_n^{+}\cosh(\lambda_n x)}{\cosh(\lambda_n b)\cos(\lambda_n d)}\right\} \tag{5.242}$$

式中，$\kappa_0=-\mathrm{i}k_0$，$\kappa_n=k_n(n\neq 0)$，$\tilde{\lambda}_0^{+}=\lambda_0\sin(\lambda_0 b)$，$\tilde{\lambda}_n^{+}=-\lambda_n\tanh(\lambda_n b)(n\neq 0)$，$\tilde{\mu}_0^{+}=0$，$\tilde{\mu}_n^{+}=-\mu_n\tanh(\mu_n b)(n\neq 0)$。

将方程(5.238)两边分别乘上垂向特征函数系 $Y_n(z)$，对 z 从 $-d$ 到 0 积分，同时利用正交关系式(5.227)，并将 n 截断到 N，可以得到

$$\{A_n^{+}\}=[a_{nm}^{+}]\{R_m^{+}\}+[b_n^{+}],\quad n,m=0,1,2,\cdots,N \tag{5.243}$$

式中的系数矩阵在表 5.4 中列出。将方程(5.239)两边分别乘以垂向特征函数系 $X_n(z)$，对 z 从 $-h$ 到 $-d$ 进行积分，同时利用正交关系式(5.228)，并将 n 截断到 N，可以得到

$$\{B_n^{+}\}=[c_{nm}^{+}]\{R_m^{+}\}+[d_n^{+}],\quad n,m=0,1,2,\cdots,N \tag{5.244}$$

式中的系数矩阵也在表 5.4 中列出。

将方程(5.240)两边分别乘上垂向特征函数系 $Z_n(z)$，采用与式(5.238)和式(5.239)类似的处理方法，可以得到

$$\{e_m^{+}\}+\{R_m^{+}\}=[f_{mn}^{+}]\{A_n^{+}\}+[g_{mn}^{+}]\{B_n^{+}\}+[h_{mn}^{+}]\{C_n^{+}\}+[p_{mn}^{+}]\{D_n^{+}\},$$

$$n,m=0,1,2,\cdots,N \tag{5.245}$$

式中的系数矩阵见表5.4。

将式(5.241)和式(5.242)两边分别乘以特征函数系 $W_n^+(x)$，然后对 x 从 $-b$ 到0积分，利用式(5.229)，并将 n 截断到 N，可以得到

$$\{C_n^+\}=[q_{nm}^+]\{D_m^+\},\quad n,m=0,1,2,\cdots,N \tag{5.246}$$

$$\{D_n^+\}=[r_{nm}^+]\{B_m^+\}+[s_{nm}^+]\{C_m^+\}+[t_{nm}^+]\{A_m^+\},\quad n,m=0,1,2,\cdots,N \tag{5.247}$$

式(5.246)和式(5.247)中的系数矩阵在表5.4中列出。为了表达简洁，表5.4定义了以下参数：$\delta_{nm}=1(m=n)$；$\delta_{nm}=0(m\neq n)$；$\vartheta_0=\cos(\lambda_0 b)$；$\vartheta_m=1(m\neq 0)$；$N_m=\int_{-h}^{0}[Z_m(z)]^2\mathrm{d}z$；$\widetilde{W}_n^+=\int_{-b}^{0}[W_n^+(x)]^2\mathrm{d}x$；$\widetilde{Y}_n=\int_{-d}^{0}[Y_n(z)]^2\mathrm{d}z$；$\widetilde{X}_n=\int_{-h}^{-d}[X_n(z)]^2\mathrm{d}z$。

求解式(5.243)～式(5.247)，便可以确定对称速度势中所有的展开系数，也就得到了整个流域内的对称速度势。

表5.4　式(5.243)～式(5.247)中的系数矩阵

系数矩阵	计算值	系数矩阵	计算值
a_{nm}^+	$\int_{-d}^{0}Y_n(z)Z_m(z)\mathrm{d}z/(\vartheta_m\widetilde{Y}_n)$	b_n^+	a_{n0}^+
c_{nm}^+	$\int_{-h}^{-d}X_n(z)Z_m(z)\mathrm{d}z/\widetilde{X}_n$	d_n^+	c_{n0}^+
f_{mn}^+	$\tilde{\lambda}_n^+\int_{-d}^{0}Z_m(z)Y_n(z)\mathrm{d}z/(\kappa_m N_m)$	e_m^+	$-\delta_{0m}$
g_{mn}^+	$\tilde{\mu}_n^+\int_{-h}^{-d}Z_m(z)X_n(z)\mathrm{d}z/(\kappa_m N_m)$		
p_{mn}^+	$\beta_n\sin(\beta_n b)\int_{-h}^{-d}Z_m(z)\cosh[\beta_n(z+h)]\mathrm{d}z/[\kappa_m N_m\cosh(\beta_n a)]$		
h_{mn}^+	$\beta_n\sin(\beta_n b)\int_{-d}^{0}Z_m(z)[\cosh(\beta_n z)+\omega^2/(\beta_n g)\sinh(\beta_n z)]\mathrm{d}z/[\kappa_m N_m\cosh(\beta_n d)]$		
q_{nm}^+	$\delta_{nm}\tanh(\beta_n a)/[\omega^2/(\beta_n g)-\tanh(\beta_n d)]$		
s_{nm}^+	$\mathrm{i}k_0 G[1-\omega^2/(\beta_n g)\tanh(\beta_n d)]\delta_{nm}/[\mathrm{i}k_0 G-\beta_n\tanh(\beta_n a)]$		
r_{n0}^+	$-\mathrm{i}\sqrt{2}k_0 G\int_{-b}^{0}W_n^+(x)\mathrm{d}x/\{2[\mathrm{i}k_0 G-\beta_n\tanh(\beta_n a)]\widetilde{W}_n^+\}$		
r_{nm}^+ $m\neq 0$	$-\mathrm{i}k_0 G\cos(\mu_m s)\int_{-b}^{0}W_n^+(x)\cosh(\mu_m x)\mathrm{d}x/\{[\mathrm{i}k_0 G-\beta_n\tanh(\beta_n a)]\cosh(\mu_m b)\widetilde{W}_n^+\}$		
t_{n0}^+	$\mathrm{i}k_0 G\int_{-b}^{0}W_n^+(x)\cos(\lambda_0 x)\mathrm{d}x/\{[\mathrm{i}k_0 G-\beta_n\tanh(\beta_n a)]\cosh(\lambda_0 \mathrm{d})\widetilde{W}_n^+\}$		
t_{nm}^+ $m\neq 0$	$\mathrm{i}k_0 G\int_{-b}^{0}W_n^+(x)\cosh(\lambda_m x)\mathrm{d}x/\{[\mathrm{i}k_0 G-\beta_n\tanh(\beta_n a)]\cos(\lambda_m d)\cosh(\lambda_m b)\widetilde{W}_n^+\}$		

对于各子区域内的反对称速度势，需要满足以下匹配边界条件：

$$\phi_1^-=\phi_{2,v}^-+\phi_{2,h}^-,\quad x=-b;\ -d\leqslant z\leqslant 0 \tag{5.248}$$

$$\phi_1^-=\phi_{3,v}^-+\phi_{3,h}^-,\quad x=-b;\ -h\leqslant z\leqslant -d \tag{5.249}$$

$$\frac{\partial \phi_1^-}{\partial x}=\frac{\partial \phi_{2,v}^-}{\partial x},\quad x=-b;-d\leqslant z\leqslant 0 \tag{5.250}$$

$$\frac{\partial \phi_1^-}{\partial x}=\frac{\partial \phi_{3,v}^-}{\partial x},\quad x=-b;-h\leqslant z\leqslant -d \tag{5.251}$$

$$\frac{\partial \phi_{2,h}^-}{\partial z}=\frac{\partial \phi_{3,h}^-}{\partial z}=\mathrm{i}k_0G(\phi_{3,v}^-+\phi_{3,h}^- -\phi_{2,v}^- -\phi_{2,h}^-),\quad z=-d \tag{5.252}$$

采用与对称速度势相同的处理方法,可将式(5.248)～式(5.252)转换为

$$\{A_n^-\}=[a_{nm}^-]\{R_m^-\}+[h_{nm}^-]\{C_m^-\}+[b_n^-],\quad n,m=0,1,2,\cdots,N \tag{5.253}$$

$$\{B_n^-\}=[c_{nm}^-]\{R_m^-\}+[p_{nm}^-]\{D_m^-\}+[d_n^-],\quad n,m=0,1,2,\cdots,N \tag{5.254}$$

$$\{e_m^-\}+\{R_m^-\}=[f_{mn}^-]\{A_n^-\}+[g_{mn}^-]\{B_n^-\},\quad n,m=0,1,2,\cdots,N \tag{5.255}$$

$$\{C_n^-\}=[q_{nm}^-]\{D_m^-\},\quad n,m=0,1,2,\cdots,N \tag{5.256}$$

$$\{D_n^-\}=[r_{nm}^-]\{B_m^-\}+[s_{nm}^-]\{C_m^-\}+[t_{nm}^-]\{A_m^-\},\quad n,m=0,1,2,\cdots,N \tag{5.257}$$

式(5.253)～式(5.257)中的系数矩阵在表 5.5 中列出。表 5.5 新定义了以下参数:$\tilde{\mu}_0^-=-b$,$\tilde{\mu}_n^-=-\tanh(\mu_n b)(n\neq 0)$,$\tilde{\lambda}_0^-=-\sin(\lambda_0 b)$,$\tilde{\lambda}_n^-=-\tanh(\lambda_n b)(n\neq 0)$,$\widetilde{W}_n^-=\int_{-b}^{0}[W_n^-(x)]^2\mathrm{d}x$。求解以上 5 组线性方程组,便可以确定出反对称速度势。

表 5.5　式(5.253)～式(5.257)中的系数矩阵

系数矩阵	计算值	系数矩阵	计算值
a_{nm}^-	$\int_{-d}^{0}Y_n(z)Z_m(z)\mathrm{d}z/(\tilde{\lambda}_n^-\widetilde{Y}_n)$	b_n^-	$\int_{-d}^{0}Y_n(z)Z_0(z)\mathrm{d}z/(\tilde{\lambda}_n^-\widetilde{Y}_n)$
c_{nm}^-	$\int_{-h}^{-d}X_n(z)Z_m(z)\mathrm{d}z/(\tilde{\mu}_n^-\widetilde{X}_n)$	d_n^-	$\int_{-h}^{-d}X_n(z)Z_0(z)\mathrm{d}z/(\tilde{\mu}_n^-\widetilde{X}_n)$
e_m^-	e_m^-	f_{mn}^-	$\vartheta_n\lambda_n\int_{-d}^{0}Z_m(z)Y_n(z)\mathrm{d}z/(\kappa_m N_m)$
q_{nm}^-	q_{nm}^+	g_{m0}^-	$\int_{-h}^{-d}Z_m(z)X_0(z)\mathrm{d}z/(\kappa_m N_m)$
s_{nm}^-	s_{nm}^+	g_{mn}^- $n\neq 0$	$\mu_n\int_{-h}^{-d}Z_m(z)X_n(z)\mathrm{d}z/(\kappa_m N_m)$
h_{nm}^-	$\sin(\beta_m b)\int_{-d}^{0}Y_n(z)[\cosh(\beta_m z)+\omega^2/(\beta_m g)\sinh(\beta_m z)]\mathrm{d}z/[\tilde{\lambda}_n^-\cosh(\beta_m d)\widetilde{Y}_n]$		
p_{nm}^-	$\sin(\beta_m b)\int_{-h}^{-d}X_n(z)\cosh\beta_m(z+h)\mathrm{d}z/[\cosh(\beta_m a)\widetilde{X}_n]$		
r_{n0}^-	$-\mathrm{i}\sqrt{2}k_0G\int_{-b}^{0}W_n^-(x)x\mathrm{d}x/\{2[\mathrm{i}k_0G-\beta_n\tanh(\beta_n a)]\widetilde{W}_n^-\}$		
r_{nm}^- $m\neq 0$	$-\mathrm{i}k_0G\cos(\mu_m a)\int_{-b}^{0}W_n^-(x)\sinh(\mu_m x)\mathrm{d}x/\{[\mathrm{i}k_0G-\beta_n\tanh(\beta_n a)]\cosh(\mu_m b)\widetilde{W}_n^-\}$		
t_{n0}^-	$\mathrm{i}k_0G\int_{-b}^{0}W_n^-(x)\sin(\lambda_0 x)\mathrm{d}x/\{[\mathrm{i}k_0G-\beta_n\tanh(\beta_n a)]\cosh(\lambda_0 d)\widetilde{W}_n^-\}$		
t_{nm}^- $m\neq 0$	$\mathrm{i}k_0G\int_{-b}^{0}W_n^-(x)\sinh(\lambda_m x)\mathrm{d}x/\{[\mathrm{i}k_0G-\beta_n\tanh(\beta_n a)]\cos(\lambda_m d)\cosh(\lambda_m b)\widetilde{W}_n^-\}$		

水平多孔板防波堤的反射系数、透射系数和能量耗散系数的计算公式与前面出水多孔堆石防波堤的式(5.200)～式(5.202)一致。作用于水平多孔板上的垂向波浪力为

$$F_z=\mathrm{i}\rho\omega\int_{-b}^{b}(\phi_3-\phi_2)\big|_{z=-d}\mathrm{d}x=\mathrm{i}\rho\omega\int_{-b}^{0}(\phi_3^{+}-\phi_2^{+})\big|_{z=-d}\mathrm{d}x$$

$$=\frac{\rho\omega}{k_0G}\int_{-b}^{0}\frac{\partial\phi_{3,h}^{+}}{\partial z}\bigg|_{z=-d}\mathrm{d}x=\frac{\rho gH}{2\mathrm{i}k_0G}\sum_{n=0}^{\infty}D_n^{+}\sin(\beta_n b)\tanh(\beta_n a) \tag{5.258}$$

无因次垂向波浪力的定义同式(5.81)。

在5.4.1节的讨论中已经提到，对称解问题相当于在结构物中垂线处设置一不透水直立墙，物理上等同于在试验水槽末端的直墙上设置一个水平多孔板消浪装置[14]，但水平多孔板的宽度(沿水槽长度方向)变为b，而不是$2b$。对于水槽末端的水平多孔板消浪装置，其反射系数为

$$C_R^{+}=|R_0^{+}| \tag{5.259}$$

水平多孔板消浪装置承受的垂向波浪力为

$$F_z^{+}=\mathrm{i}\rho\omega\int_{-b}^{0}(\phi_3^{+}-\phi_2^{+})\big|_{z=-d}\mathrm{d}x=\frac{\rho gH}{2\mathrm{i}k_0G}\sum_{n=0}^{\infty}D_n^{+}\sin(\beta_n b)\tanh(\beta_n a) \tag{5.260}$$

比较式(5.260)和式(5.258)，可以很有意思地发现：直墙前宽度为b的水平多孔板和开敞海域内宽度为$2b$的水平多孔板，承受的垂向波浪力完全相同。

表5.6检验了水平多孔板反射系数C_R和透射系数C_T随截断数N的收敛性。由表可以看出，反射系数和透射系数的计算结果收敛，通常取$N=40$可以得到很好的计算精度。在下面的计算中，均取$N=40$。

表5.6　水平多孔板反射系数C_R和透射系数C_T随截断数N的收敛性

($G=1, b/h=0.5, d/h=0.2$)

N	$k_0h=0.5$		$k_0h=1$		$k_0h=2$		$k_0h=4$		$k_0h=8$	
	C_R	C_T	C_R	C_T	C_R	C_T	C_R	C_T	C_R	C_T
5	0.037	0.979	0.169	0.843	0.240	0.617	0.056	0.566	0.025	0.796
10	0.038	0.978	0.170	0.841	0.240	0.613	0.058	0.562	0.028	0.795
20	0.038	0.978	0.171	0.839	0.239	0.611	0.059	0.560	0.028	0.794
40	0.038	0.978	0.172	0.839	0.238	0.610	0.059	0.559	0.028	0.793
60	0.038	0.977	0.172	0.838	0.238	0.609	0.060	0.559	0.028	0.793
100	0.039	0.977	0.172	0.838	0.238	0.609	0.060	0.559	0.028	0.793

图5.26和图5.27分别给出了水平多孔板水动力参数的速度势分解法与5.2.2节直接匹配特征函数展开法以及Yip等[51]直接匹配特征函数展开法计算结果的对比。可以看出，速度势分解法和直接匹配特征函数展开法的计算结果一致，这也证实了本节速度势分解法的正确性。

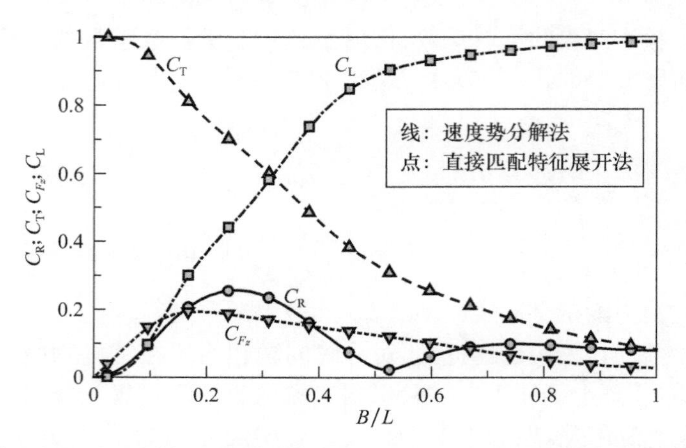

图 5.26　水平多孔板水动力参数的速度势分解法与 5.2.2 节直接匹配特征函数展开法结果的对比（$d/h=0.2, k_0h=1.5, G=1$）

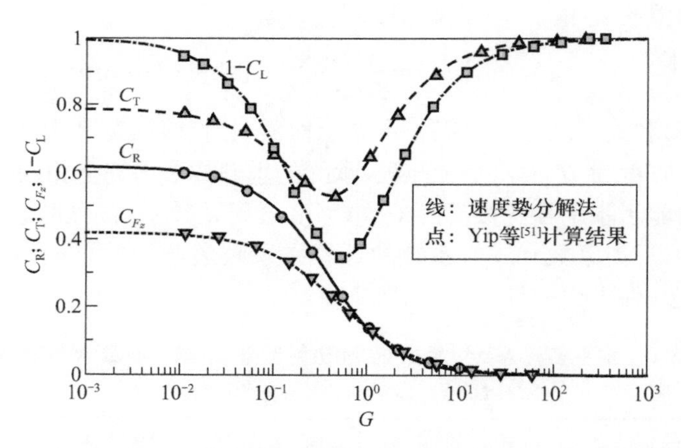

图 5.27　水平多孔板水动力参数的速度势分解法与 Yip 等[51]计算结果的对比（$d/h=0.3, k_0h=0.5\pi, B/L=0.4$）

Cho 等[14]利用直接匹配特征函数展开法给出了波浪对水槽末端水平多孔板消浪装置作用的解析解，图 5.28 为水平多孔板消浪装置反射系数的速度势分解法与 Cho 等[14]计算结果的对比。由图可以看出，两种方法的计算结果是一致的。此外，如果水平多孔板放置在靠近自由水面处（$d/h=0.1$），合理设计水平多孔板的相对宽度可以使水槽末端达到低反射。也就是说，水平多孔板是一种有效的试验水槽消浪装置。

5.4.3　双层水平多孔板

实际海域中自由水面会随着潮位不断变化。低水位时，单层水平多孔板防波

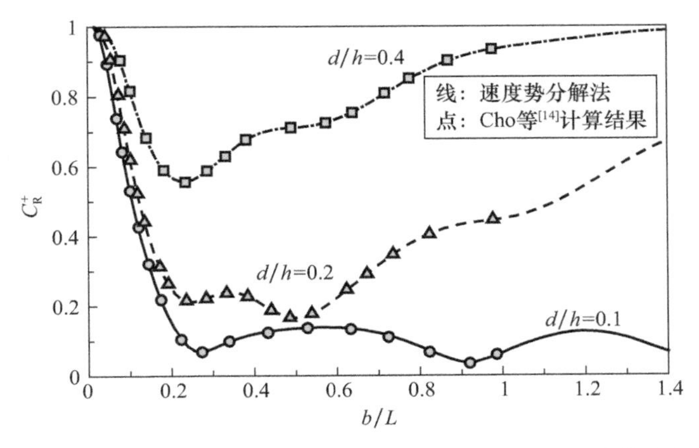

图 5.28　水平多孔板消浪装置反射系数的速度势分解法与 Cho 等[14]计算结果的对比（$b/h=1, G=2.5/\pi$）

堤有可能露出水面，失去掩护功能，高水位时，水平多孔板的相对淹没深度较深，难以有效发挥掩护功能，这是水平多孔板防波堤在实际应用中的一个局限性。为了适应实际海域中的潮位变化，提高掩护效果，可以考虑采用双层水平多孔板防波堤，Kweon 等[52]曾开展了双层水平多孔板防波堤的现场试验，验证了该结构的工程可行性。

对于双层水平多孔板防波堤，可以采用直接匹配特征函数展开法得到问题的解析解，但是需要考虑波浪在双层水平多孔板上运动的复色散方程，与单层水平多孔板相比，求解过程更加复杂。本节采用速度势分解技术分析波浪对双层水平多孔板防波堤的作用。

图 5.29 为波浪对双层水平多孔板防堤作用示意图，水深为 h，双层水平多孔板宽度为 $B(=2b)$，上层和下层水平多孔板的淹没深度分别为 d 和 h_1，两层水平多孔板之间的垂直间距为 a，下层水平多孔板与海床之间的垂直间距为 s_1。坐标原点位于双层水平多孔板中垂线与自由水面的交点处，x 轴水平向右（与入射波传播方向一致），z 轴垂直向上。与上一节单层水平多孔板类似，利用式（5.163）将问题分解为对称解和反对称解，在左半平面求解该问题。将左半平面划分为四个子区

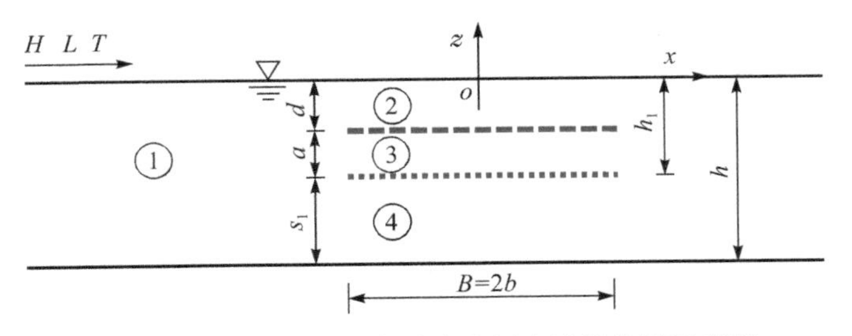

图 5.29　波浪对双层水平多孔板防波堤作用示意图

域:结构前方为子区域①($x\leqslant -b,-h\leqslant z\leqslant 0$),上层水平多孔板上方为子区域②($-b\leqslant x\leqslant 0,-d\leqslant z\leqslant 0$),两层水平多孔板之间为子区域③($-b\leqslant x\leqslant 0,-h_1\leqslant z\leqslant -d$),下层水平多孔板下方为子区域④($-b\leqslant x\leqslant 0,-h\leqslant z\leqslant -h_1$)。

可以看出,与5.4.2节的单层水平多孔板问题相比,这里增加了一个子区域域,因此问题的求解过程要复杂一些,但是基本求解过程和原理都是相同的。在子区域①内,对称速度势和反对称速度势的表达式与式(5.164)完全相同。在子区域②~④内,将对称速度势和反对称速度势进一步分解为

$$\phi_j^{+(-)}=\phi_{j,v}^{+(-)}+\phi_{j,h}^{+(-)},\quad j=2,3,4 \tag{5.261}$$

令分解后的速度势满足以下边界条件:

$$\frac{\partial\phi_{2,v(h)}^{+(-)}}{\partial z}=K\phi_{2,v(h)}^{+(-)},\quad z=0 \tag{5.262}$$

$$\frac{\partial\phi_{j,v}^{+(-)}}{\partial z}=0,\quad z=-d;j=2,3 \tag{5.263}$$

$$\frac{\partial\phi_{j,v}^{+(-)}}{\partial z}=0,\quad z=-h_1;j=3,4 \tag{5.264}$$

$$\frac{\partial\phi_{4,v(h)}^{+(-)}}{\partial z}=0,\quad z=-h \tag{5.265}$$

$$\phi_{j,h}^{+}=0,\quad x=-b;j=2,3,4 \tag{5.266}$$

$$\frac{\partial\phi_{j,v(h)}^{+}}{\partial x}=0,\quad x=0;j=2,3,4 \tag{5.267}$$

$$\frac{\partial\phi_{j,h}^{-}}{\partial x}=0,\quad x=-b;j=2,3,4 \tag{5.268}$$

$$\phi_{j,v(h)}^{-}=0,\quad x=0;j=2,3,4 \tag{5.269}$$

在子区域②~④内,满足拉普拉斯方程以及上述相关边界条件的速度势表达式为

$$\phi_{2,v}^{+(-)}=-\frac{\mathrm{i}gH}{2\omega}\sum_{n=0}^{\infty}A_n^{+(-)}U_n^{+(-)}(\lambda_n x)Y_n(z) \tag{5.270}$$

$$\phi_{3,v}^{+(-)}=-\frac{\mathrm{i}gH}{2\omega}\sum_{n=0}^{\infty}B_n^{+(-)}U_n^{+(-)}(\upsilon_n x)V_n(z) \tag{5.271}$$

$$\phi_{4,v}^{+(-)}=-\frac{\mathrm{i}gH}{2\omega}\sum_{n=0}^{\infty}C_n^{+(-)}U_n^{+(-)}(\mu_n x)X_n(z) \tag{5.272}$$

$$\phi_{2,h}^{+(-)}=-\frac{\mathrm{i}gH}{2\omega}\sum_{n=0}^{\infty}D_n^{+(-)}W_n^{+(-)}(x)\,\frac{\cosh(\beta_n z)+(K/\beta_n)\sinh(\beta_n z)}{\cosh(\beta_n d)} \tag{5.273}$$

$$\phi_{3,h}^{+(-)}=-\frac{\mathrm{i}gH}{2\omega}\sum_{n=0}^{\infty}W_n^{+(-)}(x)\,\frac{E_n^{+(-)}\cosh[\beta_n(z+d_1)]+F_n^{+(-)}\sinh[\beta_n(z+d_1)]}{\cosh(\beta_n a/2)} \tag{5.274}$$

$$\phi_{4,h}^{+(-)}=-\frac{igH}{2\omega}\sum_{n=0}^{\infty}G_n^{+(-)}W_n^{+(-)}(x)\frac{\cosh[\beta_n(z+h)]}{\cosh(\beta_n s_1)} \tag{5.275}$$

式中，$A_n^{+(-)}$、$B_n^{+(-)}$、$C_n^{+(-)}$、$D_n^{+(-)}$、$E_n^{+(-)}$、$F_n^{+(-)}$、$G_n^{+(-)}$ 是未知的速度势展开系数；$d_1=d+a/2$；$U_0^+(\lambda_0 x)=\cos(\lambda_0 x)$；$U_0^-(\lambda_0 x)=\sin(\lambda_0 x)$；$U_0^+(\upsilon_0 x)=U_0^+(\mu_0 x)=1$；$U_0^-(\upsilon_0 x)=U_0^-(\mu_0 x)=x$；$U_n^+(\alpha_n x)=\cosh(\alpha_n x)/\cosh(\alpha_n b)$（$\alpha_n=\lambda_n,\upsilon_n,\mu_n$；$n=1,2,3,\cdots$）；$U_n^-(\alpha_n x)=\sinh(\alpha_n x)/\cosh(\alpha_n b)$（$\alpha_n=\lambda_n,\upsilon_n,\mu_n$；$n=1,2,3,\cdots$）。

在以上速度势表达式中，$Y_n(z)$、$V_n(z)$、$X_n(z)$（$n=0,1,2,\cdots$）为垂向特征函数系，$W_n^{+(-)}(x)$为水平方向上的特征函数系，这些函数系都具有正交性，具体形式为

$$Y_n(z)=\begin{cases}\dfrac{\cosh[\lambda_n(z+d)]}{\cosh(\lambda_n d)}, & n=0\\[2ex] \dfrac{\cos[\lambda_n(z+d)]}{\cos(\lambda_n d)}, & n=1,2,3,\cdots\end{cases} \tag{5.276}$$

$$V_n(z)=\begin{cases}\dfrac{\sqrt{2}}{2}, & n=0\\[2ex] \cos[\upsilon_n(z+h_1)], & n=1,2,3,\cdots\end{cases} \tag{5.277}$$

$$X_n(z)=\begin{cases}\dfrac{\sqrt{2}}{2}, & n=0\\[2ex] \cos[\mu_n(z+h)], & n=1,2,3,\cdots\end{cases} \tag{5.278}$$

$$W_n^+(x)=\cos(\beta_n x),\quad n=0,1,2,\cdots \tag{5.279}$$

$$W_n^-(x)=\sin(\beta_n x),\quad n=0,1,2,\cdots \tag{5.280}$$

特征值 λ_n 为色散方程(5.230)的正实根，特征值 υ_n、μ_n、β_n 为

$$\upsilon_n=\frac{n\pi}{a},\quad n=1,2,3,\cdots \tag{5.281}$$

$$\mu_n=\frac{n\pi}{s_1},\quad n=1,2,3,\cdots \tag{5.282}$$

$$\beta_n=\frac{(n+0.5)\pi}{b},\quad n=0,1,2,\cdots \tag{5.283}$$

各子区域之间的速度势匹配边界条件（包括上、下层水平多孔板上的开孔边界条件）为

$$\phi_1^{+(-)}=\phi_2^{+(-)},\quad x=-b;\ -d\leqslant z\leqslant 0 \tag{5.284}$$

$$\phi_1^{+(-)}=\phi_3^{+(-)},\quad x=-b;\ -h_1\leqslant z\leqslant -d \tag{5.285}$$

$$\phi_1^{+(-)}=\phi_4^{+(-)},\quad x=-b;\ -h\leqslant z\leqslant -h_1 \tag{5.286}$$

$$\frac{\partial\phi_1^{+(-)}}{\partial x}=\frac{\partial\phi_2^{+(-)}}{\partial x},\quad x=-b;\ -d\leqslant z\leqslant 0 \tag{5.287}$$

$$\frac{\partial\phi_1^{+(-)}}{\partial x}=\frac{\partial\phi_3^{+(-)}}{\partial x},\quad x=-b;\ -h_1\leqslant z\leqslant -d \tag{5.288}$$

$$\frac{\partial \phi_1^{+(-)}}{\partial x}=\frac{\partial \phi_4^{+(-)}}{\partial x}, \quad x=-b; -h \leqslant z \leqslant -h_1 \tag{5.289}$$

$$\frac{\partial \phi_2^{+(-)}}{\partial z}=\frac{\partial \phi_3^{+(-)}}{\partial z}=\mathrm{i}k_0 G_1 [\phi_3^{+(-)}-\phi_2^{+(-)}], \quad z=-d \tag{5.290}$$

$$\frac{\partial \phi_3^{+(-)}}{\partial z}=\frac{\partial \phi_4^{+(-)}}{\partial z}=\mathrm{i}k_0 G_2 [\phi_4^{+(-)}-\phi_3^{+(-)}], \quad z=-h_1 \tag{5.291}$$

式中，G_1 和 G_2 分别是上层和下层水平多孔板的孔隙影响系数。

采用与5.4.2节单层水平多孔板类似的处理方法，对于对称速度势和反对称速度势，可以将式(5.284)～式(5.291)分别转换成 $8N\times 8N$（N 为级数项 n 的截断数）的线性方程组，求解确定速度势中的展开系数，具体过程不再赘述。

双层水平多孔板防波堤的反射系数、透射系数和能量耗散系数同样可以利用式(5.200)～式(5.202)计算。将动水压力沿水平多孔板上下表面积分，可以得到上层水平多孔板承受的垂向波浪力为

$$\begin{aligned} F_{z1} &= \mathrm{i}\rho\omega\int_{-b}^{b}(\phi_3-\phi_2)\big|_{z=-d}\mathrm{d}x = \mathrm{i}\rho\omega\int_{-b}^{0}(\phi_3^{+}-\phi_2^{+})\big|_{z=-d}\mathrm{d}x \\ &= \frac{\rho\omega}{k_0 G_1}\int_{-b}^{0}\frac{\partial \phi_{2,h}^{+}}{\partial z}\bigg|_{z=-d}\mathrm{d}x = \frac{\rho g H}{2\mathrm{i}k_0 G_1}\sum_{n=0}^{\infty} D_n^{+}\sin(\beta_n b)\left[\frac{K}{\beta_n}-\tanh(\beta_n d)\right] \end{aligned} \tag{5.292}$$

下层水平多孔板承受的垂向波浪力为

$$\begin{aligned} F_{z2} &= \mathrm{i}\rho\omega\int_{-b}^{b}(\phi_4-\phi_3)\big|_{z=-d}\mathrm{d}x = \mathrm{i}\rho\omega\int_{-b}^{0}(\phi_4^{+}-\phi_3^{+})\big|_{z=-d}\mathrm{d}x \\ &= \frac{\rho\omega}{k_0 G_2}\int_{-b}^{0}\frac{\partial \phi_{4,h}^{+}}{\partial z}\bigg|_{z=-d}\mathrm{d}x = \frac{\rho g H}{2\mathrm{i}k_0 G_2}\sum_{n=0}^{\infty} G_n^{+}\sin(\beta_n b)\tanh(\beta_n s_1) \end{aligned} \tag{5.293}$$

作用在双层水平多孔板上的垂向无因次总波浪力定义为

$$C_{F_{zt}}=\frac{|F_{z1}+F_{z2}|}{\rho g H B} \tag{5.294}$$

图5.30给出双层水平多孔板防波堤反射系数和透射系数的计算结果与试验结果的对比，其中，线为解析计算结果，点为试验结果。物理模型试验在中国海洋大学山东省海洋工程重点实验室的波流水槽中进行，水槽长60m、宽3m、深1.5m，将水槽后端分为1.2m宽和1.8m宽两部分，将有机玻璃制作的双层水平多孔板模型用钢架固定在1.2m宽的一侧开展试验，详细的试验介绍见Liu等[53]的研究。在计算中，利用经验关系式(5.82)来计算水平多孔板的孔隙影响系数 G_1 和 G_2（上、下板的开孔率分别为 ε_1 和 ε_2）。图5.30中实线和虚线分别表示反射系数和透射系数的计算结果，实心点和空心点分别表示反射系数和透射系数的试验结果。由图可以看出，计算结果和试验结果符合较好，表明解析模型可以反映物理规律。

图5.31将双层水平多孔板与单层水平多孔板的透射系数进行了对比，图中的实线表示双层水平多孔板，长虚线表示只有上层水平多孔板（G_2 趋于无穷大），短

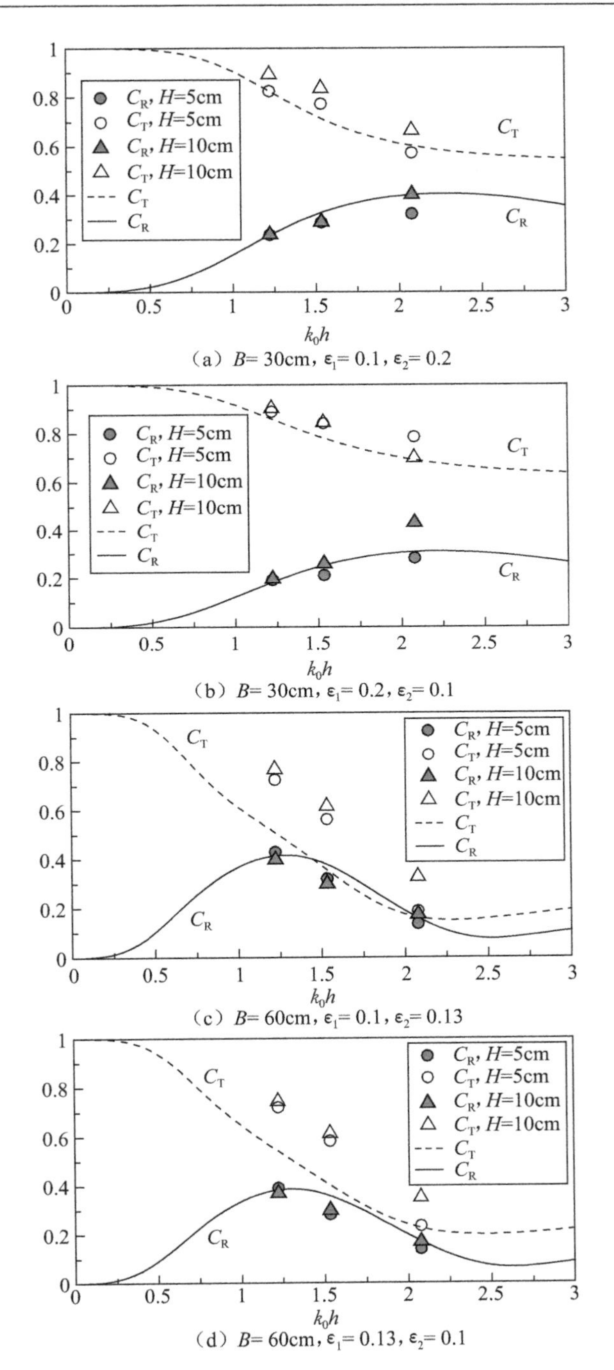

（a）B= 30cm，ε_1= 0.1，ε_2= 0.2

（b）B= 30cm，ε_1= 0.2，ε_2= 0.1

（c）B= 60cm，ε_1= 0.1，ε_2= 0.13

（d）B= 60cm，ε_1= 0.13，ε_2= 0.1

图 5.30　双层水平多孔板防波堤反射系数和透射系数计算结果与试验结果对比

（h=50cm，d=6.5cm，h_1=14.5cm）

虚线表示只有下层水平多孔板(G_1 趋于无穷大)。前面已经提到,采用双层水平多孔板结构主要是为了适应潮位变化,双层水平多孔板的工程造价似乎要比单层水平多孔板增加很多。但是,从图 5.31 可以看出,当达到同样低的透射系数时,双层水平多孔板防波堤需要的相对宽度(B/L)比单层水平多孔板小很多,这又有利于降低工程造价。当采用双层水平多孔板代替单层水平多孔板时,可以适当降低防波堤结构的宽度,不影响掩护效果。

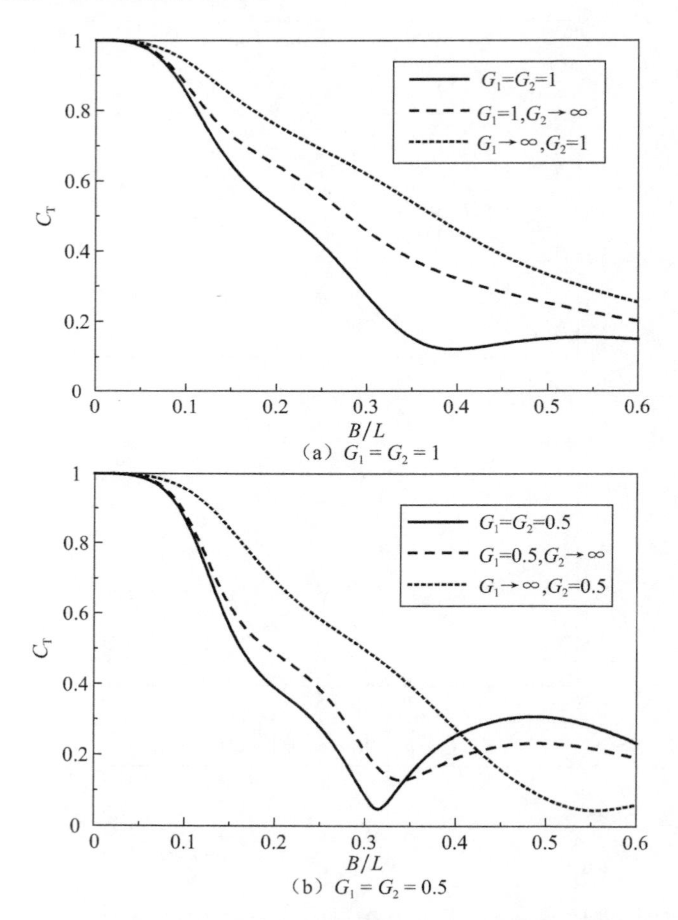

图 5.31 双层水平多孔板与单层水平多孔板透射系数的对比

($k_0h=1.5, d/h=0.1, h_1/h=0.2$)

图 5.32 将双层水平多孔板与单层水平多孔板的无因次垂向波浪力进行对比,对比方法与图 5.31 相同。由图 5.32 可以看出,双层水平多孔板防波堤承受的垂向波浪力大于单层水平多孔板防波堤的垂向波浪力,在工程设计中要注意提高双层水平多孔板的稳定性。

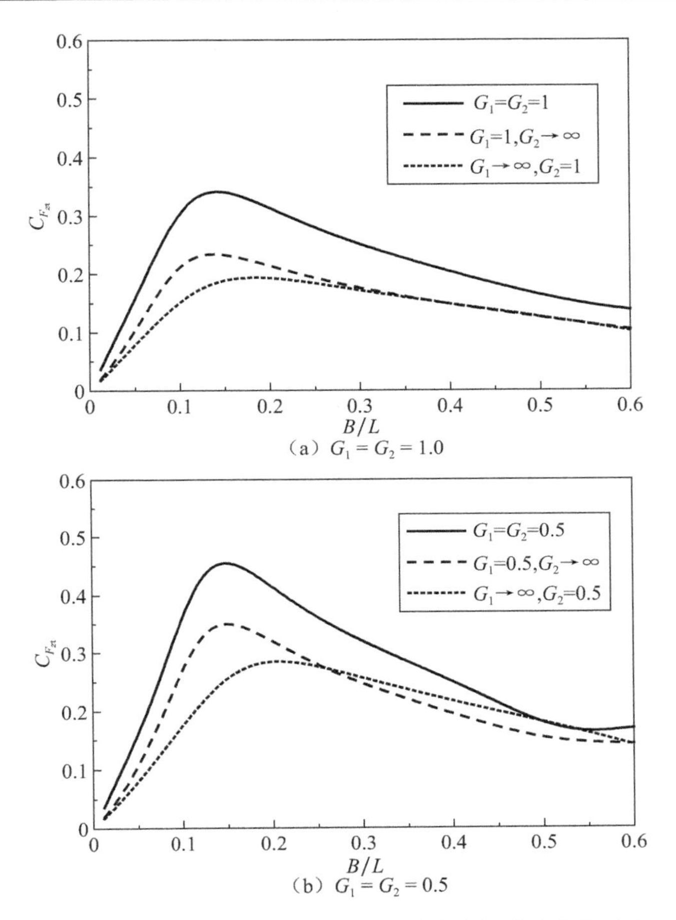

(a) $G_1=G_2=1.0$

(b) $G_1=G_2=0.5$

图 5.32　双层水平多孔板与单层水平多孔板波浪力的对比

($k_0h=1.5, d/h=0.1, h_1/h=0.2$)

5.4.4　水平多孔板-堆石复合型潜堤

5.2.1 节和 5.2.2 节分别介绍了多孔堆石潜堤和单层水平多孔板防波堤。堆石潜堤淹没于水下，在设计低水位时可以出水；当潜堤出水时，承受较大的波浪荷载，并影响掩护区域内外的水体交换。如果堆石潜堤的淹没深度较深，在低水位时也保持淹没状态，则结构受力较小；但是在高水位时，因为潜堤淹没深度较深，波浪能量又主要集中在自由水面附近，则潜堤有可能无法为岸线、海岸结构等提供有效掩护。单层水平多孔板在靠近自由水面处具有良好的消浪效果，但是适应潮位变化能力差；水平多孔板还需要通过桩基支撑固定，桩基周围的海床有可能需要进行冲刷防护。

可以考虑将水平多孔板和堆石结构联合使用，上部设置水平多孔板，底部设置堆石结构，发挥它们各自的优点，并弥补彼此的缺点，形成一种掩护效果好、水体交换性能优良、且可以很好适应潮位变化的复合型潜堤结构。水平多孔板-堆石复合型潜堤的主要工作状态分为高水位和低水位两种情况。高水位时,水平多孔板和堆石都淹没在水下,主要由水平多孔板消浪;低水位时,水平多孔板在水面以上,堆石结构仍然在水面以下,但是淹没深度较浅,可以较好地消减入射波能量。因此,该结构有可能在不同水位条件下都可以很好地消浪,且始终保证掩护区域内外水体的自由交换。

水平多孔板和堆石还可以互为补充:堆石可以为水平多孔板的支撑桩提供很好的防护,避免了桩基周围海床的冲刷;水平多孔板则在高水位条件下消减入射波能量,提高了传统堆石潜堤的防浪性能,水平多孔板还可以为堆石结构提供一定的掩护,降低波浪对堆石结构的作用,提高堆石潜堤的稳定性。

下面就应用速度势分解技术研究波浪对水平多孔板-堆石复合型潜堤的作用。图 5.33 给出问题的理想化示意图,水深为 h,复合型潜堤的宽度为 $B(=2b)$,水平多孔板和堆石的淹没深度分别为 d 和 h_1,堆石高度为 s_1,水平多孔板和堆石上表面之间的垂直间距为 a。x 轴正方向沿静水面水平向右,z 轴正方向沿复合型潜堤的中垂线垂直向上。与前面类似,同样将问题分解为对称解和反对称解,在左半平面进行求解,并将左半平面划分为四个子区域:结构前方为子区域①($x\leqslant -b, -h\leqslant z\leqslant 0$),水平多孔板上方为子区域②($-b\leqslant x\leqslant 0, -d\leqslant z\leqslant 0$),水平多孔板和堆石之间为子区域③($-b\leqslant x\leqslant 0, -h_1\leqslant z\leqslant -d$),堆石内部为子区域④($-b\leqslant x\leqslant 0, -h\leqslant z\leqslant -h_1$)。

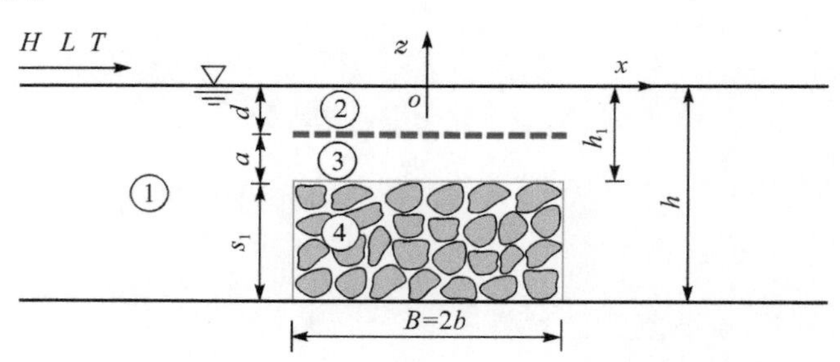

图 5.33 波浪对水平多孔板-堆石复合型潜堤作用示意图

从具体结构型式上看,本节的复合型潜堤和 5.4.3 节的双层水平多孔板防波堤有很大不同,但是从数学描述上看,本节问题与 5.4.3 节问题的控制方程与边界条件基本一致,唯一的区别就是子区域①和④以及子区域③和④之间的匹配边界条件发生变化。需要将 5.4.3 节双层水平多孔板问题的边界条件式(5.286)和式(5.289)分别变为

$$\phi_1^{+(-)}=(s+\mathrm{i}f)\phi_4^{+(-)}, \quad x=-b; -h\leqslant z\leqslant -h_1 \tag{5.295}$$

$$\frac{\partial\phi_1^{+(-)}}{\partial x}=\varepsilon\frac{\partial\phi_4^{+(-)}}{\partial x}, \quad x=-b; -h\leqslant z\leqslant -h_1 \tag{5.296}$$

还需要将5.4.3节双层水平多孔板问题的边界条件(5.291)变为

$$\frac{\partial \phi_3^{+(-)}}{\partial z}=\varepsilon\frac{\partial \phi_4^{+(-)}}{\partial z},\quad z=-h_1 \tag{5.297}$$

$$\phi_3^{+(-)}=(s+\mathrm{i}f)\phi_4^{+(-)},\quad z=-h_1 \tag{5.298}$$

式中,ε、s和f分别为堆石结构的孔隙率、惯性力系数和阻力系数。

采用速度势分解技术进行解析研究时,以上边界条件的改变并不影响各子区域内速度势级数解的表达形式,即水平多孔板-堆石潜堤各子区域内速度势的表达式与5.4.3节双层水平多孔板的式(5.270)～式(5.275)完全相同。但是,在本节速度势匹配求解时,需要应用边界条件式(5.295)～式(5.298)以及式(5.284)、式(5.285)、式(5.287)、式(5.288)、式(5.290),因此,尽管本节与5.4.3节问题速度势的表达形式完全相同,最后计算得到的速度势中的展开系数并不相同。具体的匹配求解过程与前面类似,这里不再赘述。可以看出,速度势分解技术具有一定的通用性,对于不同的结构型式,有可能采用同样的速度势表达式来描述。

水平多孔板-堆石复合型潜堤的反射系数、透射系数和能量耗散系数利用式(5.200)～式(5.202)计算,水平多孔板承受的垂向波浪力利用式(5.292)计算,无因次的垂向波浪力定义为

$$C_{F_{z1}}=\frac{|F_{z1}|}{\rho gHB} \tag{5.299}$$

将水平多孔板-堆石复合型潜堤,单独水平多孔板防波堤以及单独堆石潜堤的反射系数、透射系数、能量耗散系数进行对比,比较结果在图5.34中给出。图5.34中,复合型潜堤的计算条件为:$k_0h=1.5$,$d/h=0.1$,$h_1/h=0.4$,$G_1=0.6$,$\varepsilon=0.45$,$s=1.0$,$f=2.0$;对于单独水平多孔板结构,取$\varepsilon=1.0$,$s=1.0$,$f=0$,其他参数不变;对于单独堆石潜堤,将水平多孔板的孔隙影响系数G_1趋于无穷大,其他参数不变。从图5.34(b)和图5.34(c)可以看出,复合型潜堤的能量耗散系数C_L最大,透射系数C_T最小,因此掩护效果最好。但是从图5.34(a)可以看出,复合型潜堤的反射系数不一定最大,当$B/L<0.35$时,复合型潜堤的反射系数小于单独水平多孔板结构,这是一个比较有意思的现象,可能是因为堆石结构的存在削弱了水平多孔板上、下区域内流体的相互作用与影响。

图5.35比较了水平多孔板-堆石复合型潜堤和单独水平多孔板防波堤的无因次垂向波浪力$C_{F_{z1}}$,计算条件与图5.34相同,对于单独堆石潜堤结构,水平多孔板不存在,因此没有在图5.35中绘出。由图可以看出,在水平多孔板底部增加堆石结构后,水平多孔板承受的垂向波浪力有所降低,这有利于提高水平多孔板的稳定性。

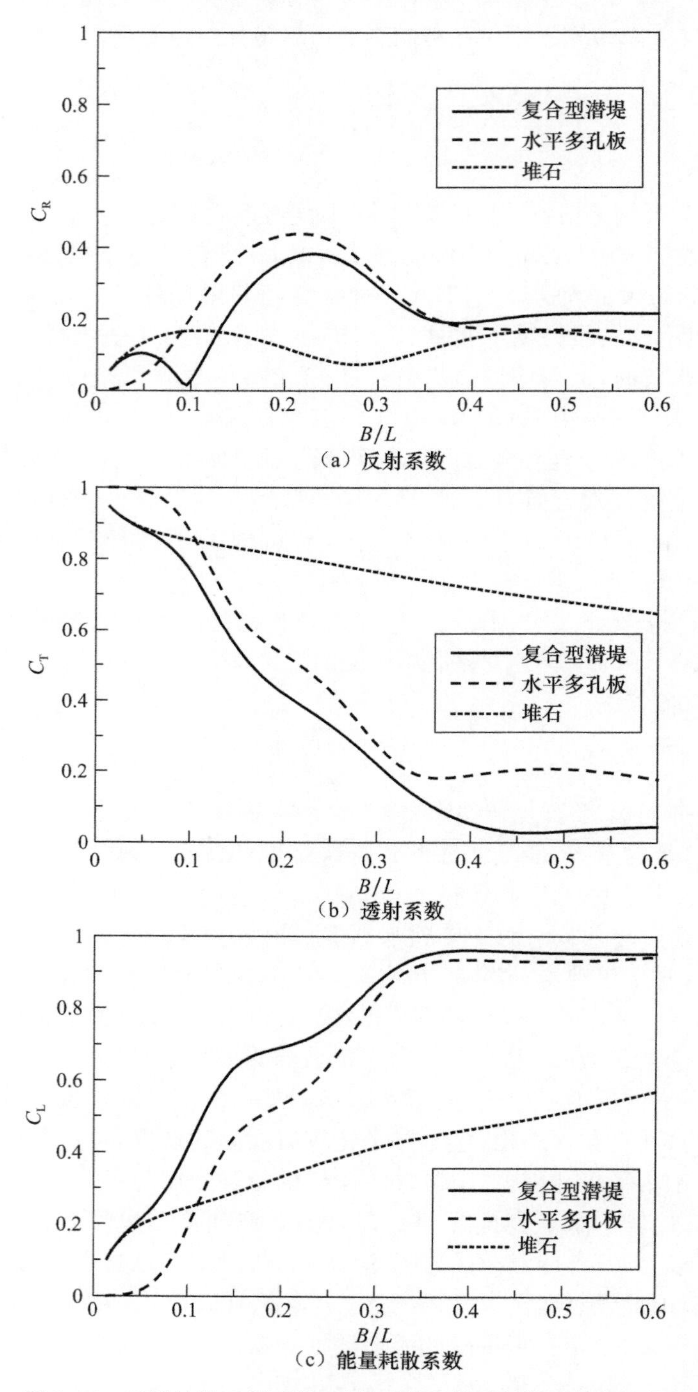

（a）反射系数

（b）透射系数

（c）能量耗散系数

图 5.34　不同结构反射系数、透射系数和能量耗散系数的比较

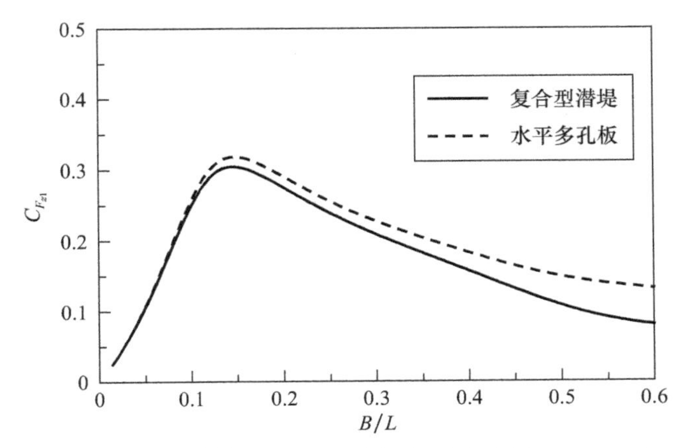

图 5.35　不同结构中水平多孔板无因次垂向波浪力的比较

5.4.5　斜向波问题

在 5.2.4 节中介绍了如何将直接匹配特征函数展开法从正向波问题扩展到斜向波问题，采用同样的方法，也可以将前面利用速度势分解技术得到的正向波解扩展到斜向波。

在图 5.20、图 5.25、图 5.29 和图 5.33 的直角坐标系中沿结构物长度（轴线）方向增加 y 轴，波浪入射方向与 x 轴夹角为 β，则波数 k_0 在 x 轴方向的分量 k_{0x}、在 y 轴方向的分量 k_{0y} 分别由式(5.99)和式(5.100)给出，而相应的控制方程、远场辐射条件、入射波速度势的表达式由式(5.102)～式(5.104)给出。

对于斜向波问题，控制方程从拉普拉斯方程变为修正的亥姆霍兹方程，需要修正前文正向波速度势表达式中的特征值，以双层水平多孔板防波堤为例，各子区域内的速度势表达式(5.164)、式(5.270)～式(5.275)变为

$$\phi_1^{+(-)} = -\frac{\mathrm{i}gH}{2\omega}\left[\mathrm{e}^{\mathrm{i}k_{0x}(x+b)}Z_0(z) + R_0^{+(-)}\mathrm{e}^{-\mathrm{i}k_{0x}(x+b)}Z_0(z) + \sum_{n=1}^{\infty}R_n^{+(-)}\mathrm{e}^{k_{nx}(x+b)}Z_n(z)\right] \tag{5.300}$$

$$\phi_{2,v}^{+(-)} = -\frac{\mathrm{i}gH}{2\omega}\sum_{n=0}^{\infty}A_n^{+(-)}U_n^{+(-)}(\lambda_{nx}x)Y_n(z) \tag{5.301}$$

$$\phi_{3,v}^{+(-)} = -\frac{\mathrm{i}gH}{2\omega}\sum_{n=0}^{\infty}B_n^{+(-)}U_n^{+(-)}(\upsilon_{nx}x)V_n(z) \tag{5.302}$$

$$\phi_{4,v}^{+(-)} = -\frac{\mathrm{i}gH}{2\omega}\sum_{n=0}^{\infty}C_n^{+(-)}U_n^{+(-)}(\mu_{nx}x)X_n(z) \tag{5.303}$$

$$\phi_{2,h}^{+(-)} = -\frac{\mathrm{i}gH}{2\omega}\sum_{n=0}^{\infty}D_n^{+(-)}W_n^{+(-)}(x)\frac{\cosh(\beta_{nz}z)+(K/\beta_{nz})\sinh(\beta_{nz}z)}{\cosh(\beta_{nz}d)} \tag{5.304}$$

$$\phi_{3,h}^{+(-)}=-\frac{igH}{2\omega}\sum_{n=0}^{\infty}W_n^{+(-)}(x)\frac{E_n^{+(-)}\cosh[\beta_{nz}(z+d_1)]+F_n^{+(-)}\sinh[\beta_{nz}(z+d_1)]}{\cosh(\beta_{nz}a/2)} \tag{5.305}$$

$$\phi_{4,h}^{+(-)}=-\frac{igH}{2\omega}\sum_{n=0}^{\infty}G_n^{+(-)}W_n^{+(-)}(x)\frac{\cosh[\beta_{nz}(z+h)]}{\cosh(\beta_{nz}s_1)} \tag{5.306}$$

式中，

$$U_n^{+}(\lambda_{nx}x)=\begin{cases}\cos(\lambda_{nx}x), & n=0\\ \dfrac{\cosh(\lambda_{nx}x)}{\cosh(\lambda_{nx}b)}, & n=1,2,3,\cdots\end{cases} \tag{5.307}$$

$$U_n^{+}(\alpha_{nx}x)=\frac{\cosh(\alpha_{nx}x)}{\cosh(\alpha_{nx}b)},\quad \alpha_{nx}=\upsilon_{nx},\mu_{nx};n=0,1,2,\cdots$$

$$U_n^{-}(\lambda_{nx}x)=\begin{cases}\sin(\lambda_{nx}x), & n=0\\ \dfrac{\sinh(\lambda_{nx}x)}{\cosh(\lambda_{nx}b)}, & n=1,2,3,\cdots\end{cases} \tag{5.308}$$

$$U_n^{-}(\alpha_{nx}x)=\frac{\sinh(\alpha_{nx}x)}{\cosh(\alpha_{nx}b)},\quad \alpha_{nx}=\upsilon_{nx},\mu_{nx};n=0,1,2,\cdots$$

特征值 k_{nx}、λ_{nx}、υ_{nx}、μ_{nx}、β_{nz} 为

$$k_{nx}=\sqrt{k_n^2+k_{0y}^2},\quad n=1,2,3,\cdots \tag{5.309}$$

$$\lambda_{nx}=\begin{cases}\sqrt{\lambda_n^2-k_{0y}^2}, & n=0\\ \sqrt{\lambda_n^2+k_{0y}^2}, & n=1,2,3,\cdots\end{cases} \tag{5.310}$$

$$\upsilon_{nx}=\begin{cases}k_{0y}, & n=0\\ \sqrt{\upsilon_n^2+k_{0y}^2}, & n=1,2,3,\cdots\end{cases} \tag{5.311}$$

$$\mu_{nx}=\begin{cases}k_{0y}, & n=0\\ \sqrt{\mu_n^2+k_{0y}^2}, & n=1,2,3,\cdots\end{cases} \tag{5.312}$$

$$\beta_{nz}=\sqrt{\beta_n^2+k_{0y}^2},\quad n=0,1,2,\cdots \tag{5.313}$$

式中，λ_n、υ_n、μ_n、β_n 的定义见式(5.230)和式(5.281)～式(5.283)。

将斜向波作用下速度势表达式修正后，各子区域之间匹配边界条件的表达式不需要修正，与正向波条件下一致，采用与前面正向波相同的处理方法，可以求解确定速度势中的展开系数，进而计算各水动力参数。

图 5.36 为双层水平多孔板防波堤水动力参数随波浪入射角 β 的变化规律。由图可以看出，随着波浪入射角度的增加，反射系数逐渐趋近 1；当波浪入射角度从 0°增加到 40°时，透射系数、能量耗散系数和无因次垂向波浪力的变化并不明显，当入射角度进一步增加时，这三个参数逐渐趋近 0。

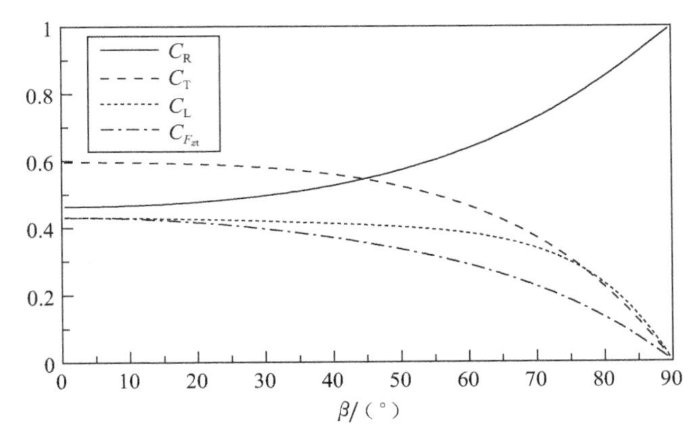

图 5.36　双层水平多孔板防波堤水动力参数随波浪入射角度 β 的变化规律
($k_0h=1.5$, $d/h=0.1$, $h_1/h=0.2$, $B/h=0.6$, $G_1=0.5$, $G_2=1$)

参考文献

[1] Wehausen J V, Laitone E V. Surface waves. Encyclopaedia of Physics, 1960, 4: 446—778.

[2] Linton C M, McIver P. Handbook of Mathematical Techniques for Wave/Structure Interactions. Boca Raton: CRC Press, 2001.

[3] Mei C C, Stiassnie M, Yue D K P. Theory and Applications of Ocean Surface Waves. Part 1: Linear Aspects. Hackensack: World Scientific Publishing Company, 2005.

[4] 邹志利. 水波理论及其应用. 北京:科学出版社, 2005.

[5] 李玉成, 滕斌. 波浪对海上建筑物的作用. 3 版. 北京:海洋出版社. 2015.

[6] Sollitt C K, Cross R H. Wave Transmission through Permeable Breakwaters. American Society of Civil Engineers, 1972, 1(13): 1827—1846.

[7] Pérez-Romero D M, Ortega-Sánchez M, Moñino A, et al. Characteristic friction coefficient and scale effects in oscillatory porous flow. Coastal Engineering, 2009, 56(9): 931—939.

[8] Mei C C, Liu P L F, Ippen A T. Quadratic loss and scattering of long waves. Journal of the Waterways Harbors & Coastal Engineering Division, 1974, 100: 217—239.

[9] Yu X. Diffraction of water waves by porous breakwaters. Journal of Waterway Port Coastal & Ocean Engineering, 1995, 121(6): 275—282.

[10] Bennett G S, Mciver P, Smallman J V. A mathematical model of a slotted wavescreen breakwater. Coastal Engineering, 1992, 18(3-4): 231—249.

[11] Huang Z, Li Y, Liu Y. Hydraulic performance and wave loadings of perforated/slotted coastal structures: A review. Ocean Engineering, 2011, 38(10): 1031—1053.

[12] Molin B. Motion damping by slotted structures // van den Boom H J J. Hydrodynamics: Computations, Model Tests and Reality. Developments in Marine Technology, Vol. 10.

Wageningen：Elsevier，1992.

[13] Li Y C，Liu Y，Teng B. Porous effect parameter of thin permeable plates. Coastal Engineering Journal，2006，48(4)：309－336.

[14] Cho I H，Kim M H. Wave absorbing system using inclined perforated plates. Journal of Fluid Mechanics，2008，608：1－20.

[15] Suh K D，Kim Y W，Ji C H. An empirical formula for friction coefficient of a perforated wall with vertical slits. Coastal Engineering，2011，58(1)：85－93.

[16] Rojanakamthorn S，Isobe M，Watanabe A. A mathematical model of wave transformation over a submerged breakwater. Coastal Engineering Journal，1989，32(2)：209－234.

[17] Losada I J，Silva R，Losada M A. 3-D non-breaking regular wave interaction with submerged breakwaters. Coastal Engineering，1996，28(1-4)：229－248.

[18] Lee J F，Cheng Y M. A theory for waves interacting with porous structures with multiple regions. Ocean Engineering，2007，34(11-12)：1690－1700.

[19] Mendez F J，Losada I J. A perturbation method to solve dispersion equations for water waves over dissipative media. Coastal Engineering，2004，51(1)：81－89.

[20] Losada I J，Patterson M D，Losada M A. Harmonic generation past a submerged porous step. Coastal Engineering，1997，31(1)：281－304.

[21] Liu Y，Faraci C. Analysis of orthogonal wave reflection by a caisson with open front chamber filled with sloping rubble mound. Coastal Engineering，2014，91：151－163.

[22] Okubo H，Kojima I，Takahashi Y，et al. Development of new types of breakwaters. Nippon Steel Technical Report，1994，1994.

[23] Yu X P，Chwang A T. Water waves above submerged porous plate. Journal of Engineering Mechanics，1994，120(6)：1270－1282.

[24] Chwang A T，Wu J. Wave scattering by submerged porous disk. Journal of Engineering Mechanics，1994，120(12)：2575－2587.

[25] Yu X P. Functional performance of a submerged and essentially horizontal plate for offshore wave control：A review. Coastal Engineering Journal，2002，44(2)：127－147.

[26] Cho I H，Kim M H. Transmission of oblique incident waves by a submerged horizontal porous plate. Ocean Engineering，2013，61：56－65.

[27] Isaacson M，Baldwin J，Allyn N，et al. Wave interactions with perforated breakwater. Journal of Waterway，Port，Coastal，and Ocean Engineering，2000，126(5)：229－235.

[28] Evans D V. The use of porous screens as wave dampers in narrow wave tanks. Journal of Engineering Mathematics，1990，24：203－212.

[29] Ursell F. On the heaving motion of a circular cylinder on the surface of a fluid. The Quarterly Journal of Mechanics and Applied Mathematics，1949，2(2)：218－231.

[30] Aburatani S，Koizuka T，Sasayama H，et al. Field test on a semi-circular caisson breakwater. Coast Engineering Journal，1996，39(1)：59－78.

[31] 谢世楞. 半圆形防波堤的设计和研究进展. 中国工程科学，2000，2(11)：35－39.

[32] Xie S L,1999. Waves forces on submerged semicircular breakwater and similar structures. China Ocean Engineering,13(1):63—72.

[33] Zhang N C,Wang L Q,Yu Y X. Oblique irregular waves load on semicircular breakwater. Coastal Engineering Journal,2011,47(4):183—204.

[34] Dhinakaran G,Sundar V,Sundaravadivelu R. Review of the research on emerged and submerged semicircular breakwaters. Proceedings of IMechE Part of M:Journal of Engineering for the Maritime Environment,2016,226(4):397—409.

[35] Liu Y,Li H J. Analysis of wave interaction with submerged perforated semi-circular breakwaters through multipole method. Applied Ocean Research,2012,34(1):164—172.

[36] Evans D V,Jeffrey D C,Salter S H,et al. Submerged cylinder wave energy device:Theory and experiment. Applied Ocean Research,1979,1(1):3—12.

[37] Wu G X,Taylor R E. The hydrodynamic force on an oscillating ship with low forward speed. Journal of Fluid Mechanics,1990,211(211):333—353.

[38] Linton C M. Water waves over arrays of horizontal cylinders:Band gaps and Bragg resonance. Journal of Fluid Mechanics,2011,670(2):504—526.

[39] Wu G X,Taylor R E. The second order diffraction force on a horizontal cylinder in finite water depth*. Applied Ocean Research,1990,12(3):106—111.

[40] Liu Y,Li H J,Zhu L. Bragg reflection of water waves by multiple submerged semi-circular breakwaters. Applied Ocean Research,2016,56:67—78.

[41] Gradshteyn I S,Ryzhik I M. Table of integrals,series and products. 7th ed. New York:Academic Press,2001.

[42] Liu Y,Li H J. Analysis of oblique wave interaction with a submerged perforated semicircular breakwater. Journal of Engineering Mathematics,2013,83(1):23—36.

[43] Ursell F. Trapping modes in the theory of surface waves. Mathematical Proceedings of the Cambridge Philosophical Society,1951,47(2):347—358.

[44] Lee J F. On the heave radiation of a rectangular structure. Ocean Engineering,1995,22(1):19—34.

[45] 李兆芳,刘正琪. 波浪通过透水潜堤之新理论解析//第十七届海洋工程研讨会暨1995两岸港口及海岸开发研讨会,南京,1995:593—606.

[46] Mei C C,Black J L. Scattering of surface waves by rectangular obstacles in waters of finite depth. Journal of Fluid Mechanics,1969,38:499—511.

[47] Yu X,Chwang A T. Wave motion through porous structures. Journal of Engineering Mechanics,1994,120(5):989—1008.

[48] Twu S W,Liu C C,Twu C W. Wave damping characteristics of vertically stratified porous structures under oblique wave action. Ocean Engineering,2002,29(11):1295—1311.

[49] Dalrymple R A,Losada M A,Martin P A. Reflection and transmission from porous structures under oblique wave attack. Journal of Fluid Mechanics,1991,224:625—644.

[50] Madsen P A. Wave reflection from a vertical permeable wave absorber. Coastal Engineer-

ing,1983,7(4):381－396.

[51] Yip T L,Chwang A T. Water wave control by submerged pitching porous plate. Journal of Engineering Mechanics,1998,124(4):428－434.

[52] Kweon H M,Kwon O K,Han Y S,et al. Verification of the design force estimation method for the steel-type breakwater in the real sea. Journal of Korean Society of Hazard Mitigation,2012,12(1):205－215.

[53] Liu Y,Li H J. Wave scattering by dual submerged horizontal porous plates: Further results. Ocean Engineering,2014,81(5):158－163.

第 6 章　新型海岸结构物水动力数值分析

在海上结构物水动力分析中，许多结构物的几何边界并不会跟坐标轴平行，或者不具备某些特定的几何形状，或者结构物周围的海床地形比较复杂，无法应用第 5 章所述的解析方法进行水动力分析。此时，可以采用很多不同的水动力分析或模拟方法得到问题的数值解，关于波浪对结构物作用数值分析与模拟方法的详细阐述可以参见文献[1]、[2]等。对于复杂形状的新型消能式海岸结构物，分区边界元方法是一种简单而有效的水动力数值分析方法，即在外场给出速度势的级数解，将内场依据结构物形状划分为多个子区域，建立速度势的积分方程并在每个子区域边界上对速度势和速度势的法向导数进行离散，然后引入各子区域（包括远场）交界面上的压力和速度传递条件，求解并分析结构物的水动力参数。本章将以典型消能式海岸结构物为例，依次介绍二维问题（二维拉普拉斯方程）、斜向波问题（修正的亥姆霍兹方程）以及平面波问题（亥姆霍兹方程）的求解方法，并进行必要的数值分析和讨论。

6.1　二维问题

本节考虑正向波作用下的二维问题，以梯形多孔堆石潜堤为例，介绍如何利用分区边界元方法分析消能式海岸结构物的水动力特性。Ijima 等[3]、Sulisz[4]曾利用分区边界元方法分析了波浪对多孔堆石结构的作用，关于边界元方法的系统阐述则可以参见文献[5]～[7]等。

图 6.1 为波浪对梯形多孔堆石潜堤作用示意图，水深为 h，入射波从左向右传播，波高为 H，波长为 L，周期为 T。x 轴正方向沿静水面水平向右，z 轴正方向垂直向上。与 5.2.1 节的矩形多孔潜堤类似，流体运动的速度势满足二维拉普拉斯方程、自由水面条件、水底条件和远场辐射条件：

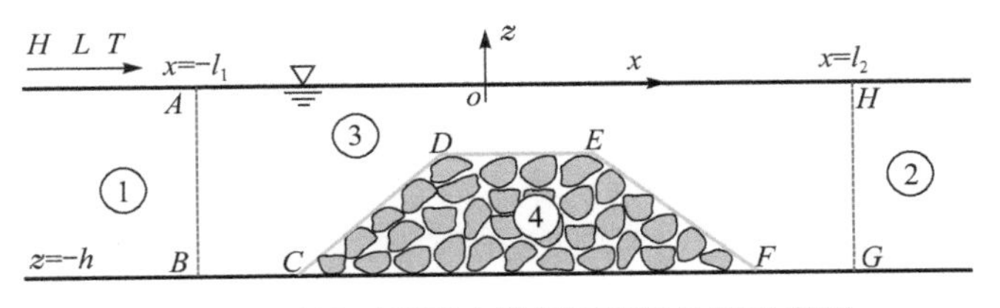

图 6.1　波浪对梯形多孔堆石潜堤作用示意图

$$\frac{\partial^2 \phi}{\partial x^2}+\frac{\partial^2 \phi}{\partial z^2}=0 \tag{6.1}$$

$$\frac{\partial \phi}{\partial z}=K\phi, \quad z=0 \tag{6.2}$$

$$\frac{\partial \phi}{\partial z}=0, \quad z=-h \tag{6.3}$$

$$\lim_{x\to\pm\infty}\left(\frac{\partial}{\partial x}\mp \mathrm{i}k_0\right)(\phi-\phi_{\mathrm{I}})=0 \tag{6.4}$$

在梯形多孔潜堤的上表面($CDEF$)，速度势还需要满足法向质量输移和动水压力连续条件：

$$\frac{\partial \phi^+}{\partial \boldsymbol{n}}=\varepsilon\frac{\partial \phi^-}{\partial \boldsymbol{n}} \tag{6.5}$$

$$\phi^+=(s+\mathrm{i}f)\phi^- \tag{6.6}$$

式中，上标＋和－分别表示外部水体区域和内部多孔介质区域在交界面上的值。

式(6.1)～式(6.6)形成一个完整的边值问题，但是由于梯形多孔潜堤的边界线与坐标轴不平行，无法得到问题的解析解。一种求解思路是把多孔潜堤的斜坡近似为连续的水平多孔台阶，然后利用5.2节所述的匹配特征函数展开法得到问题的解析解，相关过程可见文献[8]。这里采用分区边界元法求解该问题。

考虑流域内的任意封闭区域 R，边界曲线为 C，可将二维拉普拉斯方程(6.1)转化为以下边界积分方程[5]：

$$\alpha(\xi,\eta)\phi(\xi,\eta)=\int_C\left[\phi(x,z)\frac{\partial \widetilde{G}(x,z;\xi,\eta)}{\partial \boldsymbol{n}}-\widetilde{G}(x,z;\xi,\eta)\frac{\partial \phi(x,z)}{\partial \boldsymbol{n}}\right]\mathrm{d}s(x,z) \tag{6.7}$$

式中，$\boldsymbol{n}$ 为边界 C 上的单位法向矢量，定义指出封闭区域 R 为正，即沿边界逆时针方向右手侧为正；(ξ,η)和(x,z)分别为源点和场点；$\alpha(\xi,\eta)$为固角系数，定义为

$$\alpha(\xi,\eta)=\begin{cases}1, & (\xi,\eta)\in R\\ 0, & (\xi,\eta)\notin R\cup C\\ 0.5, & (\xi,\eta)\in \text{光滑边界 } C\end{cases} \tag{6.8}$$

$\widetilde{G}$ 为拉普拉斯方程的基本解(简单格林函数，不满足任何边界条件)：

$$\widetilde{G}(x,z;\xi,\eta)=\frac{1}{2\pi}\ln\sqrt{(x-\xi)^2+(z-\eta)^2} \tag{6.9}$$

可以采用简单的常数元离散求解积分方程(6.7)，基本过程如下：将边界曲线 C 离散成足够数目的单元(直线段)，假定每个单元上的速度势和速度势法向导数为常数(固角系数 $\alpha=0.5$)，通过配点法将积分方程转换为速度势和速度势法向导数的线性方程组，然后引入适当的边界条件，求解得到所有边界单元上的速度势或

速度势法向导数。

对于图 6.1 所示波浪对多孔堆石潜堤的作用问题，为应用边界元方法求解积分方程，需要将整个流场分为多个子区域。在多孔堆石潜堤前后两侧 $x=-l_1$ 和 $x=l_2$ 处分别设置两条垂直虚边界 AB 和 HG，将整个流域划分为四个子区域：子区域①和②分别为多孔潜堤前、后两侧的外域；子区域③是闭合曲线 $ABCDEFGHA$ 所包围的流体区域；子区域④是闭合曲线 $CFEDC$ 所包围的多孔介质区域。

将内部子区域③和④的边界分别离散成 N_3 和 N_4 个单元（直线段），公共边界 $CDEF$ 上的单元相同，每个单元上的速度势和速度势法向导数假定为常数，则可以将积分方程(6.7)转换为以下线性方程组：

$$[a_{j,mk}]\{\phi_{j,k}\}+[b_{j,mk}]\{\bar{\phi}_{j,k}\}=0,\quad m,k=1,2,3,\cdots,N_j;j=3,4 \tag{6.10}$$

$$a_{j,mk}=\int_{C_{j,k}}\frac{\partial\widetilde{G}_j(x,z;\xi,\eta)}{\partial\boldsymbol{n}_j}\mathrm{d}s(x,z)-0.5\delta_{mk},\quad j=3,4 \tag{6.11}$$

$$b_{j,mk}=-\int_{C_{j,k}}\widetilde{G}_j(x,z;\xi,\eta)\mathrm{d}s(x,z),\quad j=3,4 \tag{6.12}$$

式中，下标 j 表示子区域 ⓙ $(j=3,4)$ 边界上的变量；$\phi_{j,k}$ 和 $\bar{\phi}_{j,k}$ 分别代表子区域 ⓙ 第 k 个边界单元上的速度势和速度势法向导数；$\delta_{mk}=1(m=k)$，$\delta_{mk}=0(m\neq k)$。需要说明的是，式(6.11)和式(6.12)中的积分可以直接得到理论表达式[5]，不需要进行数值积分，计算过程比较简单、高效。式(6.10)包括(N_3+N_4)个线性方程和$2(N_3+N_4)$个未知变量，方程组无法求解，需要引入相应的边界条件，将未知量的个数降到(N_3+N_4)。

在外部子区域①和②，利用分离变量法可以得到速度势的级数解：

$$\phi_1=-\frac{\mathrm{i}gH}{2\omega}\left[\mathrm{e}^{\mathrm{i}k_0(x+l_1)}Z_0(z)+R_0\mathrm{e}^{-\mathrm{i}k_0(x+l_1)}Z_0(z)+\sum_{m=1}^{\infty}R_m\mathrm{e}^{k_m(x+l_1)}Z_m(z)\right] \tag{6.13}$$

$$\phi_2=-\frac{\mathrm{i}gH}{2\omega}\left[T_0\mathrm{e}^{\mathrm{i}k_0(x-l_2)}Z_0(z)+\sum_{m=1}^{\infty}T_m\mathrm{e}^{-k_m(x-l_2)}Z_m(z)\right] \tag{6.14}$$

式中，相关符号的定义与 5.2.1 节中的方程式(5.44)和式(5.45)完全一致。可以将虚边界 AB 和 HG 设置在离开潜堤足够远的位置（通常超过 3 倍水深即可），则在外部子区域①和②内可以忽略非传播模态，只考虑传播波，式(6.13)和式(6.14)分别简化为

$$\phi_1=\left[\mathrm{e}^{\mathrm{i}k_0(x+l_1)}+R_0\mathrm{e}^{-\mathrm{i}k_0(x+l_1)}\right]Z_0(z) \tag{6.15}$$

$$\phi_2=T_0\mathrm{e}^{\mathrm{i}k_0(x-l_2)}Z_0(z) \tag{6.16}$$

式中忽略了常数项$-\mathrm{i}gH/(2\omega)$，因为其对分区边界元法的计算过程没有影响。

在垂直虚边界 AB 和 HG，动水压力和流体水平速度连续：

$$\phi_3=\phi_1=(1+R_0)Z_0(z),\quad x=-l_1 \tag{6.17}$$

$$\phi_3=\phi_2=T_0Z_0(z),\quad x=l_2 \tag{6.18}$$

$$\frac{\partial \phi_3}{\partial \boldsymbol{n}_3} = -\frac{\partial \phi_1}{\partial \boldsymbol{n}_1}, \quad x = -l_1 \tag{6.19}$$

$$\frac{\partial \phi_3}{\partial \boldsymbol{n}_3} = \frac{\partial \phi_2}{\partial \boldsymbol{n}_2}, \quad x = l_2 \tag{6.20}$$

将式(6.17)和式(6.18)两边分别乘以 $Z_0(z)$并沿水深对 z 从$-h$ 到 0 积分,可得

$$R_0 = \frac{1}{N_0}\int_{-h}^{0} \phi_3 Z_0(z)\mathrm{d}z - 1, \quad x = -l_1 \tag{6.21}$$

$$T_0 = \frac{1}{N_0}\int_{-h}^{0} \phi_3 Z_0(z)\mathrm{d}z, \quad x = l_2 \tag{6.22}$$

式中,$N_0 = \int_{-h}^{0} Z_0^2(z)\mathrm{d}z$。

将式(6.15)、式(6.16)、式(6.21)和式(6.22)代入式(6.19)和式(6.20)可得

$$\frac{\partial \phi_3}{\partial \boldsymbol{n}_3} = -\mathrm{i}k_0 Z_0(z)\left[2 - \frac{1}{N_0}\int_{-h}^{0} \phi_3 Z_0(z)\mathrm{d}z\right], \quad x = -l_1 \tag{6.23}$$

$$\frac{\partial \phi_3}{\partial \boldsymbol{n}_3} = \frac{\mathrm{i}k_0 Z_0(z)}{N_0}\int_{-h}^{0} \phi_3 Z_0(z)\mathrm{d}z, \quad x = l_2 \tag{6.24}$$

将 AB 边界沿逆时针方向的第一个单元和最后一个单元的编号分别记为 K_1 和 K_2,则边界条件(6.23)可以离散为

$$\bar{\phi}_{3,k} = -\mathrm{i}k_0 Z_0(h_{k,2})\left[2 - \frac{1}{N_0}\sum_{k=K_1}^{K_2} \phi_{3,k}\int_{h_{k,3}}^{h_{k,1}} Z_0(z)\mathrm{d}z\right] \tag{6.25}$$

式中,$h_{k,1}$、$h_{k,2}$、$h_{k,3}$分别表示第 k 个单元的起点、中点和终点的纵坐标。同样,将 HG 边界沿逆时针方向的第一个单元和最后一个单元的编号分别记为 K_3 和 K_4,则边界条件式(6.24)可以离散为

$$\bar{\phi}_{3,k} = \frac{\mathrm{i}k_0 Z_0(h_{k,2})}{N_0}\sum_{k=K_3}^{K_4} \phi_{3,k}\int_{h_{k,1}}^{h_{k,3}} Z_0(z)\mathrm{d}z \tag{6.26}$$

在内域的自由水面和水底,离散后的边界条件为

$$\bar{\phi}_{3,k} = K\phi_{3,k}, \quad z = 0 \tag{6.27}$$

$$\bar{\phi}_{j,k} = 0, \quad z = -h; j = 3,4 \tag{6.28}$$

在子区域③和④的交界面 $CDEF$(多孔堆石潜堤表面),离散后的边界条件为

$$\bar{\phi}_{4,p} = -\frac{1}{\varepsilon}\bar{\phi}_{3,k} \tag{6.29}$$

$$\phi_{4,p} = \frac{1}{s + \mathrm{i}f}\phi_{3,k} \tag{6.30}$$

式中,子区域③上第 k 个单元与子区域④上第 p 个单元是 $CDEF$ 边界上的同一个单元。

将式(6.25)～式(6.30)代入线性方程组(6.10),可使方程组仅包含($N_3 + N_4$)个未知变量,利用高斯消去法求解该线性方程组,便可以得到子区域③和④所有边

界单元上的速度势以及它们交界面单元上的速度势法向导数。

利用式(6.21)和式(6.22)计算梯形多孔堆石潜堤的反射系数、透射系数和能量耗散系数：

$$C_{\mathrm{R}}=|R_0|=\left|\frac{1}{N_0}\sum_{k=K_1}^{K_2}\phi_{3,k}\int_{h_{k,3}}^{h_{k,1}}Z_0(z)\mathrm{d}z-1\right| \tag{6.31}$$

$$C_{\mathrm{T}}=|T_0|=\left|\frac{1}{N_0}\sum_{k=K_3}^{K_4}\phi_{3,k}\int_{h_{k,1}}^{h_{k,3}}Z_0(z)\mathrm{d}z\right| \tag{6.32}$$

$$C_{\mathrm{L}}=1-C_R^2-C_T^2 \tag{6.33}$$

在上述分析中，内域只包括两个子区域，对于更复杂的消能式结构或多个消能式结构，可以根据需要将内域划分为更多的子区域，基本求解过程不变。此外，也可以将虚边界 AB 和 HG 设置在结构物附近，但是需要在外域速度势表达式中保留非传播模态项[式(6.13)和式(6.14)]，并截断求解，相关过程可参考文献[9]和[10]。

考虑图 5.1 中矩形多孔堆石潜堤，分别利用分区边界元法和解析解计算潜堤的反射系数 C_{R}、透射系数 C_{T} 和能量耗散系数 C_{L}，图 6.2 给出两种方法计算结果的对比。在分区边界元计算中，虚边界 AB 和 HG 分别设置在离开潜堤前后侧三倍水深处，并在 AB 和 HG 虚边界上各划分 50 个单元，在自由水面上划分 200 个单元，在多孔潜堤表面划分 150 个单元，在水底划分 150 个单元，总单元数为 600 个。从图 6.2 可以看出，数值解和解析解的计算结果符合良好，说明本节分区边界元法的求解过程是正确的。

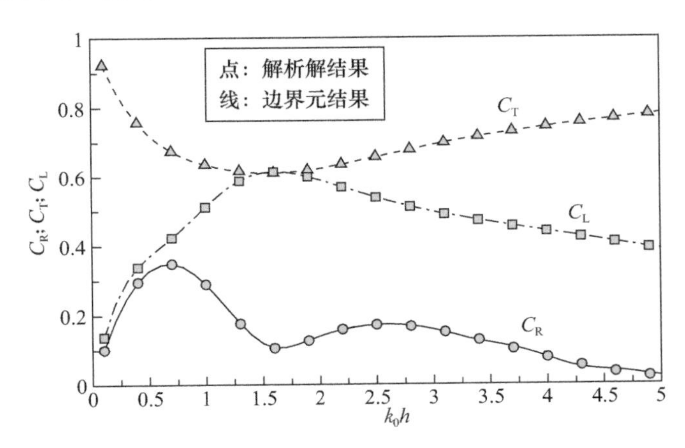

图 6.2　矩形多孔堆石潜堤分区边界元计算结果与解析解计算结果对比
($B/h=0.8, d/h=0.2, \varepsilon=0.45, s=1.0, f=2.0$)

图 6.3 给出分区边界元法数值计算结果与 Cho 等[11]试验结果的对比，Cho 等[11]分别测量了规则波通过两个和三个前后排列梯形多孔潜堤的反射系数。试

验中的多孔潜堤模型由四脚锥体构成，每个潜堤的形状相同，潜堤孔隙率约为0.5，潜堤高度和堤顶宽度均为0.4m，潜堤迎浪面和背浪面的坡度均为1∶1.5，相邻潜堤坡脚之间的水平距离为2m，试验水深为$h=0.8$m。Cho等[11]没有给出四脚锥体的尺度，在数值计算中，参考图5.3(a)的物理模型试验条件，取多孔介质中值粒径$D_{50}=0.045h$，并利用式(5.71)计算多孔潜堤的阻力系数f(取$f_c=0.7$)，取惯性力系数$s=1$。由图可以看出，计算结果与试验结果总体符合较好，数值模型可以反映多孔潜堤共振反射的物理规律。

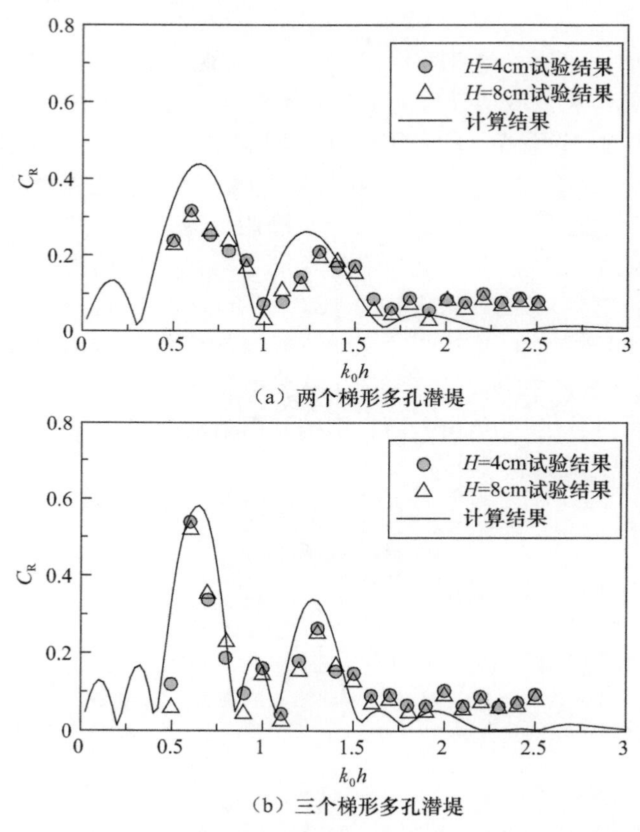

图6.3 分区边界元法数值计算结果与Cho等[11]试验结果对比

6.2 斜向波问题

5.2.2节解析研究了水平多孔板防波堤的水动力特性，为了更好地适应潮位变化，可以将多孔板与水平面之间设置一定的倾斜角度，本节就利用分区边界元法分析斜向波对带倾斜角度多孔板的作用。图6.4为斜向波对带倾斜角度多孔板作用示意图。如图 6.4 所示，多孔薄板淹没于水下，与水平面之间的夹角为 β，多孔板长度远大于入射波长，假定为无限长。x 轴沿静水位水平向右，z 轴垂直向上，y 轴沿水平板长度方向，波浪入射角度与 x 轴夹角为 θ，入射波数 k_0 在 x 轴和 y 轴方向的分量分别为 $k_{0x}=k_0\cos\theta$ 和 $k_{0y}=k_0\sin\theta$。在离开多孔板前后两侧足够远处分别设置两条垂直虚边界 $AB(x=-l_1)$ 和 $HG(x=l_2)$，在多孔板的前后端点处分别设置两条垂直虚边界 DC 和 EF，从而将整个流场分为四个子区域：子区域①和②分别为多孔板前、后两侧的外域；子区域③是闭合曲线 $ABCDEFGHA$ 所包围的流体区域；子区域④是闭合曲线 $CFEDC$ 所包围的流体区域。需要说明的是，内域虚边界的设置有很大的自由度，只要将多孔板设为不同子区域交界面即可，不影响计算结果。

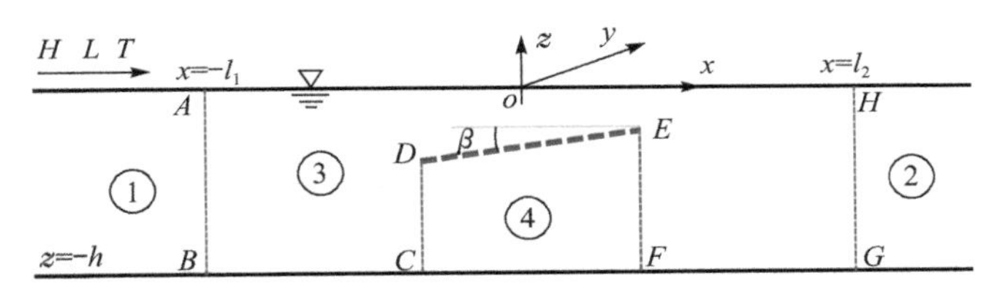

图 6.4　斜向波对带倾斜角度多孔板作用示意图

与第 5 章所描述的斜向波问题类似，可以将速度势中 y 方向的分量分离出来，将物理上的三维问题转化为数学上的二维问题。空间速度势 $\phi(x,z)$ 满足修正的亥姆霍兹方程、自由水面条件、水底条件、远场辐射条件和多孔板边界条件：

$$\frac{\partial^2\phi}{\partial x^2}+\frac{\partial^2\phi}{\partial z^2}-k_{0y}^2\phi=0 \tag{6.34}$$

$$\frac{\partial\phi}{\partial z}=K\phi,\quad z=0 \tag{6.35}$$

$$\frac{\partial\phi}{\partial z}=0,\quad z=-h \tag{6.36}$$

$$\lim_{x\to\pm\infty}\left(\frac{\partial}{\partial x}\mp \mathrm{i}k_{0x}\right)(\phi-\phi_{\mathrm{I}})=0 \tag{6.37}$$

$$\frac{\partial\phi_4}{\partial \boldsymbol{n}_4}=-\frac{\partial\phi_3}{\partial \boldsymbol{n}_3}=\mathrm{i}k_0G(\phi_4-\phi_3),\quad (x,z)\in DE \tag{6.38}$$

将修正的亥姆霍兹方程(6.34)转化成边界积分方程，积分方程的形式与式(6.7)完全相同，只需要将基本解(格林函数)变为零阶第二类修正的贝塞尔函数：

$$\widetilde{G}(x,z;\xi,\eta)=-\frac{1}{2\pi}\mathrm{K}_0\left[k_{0y}\sqrt{(x-\xi)^2+(z-\eta)^2}\right] \tag{6.39}$$

与 6.1 节的正向波问题相同，将内部子区域③和④的边界分别离散成 N_3 和

N_4 个常数元,得到与式(6.10)相同形式的线性方程组:

$$[c_{j,mk}]\{\phi_{j,k}\}+[d_{j,mk}]\{\bar{\phi}_{j,k}\}=0,\quad m,k=1,2,3,\cdots,N_j;j=3,4 \tag{6.40}$$

$$c_{j,mk}=\int_{C_{j,k}}\frac{\partial\widetilde{G}_j(x,z;\xi,\eta)}{\partial\boldsymbol{n}_j}\mathrm{d}s(x,z)-0.5\delta_{mk},\quad j=3,4 \tag{6.41}$$

$$d_{j,mk}=-\int_{C_{j,k}}\widetilde{G}_j(x,z;\xi,\eta)\mathrm{d}s(x,z),\quad j=3,4 \tag{6.42}$$

当场点和源点不在同一边界单元时,式(6.41)和式(6.42)中的积分需要做数值积分。当场点和源点在同一边界单元时,式(6.41)中的积分等于0,式(6.42)中的积分可利用下面等式做理论计算[12]:

$$\int_0^1\mathrm{K}_0(k'\sigma)\mathrm{d}\sigma=\mathrm{K}_0(k')+\frac{\pi}{2}[\mathrm{K}_0(k')\mathrm{L}_1(k')+\mathrm{K}_1(k')\mathrm{L}_0(k')] \tag{6.43}$$

式中,L_0 和 L_1 分别为零阶和一阶修正 Struve 函数;K_1 为一阶第二类修正的贝塞尔函数。当场点和源点在同一边界单元时,式(6.42)中的积分还可以利用下面等式做数值计算[13]:

$$\int_0^1\mathrm{K}_0(k'\sigma)\mathrm{d}\sigma=\int_0^1\left[\mathrm{K}_0(k'\sigma)-\ln\frac{2}{k'\sigma}\right]\mathrm{d}\sigma+1+\ln\frac{2}{k'} \tag{6.44}$$

在斜向波作用下,忽略非传播模态的影响,子区域①和②中的速度势可以写为

$$\phi_1=[\mathrm{e}^{\mathrm{i}k_{0x}(x+l_1)}+R_0\mathrm{e}^{-\mathrm{i}k_{0x}(x+l_1)}]Z_0(z) \tag{6.45}$$

$$\phi_2=T_0\mathrm{e}^{\mathrm{i}k_{0x}(x-l_2)}Z_0(z) \tag{6.46}$$

在垂直虚边界 AB 和 HG,动水压力和流体水平速度要保持连续,采用式(6.17)~式(6.22)相同的处理方法,可以得到

$$\frac{\partial\phi_3}{\partial\boldsymbol{n}_3}=-\mathrm{i}k_{0x}Z_0(z)\left[2-\frac{1}{N_0}\int_{-h}^0\phi_3Z_0(z)\mathrm{d}z\right],\quad x=-l_1 \tag{6.47}$$

$$\frac{\partial\phi_3}{\partial\boldsymbol{n}_3}=\frac{\mathrm{i}k_{0x}Z_0(z)}{N_0}\int_{-h}^0\phi_3Z_0(z)\mathrm{d}z,\quad x=l_2 \tag{6.48}$$

式(6.47)和式(6.48)的离散形式为

$$\bar{\phi}_{3,k}=-\mathrm{i}k_{0x}Z_0(h_{k,2})\left[2-\frac{1}{N_0}\sum_{k=K_1}^{K_2}\phi_{3,k}\int_{h_{k,3}}^{h_{k,1}}Z_0(z)\mathrm{d}z\right] \tag{6.49}$$

$$\bar{\phi}_{3,k}=\frac{\mathrm{i}k_{0x}Z_0(h_{k,2})}{N_0}\sum_{k=K_3}^{K_4}\phi_{3,k}\int_{h_{k,1}}^{h_{k,3}}Z_0(z)\mathrm{d}z \tag{6.50}$$

式中,相关变量的定义与式(6.25)和式(6.26)相同。

在内域自由表面、水底以及子区域③和④的交界面,边界条件离散为

$$\bar{\phi}_{3,k}=K\phi_{3,k},\quad z=0 \tag{6.51}$$

$$\bar{\phi}_{j,k}=0,\quad z=-h;j=3,4 \tag{6.52}$$

$$\phi_{4,p}=\phi_{3,k}-\frac{1}{\mathrm{i}k_0G}\bar{\phi}_{3,k},\quad (x,z)\in DE \tag{6.53}$$

$$\phi_{4,p}=\phi_{3,k},\quad (x,z)\in CD\cup EF \tag{6.54}$$

$$\bar{\phi}_{4,p}=-\bar{\phi}_{3,k},(x,z)\in CD\cup DE\cup EF \tag{6.55}$$

式中，子区域③上第 k 个单元与子区域④上第 p 个单元是 $CDEF$ 边界上的相同单元。

将边界条件式(6.49)～式(6.55)代入线性方程组(6.40)，求解得到子区域③和④所有边界单元上的速度势以及交界面 $CDEF$ 上的速度势法向导数，可以利用式(6.31)～式(6.33)计算带倾斜角度多孔板的反射系数、透射系数和能量耗散系数。利用速度势可以计算出动水压力，沿多孔板表面积分动水压力，就可以得到作用在多孔板上的总波浪力。

考虑图 5.5 中的水平多孔板防波堤(倾斜角度 $\beta=0°$)，波浪斜向入射，分别利用分区边界元法和解析解计算水平多孔板的反射系数 C_R、透射系数 C_T、能量耗散系数 C_L 和水平多孔板承受的无因次垂向波浪力 C_{F_z}[定义见式(5.81)]。图 6.5 给出两种方法计算结果的对比，图中线为分区边界元法数值计算结果，点为解析解计算结果。由图可以看出，数值解和解析解的计算结果基本一致，表明本节的分区边界元数值解是正确的。

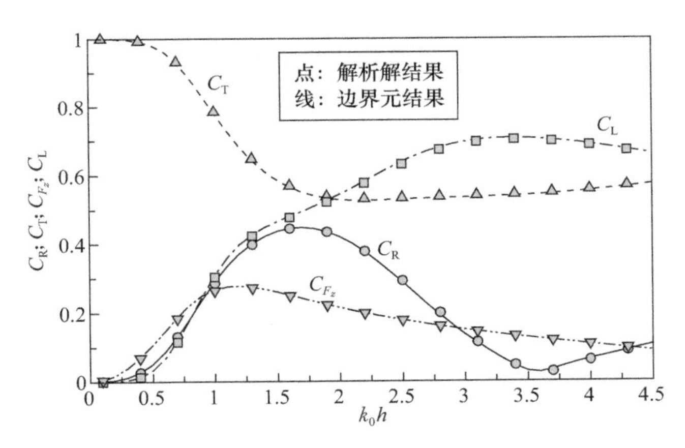

图 6.5　水平多孔板潜堤分区边界元法计算结果与解析解计算结果对比
($B/h=1.0, d/h=0.2, \theta=30°, G=0.5$)

图 6.6 为多孔板潜堤倾斜角度 β 对结构透射系数的影响，在数值计算中，波浪入射角度 $\theta=30°$，多孔板的宽度 $B=h$，多孔板的开孔率 $\varepsilon=0.1$，并利用式(5.82)计算多孔板的孔隙影响系数 G；多孔板中心点淹没深度固定为 $d=0.2h$，变化 $\beta=0°$、5°和 10°三种倾斜角度。从图 6.6 可以看出，增加多孔板的倾斜角度，可以使潜堤的透射系数略有降低。设置具有一定倾斜角度的多孔板，应该主要还是为了提高潜堤对潮位变化的适应性。

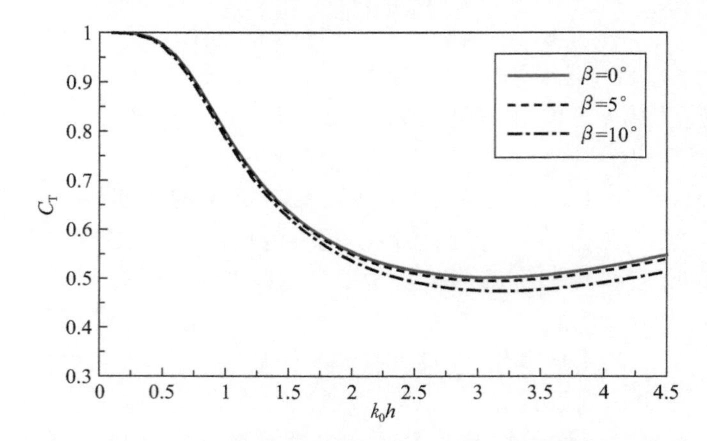

图 6.6　多孔板潜堤倾斜角度 β 对结构透射系数的影响

6.3　平面波问题

开孔方沉箱是一种典型的消能式海岸结构物，主要用于修建防波堤、护岸、码头等建筑物。开孔沉箱最早由 Jarlan[14] 提出，是将传统沉箱的前墙开孔，在前开孔墙和后实体墙之间形成消浪室，可以有效耗散入射波能量，降低结构的反射系数和波浪力，已经在国内外工程中大量应用，取得了很好的工程效果。关于开孔沉箱水动力特性的详细介绍可以参考 Li[15] 和 Huang 等[16] 的综述。Teng 等[17] 和 Liu 等[18] 曾利用匹配特征函数展开法解析研究了不同开孔沉箱的漫反射问题，本节则利用分区边界元法数值分析平面波对全开孔沉箱的漫反射。

如图 6.7 所示，多个前墙均匀开孔的沉箱排成一行，形成开孔沉箱防波堤，前开孔墙与相邻两排横隔墙组成一个消浪室，每个消浪室的长度为 W、宽度为 B。直角坐标系的原点位于静水位、后实体墙以及一个横隔墙的交点处，x 轴沿横隔墙指向流域外，z 轴垂直向上。水深为 h，波浪入射方向与 x 轴之间的夹角为 θ_0。

对于当前平面波问题，应用自由水面条件式(5.15)和水底条件式(5.18)，可以将速度势中沿水深方向(z 轴方向)的变量分离出来：

$$\Phi(x,y,z)=\mathrm{Re}\left\{\phi(x,y)\ \frac{\cosh[k_0(z+h)]}{\cosh(k_0h)}\mathrm{e}^{-\mathrm{i}\omega t}\right\} \tag{6.56}$$

式中，k_0 为入射波波数，其在 x 和 y 方向的分量分别为 $k_{0x}=k_0\cos\theta_0$ 和 $k_{0y}=k_0\sin\theta_0$。

空间速度势 $\phi(x,y)$ 满足亥姆霍兹方程，即

$$\frac{\partial^2\phi}{\partial x^2}+\frac{\partial^2\phi}{\partial z^2}+k_0^2\phi=0 \tag{6.57}$$

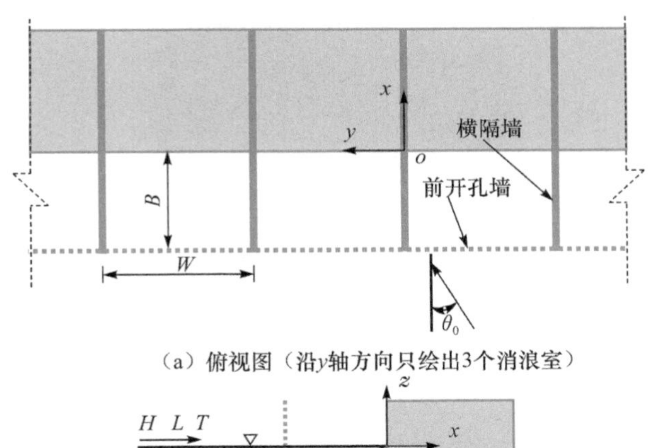

（a）俯视图（沿y轴方向只绘出3个消浪室）

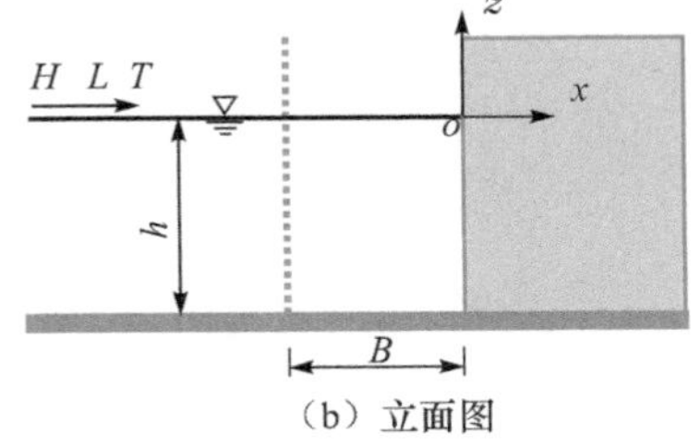

（b）立面图

图 6.7　波浪对开孔沉箱作用示意图

在横隔墙和后实体墙，速度势满足不透水边界条件，即

$$\frac{\partial \phi}{\partial \boldsymbol{n}}=0 \tag{6.58}$$

在前开孔墙，速度势满足开孔边界条件(5.35)，即

$$\frac{\partial \phi^{+}}{\partial x}=\frac{\partial \phi^{-}}{\partial x}=\mathrm{i}k_0 G(\phi^{+}-\phi^{-}),\quad x=-B \tag{6.59}$$

式中，上标＋和－分别表示开孔板迎浪面和背浪面上的速度势。除上述边界条件外，反射波的速度势还需要满足远场辐射边界条件。

开孔沉箱防波堤沿 y 轴方向的长度远大于入射波波长，可以视为无限长。此外，由于横隔墙的存在，开孔沉箱防波堤沿长度方向周期性变化，整个流场内的速度势满足以下周期性边界条件[19]：

$$\phi(x,y)\big|_{y=c+mW}=\mathrm{e}^{\mathrm{i}mk_{0y}W}\phi(x,y)\big|_{y=c},\quad m=0,\pm1,\pm2\cdots \tag{6.60a}$$

$$\left.\frac{\partial \phi(x,y)}{\partial y}\right|_{y=c+mW}=\mathrm{e}^{\mathrm{i}mk_{0y}W}\left.\frac{\partial \phi(x,y)}{\partial y}\right|_{y=c},\quad m=0,\pm1,\pm2\cdots \tag{6.60b}$$

式中，c 为任意常数。

应用上述周期性边界条件，只需要在一个消浪室所对应的半无限区域内（$x\leqslant 0$、$0\leqslant y\leqslant W$）求解速度势，然后应用周期性边界条件将计算结果扩展到其他区域。图 6.8 给出一个消浪室所对应的计算域，设置三条虚边界 $y=0$、$y=W$ 和 $x=-l$，将计算域分为三个子区域：子区域③是闭合曲线 $DCEFD$ 所包围的消浪室内流域；

子区域②是闭合曲线 $ABCDA$ 所包围的开孔沉箱前流域；子区域①为三条虚边界围成的外部流域。

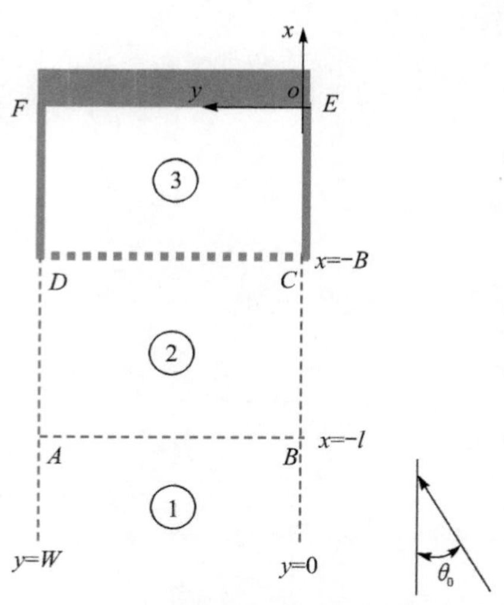

图 6.8　波浪对开孔沉箱作用的分区边界元分析示意图

对于平面流动内的任意封闭区域 R，边界曲线为 C，可以将亥姆霍兹方程(6.57)转换为以下边界积分方程[5]：

$$\alpha(\xi,\eta)\phi(\xi,\eta)=\int_C\left[\phi(x,y)\frac{\partial\widetilde{G}(x,y;\xi,\eta)}{\partial\boldsymbol{n}}-\widetilde{G}(x,y;\xi,\eta)\frac{\partial\phi(x,y)}{\partial\boldsymbol{n}}\right]\mathrm{d}s(x,y) \tag{6.61}$$

式中，$\boldsymbol{n}$ 为边界 C 上的单位法向矢量，定义指出封闭区域 R 为正；(ξ,η) 和 (x,y) 分别为源点和场点；固角系数 $\alpha(\xi,\eta)$ 的定义与式(6.8)一致；$\widetilde{G}$ 为亥姆霍兹方程的基本解(满足远场辐射条件)：

$$\widetilde{G}(x,y;\xi,\eta)=\frac{1}{4\mathrm{i}}\mathrm{H}_0^{(1)}\left(k_0\sqrt{(x-\xi)^2+(y-\eta)^2}\right) \tag{6.62}$$

式中，$\mathrm{H}_0^{(1)}$ 为零阶第一类汉克尔函数。

利用常数元离散子区域②和③的闭合边界，将积分方程(6.61)转换成以下线性方程组：

$$[e_{j,mk}]\{\phi_{j,k}\}+[f_{j,mk}]\{\bar{\phi}_{j,k}\}=0,\quad m,k=1,2,3,\cdots,N_j;j=2,3 \tag{6.63}$$

$$e_{j,mk}=\int_{C_{j,k}}\frac{\partial\widetilde{G}_j(x,y;\xi,\eta)}{\partial\boldsymbol{n}_j}\mathrm{d}s(x,z)-0.5\delta_{mk},\quad j=2,3 \tag{6.64}$$

$$f_{j,mk}=-\int_{C_{j,k}}\widetilde{G}_j(x,y;\xi,\eta)\mathrm{d}s(x,z),\quad j=2,3 \tag{6.65}$$

式中，相关符号的定义与式(6.10)～式(6.12)一致。下面引入边界条件求解以上线性方程组。

在外部子区域①内满足亥姆霍兹方程(6.57)、周期性边界条件(6.60)以及远场辐射条件的速度势表达式为

$$\phi_1 = -\frac{igH}{2\omega}\left[e^{ik_{0x}(x+l)}e^{ik_{0y}y} + \sum_{m=-\infty}^{+\infty} D_m e^{\beta_m(x+l)} E_m(y)\right] \tag{6.66}$$

式中，$D_m(m=0,\pm1,\pm2,\cdots)$为待定的展开系数；$\beta_m$ 的表达式为

$$\beta_m = \begin{cases} \sqrt{\mu_m}, & \mu_m \geqslant 0 \\ -i\sqrt{-\mu_m}, & \mu_m < 0 \end{cases} \tag{6.67a}$$

$$\mu_m = \left(k_{0y} + \frac{2m\pi}{W}\right)^2 - k_0^2, \quad m=0,\pm1,\pm2,\cdots \tag{6.67b}$$

速度势表达式(6.66)中的 $E_m(y)$是沿 y 轴方向的特征函数系：

$$E_m(y) = e^{i\left(k_{0y}+\frac{2m\pi}{W}\right)y}, \quad m=0,\pm1,\pm2\cdots \tag{6.68}$$

该特征函数系具有以下正交性：

$$\int_0^W E_m(y)E_n^*(y)\mathrm{d}y = \begin{cases} 0, & m\neq n, \\ T, & m=n, \end{cases} \tag{6.69}$$

式中，上标 * 表示复共轭函数。

速度势表达式(6.66)中第一项表示从外海传播到防波堤前的入射波。第二项包括两部分：当 β_m 为实数时，表示沿 x 轴负方向呈指数衰减的非传播模态；当 β_m 为纯虚数时，表示沿不同方向传播的反射波，即波浪与带横隔板开孔沉箱作用时有可能发生漫反射，其中 $\beta_0=-ik_{0x}$代表与入射波传播方向正好相反的镜面反射波。参考文献[20]，定义以下关系式：

$$k_0\sin\theta_n = \left|k_{0y} + \frac{2n\pi}{W}\right|, \quad 0\leqslant\theta_n<\frac{\pi}{2} \tag{6.70}$$

由此可以进一步得到

$$\sin\theta_n = \left|\sin\theta_0 + \frac{2n\pi}{k_0W}\right|, \quad -M_1\leqslant n\leqslant M_2 \tag{6.71a}$$

$$M_1 = \mathrm{Int}\left[k_0W\frac{1+\sin\theta_0}{2\pi}\right] \tag{6.71b}$$

$$M_2 = \mathrm{Int}\left[k_0W\frac{1-\sin\theta_0}{2\pi}\right] \tag{6.71c}$$

式中，Int 表示对实数取整数部分。

图 6.9 为开孔沉箱漫反射示意图。由图可以看出，第 n 个反射波的传播方向与 x 轴之间的夹角正好等于 θ_n，不同方向反射波的总数目为 M_1+M_2+1。反射波的数目仅由入射波的波数 k_0、波浪入射角度 θ_0 以及消浪室长度 W 决定，当 $k_0W<2\pi/(1+\sin\theta_0)$时，开孔沉箱前只存在一个镜面反射波。如果消浪室长度和波浪入射角度固定，则随着波数 k_0h 的增加，第 n 个($n=\pm1,\pm2,\cdots$)漫反射波出现的对

应频率满足$(k_{0y}+2n\pi/W)^2-k_0^2=0$，即当$n\geqslant 1$时，$k_0h=(2n\pi h)/[W(1-\sin\theta_0)]$；当$n\leqslant -1$时，$k_0h=(-2n\pi h)/[W(1+\sin\theta_0)]$。

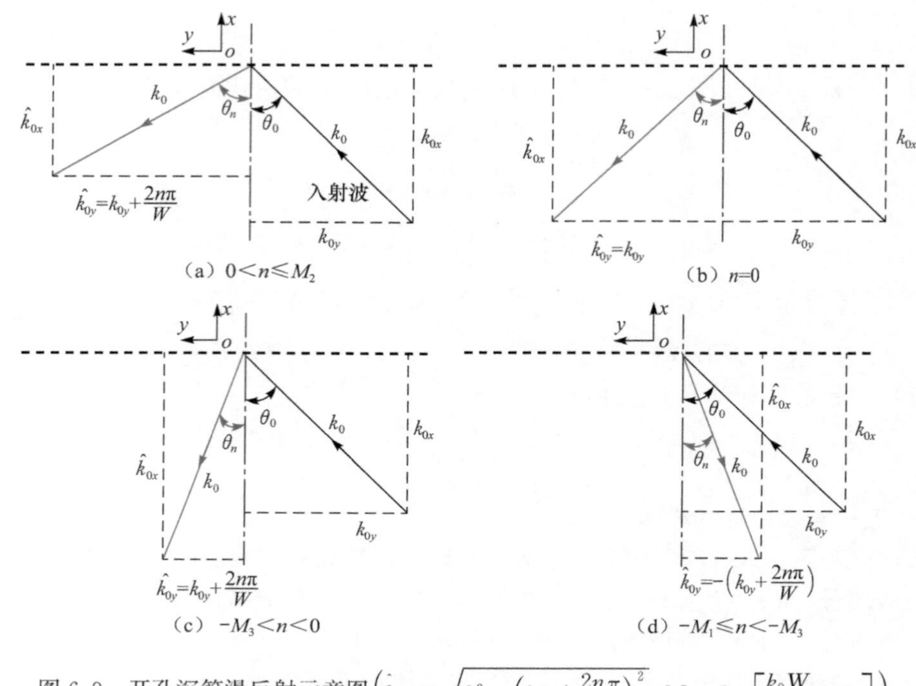

图 6.9 开孔沉箱漫反射示意图$\left(\hat{k}_{0x}=\sqrt{k_0^2-\left(k_{0y}+\dfrac{2n\pi}{W}\right)^2}, M_3=\mathrm{Int}\left[\dfrac{k_0W}{2\pi}\sin\theta_0\right]\right)$

将虚边界$x=-l$设置在离开开孔沉箱足够远处，则可以忽略速度势表达式(6.66)中非传播模态的影响，将速度势简化为

$$\phi_1=\mathrm{e}^{\mathrm{i}k_{0x}(x+l)}E_0(y)+\sum_{n=-M_1}^{M_2}D_n\mathrm{e}^{\beta_n(x+l)}E_n(y) \tag{6.72}$$

式中，忽略了常数项$-\mathrm{i}gH/(2\omega)$，因为其对计算过程没有影响。在子区域①和②的交界面AB，速度势要保持连续：

$$\phi_1(-l,y)=E_0(y)+\sum_{n=-M_1}^{M_2}D_nE_n(y)=\phi_2(-l,y) \tag{6.73}$$

将式(6.73)两侧分别乘以$E_n^*(y)$，对y从0到W积分，并利用正交关系式(6.69)，可得

$$D_n=\frac{1}{W}\int_0^W\phi_2(-l,y)E_n^*(y)\mathrm{d}y-\delta_{n0} \tag{6.74}$$

在子区域①和②的交界面AB，流体速度也要保持连续，应用式(6.74)可得

$$\left.\frac{\partial\phi_2}{\partial\boldsymbol{n}_2}\right|_{x=-l}=-\left.\frac{\partial\phi_1}{\partial\boldsymbol{n}_1}\right|_{x=-l}=-\mathrm{i}k_{0x}E_0(y)$$

$$-\sum_{n=-M_1}^{M_2}\beta_n\left[\frac{1}{W}\int_0^W\phi_2(-l,y)E_n^*(y)\mathrm{d}y-\delta_{n0}\right]E_n(y) \tag{6.75}$$

在子区域②的侧边界 DA 和 BC，周期性边界条件为

$$\phi_2(x,W)=\mathrm{e}^{\mathrm{i}k_{0y}W}\phi_2(x,0) \tag{6.76}$$

$$\left.\frac{\partial\phi_2(x,y)}{\partial\boldsymbol{n}_2}\right|_{y=W}=-\mathrm{e}^{\mathrm{i}k_{0y}W}\left.\frac{\partial\phi_2(x,y)}{\partial\boldsymbol{n}_2}\right|_{y=0} \tag{6.77}$$

在子区域②和③的交界面 CD(前开孔墙)，开孔边界条件为

$$\frac{\partial\phi_3}{\partial\boldsymbol{n}_3}=-\frac{\partial\phi_2}{\partial\boldsymbol{n}_2},\quad (x,y)\in CD \tag{6.78}$$

$$\phi_3=\phi_2-\frac{1}{\mathrm{i}k_0G}\frac{\partial\phi_2(x,y)}{\partial\boldsymbol{n}_2},\quad (x,y)\in CD \tag{6.79}$$

在子区域③的横隔墙和后实体墙，不透水边界条件为

$$\frac{\partial\phi_3}{\partial\boldsymbol{n}_3}=0,\quad (x,y)\in FD\cup CE\cup EF \tag{6.80}$$

将边界条件式(6.75)～式(6.80)离散后代入线性方程组(6.63)，求解得到子区域②和③所有边界上的速度势和速度势法向导数。利用式(6.74)计算 D_n 值，确定开孔沉箱防波堤的反射系数。入射波和第 n 个反射波沿 x 轴方向的波能流分别为

$$\mathrm{Flux}^{\mathrm{I}}=\frac{1}{8}\rho gH^2C_{\mathrm{g}}\cos\theta_0 \tag{6.81}$$

$$\mathrm{Flux}_n^{\mathrm{R}}=\frac{1}{8}\rho g\,(H|D_n|)^2C_{\mathrm{g}}\cos\theta_n,\quad -M_1\leqslant n\leqslant M_2 \tag{6.82}$$

式中，ρ 为流体密度；C_{g} 为波浪群速度；g 为重力加速度；H 为入射波高。

将开孔沉箱反射系数定义为所有反射波能量之和与入射波能量的比值：

$$C_R=\sqrt{\frac{\sum_{n=-M_1}^{M_2}\mathrm{Flux}_n^{\mathrm{R}}}{\mathrm{Flux}^{\mathrm{I}}}}=\sqrt{\frac{\sum_{n=-M_1}^{M_2}|D_n|^2\cos\theta_n}{\cos\theta_0}} \tag{6.83}$$

利用速度势还可以计算出动水压力，沿沉箱表面积分动水压力，可以得到作用在开孔沉箱上的总水平波浪力。

需要说明的是，尽管亥姆霍兹方程的基本解(6.62)满足远场辐射条件，在本节分区边界元计算中并未遇到不规则频率[21]，因此不需要考虑消除不规则频率。除开孔沉箱外，适当修改边界条件，本节分区边界元法还可以有效分析平面波对其他周期性结构物的漫反射问题[20,22～24]。

利用分区边界元法计算了开孔沉箱防波堤的反射系数 C_{R}、单个消浪室 x 轴方向无因次总水平波浪力幅值 C_{F_x} 和 y 轴方向无因次总水平波浪力幅值 C_{F_y}(波浪力幅值除以 $\rho ghHW$)，并与 Teng 等[17]的理论解结果进行比较，对比结果见图 6.10。

计算条件为：$W=h,B=0.5h,G=1.0,\theta_0=60°$。图中线为分区边界元法数值计算结果，点为 Teng 等[17]的理论解计算结果。由图可知，两种方法的计算结果一致。根据前面分析，对于当前算例($W=h,\theta_0=60°$)，第 n 个($n\leqslant -1$)漫反射波的出现频率为 $k_0h=-3.367n$。从图 6.10 还可以看出，因为出现了新的漫反射波，在 $k_0h=3.367$ 附近反射系数曲线出现一个小的突变。

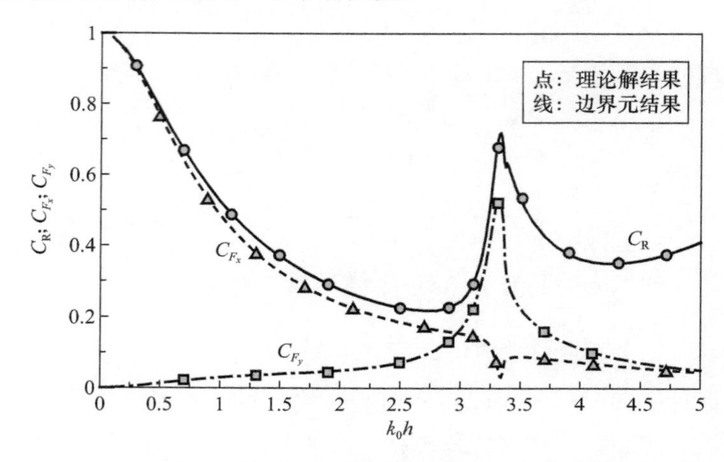

图 6.10 开孔沉箱水动力参数分区边界元法计算结果与理论解结果[17]对比

图 6.11 将开孔沉箱反射系数的分区边界元法计算结果与 Ijima 等[25]的试验结果进行了对比，试验条件为：水深 $h=30$cm，波数 $k_0h=0.948$ 和 0.772，波浪入射角度 $\theta_0=40°$、50°和 60°，波高 $H=3$cm，前墙开孔率 $\varepsilon=0.25$，前开孔墙厚度 $\delta=7$cm，消浪室宽度 $B=16.5$cm、26.5cm、36.5cm 和 46.5cm，消浪室长度 $W=16$cm。在数值计算中，利用式(5.36)计算开孔墙的孔隙影响系数，取开孔墙的阻力系数

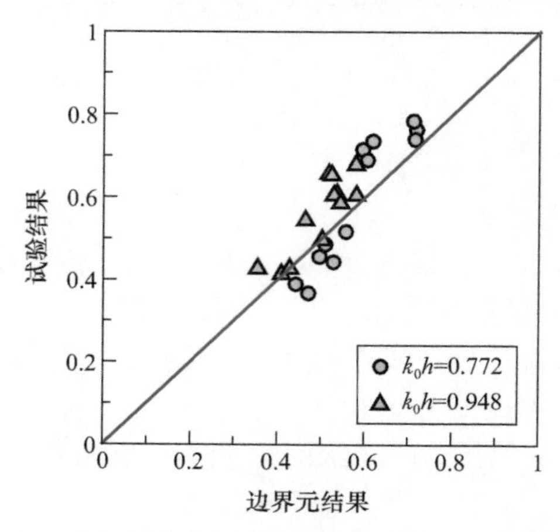

图 6.11 开孔沉箱反射系数分区边界元结果与 Ijima 等[25]的试验结果对比

$f=0.7$(考虑计算结果与试验结果的总体符合度)，惯性力系数 $s=1$。总体而言，分区边界元法数值计算结果与物理模型试验结果符合较好(图中斜直线代表两者完全符合)。

参考文献

[1] 陶建华. 水波的数值模拟. 天津:天津大学出版社,2005.

[2] Lin P. Numerical Modeling of Water Waves. London:Taylor & Francis Group,2008.

[3] Ijima T,Chou C R,Yoshida A. Method of analyses for two-dimensional water wave problems//Proceedings of the 15th Coastal Engineering Conference, Honolulu, 1976, 2717—2736.

[4] Sulisz W. Wave reflection and transmission at permeable breakwaters of arbitrary cross-section. Coastal Engineering,1985,9(4):371—386.

[5] Ang W T. A beginner's Course in Boundary Element Methods. Boca Raton:Universal Publishers,2007.

[6] 姚振汉,王海涛. 边界元法. 北京:高等教育出版社,2010.

[7] Brebbia C A,Walker S. Boundary Element Techniques in Engineering. Amsterdam:Elsevier,2013.

[8] Liu Y,Faraci C. Analysis of orthogonal wave reflection by a caisson with open front chamber filled with sloping rubble mound. Coastal Engineering,2014,91:151—163.

[9] Zheng Y H,Shen Y M,Ng C O. Effective boundary element method for the interaction of oblique waves with long prismatic structures in water of finite depth. Ocean Engineering, 2008,35(5):494—502.

[10] Koley S,Sarkar A,Sahoo T. Interaction of gravity waves with bottom-standing submerged structures having perforated outer-layer placed on a sloping bed. Applied Ocean Research, 2015,52:245—260.

[11] Cho Y S,Lee J I,Kim Y T. Experimental study of strong reflection of regular water waves over submerged breakwaters in tandem. Ocean Engineering,2004,31(10):1325—1335.

[12] Singh K M,Tanaka M. Analytical integration of weakly singular integrals in boundary element analysis of Helmholtz and advection-diffusion equations. Computer Methods in Applied Mechanics and Engineering,2000,189:625—640.

[13] 陶建华,吴岩. 三维布源法计算大尺度物体波浪力中奇点积分的处理. 水动力学研究与进展,1987,2(4):16—22.

[14] Jarlan G E. A perforated vertical wall breakwater. Dock & Harbour Authority, 1961, 7 (486):394—398.

[15] Li Y C. Interaction between waves and perforated-caisson breakwaters//Proceedings of the 4th International Conference on Asian and Pacific Coasts,Nanjing,2007:1—16.

[16] Huang Z,Li Y C,Liu Y. Hydraulic performance and wave loadings of perforated/slotted

coastal structures:A review. Ocean Engineering,2011,38(10):1031－1053.

[17] Teng B,Zhang X T,Ning D Z. Interaction of oblique waves with infinite number of perforated caissons. Ocean Engineering,2004,31:615－632.

[18] Liu Y,Li Y C,Teng B. Interaction between obliquely incident waves and an infinite array of multi-chamber perforated caissons. Journal of Engineering Mathematics,2012,74(1):1－18.

[19] McIver P,Linton C M,McIver M. Construction of trapped modes for wave guides and diffraction. Proceedings of the Royal Society of London,Series A,1998,454:2593－2616.

[20] Fernyhough M,Evans D V. Scattering by a periodic array of rectangular blocks. Journal of Fluid Mechanics,1995,305:263－279.

[21] 李玉成,滕斌. 波浪对海上建筑物的作用. 3 版. 北京:海洋出版社. 2015.

[22] Linton C M,Evans D V. Acoustic scattering by an array of parallel plates. Wave Motion,1993,18:51－65.

[23] Porter R,Evans D V. Wave scattering by periodic arrays of breakwaters. Wave Motion,1996,23:95－120.

[24] Abul-Azm A G,Williams A N. Oblique wave diffraction by segmented offshore breakwaters. Ocean Engineering,1997. 24(1):63－82.

[25] Ijima T,Okuzono H,Ushifusa Y. The reflection coefficients of permeable quaywall with reservoir against obliquely incident waves. Report of College Engineering Kyushu University,1978,51(3):245－250

第 7 章　海床冲淤物理模型试验分析技术

海床冲淤物理模型试验是海岸工程研究的重要手段。波浪作用下的床面剪切应力具有周期性变化，使得海床响应也具有一定的周期性；而海床的动态演变又反过来作用于流体，引起波浪动力的改变。

传统物理模型试验中，海床演变的测量方法主要借助于全站仪、超声测距仪等仪器，无法进行水下观测，难以满足现代海岸泥沙试验的测量要求。近年来，新型的试验测量方法，如 LiDAR，虽能进行水下剖面的测量，但无法实现时空连续观测，且造价较高。本章中，我们建立了海床冲淤演变物理模型试验的视频观测与分析技术，并应用该技术测量了时空连续的海床变化，开展了推移质输沙及冲泻区地形演变的研究。

7.1　模型试验设置

该物理模型试验的主要目的是探究不同海岸环境要素，包括波浪波高、周期、水位、岸滩初始坡度及泥沙粒径对岸滩演变的影响。试验所用水槽的长度约为 60m，宽度为 3m，深度为 1.5m，水槽首端设推板式造波机，尾端设消波装置。试验中采用的主要仪器有：电容式波高传感器（采样频率为 10Hz），用于采集各测点处自由液面变化的时间序列；多普勒声学流速仪（采样频率为 50Hz），用于测量波浪水质点运动的轨迹速度；视频采集系统（采样频率 10Hz），用于记录该海床冲淤演变试验中地形剖面的演变和自由液面的变化过程，以此获得两者的时程变化数据；全站仪，用于测量各工况的初始及结束地形（两个纵剖面），为视频观测与分析技术得到的地形数据提供校正，并检验试验地形变化的二维性，试验仪器布置如图 7.1 所示。

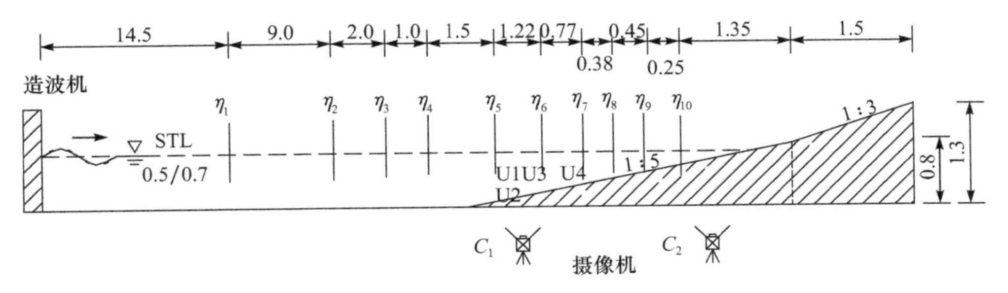

图 7.1　试验仪器布置图（单位：m）

视频观测分析技术类似于卫星遥感技术。遥感技术在海岸工程领域较多应用于实地观测，如河口海岸地形演变、波浪爬坡等，在物理模型试验中的应用并不常见。由于本次试验的目的在于研究岸滩演变的动态过程，故海床形态的实时观测与识别十分重要。试验中采用视频观测分析技术可探测识别各时刻的海床形态，具有操作性强、覆盖面广、信息量大、能实时观测等优点。采用高速摄像机，从试验水槽的玻璃侧壁拍摄底床动态演变及自由液面时程变化；通过建立图像尺度与实际尺度之间的空间坐标关系获得图像扭曲校正数据库，将由图像获得的数据坐标由图像尺度转换到实际尺度，从而获得底床演变和自由液面变化的时程数据；最后采用全站仪和波高仪实测数据对两者进行校核。图 7.2 给出了试验中所使用的校正网格（网格大小 20cm×10cm）。试验中，单个摄像机所覆盖的观测范围由相机像素值和试验所需的观测精度共同确定。

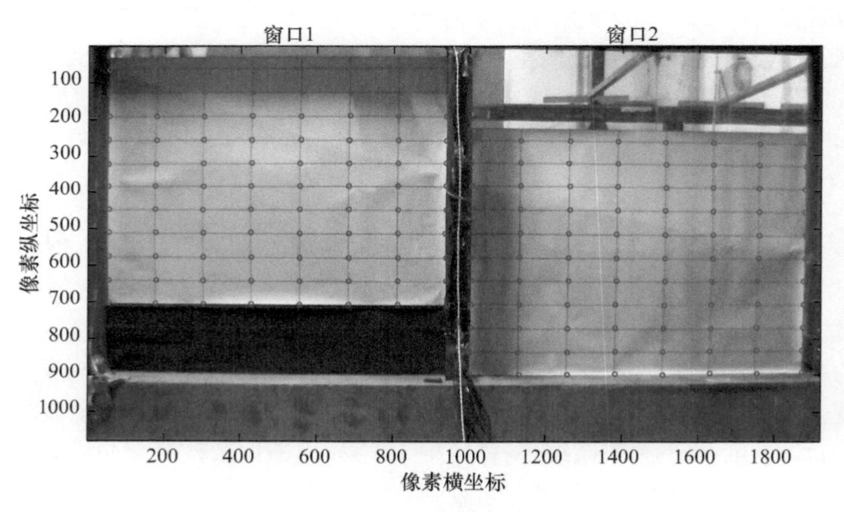

图 7.2　图像校正网格

采用视频观测来分析图像像素点的信息，不仅可以获得试验过程中底床及自由液面的高程变化，还可以根据图像的灰度值差别区分推移质和悬移质运动。此外，因观测仪器置于试验水槽外，对流体不产生干扰，相对传统观测方法具有优势。7.2 节和 7.3 节将围绕该物理模型试验的观测结果，进行沙纹地形上的推移质运动及冲泻区地形演变的试验研究。

7.2　推移质输沙率物理模型试验分析方法

推移质运动形式与水流作用的强弱、泥沙颗粒的大小、形状及在床面所处的位置有关，主要可以分为接触质、跃移质和层移质。沙纹作为波浪作用下一种较为普遍的床面形态，对泥沙运动，特别是推移质运动，有较大的影响。因此，沙纹形态及沙纹上泥沙运动的研究是目前研究波浪作用下泥沙运动的热点问题。沙纹对泥沙运动的主要影响主要表现在以下两个方面：沙纹的存在改变了原有的海床地形形态，进而改变了底床表面摩擦力，从而较大程度上影响了水底边界层的分布；沙纹的存在导致近底湍流出现，从而对悬移质泥沙浓度剖面产生较大影响，进而影响悬移质输沙量的方向和大小。对于泥沙颗粒粒径相对较大的泥沙运动，计算沙纹运动产生的输沙量从一定程度上可以量化推移质输沙量，进而能够更好地完善推移质输沙公式。Traykovski 等[1]通过在 11m 水深处对沙纹运动进行 6 周的观测后发现，由沙纹导致的推移质输沙率要比基于能量原理的 Meyer-Peter 等[2]的推移质输沙公式计算得到的输沙率大近 10 倍。Hay 等[3]也做了类似的研究，他研究了水深 2m 处的沙纹在连续三个风暴作用下的推移质运动，所得的推移质输沙率要显著小于 Grant 等[4]提出的公式计算结果。

值得注意的是，目前绝大多数基于沙纹运动的推移质研究主要在现场实测的情况下进行。沙纹由于空间尺度较小，受波浪、海流等作用影响显著，在实际海况下往往呈现出三维的形态，导致其运动状况难以描述。此外，现场实测获得的沙纹运动数据往往时间间隔较长，有的甚至长达几小时，使得输沙率的计算准确性较低。

在 7.1 节所述的海床冲淤演变物理模型试验中，为了准确研究沙纹地形上的推移质运动，选择了两种泥沙粒径相对较大的工况组作为研究对象。在此基础上，通过全站仪数据的比对，挑选出沙纹二维效果较好的 16 组工况作为重点研究对象，以此确保推移质输沙率的准确计算。首先，在对每组工况视频分割为每一帧后，通过如前所述的视频采集方法，得到高精度的海床剖面时程变化数据。由于视频采集的精度较高，通过提取局部的地形数据，即可得到如图 7.3 所示的沙纹形态图（横纵坐标均为像素点位置）。图 7.3 中，上部明亮区域为水体，下部黑暗区域为底床，通过这两者之间较大的像素值差异，水体与底床之间的交界面可以被探测识别，即图中所示粗点画线，由此便可以得到沙纹形态的像素位置坐标。

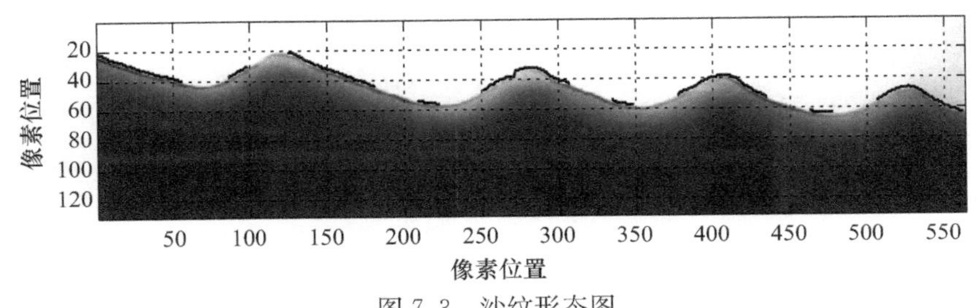

图 7.3　沙纹形态图

获得沙纹形态像素坐标后，通过试验前已建立好的图像扭曲校正数据库，将像素点位置的信息转化为实际空间坐标系下的沙纹高程数据，如图 7.4(a)所示。对实际沙纹形态进行消除趋势波动分析(detrended fluctuation analysis),滤掉整体变化趋势,可获得单纯的沙纹形态,如图 7.4(b)所示。再通过对沙纹形态进行跨零法或自相关分析,即可得到沙纹的相关参数,包括沙纹高度 η,沙纹"波长"λ 及沙纹"波陡"η/λ。通过对视频分离出来的每一帧图像进行重复性分析,最终可以得到如图 7.4(c)所示的不同时刻的沙纹位置信息(时间顺序为虚线、点线、实线,时间间隔为 10s)。在此基础上,通过相关性分析,从图 7.4 中可以获取以下信息:沙纹运动的方向;沙纹的运动速度,即 M_r。由此,假定沙纹在运动过程中形态不变的情况下,推移质输沙 Q_b 计算公式为

$$Q_b = 0.5(1-p)\rho_s \eta M_r \tag{7.1}$$

式中,p 为泥沙孔隙率,一般取为 0.4;ρ_s 为泥沙密度,此处取 2650kg/m^3;η 为沙纹高度。

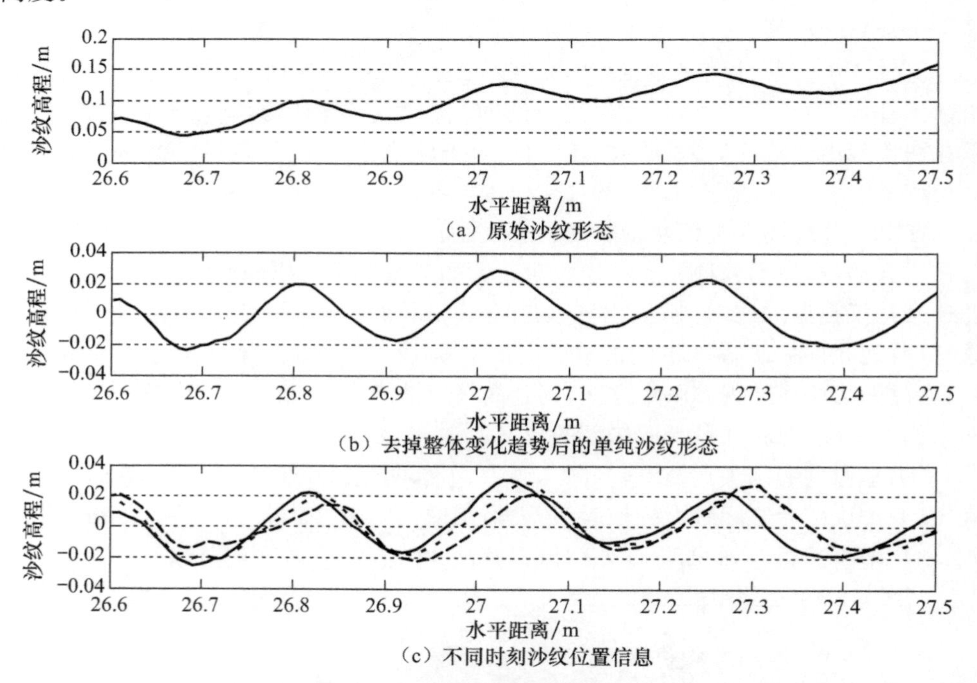

图 7.4 沙纹处理及不同时刻沙纹比较

在沙纹上的推移质运动的研究中,底床近底流速对沙纹形态和沙纹运动影响很大。但限于现有观测手段,沙纹上近底流速的直接观测往往比较困难。传统的多普勒声学流速仪对测点位置有一定的要求(5cm 内不能有干扰物),若探针离底床太近,不仅会导致测得的流速噪声很大,而且会在一定程度上影响底床泥沙颗粒的运动。因此,对于流速剖面垂向变化不大的情况,一般采用近似的方法获取近底流速。例如,Masselink 等[5] 在实地观测沙纹上的水动力条件时,采用距离底床

6cm 处流速仪测得的时间序列作为驱动沙纹运动的代表性流速。本试验中，流速仪探针的位置基本控制在沙纹以上 6～9cm 处，假定沙纹区域内流速在水平和垂直方向变化不大，将所得流速时间序列作为驱动沙纹运动的代表流速。沙纹的运动往往与以下参数有关：

(1) 近底水质点运动幅值 $u_{\mathrm{m}}=2\sigma_{\mathrm{u}}$，式中 σ_{u} 为流速时间序列的标准差。

(2) 近底平均流速 $\langle u \rangle$，即流速时间序列的平均值。

(3) 流速的偏度系数 $\langle u^3 \rangle$。

(4) 流速加速度的偏斜系数 $A_{\mathrm{sy}}=\dfrac{\langle a^3 \rangle}{\langle a^2 \rangle}$。

(5) 泥沙起动判别系数 ψ。

(6) 希尔兹数 θ，其中 ψ 和 θ 定义为

$$\psi=\frac{u_{\mathrm{m}}^2}{(s-1)gD} \tag{7.2}$$

$$\theta=\frac{0.5C_{\mathrm{w}}u_{\mathrm{m}}^2}{(s-1)gD} \tag{7.3}$$

式中，u_{m} 为近底水质点流速幅值；s 为泥沙相对密度；C_{w} 为波浪底摩阻系数；D 为泥沙粒径大小；g 为重力加速度。

经计算得到各工况下沙纹参数及相应水动力参数，如表 7.1 所示。

表 7.1　沙纹参数与相应水动力参数

组号	η	λ	$\frac{\eta}{\lambda}$	u_{m}	A_{sy}	ψ	θ	M_{r}	Q_{b}
1	9.90×10^{-1}	5.99×10^{0}	1.60×10^{-1}	3.14×10^{-1}	9.00×10^{-3}	3.30×10^{1}	3.88×10^{-1}	4.90×10^{-3}	8.00×10^{-4}
2	8.10×10^{-1}	5.56×10^{0}	1.40×10^{-1}	2.01×10^{-1}	1.70×10^{-2}	1.35×10^{1}	1.94×10^{-1}	1.10×10^{-3}	1.00×10^{-4}
3	2.92×10^{0}	1.87×10^{1}	1.50×10^{-1}	5.26×10^{-1}	1.76×10^{-1}	9.27×10^{1}	7.17×10^{-1}	9.80×10^{-3}	4.50×10^{-3}
4	3.46×10^{0}	1.66×10^{1}	2.10×10^{-1}	4.96×10^{-1}	4.30×10^{-2}	8.24×10^{1}	5.76×10^{-1}	1.02×10^{-2}	5.60×10^{-3}
5	3.64×10^{0}	1.68×10^{1}	2.20×10^{-1}	4.93×10^{-1}	1.31×10^{-1}	8.14×10^{1}	5.70×10^{-1}	5.60×10^{-3}	3.20×10^{-3}
6	1.11×10^{0}	7.74×10^{0}	1.40×10^{-1}	3.77×10^{-1}	0.00×10^{0}	4.77×10^{1}	5.19×10^{-1}	5.30×10^{-3}	9.00×10^{-4}
7	2.61×10^{0}	1.62×10^{1}	1.60×10^{-1}	5.63×10^{-1}	6.51×10^{-1}	1.06×10^{2}	8.02×10^{-1}	4.10×10^{-3}	1.70×10^{-3}
8	1.15×10^{0}	9.25×10^{0}	1.20×10^{-1}	3.20×10^{-1}	4.10×10^{-2}	1.71×10^{1}	2.75×10^{-1}	4.10×10^{-3}	7.00×10^{-4}
9	9.70×10^{-1}	8.27×10^{0}	1.20×10^{-1}	2.13×10^{-1}	2.10×10^{-2}	7.59×10^{0}	1.50×10^{-1}	3.50×10^{-3}	5.00×10^{-4}
10	5.65×10^{0}	2.85×10^{1}	2.00×10^{-1}	5.29×10^{-1}	1.66×10^{-1}	4.68×10^{1}	4.69×10^{-1}	1.60×10^{-3}	1.40×10^{-3}
11	4.05×10^{0}	2.21×10^{1}	1.80×10^{-1}	4.55×10^{-1}	4.10×10^{-2}	3.47×10^{1}	3.70×10^{-1}	1.28×10^{-2}	8.30×10^{-3}
12	4.74×10^{0}	2.44×10^{1}	1.90×10^{-1}	5.00×10^{-1}	1.10×10^{-2}	4.19×10^{1}	3.73×10^{-1}	1.30×10^{-2}	9.80×10^{-3}
13	4.95×10^{0}	2.26×10^{1}	2.20×10^{-1}	4.68×10^{-1}	1.70×10^{-2}	3.66×10^{1}	3.35×10^{-1}	5.40×10^{-3}	4.20×10^{-3}
14	9.90×10^{-1}	8.72×10^{0}	1.10×10^{-1}	3.70×10^{-1}	2.00×10^{-3}	2.29×10^{1}	3.43×10^{-1}	1.94×10^{-2}	3.00×10^{-3}
15	3.43×10^{0}	2.10×10^{1}	1.60×10^{-1}	5.63×10^{-1}	6.51×10^{-1}	5.31×10^{1}	5.19×10^{-1}	4.06×10^{-2}	2.22×10^{-2}
16	4.76×10^{0}	2.66×10^{1}	1.80×10^{-1}	7.07×10^{-1}	1.99×10^{-1}	8.38×10^{1}	6.58×10^{-1}	4.01×10^{-2}	3.04×10^{-2}

首先，本节探讨了沙纹移动速度与表中各流速参数之间的关系，通过线性回归分析，找出决定沙纹移动速度的主要参数。本节根据泥沙粒径的不同，分别进行线

性回归分析，并与总体的结果进行比较，沙纹移动速度与相关水动力参数的相关性分析结果如表 7.2 所示。总体来看，没有一种参数与沙纹移动速度的相关性能够达到 0.5 以上，也就是说单一参数不能较好地预测沙纹的移动速度。但是相对来讲，近底平均流速$\langle u\rangle$和流速的偏度系数$\langle u^3\rangle$两参数的相关性较高，分别为 0.39 和 0.40。如果将结果按泥沙粒径分开来看，较粗泥沙颗粒的沙纹运动速度与水动力参数的相关性明显提高，特别是底床平均流速$\langle u\rangle$与沙纹运动的相关性可以达到 0.74，同时，泥沙起动判别系数 ψ 和希尔兹数 θ 的相关性系数也达到了 0.5～0.6。对于相对较细的泥沙，绝大多数参数都不能较好地预测沙纹运动速度，只有水底水质点运动幅值 u_m 这一参数的相关系数值略高，为 0.42。由此可见，泥沙颗粒较粗的海床上沙纹运动速度主要与近底流速有关，而泥沙颗粒较细的底床上沙纹的运动在一定程度上与水底水质点运动幅值有关，但没有一种参数能够较好地预测所有工况的沙纹移动速度。因此沙纹的运动速度、方向等内容的研究仍有赖于以后工作的开展。

表 7.2　沙纹运动速度与各参数相关系数

变量	r^2		
	全部	细沙	粗沙
u_m	3.46×10^{-1}	4.21×10^{-1}	4.52×10^{-1}
$\langle u\rangle$	3.90×10^{-1}	4.10×10^{-2}	7.37×10^{-1}
$\langle u^3\rangle$	4.02×10^{-1}	2.20×10^{-1}	5.12×10^{-1}
A_{sy}	1.81×10^{-1}	8.00×10^{-3}	4.94×10^{-1}
ψ	5.30×10^{-2}	3.55×10^{-1}	5.11×10^{-1}
θ	8.40×10^{-2}	3.14×10^{-1}	5.71×10^{-1}

通过式(7.1)计算出沙纹上的推移质输沙率，将试验计算得到的推移质输沙率与 Bijker[6] 及 Ribberink[7] 两公式所得的计算结果进行对比研究。Bijker[6] 拓展了原来河流恒定流情况下的推移质输沙公式，通过增加波浪的作用项，得到如下推移质输沙无因次数：

$$\psi_b = b\tau_w^{0.5}\exp\left(-0.27\frac{1}{\mu\tau_{cw}}\right) \tag{7.4}$$

式中，τ_w 为仅由波浪引起的剪切力；τ_{cw} 为波浪和水流共同作用下的剪切力；b 为经验系数；μ 为考虑沙纹形态下的修正系数。

另一个由 Ribberink[7] 提出的计算公式：

$$q_{rib} = m\left(\left|\theta'(t)-\theta_c\right|\right)^n\frac{\theta'(t)}{\left|\theta'(t)\right|}\rho_s\sqrt{(s-1)gD^3} \tag{7.5}$$

式中，θ_c 为临界希尔兹数，此处取为 0.05；$\theta'(t)$ 为瞬时希尔兹数；m 和 n 均为经验系数，依据 Ribberink[7] 的研究结果，此处分别取为 11 和 1.65；D 为泥沙粒径。

推移质输沙率取 2min 波浪作用下的平均值作为最终结果。

在图 7.5 所示的推移质输沙率试验结果与经验公式计算结果的对比图中，横坐标为试验中沙纹运动所得的推移质输沙率，纵坐标为由经验公式计算所得的推移质输沙率，在坐标区域内，■代表 Bijker[6] 公式所得计算结果，▲代表 Ribberink[7] 公式所得计算结果，黑色实线代表两者结果相同。由图可以看出，预测得到的推移质输沙率均散落在黑线左右的较小范围内，说明两种经验公式均能较好地预测物理模型试验中沙纹床面上的推移质输沙率。此外，我们发现在推移质输沙强度相对较小的情况下，两公式均得出了比试验结果高的输沙率，特别是 Ribberink[7] 公式对于绝大多数工况都呈现出比试验结果偏大的情况，而 Bijker[6] 公式在输沙强度相对较强的情况下，又会出现比试验结果偏小的情况。总体来看，Bijker[6] 提出的公式($r^2=0.71$)相对于 Ribberink[7] 公式($r^2=0.36$)能更好地预测该类工况下沙纹床面上的推移质输沙率，这是由于 Bijker[6] 公式中包含了沙纹高度这一参数，使得其能更好地反映沙纹情况下的推移质输沙率。

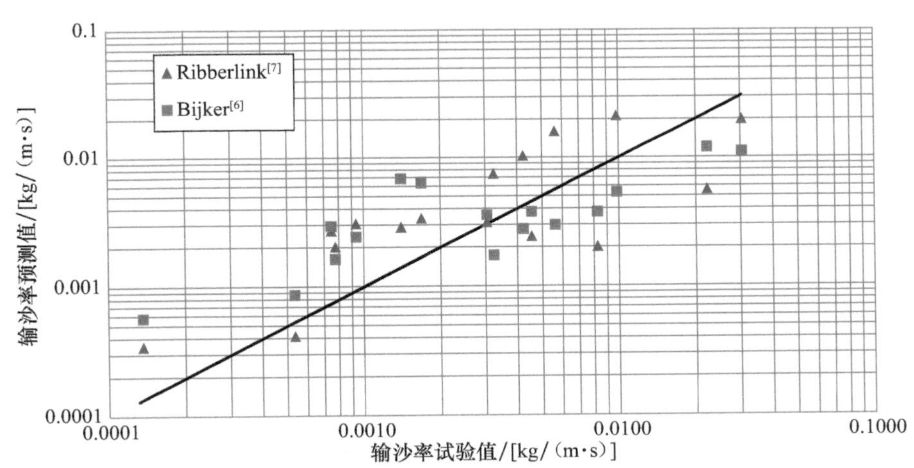

图 7.5　推移质输沙率试验结果与经验公式计算结果对比图

本节主要介绍了视频观测分析技术在海床冲淤演变物理模型试验中获取推移质输沙率方面的应用。借助视频观测分析技术覆盖范围广、精度高、可同步观测的优势，通过对所得床面演变的细致分析，获得了沙纹形态、运动方向与速度等参数，并且通过连续性方程，计算得到沙纹上的推移质输沙率。同时，以此为基础，对不同水动力参数与沙纹运动之间的关系进行相关性分析，最终发现，尽管单一参数均不能良好地预测沙纹运动速度，但颗粒较大的泥沙运动与近底平均流速相关性更高，而颗粒相对较小的泥沙运动对水质点运动幅值更加敏感。此外，运用计算得到的沙纹床面上的推移质输沙率，对现有两常用输沙率经验公式进行评估，最终发现 Bijker[6] 经验公式在引入沙纹形状参数的情况下得到了与试验值更接近的结果。视频观测分析技术对获得小尺度沙纹运动、形态及床面上的推移质输沙率起到了至关重要的作用[8,9]。

7.3 冲泻区地形演变的物理试验模拟与分析

冲泻区(见图 7.6)是指岸滩上波浪最大爬高与最大落深之间的区域,波浪从外海传到近岸,经过波浪破碎区,剩余的能量最终在冲泻区耗散(短波)或者反射(低频波)。冲泻区的研究出现较晚,直到 2000～2004 年"冲泻区"才出现被普遍认可的定义。冲泻区作为水沙运动的活跃地带,泥沙的离岸-向岸输移是造成岸线蚀退和淤进的直接原因;冲泻区的沿岸输沙目前研究极少,但普遍认为冲泻区的沿岸输沙在近岸区总沿岸输沙中占相当大的一部分,是近年的研究热点,故开展冲泻区泥沙运动的研究对岸滩演变研究意义重大。

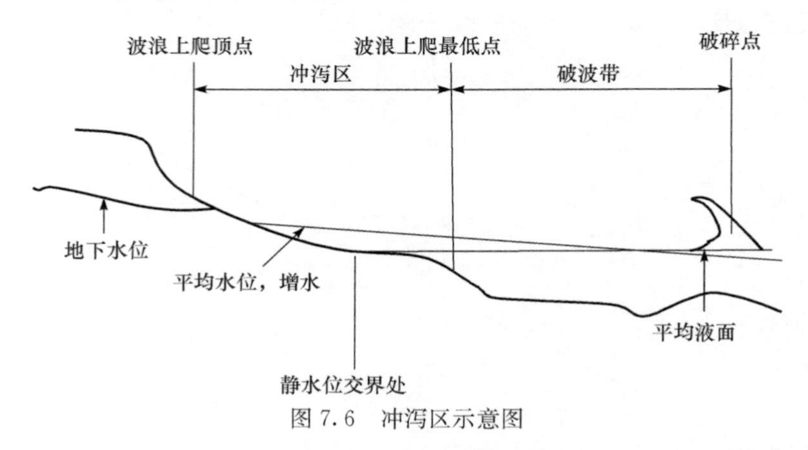

图 7.6 冲泻区示意图

冲泻区水深浅、流速大、湍动强、干湿交替频繁,水动力过程十分复杂,由此造成了水体含沙量高、泥沙输移强、地形不稳定的泥沙运动及地貌特点。近年来,相关领域专家多利用各种水下传感器和激光、雷达观测冲泻区的床面及水动力变化。但这些观测方法均具有一定的局限性:对于水下观测的传感器而言,冲泻区水深浅,传感器本身会对流体造成干扰,并且很多传感器的测量为单点测量,即便在多传感器分布的情况下,依然存在测量数据空间分辨率较低的问题;相比一般的水下传感器测量,激光、雷达虽然能在不干扰流体的情况下进行测量,并能达到较高的空间分辨率,但无法进行水下地形测量,在水体间断覆盖的冲泻区将造成测量间断的情况,难以满足时间分辨率的要求。针对以上两种方法存在的问题,7.1 节建立的视频观测分析技术,能够全程记录冲泻区床面和自由液面的变化,在不干扰流体运动的同时具有较高的时空分辨率。本次试验中,视频观测分析技术的空间分辨率为 2mm,时间分辨率为 0.1s,在一定程度上弥补了上述方法的不足。

本节试验建立 1∶5 和 1∶15 两种坡度的岸滩,研究其在规则波作用下的床面演变规律，试验工况如表 7.3 所示，试验布置描述见 7.1 节。

表 7.3　研究工况

泥沙中值粒径 d_{50} G/mm	坡度 S	波高 H/m	波浪周期 T/s	水深 d/m
0.6	1/5,1/15	0.1,0.2	1.2,2.1,3.0	0.5,0.7

根据 7.1 节介绍的视频观测分析技术，由单帧图像分析得到某时刻冲泻区床面的像素位置信息，如图 7.7(b)所示。随后，通过分析窗口 1 和窗口 2 每一帧的床面变化可获得冲泻区地形剖面的连续变化，如图 7.7(c)所示。

(a) 冲泻区视频分离出的单帧图像

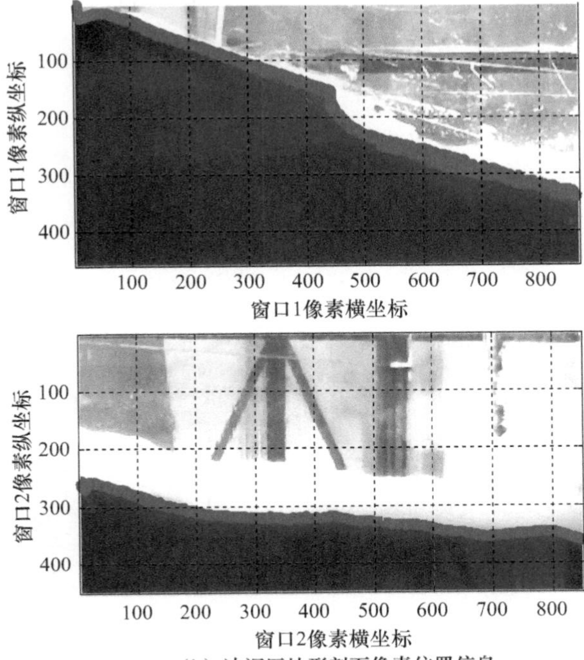

(b) 冲泻区地形剖面像素位置信息

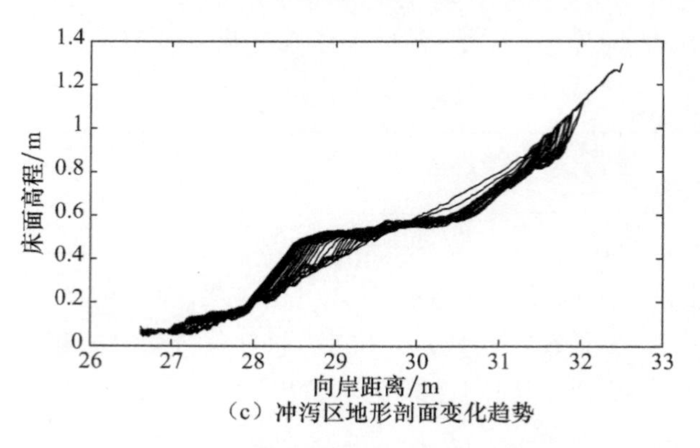

(c) 冲泻区地形剖面变化趋势

图 7.7 冲泻区地形剖面的连续变化

本节基于视频录像资料，采用 7.1 节视频观测分析技术，探究冲泻区剖面演变机理。由于传感器在冲泻区测量存在较大局限性，因此规定本次试验中传感器的有效观测区域为冲泻区以外(包括波浪破碎区和有限水深区)。冲泻区波浪参数及流速利用 Flow-3D 软件模拟获得，以弥补传感器观测的局限性。为保证数值模拟结果的可靠性，应用冲泻区以外的观测数据对数值模拟结果进行验证，验证对比结果如图 7.8 所示。由图 7.8 可以看出，模拟结果(图中虚线)与冲泻区外的观测数据(图中实线)吻合良好，在一定程度上论证了采用 Flow-3D 数值试验结果弥补冲泻区水动力数据的可靠性，因此在后面的论述中，冲泻区波浪参数和流速均由 Flow-3D 数值试验结果提供。

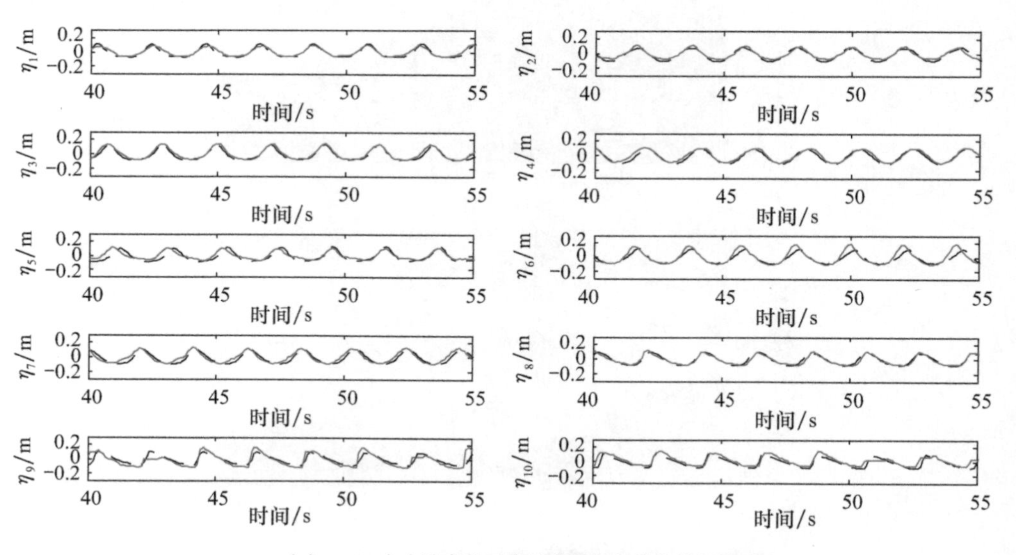

(a) η_1~η_{10}十个波高仪采集波高数据与数值模拟值对比

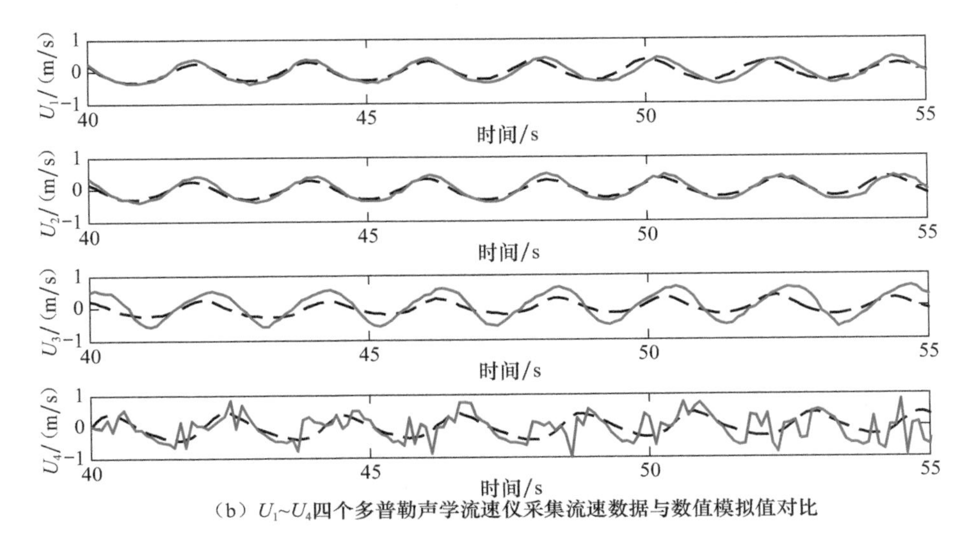

(b) U_1~U_4四个多普勒声学流速仪采集流速数据与数值模拟值对比

图 7.8　实测结果与模拟验证对比

由于本章中物理模型试验为动床试验，而 Flow-3D 建立的模型为定床，为减小实际试验中床面变化对数值试验输出结果的影响，选取五个时刻下的物理模型试验剖面（见图 7.9）进行 100s 的数值试验，分析五个时刻点前后 100s 内床面的变化机理。输沙通量 Q 为单位时间内通过床面某点横截面的泥沙总体积，与床面高程变化有直接联系，因此预测床面高程变化必须计算该点的输沙通量。本次试验为断面试验，故可以作为一维问题进行研究，基于输沙通量 Q 与床面 z_b 之间的关系 $n\frac{dz_b}{dt}=-\frac{dQ}{dx}$，通过试验视频图像分析获得 z_b，并以海床模型最高点（波浪无法到达的区域上端）为计算初始位置，可解得 Q。

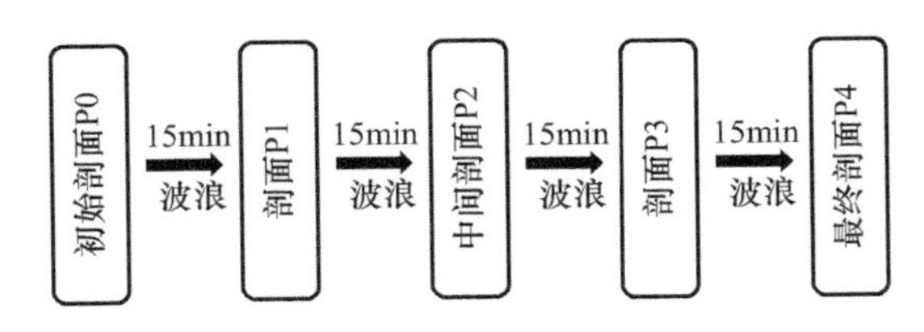

图 7.9　数值模拟所选的五个剖面

基于 $n\frac{dz_b}{dt}=-\frac{dQ}{dx}$，通过改变时间变化步长 dt 的取值长度，可获得瞬时净输沙通量 Q_s 和平均净输沙通量 Q_m。由于冲泻区水动力变化剧烈，导致泥沙运动复杂，故 Q_s 能够更详细地反映冲泻区床面变化的情况。但由于冲泻区高速往复的流体运动将引发大量泥沙悬移，使得实际床面的鉴别难度较大，因此，Q_s 的计算结果将存在误差大和获取效率低的问题。平均净输沙通量 Q_m 由于对地形的平均化处理可减少床面观测的误差，故能够较准确地预测一段时间内床面的平均变化情况，但由于时间间隔较长，无法详细描述冲泻区波浪上冲和下落过程及波-波相互作用影响下的床面变化。为使问题的研究更加全面，本节将分别对瞬时净输沙通量 Q_s 和平均净输沙通量 Q_m 进行分析。

在瞬时净输沙通量 Q_s 的分析中，dt 取 0.1s。在冲泻区中，由于流体内部发生强烈湍动，泥沙悬浮浓度很高，泥沙输移方向非恒定，但总趋势是一定的。随着波浪的长期作用，岸滩剖面最终会发展成侵蚀型或淤积型的平衡剖面。因此，细致地探究波浪上冲和下落过程中泥沙输移的情况，有助于了解冲泻区泥沙运动规律，本节中计算分析了瞬时净输沙通量 Q_s 并和已有计算分析方法进行了比较，对它们在冲泻区床面演变预测方面的表现进行了评估。

如图 7.10 所示，在冲泻区下端（下部分），Q_s 在零点上下波动剧烈，幅值接近 0.1m^2/s，对应的床面高程波动也比较剧烈。随着取样点向岸移动，在冲泻区中部（中间部分），Q_s 幅值虽有较明显的降低，但床面高程波动仍然较大。当取样点在上冲边缘附近时（上部分），Q_s 幅值接近于零，床面高程也基本不变（图中高程突变点是由像素点识别误差引起的）。引起中间部分误差的主要原因有：①冲泻区下端由波浪抨击、波一波相互作用等原因引起该区域水体的强烈湍动，进而造成大量泥

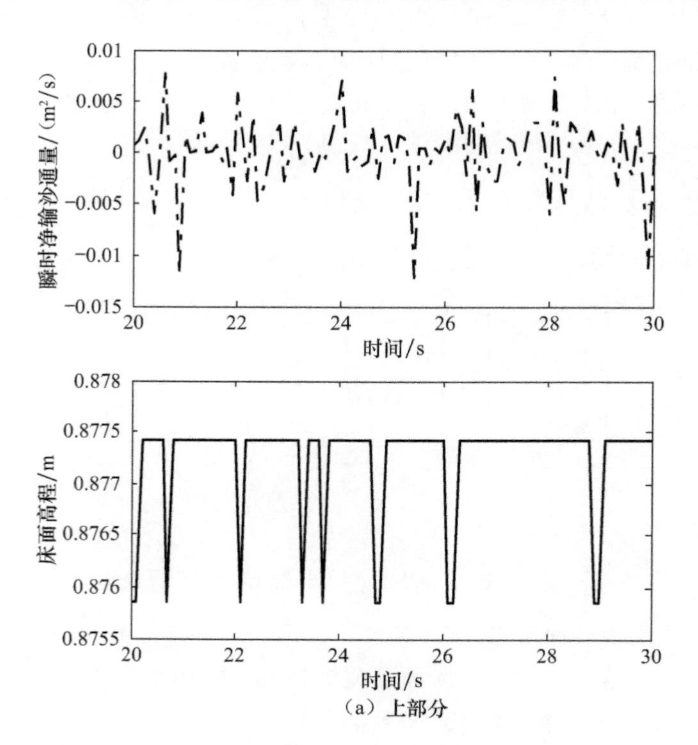

（a）上部分

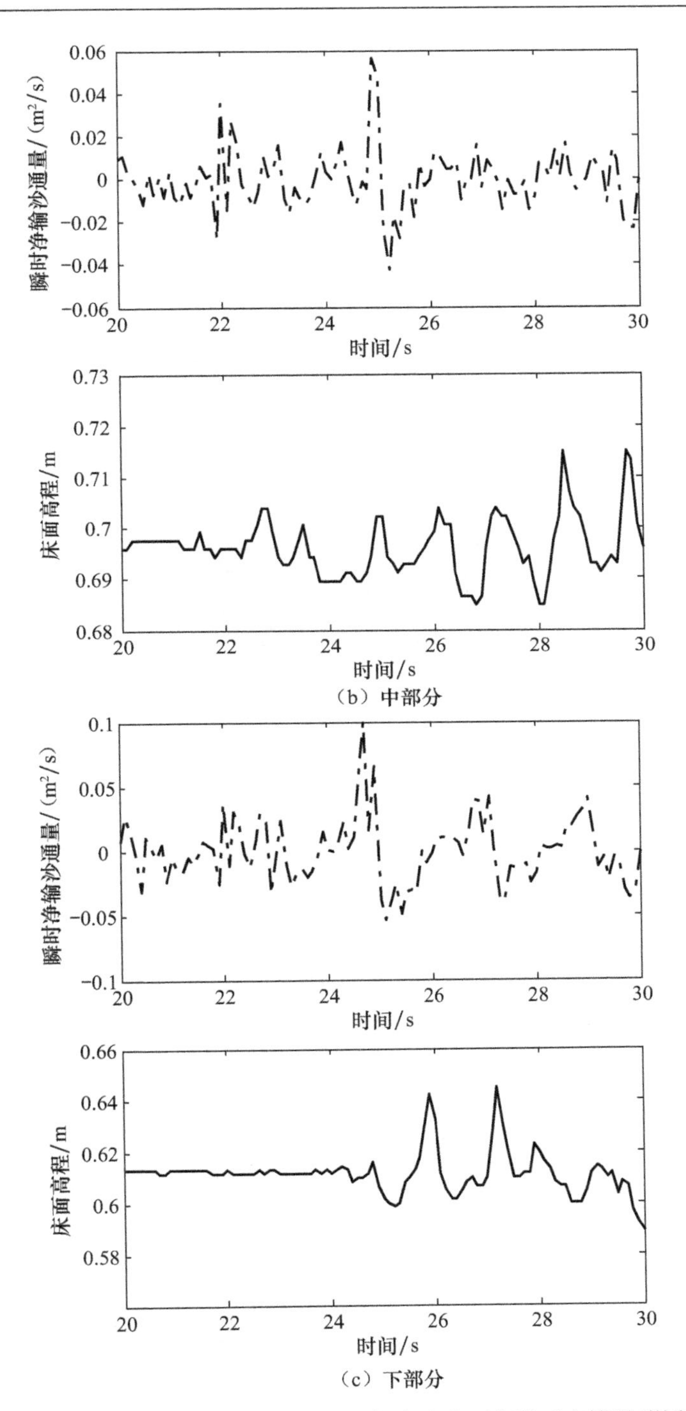

（b）中部分

（c）下部分

图 7.10　向岸方向由远及近三个点处 Q_s 与当地床面高程对应情况(淤积为正)

沙悬浮，从而影响床面高程识别，使获得的床面高程误差较大，如图 7.11(a)所示；②岸滩演变需要长期的过程，10s 内的 Q_s 并不能有效反映床面高程变化，上冲瞬间高浓度悬移质使图像识别得到的床面高程偏高，当上冲到最高点时，悬浮泥沙大部分沉降至床面，悬移质浓度对床面识别影响明显降低，如图 7.11(b)所示。因此，Q_s 并不能高效预测床面高程变化，且对试验数据要求极高，不建议计算 Q_s 预测岸滩演变趋势。

计算 Q_s 的经验公式很多，但至今并无验证良好的经验公式能适用冲泻区剖面演变的预测，本节以最常见的能量输沙公式 Meyer-Peter 和 Muller 公式[2]为例，通过与试验实测结果对比，探讨该式对于冲泻区演变预测的可行性。

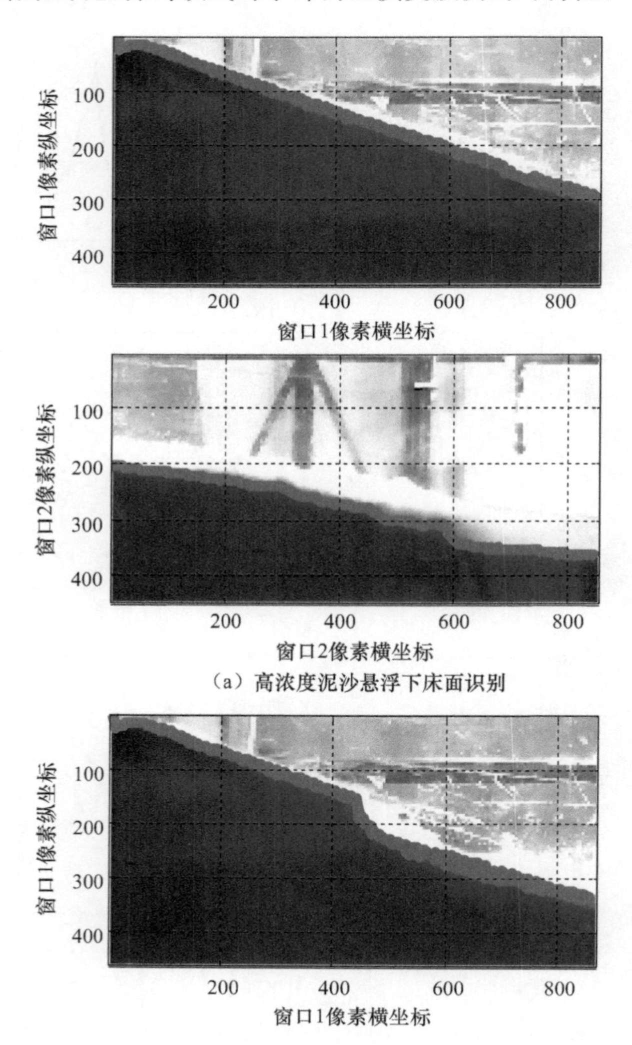

(a) 高浓度泥沙悬浮下床面识别

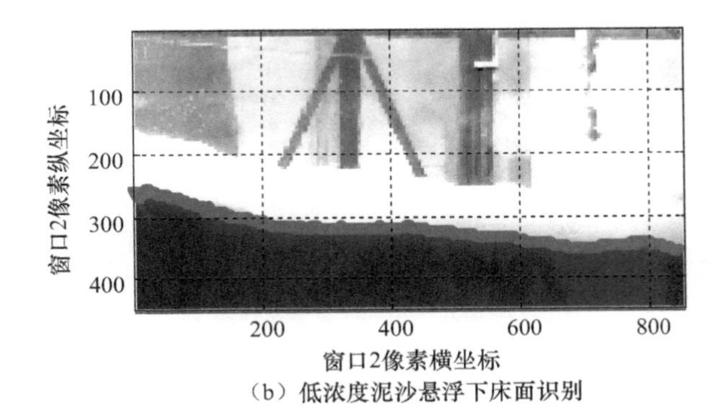

（b）低浓度泥沙悬浮下床面识别

图 7.11　高悬沙床面识别结果

$$\Phi = B(\theta - \theta_c)^{1.5} c_b \tag{7.6}$$

$$Q_{sb} = \frac{1}{2}\Phi[g(s-1)d_{50}^3] \tag{7.7}$$

式中，Q_{sb}为瞬时推移质净通量；B 为推移质系数，默认值 0.71；g 为重力加速度；$s=\rho_s/\rho_f$ 为泥沙相对密度；ρ_s 为泥沙密度，默认 2650kg/m^3；ρ_f 为水的密度，默认取 1000kg/m^3；θ 为希尔兹数；θ_c 为临界希尔兹数。式(7.6)和式(7.7)中所需的冲泻区水动力条件通过 Flow-3D 模拟求得。

如图 7.12 所示，由经验公式解得的瞬时净输沙通量与试验值差异较大，原因是由于 $Q_s=Q_{sb}+Q_{ss}$，Q_{ss}代表瞬时悬移质净通量，上冲初期，冲泻区下部分强烈的湍动引起大量泥沙悬浮，悬移质输移较强，而上述经验公式仅计算 Q_{sb}，并没有考虑 Q_{ss}，因此计算结果与试验所得的 Q_s 差异很大。随着水体继续上冲，水体湍流动能减少泥沙沉降增多，悬移质浓度明显降低(上部分)，悬移质输移较弱，经验公式计算的 Q_s 结果与试验所得的 Q_s 差异仅略微减小，对比效果仍很不理想。综上所述，可初步认为，冲泻区流速大，湍动强，动力条件十分复杂，现有的经验公式不能很好地预测瞬时净输沙通量变化。

平均净输沙通量 Q_m 的分析中，取 $dt=120s$，通过平均 dt 时间间隔内床面高程 z_b，应用 $n\frac{dz_b}{dt}=-\frac{dQ}{dx}$求得 Q，即 Q_m。相对于瞬时净输沙通量分析，平均净输沙通量通过平均 dt 内沙床高程，能够减少单独某时刻沙床高程识别中出现突变点和高浓度悬移质引起的床面识别误差。近年来，相关领域研究多基于平均净输沙通量进行剖面预测。虽然平均净输沙通量分析法不能完全表现冲泻区床面变化情况，但近年来相关领域研究已经验证：平均净输沙通量在床面预测中具有一定的可靠性，预测效率较高，具有实际工程应用价值。

如图 7.13 所示，Q_m 在波浪作用的第一阶段数值最大，此时床面剖面变化最快，随着波浪持续作用，Q_m 逐渐降低，床面变化变缓。由于试验时长仅为 1h，而由

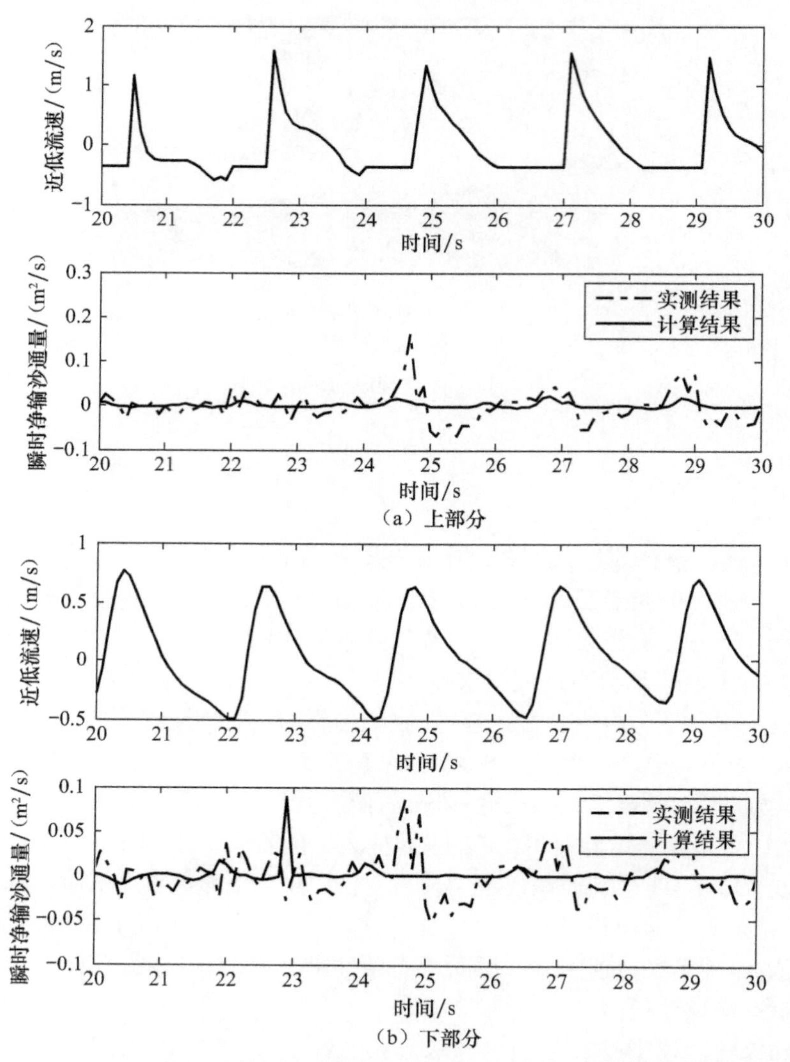

图 7.12　Flow-3D 输出的底流速及对应位置的瞬时净输沙通量经验公式解和试验值对比结果

初始剖面至平衡剖面是一个相对缓慢的长期发展过程。因此,试验中多数工况都未达到平衡,但在试验末期 Q_m 波动很小,考虑到现有数据的限制,本章默认 P4 为平衡剖面 S_e。对于初始坡度(1/5)较陡的工况,冲泻区床面演变呈现侵蚀趋势,而初始坡度(1/15)较缓的工况中,床面演变呈现淤积趋势,表明冲泻区实时坡度 S_p 和平衡坡度 S_e 也可以作为计算 Q_m 的重要参量。

如图 7.14 所示,零点处数据点密集,与图 7.13 表现趋势一致,不管初始坡度如何,在泥沙粒径相同的情况下,不同初始坡度的床面都会逐渐在波浪作用下达到

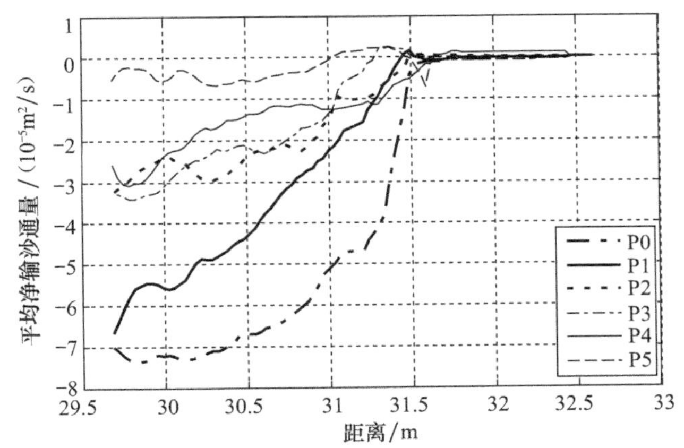

(a) 工况：G=0.6mm，S=1/5，H=0.2m，T=1.2s，d=0.7m 平均净输沙通量时程变化

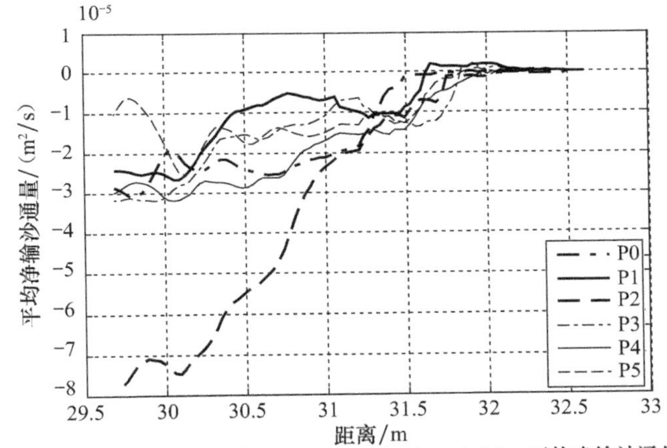

(b) 工况：G=0.6mm，S=1/5，H=0.2m，T=2.1s，d=0.7m 平均净输沙通量时程变化

图 7.13　沿程平均净输沙通量 Q_m 变化趋势(向岸输移为正)

平衡剖面坡度，此时的平均净输沙通量 Q_m 趋近于零。通过对比图 7.13 和图 7.14 中数据的趋势，进一步表明 S_p-S_e 对于计算 Q_m 有重要作用。此外，参照以往研究经验及基本知识，波浪参数也与 Q_m 有紧密关系，因此 $Q_m=F(H_{hyd},S_p-S_e)$，式中，H_{hyd} 为水动力参数，S_p-S_e 与泥沙粒径有关。

上述的平均净输沙通量分析方法属于高效和低误差的泥沙预测分析方法，但在部分工况下，特别是波浪作用到床面的初期，由于床面高程变化较快，而 $dt=120s$ 的分析间隔过长，进行平均净输沙通量的分析不利于理解冲泻区初期床面剧烈变化的趋势及原因。对于该问题的研究可以采用另一种平均净输沙通量分析方法，在平均净输沙通量剧烈变化时，详细计算每组冲泻过程中平均上冲净输沙通量 Q_{um} 和平均下落净输沙通量 Q_{bm}，通过关系式 $Q_{wm}=Q_{um}+Q_{bm}$ 计算出每组冲泻过程的净输沙通量 Q_{wm}，从而实现对冲泻区剖面演变的预测，如图 7.15 所示。

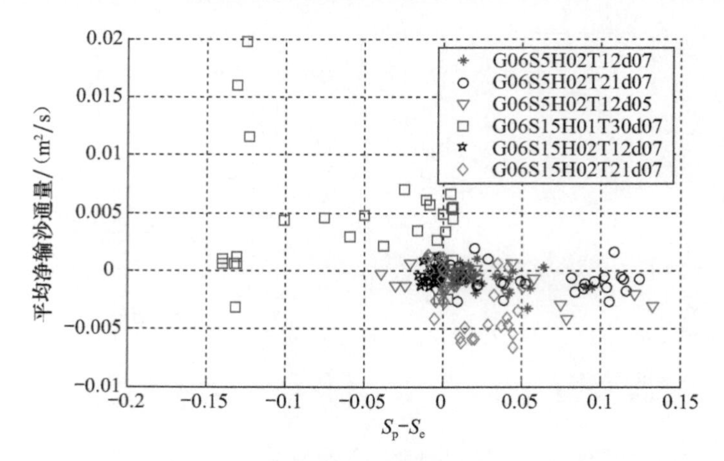

图 7.14　平均净输沙通量与坡度关系

如图 7.15 所示，基于 100 个冲泻过程的净输沙通量分析可知，平均上冲净输沙通量 Q_{um} 和平均下落净输沙通量 Q_{bm} 基本是对称分布的。Q_{um} 和 Q_{bm} 幅值均较大，表明上冲和下落过程都伴有剧烈的泥沙输移，Q_{um} 向岸输移，Q_{bm} 离岸输移，但 $Q_{wm}=Q_{um}+Q_{bm}$ 的幅值较单独的 Q_{um} 和 Q_{bm} 的幅值小很多。证明冲泻区泥沙运动随水体的上冲和下落过程进行向岸-离岸的往复输移，单个完整的冲泻过程中净泥沙输移相对较少，较短时间内冲泻区床面快速变化的原因是冲泻过程净输沙通量

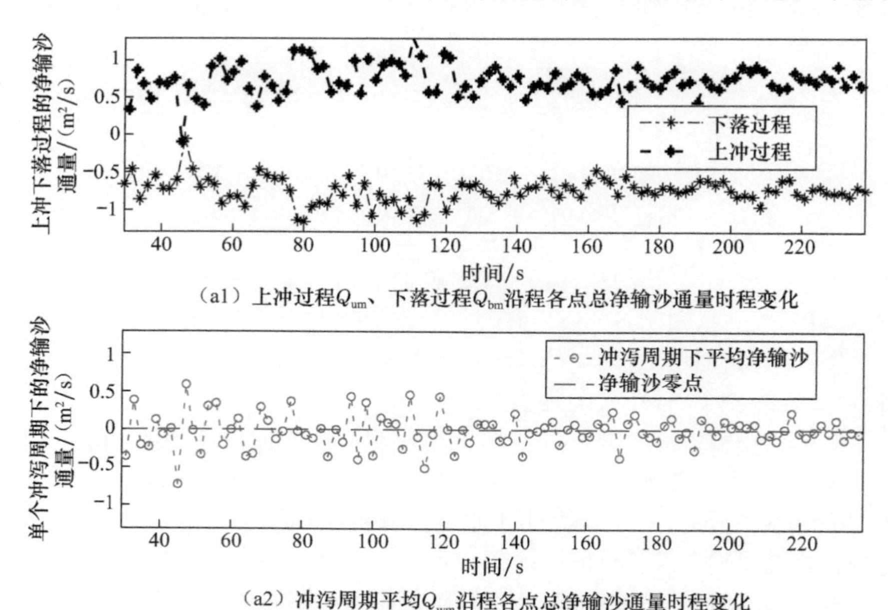

(a1) 上冲过程Q_{um}、下落过程Q_{bm}沿程各点总净输沙通量时程变化

(a2) 冲泻周期平均Q_{wm}沿程各点总净输沙通量时程变化

(a) 冲泻区上所有点上冲过程Q_{um}、下落过程Q_{bm}以及冲泻周期平均Q_{wm}的总净输沙通量时程变化

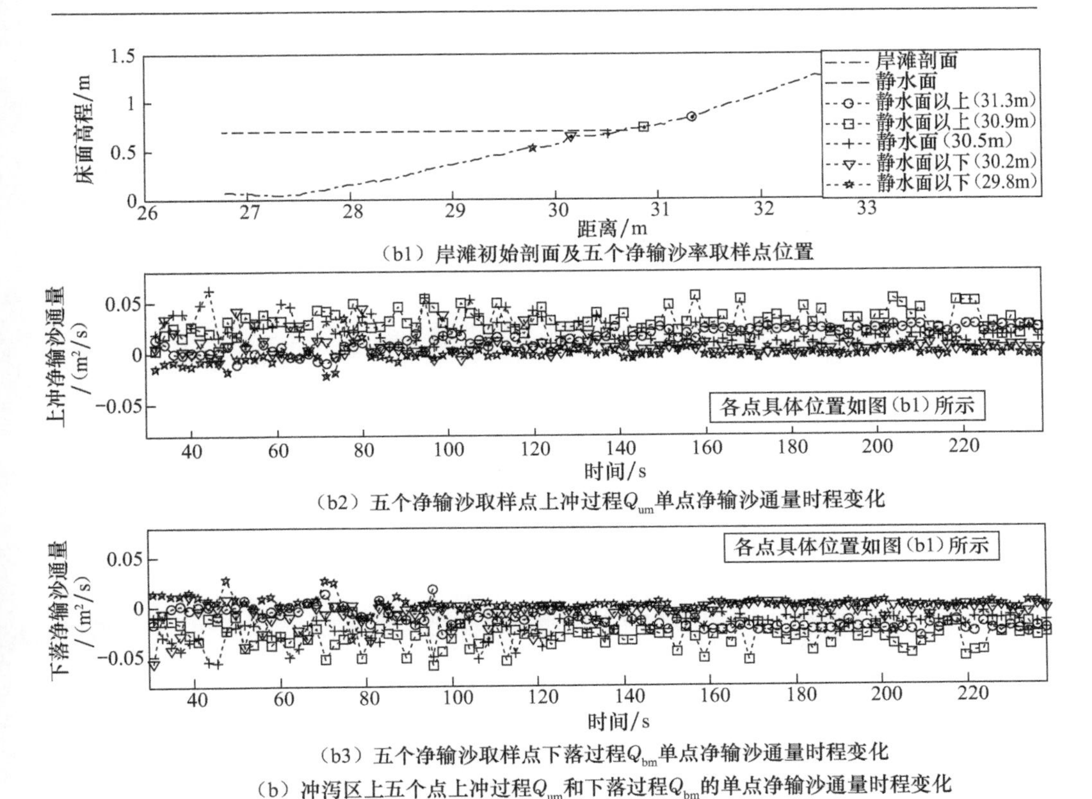

(b1) 岸滩初始剖面及五个净输沙率取样点位置

(b2) 五个净输沙取样点上冲过程Q_{um}单点净输沙通量时程变化

(b3) 五个净输沙取样点下落过程Q_{bm}单点净输沙通量时程变化

(b) 冲泻区上五个点上冲过程Q_{um}和下落过程Q_{bm}的单点净输沙通量时程变化

图 7.15 工况:$G=0.6$mm,$S=1/5$,$H=0.2$m,$T=2.1$s,$d=0.7$m

冲泻区上冲和下落过程中净输沙通量分析

的累加。此外,由图 7.15(b)可以看出,在单点净输沙通量中,冲泻区边缘(上冲和下落边缘)平均的上冲净输沙通量 Q_{um} 和平均下落净输沙通量 Q_{bm} 小于冲泻区中间的净输沙通量 Q_{um} 和 Q_{bm}。通过对不同输沙通量方法的分析比较,提供了冲泻区物理观测分析方法的相关经验,提高了对影响冲泻区床面演变相关参数的认识。

由本章研究可知:①通过视频观测分析技术进行冲泻区剖面演变过程的研究是可行的,观测数据具有高空间和时间分辨率;②现阶段的观测条件及精度下,分析平均净输沙通量比瞬时净输沙通量的可行度更高,误差小,更具有实际应用价值;③尽管视频观测分析法识别率高,但视频观测对环境光照的要求很高,而试验中在冲泻区的某些特殊区域(如波浪上冲最高点附近),液面较薄,灯光分布不均匀,使得流体边缘识别较难;因此冲泻区要保证光源均匀分布,并缩小此类区域的摄像机观测范围,提高空间分辨率,从而确保视频识别的准确性。侧壁视频观测分析法仅适用于水槽断面试验,并对试验结果的二维性有较高要求,因此水槽的宽度需进行控制。

参考文献

[1] Traykovski P, Hay A E, Irish J D, et al. Geometry, migration, and evolution of wave orbital ripples at LEO-15. Journal of Geophysical Research: Oceans, 1999, 104(C1): 1505−1524.

[2] Meyer-Peter E, Muller R. Formulas for bed-load transport//Proceedings of the Second International Association for Hydraulic Research, Kungl Tekniska Hogskolan, Stockholm, 1948: 38−65.

[3] Hay A E, Bowen A J. Spatially correlated depth changes in the nearshore zone during autumn storms. Journal of Geophysical Research: Oceans, 1993, 98(C7): 12387−12404.

[4] Grant W D, Madsen O S. The continental-shelf bottom boundary layer. Annual Review of Fluid Mechanics, 1986, 18(1): 265−305.

[5] Masselink G, Austin M J, O'Hare T J, et al. Geometry and dynamics of wave ripples in the nearshore zone of a coarse sandy beach. Journal of Geophysical Research: Oceans, 2007, 112(C10): 275−293.

[6] Bijker E W. Mechanics of sediment transport by the combination of waves and current in design and reliability of coastal structures//Proceedings of the 23rd International Conference on Coastal Engineering, Venice, 1992: 147−173.

[7] Ribberink J S. Bed-load transport for steady flows and unsteady oscillatory flows. Coastal Engineering, 1998, 34(1): 59−82.

[8] Yang Z T, Liang B C, Lee D Y, et al. Experimental studies on sandy beach profile evolution in 2D wave flume//Proceedings of the Twenty-fifth International Offshore and Polar Engineering Conference, Kona, 2015: 1286−1290.

[9] Wang J, Liang B C, Li H J, et al. Swash motion driven by the bore and prediction of foreshore profile change. Journal of Coastal Research, 2016, 75(1): 492−497.